机械设计与智造宝典丛书

# Mastercam X8 宝典

北京兆迪科技有限公司　编著

机 械 工 业 出 版 社

本书是全面、系统学习 Mastercam X8 软件的宝典类书籍，以 Mastercam X8 中文版为蓝本进行编写，内容包括 Mastercam X8 基础知识、系统配置与基本操作、基本图形的绘制与编辑、图形尺寸标注、曲面的创建与编辑、创建曲面曲线、实体的创建与编辑、Mastercam X8 数控加工入门、铣削 2D 加工、曲面粗加工、曲面精加工、多轴铣削加工、车削加工和线切割加工。

本书是根据北京兆迪科技有限公司给国内外几十家不同行业的知名公司（含国外独资和合资公司）编写的培训教案整理而成的，具有很强的实用性和广泛的适用性。本书附 1 张多媒体 DVD 学习光盘，制作了大量数控编程技巧和具有针对性的实例教学视频，并进行了详细的语音讲解。另外，光盘中还包含本书所有的素材文件、练习文件及已完成的范例文件。

本书章节的安排次序采用由浅入深、循序渐进的原则。在内容安排上，书中结合大量的生产一线的实例来对 Mastercam X8 三维建模和数控编程模块中的一些抽象的概念、命令和功能进行讲解，通俗易懂，化深奥为简单；在写作方式上，本书紧贴 Mastercam X8 的实际操作界面，采用软件中真实的对话框、按钮等进行讲解，使初学者能够直观、准确地操作软件进行学习，提高学习效率。

本书可作为机械工程设计人员的 Mastercam X8 自学教程和参考书籍，也可供大专院校机械专业师生学习参考。

## 图书在版编目（CIP）数据

Mastercam X8 宝典 / 北京兆迪科技有限公司编著. —4 版.
—北京：机械工业出版社，2018.11
（机械设计与智造宝典丛书）
ISBN 978-7-111-61024-3

Ⅰ.①M… Ⅱ.①北… Ⅲ.①数控机床—加工—计算机辅助设计—应用软件 Ⅳ.①TG659-39

中国版本图书馆 CIP 数据核字（2018）第 222055 号

机械工业出版社（北京市百万庄大街 22 号 邮政编码 100037）
策划编辑：丁 锋 责任编辑：丁 锋
责任校对：郑 婕 封面设计：张 静
责任印制：常天培
北京铭成印刷有限公司印刷
2019 年 1 月第 4 版第 1 次印刷
184mm×260 mm·43.5 印张·810 千字
0001—3000 册
标准书号：ISBN 978-7-111-61024-3
          ISBN 978-7-89386-193-2（光盘）
定价：119.00 元（含多媒体 DVD 光盘 1 张）

凡购本书，如有缺页、倒页、脱页，由本社发行部调换
电话服务                    网络服务
服务咨询热线：010-88361066   机 工 官 网：www.cmpbook.com
读者购书热线：010-68326294   机 工 官 博：weibo.com/cmp1952
            010-88379203   金 书 网：www.golden-book.com
**封面无防伪标均为盗版**    教育服务网：www.cmpedu.com

# 前　言

Mastercam 是一套功能强大的数控加工软件,采用图形交互式自动编程方法实现 NC 程序的编制。它是非常经济、高效的数控加工软件,其应用范围涉及航空航天、汽车、机械、造船、医疗器械和电子等诸多领域。Mastercam X8 与以前的版本相比,增加并增强了许多功能,如优化清根刀路,增加型腔粗铣时的摆线走刀控制,增强多轴功能,优化高速铣中的等表面粗糙度刀路功能,减少铣削缓坡时的抬刀次数,在所有高速铣削命令中增加新的选项等。

本书是系统、全面学习 Mastercam X8 软件的宝典类书籍,其特色如下:

- 内容全面、丰富,除包含 Mastercam X8 的数控编程模块外,还包括三维建模 CAD 模块。
- 实例丰富,对软件中的主要命令和功能,先结合简单的实例进行讲解,然后安排一些较复杂的生产一线的综合实例,帮助读者深入理解、灵活运用。
- 讲解详细,条理清晰,保证自学的读者能独立学习和实际运用。
- 写法独特,采用 Mastercam X8 软件中真实的对话框、菜单和按钮等进行讲解,使初学者能够直观、准确地操作软件,从而大大提高学习效率。
- 附加值高,本书附带 1 张多媒体 DVD 学习光盘,制作了大量 Mastercam 编程技巧和具有针对性的实例教学视频,并配有详细的语音讲解,可以帮助读者轻松、高效地学习。

本书由北京兆迪科技有限公司编著,参加编写的人员有詹友刚、王焕田、刘静、雷保珍、刘海起、魏俊岭、任慧华、詹路、冯元超、刘江波、周涛、邵为龙、侯俊飞、龙宇、施志杰、詹棋、高政、孙润、李倩倩、黄红霞、尹泉、李行、詹超、尹佩文、赵磊、王晓萍、陈淑童、周攀、吴伟、王海波、高策、冯华超、周思思、黄光辉、党辉、冯峰、詹聪、平迪、管璇、王平、李友荣。由于编者水平有限,本书疏漏之处,恳请广大读者予以指正。

本书"随书光盘"中含有"读者意见反馈卡"的电子文档,请读者认真填写本反馈卡,并 E-mail 给我们。E-mail: 兆迪科技 zhanygjames@163.com,丁锋 fengfener@qq.com。咨询电话:010-82176248,010-82176249。

编　者

## 读者购书回馈活动

为了感谢广大读者对兆迪科技图书的信任与支持,兆迪科技面向读者推出"免费送课"活动,即日起,读者凭有效购书证明,可领取价值 100 元的在线课程代金券 1 张,此券可在兆迪科技网校(http://www.zalldy.com/)免费换购在线课程 1 门。活动详情可以登录兆迪网校或者关注兆迪公众号查看。

兆迪网校

兆迪公众号

# 本 书 导 读

为了能更好地学习本书的知识，请您仔细阅读下面的内容。

**写作环境**

本书采用的写作蓝本是 Mastercam X8 中文版。

**光盘使用**

为方便读者练习，特将本书所有素材文件、已完成的实例文件、配置文件和视频语音讲解文件等放入随书附带的光盘中，读者在学习过程中可以打开相应素材文件进行操作和练习。

本书附带多媒体 DVD 光盘 1 张，建议读者在学习本书前，将 DVD 光盘中的所有文件复制到计算机硬盘的 D 盘中。在 D 盘上 mcx8 目录下共有 2 个子目录。

（1）work 子目录：包含本书全部已完成的实例文件。

（2）video 子目录：包含本书讲解中的视频文件（含语音讲解）。读者学习时，可在该子目录中按顺序查找所需的视频文件。

光盘中带有"ok"扩展名的文件或文件夹表示已完成的范例。

相比于老版本的软件，Mastercam X8 在功能、界面和操作上变化极小，经过简单的设置后，几乎与老版本完全一样（书中已介绍设置方法）。因此，对于软件新老版本操作完全相同的内容部分，光盘中仍然使用老版本的视频讲解，对于绝大部分读者而言，并不影响软件的学习。

**本书约定**

- 本书中有关鼠标操作的简略表述说明如下。
  - ☑ 单击：将鼠标指针移至某位置处，然后按一下鼠标的左键。
  - ☑ 双击：将鼠标指针移至某位置处，然后连续快速地按两次鼠标的左键。
  - ☑ 右击：将鼠标指针移至某位置处，然后按一下鼠标的右键。
  - ☑ 单击中键：将鼠标指针移至某位置处，然后按一下鼠标的中键。
  - ☑ 滚动中键：只是滚动鼠标的中键，而不能按中键。
  - ☑ 选择（选取）某对象：将鼠标指针移至某对象上，单击以选取该对象。
  - ☑ 拖移某对象：将鼠标指针移至某对象上，然后按下鼠标的左键不放，同时移动鼠标，将该对象移动到指定的位置后再松开鼠标的左键。
- 本书中的操作步骤分为 Task、Stage 和 Step 三个级别，说明如下：

- ☑ 对于一般的软件操作，每个操作步骤以 Step 字符开始。
- ☑ 每个 Step 操作视其复杂程度，其下面可含有多级子操作。例如 Step1 下可能包含（1）、（2）、（3）等子操作，（1）子操作下可能包含①、②、③等子操作，①子操作下可能包含 a)、b)、c) 等子操作。
- ☑ 如果操作较复杂，需要几个大的操作步骤才能完成，则每个大的操作冠以 Stage1、Stage2、Stage3 等，Stage 级别的操作下再分 Step1、Step2、Step3 等操作。
- ☑ 对于多个任务的操作，则每个任务冠以 Task1、Task2、Task3 等，每个 Task 操作下则可包含 Stage 和 Step 级别的操作。
- ● 由于已建议读者将随书光盘中的所有文件复制到计算机硬盘的 D 盘中，书中在要求设置工作目录或打开光盘文件时，所述的路径均以"D:"开始。

## 技术支持

本书是根据北京兆迪科技有限公司给国内外一些著名公司（含国外独资和合资公司）编写的培训教案整理而成的，具有很强的实用性，其主编和参编人员均来自北京兆迪科技有限公司。该公司专门从事 CAD/CAM/CAE 技术的研究、开发、咨询及产品设计与制造服务，并提供 Mastercam、Ansys、Adams 等软件的专业培训及技术咨询，读者在学习本书的过程中如果遇到问题，可通过访问该公司的网校 http://www.zalldy.com/来获得技术支持。

为了感谢广大读者对兆迪科技图书的信任与厚爱，兆迪科技面向读者推出免费送课、光盘下载、最新图书信息咨询、与主编在线直播互动交流等服务。

- ● 免费送课。读者凭有效购书证明，可领取价值 100 元的在线课程代金券 1 张，此券可在兆迪科技网校（http://www.zalldy.com/）免费换购在线课程 1 门，活动详情可以登录兆迪网校查看。
- ● 光盘下载。本书随书光盘中的所有文件已经上传至网络，如果您的随书光盘丢失或损坏，可以登录网站 http://www.zalldy.com/page/book 下载。

咨询电话：010-82176248，010-82176249。

# 目  录

# 第 1 章　Mastercam X8 基础知识

## 1.1　Mastercam 软件简介

Mastercam 是美国 CNC 公司开发的基于 PC 平台的 CAD/CAM 软件，它具有方便直观的几何造型功能。Mastercam 提供了设计零件外形所需的理想环境，其强大稳定的造型功能可设计复杂的曲线、曲面零件。

- 具有强大的曲面粗加工及灵活的曲面精加工功能。
- Mastercam 提供了多种先进的粗加工技术，以提高零件加工的效率和质量。
- 具有丰富的曲面精加工功能，可以从中选择最好的方法，加工最复杂的零件。
- Mastercam 的多轴加工功能，为零件的加工提供了更多的灵活性。
- 具有可靠的刀具路径校验功能。Mastercam 可模拟零件加工的整个过程，模拟中不但能显示刀具和夹具，还能检查刀具和夹具与被加工零件的干涉、碰撞情况。

Mastercam 提供了 400 种以上的后置处理文件以适用于各种类型的数控系统，比如 FANUC 系统，机床为四轴联动卧式铣床。可根据机床的实际结构，编制专门的后置处理文件，刀具路径 NCI 文件经后置处理后生成加工程序。

使用 Mastercam 可实现 DNC 加工。DNC（直接数控）是指用一台计算机直接控制多台数控机床，其技术是实现 CAD/CAM 的关键技术之一。由于工件较大，处理的数据多，生成的程序长，数控机床的磁泡存储器已不能满足程序量的要求，这样就必须采用 DNC 加工方式，利用 RS-232 串行接口，将计算机和数控机床连接起来。利用 Mastercam 的 Communic 功能进行通信，不必再顾虑机床的内存不足问题。经大量的实践，用 Mastercam 软件编制复杂零件的加工程序更为高效，而且能对加工过程进行实时仿真，真实反映加工过程中的实际情况。

Mastercam 的强项是三轴数控加工，简单易用，产生的 NC 程序简单高效。

### 1.1.1　Mastercam 的主要功能

通过前面对 Mastercam 软件的介绍，相信读者已经对 Mastercam 有了一定的了解。下面将对其主要功能进行简单的介绍。Mastercam 是一个 CAD/CAM 集成软件，它包括造型设计（CAD）和辅助加工（CAM）两大部分，主要功能如下。

**1.　造型设计（CAD）**

Mastercam 软件在二维绘图和三维造型方面具有以下功能。

- 具备强大的二维绘图功能：使用 Mastercam X8 可以快速且高效地绘制、编辑复杂的二维图形，并且能够方便地进行图形的尺寸标注、图形注释与图案填充等操作，还能打印工程图样。

- 具备完整的曲线设计功能：通过 Mastercam X8 软件不仅可以设计和编辑二维、三维曲线，而且还可以灵活地创建曲面曲线，如相交线、分模线、剖切线和动态绘制曲线等。

- 具有多种曲面造型方法：Mastercam X8 软件采用 NURBS、PARAMETERICS 等数学模型，可以更直观地使用多种方法创建规则曲面，也可以创建网格曲面、举升曲面、扫掠曲面等多种不规则的光滑曲面。Mastercam X8 软件还具有对曲面进行圆角、倒角、偏置、修剪、填补孔等曲面编辑功能。

- 实体建模功能：Mastercam X8 软件采用以 Parasolid 为核心的实体造型技术，具有特征造型和参数化设计两种功能，可对实体进行布尔运算、圆角、倒角和抽壳等操作，操作简单方便，有效提高了零部件的机构设计。

- 实体与曲面的结合造型功能：Mastercam X8 软件可以将实体造型和曲面造型综合起来创建复杂模型。例如：在现有的实体模型上再构建所需的曲面模型，就可以通过曲面设计工具来完成零件外形设计。

- 着色：Mastercam X8 软件可以对现有的实体模型和曲面模型进行着色，也可以给模型赋予材质，并能够设置光照效果，从而产生逼真的视觉效果。

## 2. 加工制造（CAM）

Mastercam 软件在辅助加工制造方面具有以下功能。

- 多样化的加工方式：Mastercam X8 在型腔铣削、轮廓铣削以及点位加工中提供了多种走刀方式，同时 Mastercam X8 的各种进退刀方法也非常丰富、实用。Mastercam X8 提供了 8 种先进的粗加工方式和 11 种先进的精加工方式。例如：粗加工的速降钻式加工方式，它仿照钻削的方法可快速去除大余量的毛坯材料，从而极大地提高加工效率。

- 智能化的加工：在加工时，加工的刀具路径与被加工零件的几何模型保持一致。在修改完零件几何模型或加工参数后，可以迅速准确地更新相应的刀具路径。用户可以在"操作管理器"中对实体模型、刀具参数、加工参数以及刀具路径进行编辑和修改，十分便利。

## 3. 刀具路径管理

Mastercam 软件在刀具管理方面具有以下功能。

- 刀具路径的图形编辑：Mastercam X8 可以在屏幕上对单个刀位点进行编辑、修改、增加或者删除某一段刀具路径。

- 加工参数管理及优化工具：Mastercam X8 的程序优化器可以将数控程序中极短的直线走刀路径或重复的直线走刀指令，转换为一条直线指令或一条圆弧指令，这样就极大地减少了加工代码的长度。

- 强大的刀具路径检查：Mastercam X8 软件中内置了一个功能齐全的模拟器，它可以真实、准确地模拟零件切削的整个过程。在模拟过程中不仅能显示刀具和夹具，还能检查刀具、夹具与被加工模型之间的干涉、过切和碰撞现象，从而省去了试切工序，节省了加工的时间，降低了材料的损耗，提高了加工效率。

- 刀具路径操作：Mastercam X8 软件能生成加工程序清单，用户不仅可以根据所需的要求进行修改，如对刀具路径的平移、旋转和镜像等变换操作，而且也可对刀具路径进行复制、剪切、粘贴、合并等操作，从而提高数控编程的效率。

- 刀具库和材料库：Mastercam X8 软件可以自定义刀具库和材料库，可以根据刀具库和材料库中的数据对进给速度和主轴转速进行计算，也可以对现有的刀具库和材料库中的数据进行修改。

### 4．数据交换与通信功能

Mastercam 软件在数据交换和通信功能方面具有以下功能。

- 提供了格式转换器：Mastercam X8 支持 IGES、ACIS、DXF、DWG 等存档文件间的相互转换。

- C-HOOK 接口：可以在用户自编的模块与 Mastercam X8 间建立无缝连接。

- 与数控机床进行通信：Mastercam X8 软件能够将生成的 G 代码传入数控机床，为 FMS（柔性制造系统）和 CIMS（计算机集成制造系统）的集成提供了支持。

## 1.1.2 Mastercam X8 的新增功能

Mastercam X8 采用了与 Windows 技术紧密结合的全新技术，使 Mastercam 程序运行更流畅，设计更高效。Mastercam X8 增加了以下新功能。

- ◆ 支持 Solid Edge V19、AutoCAD 2007、SolidWorks 2007、CATIA V5、Rhino（犀牛）等 CAD 软件的新版本格式。

- ◆ 实体特征的修改功能增强：可创建、移除非参数化建模实体的特征。

- ◆ 实体圆角修改：可快速修改非参数化模型的圆角，包括相切和相配类型。

◆ 特征孔虚拟轴：创建特征孔虚拟轴，支持无参数模型，创建时可对当前图素的属性（线宽、颜色等）进行设置。

◆ 曲面圆角改善：曲面圆角对话框打开更迅速，改进后增加了预览按钮，替代了原来的预览复选框，输入参数后单击预览按钮，可实时预览设置的效果。

◆ 毛坯模型增强：支持多核系统运算，支持 2-3 轴刀路，计算及重算速度更快。

◆ 着色验证和实体模拟功能更新：更新后的功能更全面、更实用，更新的窗口外观类似于机床模拟现场，包含了更多的分析工具，如增加了刀位源列表、增加了更多的颜色编码；模拟中支持更多的刀具操作，如转换路径和旋转路径；此外着色验证和实体模拟均使用 NCI 数据源来验证，确保了两者验证结果的一致性。

# 1.2　Mastercam 软件的安装及工作界面

本节将介绍 Mastercam X8 安装的基本过程、相关要求及工作界面。通过对 Mastercam X8 的硬件要求、操作系统要求、安装以及工作界面的介绍，使用户了解 Mastercam X8 的工作环境。

## 1.2.1　Mastercam X8 安装的硬件要求

Mastercam X8 软件系统可在工作站（Work Station）或个人计算机（PC）上运行，如果在 PC 上安装，为了保证软件安全和正常使用，计算机硬件要求如下。

● CPU 芯片：最低要求 Intel 或 AMD 64-bit 处理器芯片，推荐使用 Intel i7 处理器。

● 内存：最低要求 4GB 以上。如果要装配大型部件或产品，进行结构、运动仿真分析或产生数控加工程序，则建议适当增加内存，如 16GB 或 32GB，可以显著提高计算性能。

● 硬盘：至少在硬盘上准备 20GB 以上的可用空间。推荐使用 SSD 硬盘作为程序运行主盘，可以提高运行速度。

● 显卡：显存 256MB 以上的兼容 OpenGL 3.0 的图形卡，最好是专业 CAD/CAM 绘图卡，如至少 512MB 以上的 NVIDIA Quadro 系列，不支持集成显卡。

● 显示器：最低分辨率 1680×1050 的单屏显示器，推荐使用 1920×1080 分辨率的双屏显示器。

● 鼠标：3 键的微软兼容鼠标，推荐使用 3 键无线鼠标。

● 网卡：无特殊要求。推荐能够连接因特网，这样可以获取技术支持和升级。

## 1.2.2　Mastercam X8 安装的操作系统要求

如果在 PC 上运行，操作系统最低为 Windows 7 或者 8/8.1 64-bit Professional，建议包含最新的补丁包和升级包。

## 1.2.3　Mastercam X8 的安装

下面以 Mastercam X8 为例，简单介绍 Mastercam 主程序的安装过程。

Step1. Mastercam 软件一般有一张安装光盘，将安装光盘中的文件复制到计算机中，然后双击 setup 程序，此时系统会弹出图 1.2.1 所示的"选择安装语言"对话框，接受系统默认的 中文(简体，中国) 选项，单击 ✓ 按钮。

图 1.2.1　"选择安装语言"对话框

Step2. 此时系统会弹出图 1.2.2 所示的"Mastercam X8（内部版本 17.0.14947.0）安装管理器"对话框（一）。

图 1.2.2　"Mastercam X8（内部版本 17.0.14947.0）安装管理器"对话框（一）

Step3. 单击 Mastercam X8 安装 按钮，系统弹出图 1.2.3 所示的"Mastercam X8（内部版本

17.0.14947.0）安装管理器"对话框（二），选中 ☑ Mastercam X8 复选框。

图 1.2.3 "Mastercam X8（内部版本 17.0.14947.0）安装管理器"对话框（二）

Step4. 单击 下一步 按钮，系统弹出"Mastercam X8（内部版本 17.0.14947.0）安装管理器"对话框（三），如图 1.2.4 所示。

图 1.2.4 "Mastercam X8（内部版本 17.0.14947.0）安装管理器"对话框（三）

Step5. 配置产品。单击 配置 按钮，系统弹出"Mastercam X8（内部版本 17.0.14947.0）安装管理器"对话框（四），如图 1.2.5 所示，保持系统默认的参数（读者也可以根据自己的需求，单击 按钮选择其他的安装路径），单击 完成 按钮返回。

图 1.2.5 "Mastercam X8（内部版本 17.0.14947.0）安装管理器"对话框（四）

Step6. 设定安装路径。单击 下一步(N) > 按钮，系统弹出"Mastercam X8（内部版本 17.0.14947.0）安装管理器"对话框（五），如图 1.2.6 所示。

图 1.2.6 "Mastercam X8（内部版本 17.0.14947.0）安装管理器"对话框（五）

Step7. 稍等片刻，系统弹出"Mastercam X8（内部版本 17.0.14947.0）安装管理器"对话框（六），如图 1.2.7 所示，取消勾选 □ 退出时启动 Mastercam 复选框，单击 退出 按钮完成安装。

图 1.2.7 "Mastercam X8（内部版本 17.0.14947.0）安装管理器"对话框（六）

## 1.2.4 启动 Mastercam X8 软件

一般来说，有两种方法可启动并进入 Mastercam X8 软件环境。

**方法一：** 双击 Windows 桌面上的 Mastercam X8 软件快捷图标，如图 1.2.8 所示。

**说明：** 只要是正常安装，Windows 桌面上都会显示 Mastercam X8 软件快捷图标。快捷图标的名称可根据需要进行修改。

**方法二：** 从 Windows 系统"开始"菜单进入 Mastercam X8，操作方法如下。

Step1. 单击 Windows 桌面左下角的 开始 按钮。

Step2. 选择 所有程序 ➡ Mastercam X8 ➡ Mastercam X8 命令，如图 1.2.9 所示，系统便进入 Mastercam X8 软件环境。

图 1.2.8 Mastercam X8 快捷图标

图 1.2.9 Windows "开始" 菜单

## 1.2.5 Mastercam X8 工作界面

在学习本节时，请先打开一个模型文件。具体的打开方法是：选择下拉菜单 文件(F) ➡ 打开(O)...命令，在"文件选择"对话框中选择 D:\mcx8\work\ch01 目录，选中 MICRO-OVEN_SWITCH_MOLD_OK.MCX 文件后单击 ✓ 按钮。

Mastercam X8 用户界面包括操作管理、下拉菜单区、系统坐标系、右侧工具栏按钮区、上部工具栏按钮区、工具栏、状态栏以及图形区（图 1.2.10）。

图 1.2.10　Mastercam X8 用户界面

### 1. 操作管理

操作管理被固定在主窗口的左侧，它包括实体操作管理和刀具路径管理。可以通过选择下拉菜单 视图(V) ➡ 切换刀路管理(O) 或者 视图(V) ➡ 切换实体管理器 命令，进行刀路以及实体管理的打开或关闭。通过此管理 Mastercam X8 增强了管理造型和刀具路径的功能。

### 2. 下拉菜单区

下拉菜单区中包含创建、保存、修改模型和设置 Mastercam X8 环境的一些命令。

### 3. 工具栏按钮区

---

---

工具栏中的命令按钮为快速进入命令及设置工作环境提供了极大的方便，用户可以根据具体情况定制工具栏。

注意：用户会看到有些菜单命令和按钮处于非激活状态（呈灰色，即暗色），这是因为它们目前还没有处在发挥功能的环境中，一旦进入相关的环境，便会自动激活。

4．工具栏

工具栏中包括 Mastercam X8 的“AutoCursor”工具栏（图 1.2.11）和“General Selection”工具栏（图 1.2.12）。

图 1.2.11　“AutoCursor”工具栏

图 1.2.12　“General Selection”工具栏

5．状态栏

状态栏用于显示当前所设置的颜色、点类型、线形、线宽、层别及 Z 向深度等状态。

6．图形区

Mastercam X8 模型图像的显示区。

1.3　Mastercam X8 的文件管理

Mastercam X8 的文件管理功能是通过图 1.3.1 所示的“文件”下拉菜单和图 1.3.2 所示的“文件”工具栏来实现的。下面简单地介绍一下文件管理的相关命令。

1.3.1　新建文件

每当打开 Mastercam X8 后，系统会自动创建一个文件并进入创建图形状态。此外，在完成一个文件的设计之后需设计其他的图形时，也需要创建一个新的文件以便分类管理。

图 1.3.2 所示的“文件”工具栏中部分按钮功能说明如下。

A：新建文件。

B：打开文件。

C：保存文件。

D：打印文件。

E：打印预览。

新建文件有如下两种方法。

**方法一**：在"文件"工具栏中单击 按钮。

**方法二**：选择下拉菜单 文件(F) ➡ 新建(N) 命令。

**说明**：在新建文件时，如果当前文件有所改动或者没有保存，系统将弹出图 1.3.3 所示的"Mastercam X8"对话框，提示用户是否保存原文件。

图 1.3.2　"文件"工具栏

图 1.3.1　"文件"下拉菜单　　　　图 1.3.3　"Mastercam X8"对话框

## 1.3.2　打开文件

打开文件是打开现有的图形文件，以便查看现有的文件或编辑该文件。

打开文件有如下两种方法。

**方法一**：在"文件"工具栏中单击 按钮。

**方法二**：选择下拉菜单 文件(F) ➡ 打开(O)... 命令。

选择下拉菜单 文件(F) ➡ 打开(O)... 命令，系统弹出图 1.3.4 所示的"打开"对话框。在"查找范围"下拉列表中选择相应的路径，然后在"打开"对话框中选择要打开的文件，单击 打开(O) 按钮即可打开该文件。

图 1.3.4　"打开"对话框

## 1.3.3 保存文件

保存文件很重要，间隔一定时间就应该对所做的工作进行保存，这样能避免一些不必要的麻烦。

保存文件有如下两种方法。

**方法一：** 在"文件"工具栏中单击 🖫 按钮。

**方法二：** 选择下拉菜单 文件(F) ➡ 🖫 保存(S) 命令。

选择下拉菜单 文件(F) ➡ 🖫 另存为(A)... 命令，系统弹出图 1.3.5 所示的"另存为"对话框。选择要保存的路径，然后在 文件名(N): 文本框中输入图形的文件名，单击 保存(S) 按钮即可保存该文件。

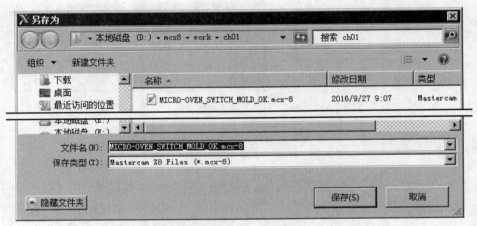

图 1.3.5　"另存为"对话框

**说明：** 在保存文件时，一般是以 Mastercam X8 默认的文件格式（.MCX）进行保存，用户也可以在 保存类型(T): 下拉列表中选择其他的保存文件格式保存文件，以便数据的传输。

## 1.3.4 合并文件

合并文件是将现有的 MCX 文件中的图素合并到当前的文件中，方便创建一个与已有的 MCX 文件中图素相同的设计。

合并文件的方法：选择下拉菜单 文件(F) ➡ 🗋 文件合并/图案(F)... 命令，系统弹出"打开"对话框；在 查找范围(I): 下拉列表中选择相应的路径，然后在文件列表中选择要合并的文件，单击 打开(O) 按钮即可合并该文件，同时系统弹出图 1.3.6 所示的"合并/模式"工具栏。

12

图 1.3.6 "合并/模式"工具栏

**图 1.3.6** 所示的"合并/模式"工具栏中部分按钮功能说明如下。

A: 选择插入位置。　　　　　　E: 定义当前属性。

B: 缩放比例。　　　　　　　　F: 应用。

C: 旋转角度。　　　　　　　　G: 确定。

D: 镜像及轴线。　　　　　　　H: 帮助。

## 1.3.5 转换文件

转换文件是使 Mastercam 可以与其他 CAD、CAM 软件，如 AutoCAD、SolidWorks、CATIA 等软件进行数据交换，即 Mastercam 可以输入这些软件的图形文件，或者可以输出这些软件能够识别的文件格式。

### 1. 将其他 CAD、CAM 软件的图形文件输入的方法

选择下拉菜单 文件(F) ➡ 导入文件夹(M)... 命令，系统弹出"导入文件夹"对话框。用户可以在 导入文件的类型: 下拉列表中选择需要输入的文件类型，然后定义源文件目录和转换后存放的目录，最后单击 ✓ 按钮，即可将其他 CAD、CAM 软件的图形文件转换成 Mastercam 文件。

### 2. 将其他 CAD、CAM 软件的图形文件输出的方法

选择下拉菜单 文件(F) ➡ 导出文件夹(R)... 命令，系统弹出"导出文件夹"对话框。用户可以在 导出文件类型: 下拉列表中选择需要输出的文件类型，然后定义源文件目录和转换后存放的目录，最后单击 ✓ 按钮，即可将 Mastercam 文件转换成其他 CAD、CAM 软件的图形文件。

## 1.3.6 打印文件

打印出图是 CAD 工程中一个必不可少的环节。

打印文件有如下两种方法。

**方法一：** 在"文件"工具栏中单击 🖨 按钮。

**方法二：** 选择下拉菜单 文件(F) ➡ 🖨 打印(P)... 命令。

选择下拉菜单 文件(F) ➡ 🖨 打印(P)... 命令，系统弹出图 1.3.7 所示的"打印"

对话框。在该对话框中用户可以设置打印方向、线宽、颜色、打印比例等，还可以通过单击 属性... 按钮，在系统弹出的"打印设置"对话框中选择打印机、纸张大小等。

图 1.3.7 "打印"对话框

说明：

为了回馈广大读者对本书的支持，除随书光盘中的视频讲解之外，我们将免费为您提供更多的 Mastercam 学习视频，读者可以扫描二维码直达视频讲解页面，登录兆迪科技网站免费学习。

**学习拓展**：可以免费学习更多视频讲解。

**讲解内容**：主要包含软件安装、基本操作、数控加工与编程概述、数控加工基础、数控加工综合案例等内容的讲解。内容安排循序渐进，清晰易懂，讲解非常详细，对每一个操作都做了深入的介绍和清楚的演示，十分适合没有软件基础的读者。

**注意**：

为了获得更好的学习效果，建议读者采用以下方法进行学习。

**方法一**：使用台式机或者笔记本电脑登录兆迪科技网校，开启高清视频模式学习。

**方法二**：下载兆迪网校 APP 并缓存课程视频至手机，可以免流量观看。具体操作请打开兆迪网校帮助页面 http://www.zalldy.com/page/bangzhu 查看（手机可以扫描右侧二维码打开），也可以直接拨打技术支持电话 010-82176248，010-82176249。

# 第2章 系统配置与基本操作

## 2.1 系 统 规 划

当系统默认配置不能满足用户的需求时,可以通过 设置(I) ➡ ⚙ 配置(C)... 命令对 Mastercam X8 的系统配置进行设置。

### 2.1.1 CAD 设置

选择下拉菜单 设置(I) ➡ ⚙ 配置(C)... 命令,系统弹出"系统配置"对话框。该对话框中的 CAD 设置 选项卡(图 2.1.1)主要是对自动产生圆弧的中心线、曲线/曲面的构建形式、曲面的显示密度、图素的线型与线宽、转换选项等进行设置。

图 2.1.1 "CAD 设置"选项卡

### 2.1.2 报告

选择下拉菜单 设置(I) ➡ ⚙ 配置(C)... 命令,系统弹出"系统配置"对话框。该对话框中的 报告 选项卡(图 2.1.2)主要是用于对加工报表、机床列表等进行设置。

图 2.1.2    "报告"选项卡

### 2.1.3　标注和注释

选择下拉菜单 设置(I) ➡ ⚙ 配置(C)... 命令，系统弹出"系统配置"对话框。该对话框中的 标注和注释 选项卡（图 2.1.3）主要是设置标注和注释，包括尺寸属性的设置、尺寸文字的设置、注解文字的设置、引导线/延伸线的设置和尺寸标注的设置等。

图 2.1.3    "标注和注释"选项卡

## 2.1.4 串连

选择下拉菜单 设置(I) ➡️ 配置(C)... 命令，系统弹出"系统配置"对话框。该对话框中的 串连 选项卡（图 2.1.4）主要是对限定、默认串连模式、封闭式串连方向、限定和嵌套式串连等串连操作进行设置。

图 2.1.4 "串连"选项卡

## 2.1.5 打印

选择下拉菜单 设置(I) ➡️ 配置(C)... 命令，系统弹出"系统配置"对话框。该对话框中的 打印 选项卡（图 2.1.5）主要是设置当前图形的线宽、颜色、颜色与线宽的对应，以及是否打印名称与日期等。

图 2.1.5 "打印"选项卡

## 2.1.6　刀路

选择下拉菜单 设置(I) ➡ ⚙ 配置(C)... 命令，系统弹出"系统配置"对话框。该对话框中的 刀路 选项卡（图2.1.6）主要是对刀具路径显示、刀具路径的曲面选取、标准设置、删除记录文件、缓存等进行设置。

图2.1.6　"刀路"选项卡

## 2.1.7　刀路管理

选择下拉菜单 设置(I) ➡ ⚙ 配置(C)... 命令，系统弹出"系统配置"对话框。该对话框中的 刀路管理 选项卡（图2.1.7）主要是用于设置机床群组的名称和附加值、刀具路径群组的名称和附加值、NC文件的名称和附加值。

图2.1.7　"刀路管理"选项卡

## 2.1.8 刀路模拟

选择下拉菜单 设置(I) ➡ 配置(C)... 命令，系统弹出"系统配置"对话框。该对话框中的 刀路模拟 选项卡（图 2.1.8）主要是用于设置刀具路径模拟的步进模式、刷新屏幕选项、刀具显示、夹头显示、颜色显示。

图 2.1.8 "刀路模拟"选项卡

## 2.1.9 分析

选择下拉菜单 设置(I) ➡ 配置(C)... 命令，系统弹出"系统配置"对话框。该对话框中的 分析 选项卡（图 2.1.9）主要是用于设置系统进行分析时尺寸的精度和单位。

图 2.1.9 "分析"选项卡

## 2.1.10 公差

选择下拉菜单 设置(I) ➡ 配置(C)... 命令，系统弹出"系统配置"对话框。该对

话框中的 公差 选项卡（图 2.1.10）主要是用于设置 Mastercam X8 进行某些具体操作时的公差。

图 2.1.10　"公差"选项卡

## 2.1.11　默认后处理对话框

选择下拉菜单 设置(I) ➡ 配置(C)... 命令，系统弹出"系统配置"对话框。该对话框中的 默认后处理对话框 选项卡（图 2.1.11）主要是用于设置运行后处理器的控制参数，例如是否输出 MCX 文件说明，是否保存 NC 与 NCI 文件，是否编辑已存在的文件，还可以设置是否将 NC 文件发送到数控机床等。

图 2.1.11　"默认后处理对话框"选项卡

## 2.1.12　默认机床

选择下拉菜单 设置(I) ➡ 配置(C)... 命令，系统弹出"系统配置"对话框。该对话框中的 默认机床 选项卡（图 2.1.12）主要是用于设置系统在进行铣削加工、车削加工、雕刻加工和线切割加工时的默认机床类型及机床文件位置。

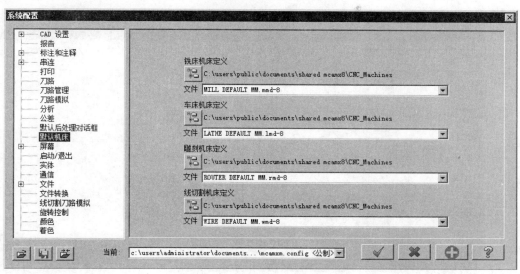

图 2.1.12　"默认机床"选项卡

## 2.1.13　屏幕

选择下拉菜单 设置(I) ➡ 配置(C)... 命令，系统弹出"系统配置"对话框。该对话框中的 屏幕 选项卡（图 2.1.13）主要是用于设置系统的图像显示模式、鼠标中键功能、网格设置和视角配置等。

图 2.1.13　"屏幕"选项卡

## 2.1.14 启动/退出

选择下拉菜单 设置(I) ➡ ⚙ 配置(C)... 命令，系统弹出"系统配置"对话框。该对话框中的 启动/退出 选项卡（图 2.1.14）主要是用于设置 Mastercam X8 在启动/退出时当前的配置文件、快捷键、加载模块、绘图平面、编辑器、附加程序，以及可撤销操作的最大次数等参数。

图 2.1.14　"启动/退出"选项卡

## 2.1.15 实体

选择下拉菜单 设置(I) ➡ ⚙ 配置(C)... 命令，系统弹出"系统配置"对话框。该对话框中的 实体 选项卡（图 2.1.15）主要是用于设置实体的生成和显示控制参数，如定义新的实体操作在实体管理器中的位置、原始曲面的处理和实体所在的图层等。

图 2.1.15　"实体"选项卡

## 2.1.16　通信

选择下拉菜单 设置(I) ➡ 配置(C)... 命令，系统弹出"系统配置"对话框。该对话框中的 通信 选项卡（图 2.1.16）主要是用于对控制器和 Mastercam 之间的数据传输通信进行设置。

图 2.1.16　"通信"选项卡

## 2.1.17　文件

选择下拉菜单 设置(I) ➡ 配置(C)... 命令，系统弹出"系统配置"对话框。该对话框中的 文件 选项卡（图 2.1.17）主要是用于设置 Mastercam X8 运行时所需的默认文件，其中包括数据路径、数据文件、自动保存和备份等。

图 2.1.17　"文件"选项卡

## 2.1.18　文件转换

选择下拉菜单 设置(I) ➡️ ⚙️ 配置(C)... 命令，系统弹出"系统配置"对话框。该对话框中的 文件转换 选项卡（图 2.1.18）主要是用于设置系统在导入、导出各种实体类型时默认的初始化参数。

图 2.1.18　"文件转换"选项卡

## 2.1.19　线切割模拟

选择下拉菜单 设置(I) ➡️ ⚙️ 配置(C)... 命令，系统弹出"系统配置"对话框。该对话框中的 线切割刀路模拟 选项卡（图 2.1.19）主要是用于设置影响线切割运动和显示的参数，包括常规设置中的步进模式、刷新屏幕选项等，以及外观中的线切割设置和位移的颜色、颜色循环变更、UV 移动等。

图 2.1.19　"线切割刀路模拟"选项卡

## 2.1.20　旋转控制

选择下拉菜单 设置(I) ➡ ⚙ 配置(C)... 命令，系统弹出"系统配置"对话框。该对话框中的 旋转控制 选项卡（图 2.1.20）主要是用于设置旋转图形时的增量值。

图 2.1.20　"旋转控制"选项卡

## 2.1.21　颜色

选择下拉菜单 设置(I) ➡ ⚙ 配置(C)... 命令，系统弹出"系统配置"对话框。该对话框中的 颜色 选项卡（图 2.1.21）主要是用于对 Mastercam X8 界面和图形的各种默认颜色进行设置。

图 2.1.21　"颜色"选项卡

## 2.1.22 着色

选择下拉菜单 设置(I) ➡ ⚙ 配置(C)... 命令，系统弹出"系统配置"对话框。该对话框中的 着色 选项卡（图2.1.22）主要是用于设置颜色（图素颜色、选择颜色和材质）、环境灯光的强弱、光源（灯光类型、光源强度、光源颜色）等。

图2.1.22　"着色"选项卡

# 2.2　设置图素属性

图素是构成几何图形的基本元素，其包括点、直线、曲线、曲面和实体等。在Mastercam X8中每种图素除了它们本身所包含的几何信息外，还有其他的属性，比如颜色、线型、线宽和所在的图层等。一般在绘制图素之前，需要先在状态栏（图1.2.10）中设置这些属性。

## 2.2.1 颜色设置

在状态栏中单击"线框颜色" 、"实体颜色" 或者"曲面颜色"色块 ，系统弹出图2.2.1所示的"颜色"对话框。用户可以在 颜色 选项卡中选择一种颜色，或者在 自定义 选项卡（图2.2.2）中自定义颜色，然后单击 ✔ 按钮完成颜色的设置。

图 2.2.1　"颜色"对话框　　　　　　　图 2.2.2　"自定义"选项卡

## 2.2.2　图层管理

通过图层管理，用户可以将图素、曲面、实体、尺寸标注、刀具路径等对象放置在不同的图层中，以便对其进行编辑。

在状态栏中单击"层别"按钮 层别，系统弹出图 2.2.3 所示的"层别管理"对话框。用户可以通过该对话框新建图层、设置当前图层以及设置显示和隐藏图层。

图 2.2.3　"层别管理"对话框

下面以新建"粗实线"来介绍新建图层的操作方法。

Step1. 选择命令。在状态栏中单击"层别"按钮 层别，系统弹出"层别管理"对话框。

Step2. 新建图层。在 主层别 区域的 编号: 文本框中输入一个层号 2，然后在 名称: 文本框中输入图层的名称"粗实线"。

Step3. 设置"粗实线"图层为工作图层。在"层别管理"对话框中单击 ✓ 按钮完成图层的创建。

说明

● 快速选择现有的图层作为工作图层：用户可以在状态栏的"当前图层"下拉列表中选择现有的图层作为工作图层。

● 设置图层显示或隐藏：单击"层别管理"对话框的 可见 列中的单元格，去掉 × 标记，表示该图层的所有图素已经被隐藏；再次单击此单元格，则显示该图层上的所有图素（注意：工作图层不能被隐藏）。

## 2.2.3　设置线型和线宽

用户可以通过状态栏中的"线型"下拉列表 ▼ 和"线宽"下拉列表 ▼ 设置线型和线宽。

## 2.2.4　属性的综合设置

属性的综合设置是指用户一次可以设置图素的多个属性，包括图素的颜色、线型、线宽、点样式、层别、曲面密度等。

属性的综合设置有如下两种方法。

方法一：在状态栏中单击 属性 按钮。

方法二：选择下拉菜单 屏幕(R) ➡ 几何图形属性(T)... 命令。

下面简单介绍属性的综合设置。

在状态栏中单击 属性 按钮，系统弹出图 2.2.4 所示的"属性"对话框。用户可以通过该对话框对图素的属性进行综合设置。

图 2.2.4 所示的"属性"对话框中的部分选项的说明如下。

● 选择(S)... 按钮：用于定义工作图层。

● 参考(A)... 按钮：用于将选取的某图素的属性设置为当前属性。

● ☑ 图素属性管理器 复选框：用于激活使用图素属性管理器。单击 图素属性管理器 按钮，系统弹出图 2.2.5 所示的"图素属性管理器"对话框。用户可以在该对话框中对每种类型的图素进行详细的设置。

图 2.2.4　"属性"对话框　　　　　图 2.2.5　"图素属性管理器"对话框

## 2.3　用户自定义设置

用户自定义设置是根据用户自己的习惯、喜好对 Mastercam X8 的工具栏、菜单和右击弹出的快捷菜单进行定制。下面以图 2.3.1 所示的在"文件"工具栏中添加"退出"按钮 ⊠ 为例介绍用户自定义工具栏的操作过程。自定义下拉/鼠标右键菜单基本与自定义工具栏相似，不再赘述。

a）自定义前　　　　　　　　　　　　　　　　b）自定义后

图 2.3.1　添加"退出"按钮

Step1. 选择命令。选择下拉菜单 设置(I) ➡ 自定义(U)... 命令，系统弹出图 2.3.2 所示的"自定义"对话框。

图 2.3.2　"自定义"对话框

**Step2.** 定义工具栏和种类。在"自定义"对话框中单击 工具栏 选项卡，然后在 类别(A): 列表框中选择 文件 选项。

**Step3.** 添加"退出"按钮。在"自定义"对话框的区域中将"退出"按钮 ✕ 退出(X) 拖动到"文件"工具栏上（或者单击 添加(A) > 按钮）。

**Step4.** 单击 确定 按钮完成自定义工具栏的定制。

**说明：** 如果在 Mastercam X8 的工作界面上没有用户想使用的工具栏，用户可以通过在该对话框的 工具栏(T): 列表框中选中相应的复选框调出对话框。

# 2.4　网　格　设　置

网格是一种矩阵参考点。将网格显示出来可以帮助用户提高绘图的精度和效率，而且显示的网格不会被打印出来。下面简单介绍网格的创建步骤。

**Step1.** 打开文件 D:\mcx8\work\ch02.04\EXAMPLE.MCX。

**Step2.** 选择命令。选择下拉菜单 屏幕(R) ➡ ▦ 网格设置(G)... 命令，系统弹出"选择网格参数"对话框，在该对话框中选中 ☑ 活动网格 和 ☑ 可见网格 两个复选框，如图 2.4.1 所示。

图 2.4.1　"选择网格参数"对话框

Step3. 设置捕捉方式。在"选择网格参数"对话框的 抓取: 区域中选中 ⦿ 总是 单选项，定义捕捉方式为始终捕捉。

Step4. 设置网格参数。在 间距 区域的 X 文本框中输入值 1，在 Y 文本框中输入值 1。

Step5. 设置网格颜色。在 颜色 区域的 编号 文本框中输入值 12，然后按 Enter 键应用该颜色。

Step6. 设置网格大小。在 大小 文本框中输入值 200。

Step7. 单击 ✓ 按钮完成网格的设置。

图 2.4.1 所示的"选择网格参数"对话框中部分选项的说明如下。

● 抓取: 区域：用于设置网格捕捉的形式，包括 ○ 接近 单选项和 ⦿ 总是 单选项。

　　☑ ○ 接近 单选项：用于设置采用接近方式捕捉网格顶点。只要指针顶点的位置与网格顶点的距离小于每一个网格长度的一半就会自动捕捉到网格的顶点。

　　☑ ⦿ 总是 单选项：用于设置采用始终捕捉网格顶点。

说明：抓取方式的两种方式只有在选中 ☑ 活动网格 复选框时才可以使用。

● ☑ 活动网格 复选框：用于设置使用网格。选中此复选框"选择网格参数"对话框的 抓取: 区域、间距 区域和 原点 区域被激活。

● ☑ 可见网格 复选框：用于设置显示所定义的网格。选中此复选框，"选择网格参数"对话框的 颜色 区域和 大小 文本框被激活。

● 间距 区域：用于设置网格的间距参数，包括 X 文本框和 Y 文本框。

　　☑ X 文本框：用于定义网格间的水平距离。

- ☑ Y 文本框：用于定义网格间的竖直距离。

● 原点 区域：用于设置网格中心相对坐标原点的位置，包括 X 文本框、Y 文本框和 选择(S)... 按钮。

- ☑ X 文本框：用于定义网格相对于坐标原点的水平距离。
- ☑ Y 文本框：用于定义网格相对于坐标原点的竖直距离。
- ☑ 选择(S)... 按钮：用于选取网格原点的位置。

● 颜色 区域：用于定义网格的颜色参数，包括 编号 文本框和 ██ 按钮。

- ☑ 编号 文本框：用于定义颜色的编号。用户可以直接在此文本框中输入 0~255 之间的数值，然后按 Enter 键来定义网格颜色。
- ☑ ██ 按钮：用于设置网格的颜色。单击此按钮，系统弹出"颜色"对话框。用户可以通过该对话框设置网格的颜色。

● 大小 文本框：用于设置网格的分布范围。

● 测试(T) 按钮：用于测试所定义的网格。

# 2.5 其他设置

除了上面介绍的一些设置之外，Mastercam X8 还为用户提供了一些其他的设置。例如隐藏和消隐、着色设置、清除颜色、统计图素以及复制屏幕到剪贴板等。下面分别对它们进行介绍。

## 2.5.1 隐藏图素和恢复隐藏的图素

隐藏和消隐可以隐藏图素或恢复隐藏的同一图层上的某些图素，而使用 2.2.2 小节提到的设置图层显示或隐藏，将会把放置在该图层上的所有图素全部隐藏或恢复，而不能隐藏或恢复同一图层上的一部分图素。下面介绍图 2.5.1 所示的隐藏图素和恢复隐藏图素的操作方法。

图 2.5.1 隐藏图素

### 1. 隐藏图素

Step1. 打开文件 D:\mcx8\work\ch02.05.01\HIDE.MCX。

Step2. 选择命令。选择下拉菜单 屏幕(R) ➡ 消隐图素(B) 命令。

Step3. 定义隐藏对象。在绘图区框选图 2.5.2 所示的图素。

Step4. 按 Enter 键完成隐藏操作。

### 2. 恢复隐藏的图素

Step1. 打开文件 D:\mcx8\work\ch02.05.01\UNHIDE.MCX-7，如图 2.5.3 所示。

图 2.5.2　定义隐藏对象　　　　a）恢复前　　　　b）恢复后

图 2.5.3　恢复隐藏的图素

Step2. 选择命令。选择下拉菜单 屏幕(R) ➡ 恢复消素图素(U) 命令，同时在绘图区显示出图 2.5.4 所示的已经隐藏了的所有图素。

Step3. 定义恢复隐藏的对象。在绘图区框选图 2.5.5 所示的图素。

Step4. 按 Enter 键完成恢复操作。

图 2.5.4　已隐藏的图素　　　　　　图 2.5.5　定义恢复隐藏的对象

## 2.5.2　着色设置

在使用 Mastercam X8 设计三维模型时，用户可以通过着色设置显示实体，也可以采用不同的颜色显示实体。不同的着色设置，可以得到不同的着色效果。Mastercam X8 总共为用户提供了六种显示模式。用户可以通过图 2.5.6 所示的"着色"工具栏切换显示模式。下面将以一个三维模型为例来讲解着色设置的操作步骤。

说明：本小节实例的模型放置在 D:\mcx8\work\ch02.05.02 目录中。

图 2.5.6　"着色"工具栏

-  命令：模型以线框模式显示，所有边线显示为深颜色的细实线，如图 2.5.7 所示。

- 命令：模型以线框模式显示，可见的边线显示为深颜色的细实线，不可见的边线显示为浅颜色，如图 2.5.8 所示。

图 2.5.7　线框 　　　　　　　　　　　　　　　　　图 2.5.8　灰显线框

- 命令：模型以线框模式显示，可见边线显示为深颜色的细实线，不可见的边线被隐藏起来（即不显示），如图 2.5.9 所示。

- 命令：模型以实体模式显示，以图素颜色为实体着色，边线不显示，如图 2.5.10 所示。

图 2.5.9　无隐藏的线框 　　　　　　　　　　　　　图 2.5.10　显示着色的图形

## 2.5.3　消除颜色

一般图形在经过平移、旋转等转换编辑后，为了将新生成的图素与原有图素加以区别，Mastercam X8 会自动以不同的颜色来显示它们，此时可以通过 屏幕(R) ➡ 清除颜色(C) 命令使它们恢复原色。下面以图 2.5.11 所示的实例介绍消除颜色的一般步骤。

Step1. 打开文件 D:\mcx8\work\ch02.05.03\REMOVE_COLOR.MCX。

Step2. 选择命令。选择下拉菜单 屏幕(R) ➡ 清除颜色(C) 命令消除图素颜色。

a）消除前

b）消除后

图 2.5.11　消除颜色

## 2.5.4　统计图素

有时在绘制完图形时，往往需要统计当前文件中每种图素的数量。Mastercam X8 为用户提供了统计图素的命令，这样既节省了时间又提高了效率。下面以图 2.5.12 所示的实例介绍统计图素的一般步骤。

Step1. 打开文件 D:\mcx8\work\ch02.05.04\STAT_ENTITIES.MCX。

图 2.5.12　统计图素

Step2. 选择命令。选择下拉菜单 屏幕(R) ➡ Σ 统计(S) 命令，系统弹出图 2.5.12 所示的对话框，显示统计结果。

## 2.5.5　复制屏幕到剪贴板

使用 ⬚ 复制屏幕图像到剪贴板(Y) 命令可以将 Mastercam X8 软件绘图区的内容复制到 Windows 系统的剪贴板中，然后可以在处于工作中的 Word 文档、Photoshop 图像文件、画图文件中进行粘贴处理。

选择 屏幕(R) ➡ ⬚ 复制屏幕图像到剪贴板(Y) 命令，然后在绘图区要复制图形的左上角按住鼠标左键不放并拖动，此时会在绘图区拉出一个矩形框，直至此矩形框将要复制的图形完全框在其内，再单击完成复制屏幕的操作。之后就可以在 Word 文档、Photoshop 图像文件、画图文件中进行粘贴，观看效果。

# 2.6　Mastercam X8 的基本操作

在进行下一章节的学习之前，有必要先了解一下 Mastercam X8 的一些基本操作知识，比如点的捕捉方法、不同图素的选择、视图与窗口、构图面、坐标系及构图深度等操作，从而为快速、精确、灵活地绘制图形打下基础，同时也能够使用户对 Mastercam X8 软件有进一步的了解。

## 2.6.1　点的捕捉

在使用 Mastercam X8 进行绘图时，点的捕捉使用得非常频繁，如在绘制同心圆时需要捕捉圆心，在绘制圆形长槽时需要捕捉端点等。Mastercam X8 为用户提供的点的捕捉方式有以下几种。

### 1．捕捉任意点

在使用 Mastercam X8 进行绘图时，如果用户对捕捉点的位置没有明确的要求，则可以在绘图区的任意位置单击即可。

### 2．自动捕捉点

在使用 Mastercam X8 进行绘图时，如果用户想在现有图素上的某个位置绘制其他的图素，则可以将鼠标移动到现有图素的附近，系统将会在该图素特征附近出现显示特征符号（如端点、圆心等），表明当前位置即为捕捉，单击即可捕捉到该位置。

用户可以在图 2.6.1 所示的"Auto Cursor"工具栏中单击"配置"按钮 ，系统弹出图 2.6.2 所示的"自动抓点设置"对话框，然后在该对话框中设置自动捕捉点的类型。

图 2.6.1　"Auto Cursor"工具栏

说明：
● 　若单击"自动抓点设置"对话框中的 全部启用 按钮，则系统将选中所有自动捕捉点类型的复选框，但是建议用户不要同时选中这些复选框，否则在捕捉这些特征时会发生不同类型捕捉间的干涉，反而会造成误捕捉的情况。若单击 全部禁用 按钮，则系统将取消选中所有自动捕捉点类型的复选框，在绘图时将无法捕捉图素的特征点。

- 用户可以在 ☑角度 复选框后的文本框中输入多个数值来定义多个角度的捕捉，例如在 ☑角度 复选框后的文本框中输入值 0、30、60，则在绘制直线时可以绘制指定角度的整数倍的直线。

- 在一些情况下用户可以通过选中 ☑接近点 复选框捕捉到图素上离光标位置最近的一点。

图 2.6.2　"自动抓点设置"对话框

### 3．捕捉临时点

在使用 Mastercam X8 进行绘图时，有时用户只需在众多的特征点中选择某一个类型的特征点，如果再使用"配置"按钮 进行设置就太麻烦了。因此，Mastercam X8 为用户提供了一种更为快捷的选取方法，即"Auto Cursor"工具栏的"临时点"下拉列表 。

用户可以在图 2.6.3 所示的"Auto Cursor"工具栏的"临时点"下拉列表 中选择捕捉类型。

图 2.6.3　"Auto Cursor"工具栏的"临时点"下拉列表

### 4．使用坐标点

在使用 Mastercam X8 进行绘图时，如果知道点在视图中的具体坐标值，用户可以通过 "Auto Cursor" 工具栏中的 ⊠ 文本框、 Ⓨ 文本框和 Ⓩ 文本框来确定点的精确位置。

用户也可以在 "Auto Cursor" 工具栏中单击 "快速绘点" 按钮 ⚡，此时 "Auto Cursor" 工具栏如图 2.6.4 所示。用户可以在此工具栏的文本框中连续输入三个坐标值并用英文半角逗号隔开来确定点的精确位置。

图 2.6.4　单击 ⚡ 按钮后的 "Auto Cursor" 工具栏

### 5．捕捉网格点

除了上述的四种捕捉点的方式外，用户还可以捕捉到屏幕上的网格点。设置网格的操作请参照本章 2.4 节。

## 2.6.2　图素的选择

在使用 Mastercam X8 进行绘图时，常常需要对现有的图形进行设置、转换等操作，而这些操作都要涉及图素的选择。Mastercam X8 提供了多种图素选择的方法，这些方法主要是通过图 2.6.5 所示的 "General Selection" 工具栏中的相关命令来实现的。

图 2.6.5　 "General Selection" 工具栏

图 2.6.5 所示的"General Selection"工具栏中部分按钮的功能说明如下。

A：选择设置。　　　　　　　　F：选择面。

B：选择方式。　　　　　　　　G：选择主体。

C：标准选择。　　　　　　　　H：从背面选择。

D：激活实体选择。　　　　　　I：选择最后一个。

E：选择边界。　　　　　　　　J：验证选择。

### 1．全部

使用 ⬚ 按钮可以选择全部元素，或者选择具有某种相同属性的全部元素。在 "General Selection" 工具栏中单击 ⬚ 按钮，系统弹出图 2.6.6 所示的 "全选" 对话框。用户可以通过该对话框来定义选取的图素的类型。

图 2.6.6 "全选"对话框

说明：

● 若用户需要将视图中的部分图素设置为群组，可以通过单击"全选"对话框中的 ![群组管理器] 按钮，系统弹出图 2.6.7 所示的"群组管理器"对话框。用户可以通过该对话框进行群组的新建、添加至、删除等操作。例如，单击 ![新建(N)...] 按钮新建群组，此时系统弹出图 2.6.8 所示的"输入唯一的群组名称"对话框。用户可以在该对话框中定义新建群组的名称。定义完群组的名称后按 Enter 键并在绘图区选取要添加到群组的图素；选择完后再按 Enter 键返回至"群组管理器"对话框，单击 ![✓] 按钮完成新建群组的创建。

● "全选"对话框中的 ![图素] 复选框、![颜色] 复选框、![层别] 复选框、![宽度] 复选框、![型式] 复选框、![点] 复选框和 ![其它] 复选框，各代表了某一类元素。选中这些复选框，则"全选"对话框中部的灰色部分将被激活。

图 2.6.7　"群组管理器"对话框

图 2.6.8　"输入唯一的群组名称"对话框

**2．单一选择**

使用 按钮可以选择单一元素，或者选择具有某种相同属性的单一元素。在"General Selection"工具栏中单击 按钮，系统弹出图 2.6.9 所示的"仅选择"对话框。用户可以通过该对话框来定义选取的相同图素的类型。

图 2.6.9　"仅选择"对话框

### 3. 选择设置

在 ⬚ ▾ 下拉列表中，Mastercam X8 为用户提供了五种窗口选择的类型，依次为 内 选项、外 选项、内+相交 选项、外+相交 选项和 相交 选项。

- 内 选项：表示选中完全包含在视窗内的所有图素，在视窗外以及与视窗相交的图素将不被选中。
- 外 选项：表示选中视窗以外的所有图素，在视窗内以及与视窗相交的图素将不被选中。
- 内+相交 选项：表示选中所定义的区域以内的所有图素，在定义区域外以及与定义区域相交的图素将不被选中。
- 外+相交 选项：表示选中所定义的区域以外的所有图素，在定义区域内以及与定义区域相交的图素将不被选中。
- 相交 选项：表示仅选中与所定义区域相交的所有图素，在定义区域内以及定义区域以外的图素将不被选中。

### 4. 选择方式

在 ⬚ ▾ 下拉列表中，Mastercam X8 为用户提供了六种窗口选择的类型，依次为 串连 选项、窗扣 选项、多边形 选项、选择单体 选项、区域 选项和 向量 选项。

- 串连 选项：表示可以通过选择图形中的一个图素从而选取与之相连的所有图素的选择方式。
- 窗扣 选项：表示使用定义的矩形框来选择图素。该选项可以结合 视窗内 ▾ 下拉列表来进行选择。
- 多边形 选项：表示使用定义的多边形来选择图素。该选项可以结合 视窗内 ▾ 下拉列表来进行选择。
- 选择单体 选项：表示选取单个图素。
- 区域 选项：表示选取封闭图形中的所有图素。
- 向量 选项：表示可以通过绘制一条连续的折线来选择与其相交的所有图素。

### 5. 串连选项

用户在选择图素时，有时要用到串连的方法选取图素，从而使所选择的图素具有一定的顺序和方向。比如构建曲面和实体，绘制刀具路径等。

在 Mastercam X8 中有两种串连的类型，即开式串连和闭式串连。开式串连是指起点和终点不重合，其串连的方向与其串连端点相反，如直线、圆弧等；闭式串连是指起点和终点重合，其串连的方向取决于在"串连"对话框选取的参数，如矩形、三角形和圆等。

当用户在使用"旋转、串连补正"等命令时，系统将先弹出图 2.6.10 所示的"串连"对话框，要求用户选择需要进行操作的串连图素。当完成选取时，所串连的图素将以另外一种颜色显示，并显示串连方向，如图 2.6.11 所示。

图 2.6.10 所示的"串连"对话框中各按钮的说明如下。

- 按钮：用于选择线架中的边链。当模型中出现线架时，此按钮会自动处于激活状态；当模型中没有出现线架，此按钮会自动处于不可用状态。

- 按钮：用于选择实体的边链。当模型中既出现线架又出现实体时，此按钮处于可用状态，当该按钮处于按下状态时与其相关的功能才处于可用状态。若模型中没有出现实体，此按钮会自动处于弹起状态。

- 绘图平i 单选项：用于选择平行于当前平面中的链。

- 3D 单选项：用于同时选择 X、Y 和 Z 方向的链。

- 按钮：用于直接选取与定义链相连的链，但遇到分支点时选择结束。在选取时基于"选择类型"单选项的不同而有所差异。

图 2.6.10 "串连"对话框

图 2.6.11 串连的图素

- 按钮：该按钮既可以用于设置从起始点到终点的快速移动，又可以设置链的起始点的自动化，也可以控制刀具从一个特殊的点进入。

- 按钮：用于选取定义矩形框内的图素。

- ⊞ 按钮：用于通过单击一点的方式选取封闭区域中的所有图素。

- ⬜ 按钮：用于选取单独的链。

- ⬜ 按钮：用于选取多边形区域内的所有链。

- ⬜ 按钮：用于选取与定义的折线相交叉的所有链。

- ⬜ 按钮：用于选取第一条链与第二条链之间的所有链。当定义的第一条链与第二条链之间存在分支点时，停止自动选取，用户可选择分支继续选取链。在选取时基于"选择类型"单选项的不同而有所差异。

- 内 ▼ 下拉列表：该下拉列表包括 内 选项、内+相交 选项、相交 选项、外+相交 选项和 外 选项。该下拉列表中的选项只有在 ⬜ 按钮或 ⬜ 按钮处于被激活的状态下，才可使用。

  - ☑ 内 选项：用于选取定义区域内的所有链。

  - ☑ 内+相交 选项：用于选取定义区域内以及与定义区域相交的所有链。

  - ☑ 相交 选项：用于选取与定义区域相交的所有链。

  - ☑ 外+相交 选项：用于选取定义区域外以及与定义区域相交的所有链。

  - ☑ 外 选项：用于选取定义区域外的所有链。

- ☑ 等待 复选框：用于选取有转折的链。

- ⬆ 按钮：用于恢复至上一次选取的链。

- ➕ 按钮：用于结束链的选取。常常用于选中 ☑ 等待 复选框的状态。

- ⊘ 按钮：取消上一次选取的链。

- ⊘* 按钮：取消所有选取的链。

- ↔ 按钮：用于改变链的方向。

- ⬜ 按钮：单击该按钮，系统弹出图 2.6.12 所示的"串连特征"对话框，用户可以设置特征精度和匹配属性等参数。

- ⬜ 按钮：用于改变链的方向。

- ⚠ 按钮：用于设置选取链时的相关选项。单击此按钮，系统弹出图 2.6.13 所示的"串连选项"对话框。

图 2.6.13 所示的"串连选项"对话框中各按钮的说明如下。

- 限定 区域：用于设置限定的相关参数，其包括 图素 按钮、颜色 按钮、层别 按钮、☑ 封闭式串连 复选框、☑ 开放式串连 复选框和 ☑ 截面角度 复选框。

  - ☑ 图素 按钮：单击此按钮，系统弹出图 2.6.14 所示的"图素限定"对话框，用户可以通过该对话框设置限定的图素。被设置为限定的图素后，系统将自动从串连的所有图素中排除除用户选取的图素类型以外的所有图素。当选中此按钮前的复选框时该按钮可用。

图 2.6.12  "串连特征"对话框          图 2.6.13  "串连选项"对话框

☑ **颜色** 按钮：单击此按钮，系统弹出图 2.6.15 所示的"颜色限定"对话框，用户可以通过该对话框设置限定的颜色。被设置为限定的颜色后，系统将自动从串连的所有颜色中排除除用户选取的颜色以外的所有颜色。当选中此按钮前的复选框时该按钮可用。

☑ **层别** 按钮：单击此按钮，系统弹出图 2.6.16 所示的"层别限定"对话框，用户可以通过该对话框设置限定的图层，被设置为限定的图层后，系统将自动从串连的所有图素中排除除用户选取的图素所在图层以外的所有图层。当选中此按钮前的复选框时该按钮可用。

☑ **☑封闭式串连** 复选框：用于限定封闭式串连。

☑ **☑开放式串连** 复选框：用于限定开放式串连。

☑ **☑截面角度** 复选框：用于使用定义的停止角度选取图素，当最后一个被串连的图素与下一个临近的图素之间的角度等于停止角度时结束选取。用户可以在其后的文本框中指定停止角度值。

图 2.6.14 "图素限定" 对话框

图 2.6.15 "颜色限定" 对话框

图 2.6.16 "层别限定" 对话框

- ☑ 忽略深度(3D 模式中) 复选框：用于设置 3D 模式下忽略 Z 轴方向的尺寸，并确保串连图素的端点始终在串连公差内。

- ☑ 由点开始串连 复选框：用于设置强迫串连从开始点向用户创建的图素端点进行串连。

- ☑ 允许单一曲面边缘模式 复选框：当 ⬜ 按钮处于按下状态时，选中此复选框可串连选取的曲面边缘。

- ☑ 动态打断图素 复选框：用于设置在图素的起始和结束位置以动态的方式打断图素。

- ⬜ 在穿丝点打断封闭图素 复选框：用于设置在刀具路径的起始点打断离切入点最近的图素。如果这个切入点的位置不确定，则该复选框是不可用的。

- 封闭式串连 区域：用于设置与封闭串连的方向相关的选项，其包括 ⦿ 顺时针 单选项、⦿ 逆时针 单选项和 ☑ 使用光标位置 复选框。

  - ☑ ⦿ 顺时针 单选项：用于设置封闭式串连方向为顺时针方向。

  - ☑ ⦿ 逆时针 单选项：用于设置封闭式串连方向为逆时针方向。

  - ☑ ☑ 使用光标位置 复选框：用于根据光标的所在位置确定封闭式串连方向。选中此复选框可以在封闭式串连的方向上给用户提供更多的控制。

- 开放式串连 区域：用于定义开放式串连搜寻方向的相关选项，包括 ⦿ 单向 单选项和 ⦿ 双向 单选项。

☑ ● 单向 单选项：用于设置选取一个最接近于已选取链的起点的链。

☑ ● 双向 单选项：用于设置选取一个最接近于已选取链的终点的链。

● 嵌套式串连 区域：用于定义嵌套式串连的相关参数，包括 排序 下拉列表、
☑ 区域串联中无限嵌套 复选框和 ☑ 内部串连反向 复选框。

☑ 排序 下拉列表：用于设置加工顺序的类型，其包括 下一个最接近值 选项、由内而外
选项、由外而内 选项、由内而外优化 选项和 由外而内优化 选项。

☑ ☑ 区域串联中无限嵌套 复选框：用于设置选取区域内的全部串连，应用示例如
图 2.6.17 所示。

a）未选中

b）选中

图 2.6.17 "区域串连中无限嵌套"复选框示例

☑ ☑ 内部串连反向 复选框：用于设置当链缠绕在一个外部边界上时，更改串连方
向。

● 同步模式 下拉列表：用于定义链的排列方式，其包括 无 选项、按图素 选项、按分支点
选项、按节点 选项、按点 选项、手动 选项和 手动/密度 选项。

☑ 无 选项：用于设置将同步链划分为双数分数点，确保曲面和刀具路径更精确。

☑ 按图素 选项：用于设置将每一图素的端点匹配成链。

☑ 按分支点 选项：用于设置使用分支点匹配链。

☑ 按节点 选项：用于设置使用每条样条曲线的节点匹配两条或者更多的样条曲
线。

☑ 按点 选项：用于设置使用图素的端点匹配链。

☑ 手动 选项：用于设置使用自定义的方式匹配链。

☑ 手动/密度 选项：用于设置使用自定义的方式或密度值匹配链。

● 串连公差: 文本框：用于定义能够串连的两个端点间的最大间距。

● 平面公差: 文本框：用于定义图素从平面能够串连的最大距离。

## 2.6.3 视图与窗口

在使用 Mastercam X8 进行绘图时，常常需要对屏幕上现有的图形进行平移、缩放、旋
转等操作，以方便地观看图形的细节。Mastercam X8 的"视图"下拉菜单（图 2.6.18）提

供了丰富的视图操作功能,包括视窗显示、平移、视图方向等。

说明:本小节实例的模型放置在 D:\mcx8\work\ch02.06.03 目录中。

图 2.6.18 "视图"下拉菜单

## 1. 视图平移

视图平移可以对视图屏幕在同一个平面内进行上下左右的移动。选择下拉菜单 视图(V) ➡ 平移(P) 命令,此时光标变成 状,按住鼠标左键拖动视图到预定位置。

说明:按住 Shift 键的同时再按住鼠标中键可以快速对视图进行平移。

## 2. 视图缩放

在 Mastercam X8 中为用户提供了多种视图缩放命令,用户可以通过下拉菜单 视图(V) 和 "视图操控"工具栏(图 2.6.19)对视图进行相应的调整。

图 2.6.19 "视图操控"工具栏

图 2.6.19 所示的"视图操控"工具栏中按钮功能的说明如下。

A: 适配。

B: 重画。

C: 目标缩放。

D: 缩放窗口。

E: 缩放选定图素。

F: 取消缩放上一个 0.5 倍。

G: 取消缩放 0.8 倍。

H: 动态旋转。

I: 前一平面。

J: 平面列表。

●  适配(F) 命令：用于将图形充满整个绘图窗口，如图 2.6.20 所示。

a）适配前

b）适配后

图 2.6.20 适配

● 缩放窗口(Z) 命令：用于局部放大，如图 2.6.21 所示。用户需以矩形框的两个顶点的方式在绘图区定义放大区域。

● 目标缩放(T) 命令：用于定义目标放大区域并进行放大，如图 2.6.22 所示。此命令与视窗放大命令不同，它是先确定矩形框中心点然后再确定顶点。

● 取消缩放上一个 0.5 倍(M) 命令：用于缩小至当前视图的一半，如图 2.6.23 所示。

a）放大前

b）放大后

图 2.6.21 缩放窗口

a）放大前

b）放大后

图 2.6.22 目标缩放

a）缩小前

b）缩小后

图 2.6.23 取消缩放上一个 0.5 倍

-  **取消缩放 0.8 倍(U)** 命令：用于缩小至当前视图的80%，如图2.6.24所示。
- **动态放大/缩小(I)** 命令：使用此命令，用户首先需要在绘图区使用鼠标左键确定一点作为缩放中心，之后鼠标向上拖动为放大图形，鼠标向下拖动为缩小图形，完成缩放后需单击确认。
- **缩放选定图素(S)** 命令：用于放大指定的图素充满绘图区。当使用此命令时，用户需先在绘图区选择要放大的元素，然后再选择 **缩放选定图素(S)** 命令进行放大。

a）缩小前

b）缩小后

图2.6.24 取消缩放0.8倍

### 3．视图旋转

在使用Mastercam X8进行绘图时，经常需要对图形进行旋转操作，以便观察图形。通过 **视图(V)** ➡ **方位(N)** ➡ **动态旋转(D)** 命令（或者在"视图操控"工具栏中单击 按钮）可以旋转视图。

使用 **动态旋转(D)** 命令时，首先需单击在绘图区选择一个点作为旋转中心，然后移动鼠标旋转图形，直到转到合适位置时再次单击完成图形的旋转操作。

说明：使用鼠标中键可以快速旋转图形。

### 4．视图方向

Mastercam X8除了为用户提供了上述七种标准视图外，还提供了一些命令使用户能够以特定的方向观察图形。下面介绍七种标准视图以及一些特定视图的操作方法。

- 标准视图：在下拉菜单 **视图(V)** 的子菜单 **标准视图(A)** 中列出了七种系统设定好的视图，如图2.6.25~图2.6.31所示。

图2.6.25 俯视图

图2.6.26 左视图

图2.6.27 后视图

图 2.6.28　前视图　　　　图 2.6.29　右视图　　　图 2.6.30　底视图　　图 2.6.31　等角视图

- 法向视角：选择下拉菜单 视图(V) ➡ 方位(N) ➡ 法向平面(N) 命令，然后选择一条直线，系统会以这条直线的方向定义视图方向。

- 选择视角：选择下拉菜单 视图(V) ➡ 方位(N) ➡ 平面列表 命令，系统弹出图 2.6.32 所示的"平面选择"对话框。用户可以直接在该对话框中选择一个需要的视角，然后单击 ✓ 按钮完成视角的选择。

- 由图素定义：选择下拉菜单 视图(V) ➡ 方位(N) ➡ 按图素定视图(E) 命令，然后选择一个平面物体、两条相交的直线或者三个点来定义视图。

图 2.6.32　"平面选择"对话框

## 2.6.4　构图平面、坐标系及构图深度

在 Mastercam X8 用户界面最下面的状态栏中显示当前绘图的环境，如图 2.6.33 所示。下面对构图平面、坐标系及构图深度等几个比较重要的项目依次进行讲解。

说明：本小节实例的模型放置在 D:\mcx8\work\ch02.06.04 目录中。

图 2.6.33　状态栏

### 1．构图平面

构图平面是一个绘制二维图形的平面。三维造型的大部分图形一般可以分解为若干个平面图形进行拉伸、旋转等操作来完成，而这些绘制着二维图形的不同角度、不同位置的二维平面就是"构图平面"。

设置构图平面与设置"屏幕视角"类似，在状态栏中单击 平面 按钮，系统弹出图 2.6.34 所示的快捷菜单，其中列出了许多设定构图平面的方法，下面对其主要项进行讲解。

图 2.6.34　"构图平面"快捷菜单

- 标准构图平面：在图 2.6.34 所示的"构图平面"快捷菜单的上部，列出了七个系统设定的标准构图平面，各个标准构图平面的示意图如图 2.6.35 所示，分别为俯视图（Top）、前视图（Front）、后视图（Back）、底视图（Bottom）、右视图（Right）、左视图（Left）和等角视图（ISO）。其中等角视图是该构图平面与三个坐标轴的夹角相等。

图 2.6.35　各种标准构图平面

- 按图形定面：需选择一个平面物体、两条相交的直线或者三个点来定义构图平面。
- 按实体面定面：需选择一个实体的平面来定义构图平面。例如选择图 2.6.36 所示的模型表面为构图平面，系统弹出"验证"对话框，然后单击"验证"对话框的 按钮，系统弹出图 2.6.37 所示的"选择平面"对话框。用户可以通过该对话框定义视角。

图 2.6.36　按照实体表面定义构图平面

图 2.6.37　"选择平面"对话框

- 法向定面：通过选择一条直线作为构图平面的法线来确定构图平面。例如选择图 2.6.38 所示的直线，系统弹出"选择视角"对话框。用户可以通过该对话框定义视角。

图 2.6.38　依法线定义构图平面

## 2．坐标系

Mastercam X8 中的坐标系包括世界坐标系（WCS）和用户坐标系（UCS）两种。系统默认的坐标系被称为世界坐标系。按 F9 键可以显示世界坐标系，如图 2.6.39 所示；再次按 F9 键隐藏世界坐标系。

在状态栏中单击 **WCS** 按钮，系统弹出图 2.6.40 所示的快捷菜单。用户可以在此快捷菜单中设置世界坐标系。设置世界坐标系的方法与前面所述的设置"构图平面"的方法相同，设置完世界坐标系的构图平面后，还需要设置世界坐标系中的角度和位置。

图 2.6.40　"WCS"快捷菜单

图 2.6.39　世界坐标系

若用户想对构图平面、刀具平面和坐标系等多项参数同时进行设置，可以在"WCS"快捷菜单中选择 ⬚ 平面管理器(P) 命令，系统弹出图 2.6.41 所示的"平面管理器"对话框。用户可以通过该对话框对构图平面、刀具平面和坐标系等多项参数进行设置。

图 2.6.41　"平面管理器"对话框

### 3. 构图深度

前面所讲的构图平面只是设置该平面的法线，而在同一条法线上的平面有无数个，并且这些平面都是相互平行的，因此就需要定义一个所谓"构图深度"的值来确定平面的位置，所以构图深度就是二维平面相对于世界坐标系的空间位置。在默认情况下，构图深度为零，也就是通过世界坐标系的原点。

用户可以在状态栏的 Z [0.0 ▼] 文本框中设置构图深度值，设置完构图深度值后需按 Enter 键应用构图深度值；或者在状态栏的 Z [0.0 ▼] 文本框中右击，系统弹出图 2.6.42 所示的快捷菜单。在弹出的快捷菜单中选择相应的命令来确定构图深度值。

图 2.6.42 "构图深度"快捷菜单

# 第 3 章　基本图形的绘制与编辑

## 3.1　点 的 绘 制

Mastercam X8 为用户提供了八种绘制点的方法，从而能够满足不同用户的需求。在 Mastercam X8 中，点不仅有形状，而且有大小。点的形状可以通过"系统配置"对话框 CAD 设置 选项卡中的 点型 下拉列表 [*　　▼] 进行设置，也可以在状态栏的 [*▼] 下拉列表 中进行设置。点在绘图区所占的百分比是不变的，即点的大小不随视图比例的变化而 变化。

绘制点的各种命令位于 绘图(C) 下拉菜单的 点(P) 子菜单中，如图 3.1.1 所示。同样，在"草图设计"工具栏中也列出了相应的绘制点的命令，如图 3.1.2 所示。

图 3.1.1　"绘点"子菜单

图 3.1.2　"草图设计"工具栏

### 3.1.1　位置点

位置点功能 ✚ 是通过指定点的坐标值，或者通过点的捕捉创建的。单击"绘制位置点" 按钮 ✚ 位置点(P)...，系统弹出图 3.1.3 所示的"点"工具栏。此时用户可以在绘图区任意 指定的位置绘制点。

图 3.1.3　"点"工具栏

图 3.1.3 所示的"点"工具栏中的按钮说明如下。

● ✚1 按钮：用于修改当前创建点的位置。

如果用户想在已绘制图素的特征上创建点，则可以在"AutoCursor"工具栏的 ╳▼ 下 拉列表中选择定义点的类型。点的定义和使用方法如下所述。

**1.** ⊥ 原点(O)

此种创建点的方式是在系统世界坐标系的坐标原点创建一个点。

**2.　圆弧中心 (C)**

此种创建点的方式是用于创建选择圆或者圆弧的圆心，在绘图区中单击需要创建圆心点的圆弧，则可以创建该圆弧的圆心。

**3.　端点 (E)**

此种创建点的方式是用于在图素（直线、圆弧）的端点创建一点。使用这种方式只能在绘图区现有的图素上创建点。选择此命令后，在绘图区中选取要创建端点的图素，系统会在靠近鼠标位置的一端创建一个端点。

**4.　交点 (I)**

此种创建点的方式是在两个相交图素的交点处创建一个点。选择此方式后，在绘图区选取两个相交图素，系统会在两个相交图素的交点处创建交点。如果所选择的两个图素没有交点，系统会弹出图 3.1.4 所示的"警告"对话框，提示用户所选择的两个图素没有交点。

图 3.1.4　"警告"对话框

**5.　中点 (M)**

此种创建点的方式是在所选取的图素中点创建一个点。选择此命令后，在绘图区选择一个图素，系统会在选定图素的中点位置创建一个点。

**6.　选点 (P)**

此种创建点的方式是用于对绘图区中已存在的点进行选择，并在该点位置创建新点。使用鼠标在绘图区中的现有点上单击，则新创建的点将与原来的点重叠在同一个位置上。

**7.　象限点 (Q)**

此种创建点的方式是在圆弧的四个象限点位置处创建点，圆的四个象限点分别分布在圆周 0°、90°、180° 和 270° 的位置上。选择此命令后，在绘图区选择一个圆弧，系统会在距离鼠标最近的象限点处创建四等分点。

**8.　引导方向 (G)**

此种创建点的方式是在图素上沿着图素的方向，并根据指定的距离值创建点。选择此命令后，在绘图区选择一个图素，然后在 文本框中输入距离值并按 Enter 键创建点。

9. 接近点

此种创建点的方式是捕捉离光标位置最近的点。

10. 相对点

此种创建点的方式是用于创建相对一个已知位置具有一定距离的点。

11. 相切

此种创建点的方式是捕捉图素对象与圆弧相切的点。这种点的创建方式大多被应用于绘制直线。

12. 垂直

此种创建点的方式是捕捉图素之间的垂直点。这种点的创建方式大多被应用于绘制直线。

## 3.1.2　动态绘点

"动态绘点"命令 动态绘点(D)... 可以沿着某一个图素的方向动态绘制点。使用此命令可以在已知图素（直线或圆弧）以外绘制动态点。下面以图 3.1.5 所示的模型为例，讲解动态绘点的一般操作过程。

a）创建前

b）创建后

图 3.1.5　动态绘点

Step1. 打开文件 D:\mcx8\work\ch03.01.02\DYNAMIC_POINT.MCX。

Step2. 选择命令。选择下拉菜单 绘图(C) ➡ 点(P) ➡ 动态绘点(D)... 命令，系统弹出图 3.1.6 所示的"动态绘点"工具栏。

图 3.1.6　"动态绘点"工具栏

图 3.1.6 所示的"动态绘点"工具栏中部分选项的说明如下。

- 按钮: 用于修改当前创建点的位置。

- 按钮: 用于定义创建点沿任意直线方向。

- 按钮: 用于调整点的创建方向, 其有三种状态, 分别为 、 和 , 单击此按钮, 将在三种状态中间循环切换。

- 按钮: 用于确定创建点的矢量方向沿曲面的法向。

- 按钮: 用于设置锁定和解除锁定动态点的距离。当此按钮处于按下状态时, 该按钮后的文本框被锁定, 即动态点的位置不会跟随鼠标的移动而改变。用户可以在其后的文本框中定义动态点的距离值。

- 按钮: 用于设置使用补正距离。当此按钮处于按下状态时, 使用补正, 此时在绘图区出现补正方向箭头, 用户可以通过移动鼠标更改补正方向。用户可以在其后的文本框中定义补正的距离值。

注意:

- 当所选择的附着动态点的对象为圆弧时, 动态点的距离将沿着定义圆弧的顺时针方向计算。

- 当所选择的附着动态点的对象为圆时, 动态点的距离将从圆的零度点开始计算。

- 补正距离命令不能在曲面或实体上创建动态点。

Step3. 定义动态点的附着对象。在绘图区选取图 3.1.5a 所示的样条曲线为附着对象。

Step4. 设置动态点的参数。在"动态绘点"工具栏中单击按钮, 并在其后的文本框中输入值 50, 然后按 Enter 键确认。

说明: 动态点测量的值为两点之间的距离, 如图 3.1.5b 所示。

Step5. 单击按钮, 完成动态点的绘制。

## 3.1.3 曲线节点

"曲线节点"命令 节点(N) 可以将控制曲线形状的节点绘制出来。下面以图 3.1.7 所示的模型为例, 讲解创建曲线节点的一般操作过程。

a) 创建前

图 3.1.7 曲线节点

b) 创建后

Step1. 打开文件 D:\mcx8\work\ch03.01.03\NODE_POINT.MCX。

Step2. 选择命令。选择下拉菜单 绘图(C) ➡ 点(P) ➡ 节点(N) 命令。

Step3. 定义曲线节点的对象。在绘图区选择图 3.1.7a 所示的样条曲线为对象，此时系统会自动创建该样条曲线的控制节点，如图 3.1.7b 所示。

## 3.1.4　等分点

"等分点"命令 等分点(S)... 可以在一个已知图素上按照定义的距离和数量绘制一系列点。下面以图 3.1.8 所示的模型为例讲解绘制等分点的一般操作过程。

a）创建前　　　　　　　　　　　　　　　　　　　　　　b）创建后

图 3.1.8　绘制等分点

Step1. 打开文件 D:\mcx8\work\ch03.01.04\SEGMENT.MCX。

Step2. 选择命令。选择下拉菜单 绘图(C) ➡ 点(P) ➡ 等分点(S)... 命令，系统弹出图 3.1.9 所示的"等分点"工具栏。

图 3.1.9　"等分点"工具栏

图 3.1.9 所示的"等分点"工具栏中部分选项的说明如下。

● ➡ 按钮：用于设置使用定义分割间距的方式创建等分点。用户可以在其后的文本框中定义等分点的间距值。

● ▦ 按钮：用于设置使用定义等分点的数量值的方式创建等分点。用户可以在其后的文本框中定义等分点的数量值。

Step3. 设置等分点的参数。在"等分点"工具栏▦按钮后的文本框中输入值 6，然后按 Enter 键确认。

Step4. 定义分割对象。在绘图区选择图 3.1.8a 所示的样条曲线为附着对象，此时系统会自动创建等分点，如图 3.1.8b 所示。

Step5. 单击➕按钮，完成等分点的绘制。

Step6. 分割圆。参照 Step3~ Step5 将图 3.1.8a 所示的圆弧分割成五份，定义的等分点数为 6。

说明：由图 3.1.8b 所示的等分点的数量可以看出，同样定义了等分点的数量为 6，可是封闭圆的等分点数少了一个。其实封闭圆的等分点数并没有少，系统会默认封闭圆是由一个点绕着另一个点从 0°开始旋转，直至旋转到 360°为止的圆弧组成，因此，在 0°位置有两个点。

## 3.1.5　端点

"端点"命令  可以在视图中所有图素的端点处绘制点。下面以图 3.1.10 所示的模型为例讲解绘制端点的一般操作过程。

图 3.1.10　绘制端点

Step1. 打开文件 D:\mcx8\work\ch03.01.05\POINT.MCX。

Step2. 选择命令。选择下拉菜单 绘图(C) ➡ 点(P) ➡ 端点(E) 命令，此时系统会自动创建端点，如图 3.1.10b 所示。

## 3.1.6　小圆弧心点

"小圆弧心点"命令  可以在已知半径内的圆弧中心创建点。下面以图 3.1.11 所示的模型为例讲解绘制小圆弧心点的一般操作过程。

图 3.1.11　绘制小圆弧心点

Step1. 打开文件 D:\mcx8\work\ch03.01.06\CENTER_POINT.MCX。

Step2. 选择命令。选择下拉菜单 绘图(C) ➡ 点(P) ➡ 小圆弧心(A)... 命令，系统弹出图 3.1.12 所示的"小于指定半径的圆心点"工具栏。

图 3.1.12　"小于指定半径的圆心点"工具栏

图 3.1.12 所示的"小于指定半径的圆心点"工具栏中部分选项的说明如下。

- 按钮：用于定义小圆弧的最大半径，系统会在定义的最大半径内的小圆弧中心创建圆心点。用户可以在其后的文本框中定义小圆弧的最大半径值。
- 按钮：用于设置在部分圆的圆弧中心创建点。

● 按钮：用于设置在创建完小圆弧中心点后删除小圆弧。

Step3. 设置小圆心点的参数。在"小于指定半径的圆心点"工具栏中单击 按钮，并在其后的文本框中输入值 20，然后按 Enter 键确认。

Step4. 定义创建小圆心点的对象。在绘图区框选图 3.1.11a 所示的两个圆弧为对象。

Step5. 单击 按钮，完成小圆心点的绘制。

# 3.2 直线的绘制

Mastercam X8 为用户提供了六种绘制直线的方法，从而能够满足用户的需求。绘制直线的各种命令位于 绘图(C) 下拉菜单的 线(L) 子菜单中，如图 3.2.1 所示。同样，在"草图设计"工具栏中也列出了相应的绘制直线的命令，如图 3.2.2 所示。

图 3.2.1 "线"子菜单

图 3.2.2 "草图设计"工具栏

## 3.2.1 两点绘线

两点绘线命令 端点(E)... 是通过确定直线的起点和终点来创建直线。系统可根据鼠标移动的方向自动判断生成水平或竖直的直线。下面以图 3.2.3 所示的模型为例讲解两点绘线的一般操作过程。

a）创建前

b）创建后

图 3.2.3 两点绘线

Step1. 打开文件 D:\mcx8\work\ch03.02.01\ENDPOINT_LINE.MCX。

Step2. 选择命令。选择下拉菜单 绘图(C) ➡ 线(L) ➡ 端点(E)... 命令，系统弹出图 3.2.4 所示的"直线"工具栏。

图 3.2.4 "直线"工具栏

图 3.2.4 所示的"直线"工具栏中部分选项的说明如下。

- +1 按钮：用于对当前绘制的直线的起点进行编辑。

- +2 按钮：用于对当前绘制的直线的终点进行编辑。

- 按钮：用于设置绘制连续的多线段。

- 按钮：用于设置锁定和解除锁定直线的距离。当此按钮处于按下状态时，该按钮后的文本框被锁定，即直线的长度不会跟随鼠标的移动而改变。用户可以在其后的文本框中定义直线的长度值。

- 按钮：用于设置锁定和解除锁定直线的角度。当此按钮处于按下状态时，该按钮后的文本框被锁定，即创建后的直线与极坐标轴之间的角度不会跟随鼠标的移动而改变。用户可以在其后的文本框中定义绘制直线与极坐标轴间的角度值。

- 按钮：用于强制绘制竖直直线。

- 按钮：用于强制绘制水平直线。

- 按钮：用于设置绘制的直线与选定的圆弧或者样条曲线相切。用户可以在绘图区任意位置定义直线的起点，然后单击此按钮并选取相切对象，完成相切直线的绘制。

Step3. 定义直线的起点和终点。在绘图区选取图 3.2.3a 所示的点 1 为直线的起点，点 2 为直线的终点。

Step4. 单击 按钮，完成直线的绘制。

## 3.2.2 近距线

近距线命令 近距线(C) 是在两个图素（包括直线、圆弧和样条曲线）之间创建最短的直线。下面以图 3.2.5 所示的模型为例讲解绘制近距线的一般操作过程。

a）创建前        b）创建后

图 3.2.5　绘制近距线

Step1. 打开文件 D:\mcx8\work\ch03.02.02\CLOSEST_LINE.MCX。

Step2. 选择命令。选择下拉菜单 绘图(C) ➡ 线(L) ➡ 近距线(C) 命令。

Step3. 定义近距线的对象。依次在绘图区选择图 3.2.5a 所示的两个圆弧为对象，此时系统会自动创建这两个元素之间的近距线，如图 3.2.5b 所示。

## 3.2.3 分角线

分角线命令  是在两条直线之间创建角平分线。下面以图 3.2.6 所示的模型为例讲解绘制分角线的一般操作过程。

a) 创建前          b) 创建后

图 3.2.6 绘制分角线

Step1. 打开文件 D:\mcx8\work\ch03.02.03\BISECT_LINE.MCX。

Step2. 选择命令。选择下拉菜单 绘图(C) ➡ 线(L) ➡ 分角线(B)... 命令，系统弹出图 3.2.7 所示的 "平分线" 工具栏。

图 3.2.7 "平分线" 工具栏

图 3.2.7 所示的 "平分线" 工具栏中部分选项的说明如下。

● 按钮: 选中此按钮, 用户可以创建一条单独的平分线。

● 按钮: 选中此按钮, 用户可以创建四条平分线。

● 按钮: 用于设置分角线的长度。用户可以在其后的文本框中定义分角线的长度值。

Step3. 设置分角线的参数。在 "平分线" 工具栏中单击 按钮, 并在其后的文本框中输入值 25, 然后按 Enter 键确认。

Step4. 定义绘制分角线的对象。确认 "平分线" 工具栏中的 按钮被按下时, 在绘图区选取图 3.2.6a 所示的两条直线为对象。此时在绘图区显示图 3.2.8 所示的四条分角线。

Step5. 定义要保留的分角线。在绘图区选取图 3.2.9 所示的直线为要保留的分角线。

Step6. 单击 按钮, 完成分角线的绘制, 如图 3.2.6b 所示。

选取此直线

图 3.2.8 分角线预览          图 3.2.9 定义要保留的分角线

## 3.2.4 绘制法线

绘制法线命令 法线(P)... 是用来绘制与已知直线垂直的直线。下面以图 3.2.10 所示的模型为例讲解绘制法线的一般操作过程。

a）创建前      b）创建后

图 3.2.10 绘制法线

Step1. 打开文件 D:\mcx8\work\ch03.02.04\PERPENDICULAR_LINE.MCX。

Step2. 选择命令。选择下拉菜单 绘图(C) ➡ 线(L) ➡ ⊥ 法线(P)... 命令，系统弹出图 3.2.11 所示的"法线"工具栏。

图 3.2.11 "法线"工具栏

图 3.2.11 所示的"法线"工具栏中部分选项的说明如下。

● 按钮：用于设置垂直线的长度。用户可以在其后的文本框中定义垂直线的长度值。

● 按钮：用于设置绘制的垂直线与选定的圆弧或者样条曲线相切。用户可以在绘图区选取一个相切图素，然后单击此按钮并选取另一个相切对象，完成相切直线的绘制。

Step3. 设置法线的参数。在"法线"工具栏中单击 按钮。

Step4. 定义法线相切和垂直的对象。在绘图区选取图 3.2.10a 所示的圆弧为相切对象，然后选取图 3.2.10a 所示的直线为垂直对象。此时在绘图区显示图 3.2.12 所示的两条垂直线。

Step5. 定义要保留的法线。在绘图区选取图 3.2.13 所示的直线为要保留的法线。

图 3.2.12 法线预览

选取此直线

图 3.2.13 定义要保留的法线

Step6. 单击 按钮，完成法线的绘制，如图 3.2.10b 所示。

## 3.2.5 绘制平行线

绘制平行线命令 平行线(A)... 是通过一点绘制某一直线的平行线。下面以图 3.2.14 所示的模型为例讲解绘制平行线的一般操作过程。

a）创建前

b）创建后

图 3.2.14　绘制平行线

Step1. 打开文件 D:\mcx8\work\ch03.02.05\PARALLEL_LINE.MCX。

Step2. 选择命令。选择下拉菜单 绘图(C) ➡ 线(L) ➡ 平行线(A)... 命令，系统弹出图 3.2.15 所示的"平行线"工具栏。

图 3.2.15　"平行线"工具栏

**图 3.2.15 所示的"平行线"工具栏中部分选项的说明如下。**

- +1 按钮：用于对当前平行线的通过点进行编辑。

- ⬅→ 按钮：用于调整平行直线的位置。此按钮有三种状态，分别为 ⬅→ 、⬅→ 和 ⬅→ ，它们对应的位置如图 3.2.16~图 3.2.18 所示。

图 3.2.16　位置 1

图 3.2.17　位置 2

图 3.2.18　位置 3

- ➡| 按钮：用于设置使用平行直线与原始图素之间的距离限制平行线。用户可以在其后的文本框中定义平行的距离值。

- ╱ 按钮：用于设置绘制的平行线与选定的圆弧或者样条曲线相切。用户可以在绘图区选取一个相切图素，然后单击此按钮并选取另一个相切对象，完成相切直线的绘制。

Step3. 设置平行线的参数。在"平行线"工具栏中单击 ╱ 按钮。

Step4. 定义平行对象和相切图素。在绘图区选取图 3.2.14a 所示的直线为平行对象，然后选取图 3.2.14a 所示的圆弧为相切的图素（在图 3.2.19 所示的靠近点 1 位置处单击）。

点 1

图 3.2.19　定义相切图素

Step5. 单击 ✓ 按钮，完成平行线的绘制，如图 3.2.14b 所示。

## 3.2.6　绘制通过点相切线

绘制通过点相切线命令 ⌐ 通过点相切(T)... 是通过一点绘制与某一圆弧相切的线。下面以图 3.2.20 所示的模型为例讲解绘制通过点相切线的一般操作过程。

　　a）创建前　　　　　　　　　　　　　　　　　b）创建后

图 3.2.20　绘制通过点相切线

Step1. 打开文件 D:\mcx8\work\ch03.02.06\CURVE_TANGENG.MCX。

Step2. 选择命令。选择下拉菜单 绘图(C) ➡ 线(L) ➡ ⌐ 通过点相切(T)... 命令，系统弹出图 3.2.21 所示的"线切"工具栏。

图 3.2.21　"线切"工具栏

Step3. 定义相切图素和相切点。在绘图区选取图 3.2.20a 所示的曲线为相切对象，选取图 3.2.22 所示的点 1 为相切点，然后沿相切的方向一侧单击。

说明：选取曲线时应靠近相切点的位置，否则结果可能不正确。相切点也可以选择曲线上的任意一点。

点 1

图 3.2.22　定义相切点

Step4. 定义切线长度。单击"线切"工具栏中的 按钮，然后在其后面的文本框中输入值 100，按 Enter 键。

Step5. 单击 ✓ 按钮，完成通过点相切线的绘制，如图 3.2.20b 所示。

# 3.3　圆及圆弧的绘制

Mastercam X8 为用户提供了七种绘制圆及圆弧的方法，它们位于 绘图(C) 下拉菜单的

**弧(A)** 子菜单中，如图 3.3.1 所示。同样，在"草图设计"工具栏中也列出了相应的绘制圆及圆弧的命令，如图 3.3.2 所示。

图 3.3.1 "圆弧"子菜单

图 3.3.2 "草图设计"工具栏

## 3.3.1 三点画圆

三点画圆命令 ⭕ **三点画圆(E)...** 是通过指定不在同一直线上的三个点来创建圆。下面以图 3.3.3 所示的模型为例讲解绘制三点画圆的一般操作过程。

a）创建前          b）创建后

图 3.3.3 绘制三点圆

**Step1.** 打开文件 D:\mcx8\work\ch03.03.01\CIRCLE_EDGE_POINT.MCX。

**Step2.** 选择命令。选择下拉菜单 **绘图(C)** ➡ **弧(A)** ➡ ⭕ **三点画圆(E)...** 命令，系统弹出图 3.3.4 所示的"已知边界点画圆"工具栏。

图 3.3.4 "已知边界点画圆"工具栏

**图 3.3.4 所示的"已知边界点画圆"工具栏中部分选项的说明如下。**

- **+1** 按钮：用于对当前三点圆弧的第一个通过点进行编辑。
- **+2** 按钮：用于对当前三点圆弧的第二个通过点进行编辑。
- **+3** 按钮：用于对当前三点圆弧的第三个通过点进行编辑。
- 按钮：用于设置使用三个通过点创建圆弧。
- 按钮：用于设置使用两个通过点创建圆弧。
- 按钮：用于设置锁定和解除锁定圆弧的半径。当此按钮处于按下状态时，该按钮后的文本框被锁定，即圆弧的半径不会跟随鼠标的移动而改变。用户可以在其后的文本框中定义圆弧的半径值。

● 按钮：用于设置锁定和解除锁定圆弧的直径。当此按钮处于按下状态时，该按钮后的文本框被锁定，即圆弧的直径不会跟随鼠标的移动而改变。用户可以在其后的文本框中定义圆弧的直径值。

● 按钮：用于设置绘制的圆弧与选定的图素相切。

Step3. 设置创建圆的方式。在"已知边界点画圆"工具栏中单击 按钮，并确认 按钮没有处于按下状态。

Step4. 创建图 3.3.3b 所示的圆 1。依次在绘图区选取图 3.3.3a 所示的三个点，创建图 3.3.3b 所示的圆 1。

Step5. 设置圆弧参数。在"已知边界点画圆"工具栏中单击 按钮。

Step6. 创建图 3.3.3b 所示的圆 2。依次在绘图区选取图 3.3.3a 所示的三条直线，创建图 3.3.3b 所示的圆 2。

Step7. 单击 按钮，完成三点圆弧的绘制，如图 3.3.3b 所示。

## 3.3.2 中心、半径绘圆

中心、半径绘圆命令 圆心点画圆(C)... 是确定圆心和一个圆的通过点创建圆弧。下面以图 3.3.5 所示的模型为例讲解中心、半径绘圆的一般操作过程。

a）创建前    b）创建后

图 3.3.5    中心、半径绘圆

Step1. 打开文件 D:\mcx8\work\ch03.03.02\CIRCLE_CENTER_POINT. MCX。

Step2. 选择命令。选择下拉菜单 绘图(C) ➡ 弧(A) ➡ 圆心点画圆(C)... 命令，系统弹出图 3.3.6 所示的"编辑圆心点"工具栏。

图 3.3.6    "编辑圆心点"工具栏

图 3.3.6 所示的"编辑圆心点"工具栏中部分选项的说明如下。

● 按钮：用于对当前圆弧的中心点进行编辑。

● 按钮：用于设置锁定和解除锁定圆弧的半径。当此按钮处于按下状态时，该按钮后的文本框被锁定，即圆弧的半径不会跟随鼠标的移动而改变。用户可以在其后的文本框中定义圆弧的半径值。

- ⬡按钮：用于设置锁定和解除锁定圆弧的直径。当此按钮处于按下状态时，该按钮后的文本框被锁定，即圆弧的直径不会跟随鼠标的移动而改变。用户可以在其后的文本框中定义圆弧的直径值。

- ／按钮：用于设置绘制的圆弧与选定的图素相切。

Step3. 设置创建圆方式。在"编辑圆心点"工具栏中确认／按钮没有处于按下状态。

Step4. 创建图 3.3.5b 所示的圆 1。依次在绘图区选取图 3.3.5a 所示的点 1 和点 2，创建图 3.3.5b 所示的圆 1。

Step5. 设置圆参数。在"编辑圆心点"工具栏中单击／按钮。

Step6. 创建图 3.3.5b 所示的圆 2。依次在绘图区选取图 3.3.5a 所示的点 3 和前面创建的圆 1，创建图 3.3.5b 所示的圆 2。

Step7. 单击✓按钮，完成中心、半径绘圆的操作，如图 3.3.5b 所示。

## 3.3.3 极坐标圆弧

极坐标圆弧命令  是确定圆心、圆弧的起始角和终止角来创建极坐标圆弧。下面以图 3.3.7 所示的模型为例讲解创建极坐标圆弧的一般操作过程。

a) 创建前　　　　　　　　　　　　　　　　　　b) 创建后

图 3.3.7　极坐标圆弧

Step1. 打开文件 D:\mcx8\work\ch03.03.03\ARC_POLAR.MCX。

Step2. 选择命令。选择下拉菜单 绘图(C) ➡ 弧(A) ➡ 极坐标圆弧(P)... 命令，系统弹出图 3.3.8 所示的"极坐标画弧"工具栏。

图 3.3.8　"极坐标画弧"工具栏

图 3.3.8 所示的"极坐标画弧"工具栏中部分选项的说明如下。

- +↑按钮：用于对当前圆弧的中心点进行编辑。

- ⟷按钮：用于调整圆弧的位置。此按钮有两种状态，分别为 ⟷ 和 ⟷，它们对应的位置如图 3.3.9 和图 3.3.10 所示。

- ◎按钮：用于设置锁定和解除锁定圆弧的半径。当此按钮处于按下状态时，该按钮后的文本框被锁定，即圆弧的半径不会跟随鼠标的移动而改变。用户可以在其后的文本框中定义圆弧的半径值。

图 3.3.9　位置 1　　　　　　　　　　　　图 3.3.10　位置 2

- 按钮：用于设置锁定和解除锁定圆弧的直径。当此按钮处于按下状态时，该按钮后的文本框被锁定，即圆弧的直径不会跟随鼠标的移动而改变。用户可以在其后的文本框中定义圆弧的直径值。

- 按钮：用于设置锁定和解除锁定极坐标圆弧的起始角度。当此按钮处于按下状态时，该按钮后的文本框被锁定，即极坐标圆弧的起始角度不会跟随鼠标的移动而改变。用户可以在其后的文本框中定义极坐标圆弧的起始角度值。

- 按钮：用于设置锁定和解除锁定极坐标圆弧的终止角度。当此按钮处于按下状态时，该按钮后的文本框被锁定，即极坐标圆弧的终止角度不会跟随鼠标的移动而改变。用户可以在其后的文本框中定义极坐标圆弧的终止角度值。

- 按钮：用于设置绘制的圆弧与选定的图素相切。

Step3. 设置创建圆弧方式。在"极坐标画弧"工具栏中确认 按钮没有处于按下状态。

Step4. 创建图 3.3.7b 所示的圆弧 1。依次在绘图区选取图 3.3.7a 所示的点 1、点 2 和点 3，创建图 3.3.7b 所示的圆弧 1。

Step5. 设置圆弧参数。在"极坐标画弧"工具栏中单击 按钮。

Step6. 创建图 3.3.7b 所示的圆弧 2。依次在绘图区选取图 3.3.7a 所示的点 4、前面创建的圆弧 1 和点 5，创建图 3.3.7b 所示的圆弧 2。

Step7. 单击 按钮，完成极坐标圆弧的绘制，如图 3.3.7b 所示。

## 3.3.4　极坐标画弧

极坐标画弧命令 极坐标画弧(O)... 是确定半径和一个圆的通过点创建极坐标圆弧。下面以图 3.3.11 所示的模型为例讲解极坐标画弧的一般操作过程。

a）创建前　　　　　　　　　　　　　b）创建后

图 3.3.11　极坐标画弧

Step1. 打开文件 D:\mcx8\work\ch03.03.04\CIRCLE_POLAR.MCX。

Step2. 选择命令。选择下拉菜单 绘图(C) ➡ 弧(A) ➡ 极坐标画弧(O)... 命令，系统弹出图 3.3.12 所示的"极坐标画弧"工具栏。

图 3.3.12　"极坐标画弧"工具栏

图 3.3.12 所示的"极坐标画弧"工具栏中部分选项的说明如下。

- 按钮：用于对当前圆弧的通过点进行编辑。
- 按钮：用于设置圆弧的通过点为圆弧的起始点，如图 3.3.13 所示。
- 按钮：用于设置圆弧的通过点为圆弧的终止点，如图 3.3.14 所示。

图 3.3.13　通过点为起始点

图 3.3.14　通过点为终止点

- 按钮：用于定义圆弧半径。用户可以在其后的文本框中定义圆弧的半径值。
- 按钮：用于定义圆弧直径。用户可以在其后的文本框中定义圆弧的直径值。
- 按钮：用于定义极坐标画弧的起始角度。用户可以在其后的文本框中定义极坐标画弧的起始角度值。
- 按钮：用于定义极坐标画弧的终止角度。用户可以在其后的文本框中定义极坐标画弧的终止角度值。

Step3. 定义通过点。在绘图区选取图 3.3.11a 所示的点为通过点。

Step4. 设置圆弧参数。在"极坐标画弧"工具栏中单击 按钮；然后单击 按钮，并在其后的文本框中输入值 10，最后按 Enter 键确认。

Step5. 单击 按钮，完成极坐标画弧的绘制，如图 3.3.11b 所示。

## 3.3.5　两点圆弧

两点圆弧命令 两点画弧(D)... 是确定两个通过点和圆弧的最高点创建圆弧。下面以图 3.3.15 所示的模型为例，讲解两点圆弧命令的一般操作过程。

a）创建前　　　　　　　　　　　　　　　b）创建后

图 3.3.15　两点圆弧

Step1. 打开文件 D:\mcx8\work\ch03.03.05\ARC_ENDPOINTS.MCX。

Step2. 选择命令。选择下拉菜单 绘图(C) ➡ 弧(A) ➡ 两点画弧(D)... 命令，系统弹出图 3.3.16 所示的"两点画弧"工具栏。

图 3.3.16 "两点画弧"工具栏

图 3.3.16 所示的"两点画弧"工具栏中部分选项的说明如下。

- 按钮：用于对当前圆弧的第一个通过点进行编辑。
- 按钮：用于对当前圆弧的第二个通过点进行编辑。
- 按钮：用于设置锁定和解除锁定圆弧的半径。当此按钮处于按下状态时，该按钮后的文本框被锁定，即圆弧的半径不会跟随鼠标的移动而改变。用户可以在其后的文本框中定义圆弧的半径值。
- 按钮：用于设置锁定和解除锁定圆弧的直径。当此按钮处于按下状态时，该按钮后的文本框被锁定，即圆弧的直径不会跟随鼠标的移动而改变。用户可以在其后的文本框中定义圆弧的直径值。
- 按钮：用于设置绘制的圆弧与选定的图素相切。

Step3. 设置创建圆弧方式。在"两点画弧"工具栏中确认 按钮没有处于按下状态。

Step4. 创建图 3.3.15b 所示的圆弧 1。依次在绘图区选取图 3.3.15a 所示的点 1 和点 2，然后单击 按钮，在其后的文本框中输入值 20，并按 Enter 键确认，此时在绘图区出现图 3.3.17 所示的两个圆。选取图 3.3.18 所示的圆弧为保留对象，单击 按钮创建图 3.3.15b 所示的圆弧 1。

图 3.3.17 圆弧预览

选择此圆弧

图 3.3.18 定义保留对象

Step5. 设置圆弧参数。在"两点画弧"工具栏中单击 按钮，取消按下 按钮。

Step6. 创建图 3.3.15b 所示的圆弧 2。依次在绘图区选取图 3.3.15a 所示的点 3、点 4 和前面创建的圆弧 1，创建图 3.3.15b 所示的圆弧 2。

Step7. 单击 按钮，完成两点圆弧的绘制，如图 3.3.15b 所示。

## 3.3.6　三点圆弧

三点圆弧命令 三点画弧(3)... 是依次确定三个通过点来创建圆弧。下面以图 3.3.19

所示的模型为例讲解三点圆弧命令的一般操作过程。

a）创建前　　　　　　　　　　　　　　　　　　b）创建后

图 3.3.19　三点圆弧

Step1. 打开文件 D:\mcx8\work\ch03.03.06\ARC_3_POINTS.MCX。

Step2. 选择命令。选择下拉菜单 绘图(C)  弧(A) ➡ 三点画弧(3)... 命令，系统弹出图 3.3.20 所示的"三点画弧"工具栏。

图 3.3.20　"三点画弧"工具栏

图 3.3.20 所示的"三点圆弧"工具栏中部分选项的说明如下。

- ⊕1 按钮：用于对当前圆弧的第一个通过点进行编辑。
- ⊕2 按钮：用于对当前圆弧的第二个通过点进行编辑。
- ⊕3 按钮：用于对当前圆弧的第三个通过点进行编辑。
- ⟋ 按钮：用于设置绘制的圆弧与选定的图素相切。

Step3. 设置创建圆弧方式。在"三点画弧"工具栏中确认 ⟋ 按钮没有处于按下状态。

Step4. 创建图 3.3.19b 所示的圆弧 1。依次在绘图区选取图 3.3.19a 所示的点 1、点 2 和点 3，创建图 3.3.19b 所示的圆弧 1。

Step5. 设置圆弧参数。在"三点画弧"工具栏中单击 ⟋ 按钮。

Step6. 创建图 3.3.19b 所示的圆弧 2。依次在绘图区选取图 3.3.19a 所示的直线 1、直线 2 和前面创建的圆弧 1，创建图 3.3.19b 所示的圆弧 2。

Step7. 单击 ✔ 按钮，完成两点圆弧的绘制，如图 3.3.19b 所示。

## 3.3.7　切弧

切弧命令 ⟍ 切弧(T)... 可以绘制与直线、圆、圆弧等相切的圆弧，但是此命令不能绘制与样条曲线相切的圆弧。下面以图 3.3.21 所示的模型为例讲解切弧的一般操作过程。

a）创建前　　　　　　　　　　　　　　　　　　b）创建后

图 3.3.21　切弧

Step1. 打开文件 D:\mcx8\work\ch03.03.07\ARC_TANGENT.MCX。

Step2. 选择命令。选择下拉菜单 绘图(C) ➡ 弧(A) ➡ ╲ 切弧(T)... 命令，系统弹出图 3.3.22 所示的"圆弧切弧"工具栏。

图 3.3.22    "圆弧切弧"工具栏

图 3.3.22 所示的"圆弧切弧"工具栏中部分选项的说明如下。

- 按钮：用于创建与一个图素相切的圆弧，如图 3.3.23 所示。
- 按钮：用于创建与一个图素相切并通过指定点的圆弧，如图 3.3.24 所示。

图 3.3.23    与一个图素相切圆弧          图 3.3.24    与一个图素相切并通过指定点圆弧

- 按钮：用于创建与一个图素相切并使圆心通过指定直线的圆，如图 3.3.25 所示。
- 按钮：用于动态创建与一个图素相切的圆弧，如图 3.3.26 所示。

图 3.3.25    圆          图 3.3.26    动态切弧

- 按钮：用于创建与三个图素相切的圆弧，如图 3.3.27 所示。
- 按钮：用于创建与三个图素相切的圆，如图 3.3.28 所示。

图 3.3.27    与三个图素相切圆弧          图 3.3.28    与三个图素相切圆

- 按钮：用于创建与两个图素相切的圆弧，如图 3.3.21b 所示。
- 按钮：用于设置锁定和解除锁定圆弧的半径。当此按钮处于按下状态时，该按钮后的文本框被锁定，即圆弧的半径不会跟随鼠标的移动而改变。用户可以在其后的文本框中定义圆弧的半径值。

- 按钮:用于设置锁定和解除锁定圆弧的直径。当此按钮处于按下状态时,该按钮后的文本框被锁定,即圆弧的直径不会跟随鼠标的移动而改变。用户可以在其后的文本框中定义圆弧的直径值。

Step3. 设置创建圆弧方式。在"圆弧切弧"工具栏中单击按钮。

Step4. 设置创建圆弧的参数。单击按钮,然后在其后的文本框中输入值 5,并按 Enter 键确认。

Step5. 定义相切对象。在绘图区选取图 3.3.21 所示的两条直线。

Step6. 单击按钮,完成切弧的绘制,如图 3.3.21b 所示。

## 3.4  绘制矩形

以上所讲述的都是绘制点、直线、圆弧等单一图素的命令。除了这些绘制单一图素的命令,Mastercam X8 还为用户提供了绘制复合图素的命令。如绘制矩形、绘制矩形形状图形等。这些复合图素是由多条直线和圆弧构成的,但是它们不是分别绘制的,而是由一个命令一次性创建出来的。不过这些复合图形并不是一个整体,各个组成图素是独立的。绘制这些复合图素的命令主要位于 绘图(C) 下拉菜单中,如图 3.4.1 所示。同样,在"草图设计"工具栏中也列出了相应的绘制复合图素的命令,如图 3.4.2 所示。

图 3.4.1  "绘图"下拉菜单

图 3.4.2  "草图设计"工具栏

### 3.4.1  绘制矩形

绘制矩形命令 矩形(R)... 是通过确定矩形的两个顶点来创建的。下面以图 3.4.3 所示的模型为例讲解绘制矩形的一般操作过程。

a) 创建前                                                          b) 创建后

图 3.4.3   绘制矩形

Step1. 打开文件 D：\mcx8\work\ch03.04.01\RECTANGLE.MCX。

Step2. 选择命令。选择下拉菜单 绘图(C) ➡ □ 矩形(R)... 命令，系统弹出图 3.4.4 所示的"矩形"工具栏。

图 3.4.4   "矩形"工具栏

图 3.4.4 所示的"矩形"工具栏中部分选项的说明如下。

● +1 按钮：用于对当前矩形的第一个顶点进行编辑。

● +2 按钮：用于对当前矩形的第二个顶点进行编辑。

● 按钮：用于设置锁定和解除锁定矩形的长度。当此按钮处于按下状态时，该按钮后的文本框被锁定，即矩形的长度不会跟随鼠标的移动而改变。用户可以在其后的文本框中定义矩形的长度值。

● 按钮：用于设置锁定和解除锁定矩形的宽度。当此按钮处于按下状态时，该按钮后的文本框被锁定，即矩形的宽度不会跟随鼠标的移动而改变。用户可以在其后的文本框中定义矩形的宽度值。

● 按钮：用于设置指定的第一个位置点为矩形的中心点。

● 按钮：用于设置创建矩形的同时创建曲面。

Step3. 定义矩形的两个顶点。在绘图区选取图 3.4.3a 所示的两个点为矩形的两个顶点。

Step4. 单击 ✓ 按钮，完成矩形的绘制，如图 3.4.3b 所示。

## 3.4.2   绘制矩形状图形

绘制矩形状图形命令 □ 矩形(E)... 是通过确定矩形状图形的两个位置点（顶点或者中线点）来创建的。矩形状图形可以创建图 3.4.5 所示的四种图形，下面以图 3.4.6 所示的模型为例讲解绘制矩形状图形的一般操作过程。

图 3.4.5   矩形状图形

a）创建前                         b）创建后

图 3.4.6 绘制矩形状图形

Step1. 打开文件 D:\mcx8\work\ch03.04.02\RECTANGULAR_ SHAPES. MCX。

Step2. 选择命令。选择下拉菜单 绘图(C) ➡ 矩形(E)... 命令，系统弹出图 3.4.7 所示的"矩形选项"对话框。

图 3.4.7 所示的"矩形选项"对话框中部分选项的说明如下。

- 基点 单选项：用于设置使用指定的基准点的方式创建矩形形状。

- 2点 单选项：用于设置使用指定的两点的方式创建矩形形状。

- 按钮：用于设置锁定和解除锁定矩形形状的长度。当此按钮处于按下状态时，该按钮后的文本框被锁定，即矩形形状的长度不会跟随鼠标的移动而改变。用户可以在其后的文本框中定义矩形形状的长度值。

- 按钮：用于设置锁定和解除锁定矩形形状的宽度。当此按钮处于按下状态时，该按钮后的文本框被锁定，即矩形形状的宽度不会跟随鼠标的移动而改变。用户可以在其后的文本框中定义矩形形状的宽度值。

- 文本框：用于定义转角处的半径值。

- 文本框：用于定义矩形形状的旋转角度值。

- 形状 区域：用于设置创建矩形形状的类型，其包括 按钮、 按钮、 按钮和 按钮。

  ☑ 按钮：用于创建矩形。

  ☑ 按钮：用于创建两边为半圆的矩形状图形。

  ☑ 按钮：用于创建单 D 形图形。

  ☑ 按钮：用于创建双 D 形图形。

- 定位点 区域：用于设置基准点相对于创建时所定义的矩形框的位置。

- ☑ 曲面 复选框：用于创建矩形状图形的同时创建曲面。

- ☑ 中心点 复选框：用于创建矩形状图形的中心点。

Step3. 定义创建方式。在"矩形选项"对话框中选中

图 3.4.7 "矩形选项"对话框

**⊙ 基点** 单选项。

Step4. 选取基准点。在绘图区选取图 3.4.6a 所示的点为基准点。

Step5. 设置矩形状图形的参数。在"矩形选项"对话框 ⬛ 按钮后的文本框中输入值 20；在 ⬛ 按钮后的文本框中输入值 15；在 ⬛ 文本框中输入值 5；在 **形状** 区域中单击 ⬛ 按钮；在 **定位点** 区域中选中位置中心位置的单选项。

Step6. 单击 ✓ 按钮，完成矩形状图形的绘制，如图 3.4.6b 所示。

# 3.5　绘制正多边形

在 Mastercam X8 中，使用 ⬠ 多边形(N)... 命令可以绘制 3~360 条边的多边形。其绘制方法是通过指定其中心点和半径来确定正多边形的尺寸。下面以图 3.5.1 所示的模型为例讲解绘制正多边形的一般操作过程。

a）创建前　　　　　　　　　　　　　　　　b）创建后

图 3.5.1　绘制正多边形

Step1. 打开文件 D:\mcx8\work\ch03.05\POLYGON.MCX。

Step2. 选择命令。选择下拉菜单 绘图(C) ➡ ⬠ 多边形(N)... 命令，系统弹出图 3.5.2 所示的"多边形"对话框。

**图 3.5.2 所示的"多边形"对话框中部分选项的说明如下。**

●　⬛ 按钮：用于设置显示"多边形"对话框的更多选项。单击此按钮，显示"多边形"对话框的更多选项，如图 3.5.3 所示。

图 3.5.2　"多边形"对话框

图 3.5.3　"多边形"对话框的更多选项

- 文本框：用于定义多边形的边数值。
- 按钮：用于设置锁定和解除锁定多边形的内切或外接圆的半径值。当此按钮处于按下状态时，该按钮后的文本框被锁定，即多边形的内切或外接圆的半径值不会跟随鼠标的移动而改变。用户可以在其后的文本框中定义多边形的内切或外接圆的半径值。
- 转角 单选项：用于设置使用多边形的外接圆限制多边形的尺寸。
- 平面 单选项：用于设置使用多边形的内切圆限制多边形的尺寸。

图 3.5.3 所示的 "多边形" 对话框中部分选项的说明如下。

- 文本框：用于定义转角处的半径值。
- 文本框：用于定义矩形形状的旋转角度值。
- 曲面 复选框：用于创建正多边形的同时创建曲面。
- 中心点 复选框：用于创建正多边形的中心点。

Step3. 定义正多边形的中心位置。在绘图区选取图 3.5.1a 所示的点为正多边形的中心。

Step4. 设置正多边形的参数。在 "多边形选项" 对话框的 文本框中输入值 6；在 按钮后的文本框中输入值 15，并选中 转角 单选项。

Step5. 单击 按钮，完成正多边形的绘制，如图 3.5.1b 所示。

# 3.6  绘 制 椭 圆

在 Mastercam X8 中，使用 椭圆(I)... 命令不仅可以创建部分椭圆，也可以绘制完整的椭圆。其绘制方法是通过指定其中心点、长轴和短轴来确定椭圆的尺寸。下面以图 3.6.1 所示的模型为例讲解绘制椭圆的一般操作过程。

Step1. 新建零件模型。

Step2. 选择命令。选择下拉菜单 绘图(C) ➡ 椭圆(I)... 命令，系统弹出图 3.6.2 所示的 "椭圆" 对话框。

图 3.6.1  绘制椭圆

图 3.6.2  "椭圆" 对话框

图 3.6.2 所示的"椭圆"对话框中部分选项的说明如下。

-

- ⬇按钮：用于设置显示"椭圆"对话框的更多选项。单击此按钮，显示"椭圆"对话框的更多选项，如图 3.6.3 所示。

- ⇒按钮：用于设置锁定和解除锁定椭圆的长轴。当此按钮处于按下状态时，该按钮后的文本框被锁定，即椭圆的长轴不会跟随鼠标的移动而改变。用户可以在其后的文本框中定义椭圆的长轴值。

  - ⬆按钮：用于设置锁定和解除锁定椭圆的短轴。当此按钮处于按下状态时，该按钮后的文本框被锁定，即椭圆的短轴不会跟随鼠标的移动而改变。用户可以在其后的文本框中定义椭圆的短轴。

图 3.6.3 所示的"椭圆"对话框中部分选项的说明如下。

- ⬒文本框：用于定义椭圆的起始角度值。
- ⬓文本框：用于定义椭圆的终止角度值。
- ↻文本框：用于定义椭圆的旋转角度值。
- ☑曲面 复选框：用于创建椭圆的同时创建曲面。
- ☑中心点 复选框：用于创建椭圆的中心点。

图 3.6.3　"椭圆"对话框的更多选项

Step3. 定义椭圆的中心位置。在"自动抓点"工具栏的 X 、 Y 、 Z 文本框中均输入值 0，并分别按 Enter 键确认。

Step4. 设置椭圆的参数。在"椭圆"对话框中单击⬇按钮打开"椭圆"对话框的更多选项；在"椭圆"对话框的⇒按钮后的文本框中输入值 20；在⬆按钮后的文本框中输入值 10；在⬒文本框中输入值 10；在⬓文本框中输入值 290；在↻文本框中输入值 15。

Step5. 单击 ✔ 按钮，完成椭圆的绘制，如图 3.6.1 所示。

## 3.7　绘制边界框

在 Mastercam X8 中，使用 🔲 边界框(B)... 命令可以根据二维尺寸，或者再加上一个拓展距离绘制一个线框的图形。这个线框的图形可以是矩形、圆、长方体、圆柱体的轮廓线。下面以图 3.7.1 所示的模型为例讲解绘制边界框的一般操作过程。

a）创建前

b）创建后

图 3.7.1　绘制边界框

Step1. 打开文件 D:\mcx8\work\ch03.07\BORDERLINE.MCX。

Step2. 选择命令。选择下拉菜单 绘图(C) ➡ 边界框(B)... 命令，系统弹出图 3.7.2 所示的"边界框"对话框。

图 3.7.2 所示的"边界框"对话框中各选项的说明如下。

- 按钮：用于选取创建工件尺寸所需的图素。

- 所有图素 复选框：用于选取创建工件尺寸所需的所有图素。

- 创建 区域：该区域包括 毛坯 复选框、直线/圆弧 复选框、点 复选框、中心点 复选框和 实体 复选框。

  ☑ 毛坯 复选框：用于以双点画线的形式显示实体的边界。

  ☑ 直线/圆弧 复选框：用于创建线或者圆弧。当定义的图形为矩形时，则会创建接近边界的直线；当定义的图形为圆柱形时，则会创建圆弧和线。

  ☑ 点 复选框：用于在边界盒的角或者长宽处创建点。

  ☑ 中心点 复选框：用于创建一个中心点。

  ☑ 实体 复选框：用于创建一个圆柱形或立方体实体。

- 展开 区域：该区域包括 X 文本框、Y 文本框和 Z 文本框。此区域根据 形状 区域的不同而有所差异。

  ☑ X 文本框：用于设置 X 方向的工件延伸量。

  ☑ Y 文本框：用于设置 Y 方向的工件延伸量。

  ☑ Z 文本框：用于设置 Z 方向的工件延伸量。

- 形状 区域：该区域包括 矩形 单选项、圆柱体 单选项、Z 单选项、Y 单选项、X 单选项和 以轴线为中心 复选框。

图 3.7.2　"边界框"对话框

☑ ◉ 矩形 单选项：用于设置工件形式为立方体。

☑ ◉ 圆柱体 单选项：用于设置工件形式为圆柱体。

☑ ◉ Z 单选项：用于设置圆柱体的轴线在 Z 轴上。此单选项只有在工件形式为圆柱体时方可使用。

☑ ◉ Y 单选项：用于设置圆柱体的轴线在 Y 轴上。此单选项只有在工件形式为圆柱体时方可使用。

☑ ◉ × 单选项：用于设置圆柱体的轴线在 X 轴上。此单选项只有在工件形式为圆柱体时方可使用。

☑ ☑ 以轴线为中心 复选框：用于设置圆柱体工件的轴心。当选中此复选框，圆柱体工件的轴心在构图原点上；反之，圆柱体工件的轴心在模型的中心点上。

Step3. 设置边界框的参数。在"边界框"对话框中选中 ☑ 所有图素 复选框和 ☑ 直线/圆弧 复选框；取消选中 ☑ 点 复选框和 ☑ 中心点 复选框；在 展开 区域的 X 文本框和 Y 文本框中均输入值 10；在 形状 区域中选中 ◉ 矩形 单选项。

Step4. 单击 ✓ 按钮，完成边界框的绘制，如图 3.7.1b 所示。

# 3.8　图 形 文 字

图形文字与标注文字不同，是图样中的几何信息要素，它可以用于加工。而标注文字是图样中的非几何信息要素，主要用于说明。下面以图 3.8.1 所示的模型为例讲解绘制图形文字的一般操作过程。

a）创建前

b）创建后

图 3.8.1　绘制图形文字

Step1. 打开文件 D:\mcx8\work\ch03.08\LETTERS.MCX。

Step2. 选择命令。选择下拉菜单 绘图(C) ➡ A 文字... 命令，系统弹出图 3.8.2 所示的"绘制文字"对话框。

图 3.8.2 所示的"绘制文字"对话框中各选项的说明如下。

● 字体 区域：用于设置字型的相关设置，其包括 MCX (Box) 字体 ▼ 下拉列表、 TrueType(R)... 按钮和 字体文件夹 文本框。

☑ **MCX (Box) 字体** 复选框：用于选择 MCX 字型类型。

☑ **TrueType(R)...** 按钮：单击此按钮，系统弹出"字体"对话框。用户可以通过此对话框定义真实字型的类型。

☑ **字体文件夹** 文本框：用于显示选择的其他字型类型路径。当在 **MCX (Box) 字体** 下拉列表中选择 **MCX (Other) 字体** 选项时此文本框被激活。

☑ **按钮**：用于选择其他的字型类型。

● **文字** 文本框：用于输入要添加的字符。

● **对齐** 区域：用于定义文字的对齐方式，其包括 **⊙水平** 单选项、**⊙垂直** 单选项、**⊙圆弧顶部** 单选项、**⊙圆弧底部** 单选项和 **☑串连顶部** 复选框。

☑ **⊙水平** 单选项：用于设置水平的对齐方式。

☑ **⊙垂直** 单选项：用于设置竖直的对齐方式。

☑ **⊙圆弧顶部** 单选项：用于设置文字位于圆弧顶部的对齐方式。

☑ **⊙圆弧底部** 单选项：用于设置文字位于圆弧底部的对齐方式。

☑ **☑串连顶部** 复选框：用于设置文字位于所定义的串连顶部的对齐方式。

图 3.8.2　"绘制文字"对话框

● **参数** 区域：用于设置字型的相关参数，其包括 **高度** 文本框、**圆弧半径** 文本框、**间距** 文本框和 **标注选项...** 按钮。

☑ **高度** 文本框：用于设置字体的高度。

☑ **圆弧半径** 文本框：用于设置字体分布的圆弧的半径值。当选中 **⊙圆弧顶部** 单选项和 **⊙圆弧底部** 单选项时此文本框被激活。

☑ 间距 文本框：用于设置每个字符间的距离值。

☑ 标注选项... 按钮：单击此按钮，系统弹出"注解文本设置"对话框。用户可以通过该对话框对注解文本的更多参数进行设置。此按钮当在下拉列表中选择"标注字体"选项时可用。

☑ 加载文件... 按钮：单击此按钮，可以将写好的文本添加进来。

☑ 添加标记... 按钮：单击此按钮，系统弹出图 3.8.3 所示的"选择符号"对话框，用户可以在文本中添加相应的符号。

Step3. 设置字型的参数。单击 TrueType(R)... 按钮，在弹出的"字体"对话框中选择 宋体，在该对话框中单击 确定 按钮。

Step4. 设置文字的对齐方式。在 对齐 区域中选中 ⊙ 圆弧顶部 单选项。

Step5. 设置文字的参数。在 参数 区域的 高度 文本框中输入值 2；在 圆弧半径 文本框中输入值 10；在 间距 文本框中输入值 3。

图 3.8.3 "选择符号"对话框

Step6. 设置输入文字。在 文字 文本框中输入"北京兆迪科技"的字样。

Step7. 单击 ✓ 按钮关闭对话框，然后在绘图区选取图 3.8.1a 所示的圆心，完成图形文字的绘制。

Step8. 按 Esc 键退出绘制文字的状态。

说明：如果第一次设置的文字没有间距，可退出重新设置一次。

## 3.9 绘制螺旋线（间距）

使用"绘制螺旋线（间距）"命令 ◎ 螺旋... 可以在 X、Y、Z 三个方向上绘制螺旋线，包括间距可以变化的螺旋线，即可以画出平面的螺旋线，或空间锥形、圆柱形的螺旋线。下面以图 3.9.1 所示的模型为例讲解绘制螺旋线（间距）的一般操作过程。

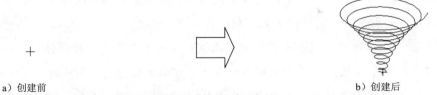

a）创建前　　　　　　　　　　　　　　　　　　　　b）创建后

图 3.9.1 绘制螺旋线（间距）

Step1. 打开文件 D：\mcx8\work\ch03.09\SPIRAL.MCX。

Step2. 选择命令。选择下拉菜单 绘图(C) ➡️ @ 螺旋... 命令，系统弹出图 3.9.2 所示的"螺旋"对话框。

图 3.9.2 所示的"螺旋"对话框中各选项的说明如下。

● ▊▊区域：用于设置 XZ 参数，其包括 结束间距 文本框、圈数 文本框、高度 文本框、起始间距 文本框、✛ 按钮和✛ 按钮。

☑ 结束间距 文本框：用于设置在 Z 轴方向上的螺旋线旋转的最后间距。

☑ 圈数 文本框：用于设置螺旋线的旋转圈数。

☑ 高度 文本框：用于设置螺旋线的高度值。

☑ 起始间距 文本框：用于定义螺旋线在 Z 轴方向上的起始间距值。

☑ ✛ 按钮：用于在绘图区选取螺旋线的高度。

☑ ✛ 按钮：用于定义螺旋线的起始点的位置。单击此按钮，可以在绘图区改变当前创建的螺旋线的位置。

图 3.9.2 "螺旋"对话框

- **区域**：用于设置 XY 参数，其包括 结束间距 文本框、起始间距 文本框和 半径 文本框。
  - ☑ 结束间距 文本框：用于设置螺旋线在 XY 方向上的结束间距值。
  - ☑ 起始间距 文本框：用于设置螺旋线在 XY 方向上的起始间距值。
  - ☑ 半径 文本框：用于设置螺旋线的最初半径值。
- 顺时针 单选项：用于设置螺旋线在 XY 方向上看为顺时针旋转。
- 逆时针 单选项：用于设置螺旋线在 XY 方向上看为逆时针旋转。

Step3. 设置螺旋线的参数。在"螺旋"对话框的 区域的 结束间距 文本框中输入值 10，在 圈数 文本框中输入值 10，在 高度 文本框中输入值 100，在 起始间距 文本框中输入值 10；在"螺旋"对话框的 x 区域的 结束间距 文本框中输入值 10，在 起始间距 文本框中输入值 2，在 半径 文本框中输入值 5。

Step4. 设置螺旋线的旋转方向。在"螺旋"对话框选中 顺时针 单选项。

Step5. 定义螺旋线的起始点。在绘图区选取图 3.9.1a 所示的点为螺旋线的起始点。

Step6. 单击 按钮，完成螺旋线（间距）的绘制，如图 3.9.1b 所示。

# 3.10 绘制螺旋线（锥度）

Mastercam X8 为用户提供了单独的螺旋线（锥度）绘制命令 ，它是螺旋线的一种特例。但是使用"绘制螺旋线（锥度）"命令不能绘制平面上的螺旋线。下面以图 3.10.1 所示的模型为例讲解绘制螺旋线（锥度）的一般操作过程。

a）创建前　　　　　　　　　　　　　　　　b）创建后

图 3.10.1　绘制螺旋线（锥度）

Step1. 打开文件 D:\mcx8\work\ch03.10\HELIX.MCX。

Step2. 选择命令。选择下拉菜单 绘图(C) ➡ 螺旋(H)... 命令，系统弹出图 3.10.2 所示的"螺旋"对话框。

图 3.10.2 所示的"螺旋"对话框中各选项的说明如下。

- 半径 文本框：用于设置螺旋线最初的半径值。
- 圈数(V) 文本框：用于设置螺旋线的旋转圈数。
- 高度 文本框：用于设置螺旋线的高度值。
- 按钮：用于在绘图区选取螺旋线的高度。

图 3.10.2 "螺旋"对话框

- 文本框：用于设置螺旋线的起始旋转角度值。
- 间距文本框：用于设置螺旋线的间距值。
- ◉按钮：用于定义螺旋线的起始点的位置。单击此按钮，可以在绘图区改变当前创建的螺旋线的位置。
- 锥度角(T)文本框：用于设置螺旋线的锥度角值。
- ◉ 顺时针单选项：用于设置螺旋线在 XY 方向上看为顺时针旋转。
- ◉ 逆时针单选项：用于设置螺旋线在 XY 方向上看为逆时针旋转。

Step3. 设置螺旋线的参数。在"螺旋"对话框的 半径 文本框中输入值 10，在 圈数(V) 文本框中输入值 10，在 高度 文本框中输入值 50，在 间距 文本框中输入值 5，在 锥度角(T) 文本框中输入值 10。

Step4. 设置螺旋线的旋转方向。在"螺旋"对话框选中 ◉ 顺时针 单选项。

Step5. 定义螺旋线的起始点。在绘图区选取图 3.10.1a 所示的点为螺旋线的起始点。

Step6. 单击 ✓ 按钮，完成螺旋线（锥度）的绘制，如图 3.10.1b 所示。

# 3.11 样条曲线的绘制

Mastercam X8 为用户提供了两种类型的样条曲线，参数式样条曲线和非均匀有理 B 样条曲线。参数式样条曲线形状由节点决定，曲线通过每一个节点，如图 3.11.1 所示。参数式样条曲线绘制完成后无法编辑其形状。非均匀有理 B 样条曲线形状由控制点决定，曲线通过第一个节点和最后一个节点，尽量逼近中间的控制点，如图 3.11.2 所示。

创建参数式样条曲线还是创建 B 样条曲线是由系统配置的参数进行设置的。用户可以通过选择下拉菜单 设置(I) ➡ ⚙ 配置(C)... 命令，在系统弹出的"系统配置"对话框的

CAD 设置 选项卡中进行设置。

图 3.11.1  参数式样条曲线

图 3.11.2  B 样条曲线

## 3.11.1 手动绘制样条

"手动绘制样条"命令 ∿ 手动绘制样条(M)... 是通过定义样条曲线的节点或控制点来创建样条曲线。下面以图 3.11.3 所示的模型为例讲解使用"手动绘制样条"命令绘制样条曲线的一般操作过程。

a) 创建前

⇨

b) 创建后

图 3.11.3  "手动"绘制样条曲线

Step1. 打开文件 D:\mcx8\work\ch03.11.01\MANUAL_SPLINE.MCX。

Step2. 选择命令。选择下拉菜单 绘图(C) ➡ 样条(S) ➡ ∿ 手动绘制样条(M)... 命令，系统弹出图 3.11.4 所示的"曲线"工具栏。

图 3.11.4  "曲线"工具栏

图 3.11.4 所示的"曲线"工具栏中各选项的说明如下。

● ⊞ 按钮：用于编辑样条曲线的最后一个节点位置。

● ▦ 按钮：用于打开"曲线端点状态"工具栏，用户可以通过此工具栏对曲线端点的方向进行设置。此按钮与以往的按钮不同，单击此按钮不会弹出"曲线端点状态"工具栏。需完成创建后才弹出"曲线端点状态"工具栏，即单击⊕按钮或✔按钮之后。

Step3. 定义样条曲线的节点。从左至右依次在绘图区选取图 3.11.3a 所示的点为样条曲线的节点。

Step4. 设置样条曲线的端点方向。在"曲线"工具栏中单击▦按钮，然后单击⊕按钮应用样条曲线，同时系统弹出图 3.11.5 所示的"曲线端点"工具栏。在⬛的下拉列表中选择 角度 选项，在⬛的文本框中输入值 0。

图 3.11.5  "曲线端点"工具栏

图 3.11.5 所示的"曲线端点"工具栏中各选项的说明如下。

- 区域:用于设置起始端点方向的相关参数,其包括 法向▼ 下拉列表、
  文本框和 ⟵⟶ 按钮。

  ☑ 法向▼ 下拉列表:用于设置定义起始点方向的类型,其包括 3点圆弧 选项、法向
    选项、到图素 选项、到端点 选项和 角度 选项。3点圆弧 选项:系统将根据样条曲
    线的前三个点创建圆弧,设置起始点的方向与此圆弧相切,如图 3.11.6 所示。
    法向 选项:系统将根据最小曲线长度计算起始点的端点方向。到图素 选项:
    系统将根据选定的直线、圆弧或曲线定义起始点的端点方向,如图 3.11.7 所
    示。到端点 选项:系统将选定的曲线的端点定义起始点的端点方向,如图
    3.11.8 所示。角度 选项:系统将根据用户定义的角度值定义起始点的端点方向。

图 3.11.6  3 点圆弧            图 3.11.7  到图素            图 3.11.8  到端点

  ☑ 0.0▼ 文本框:用于定义起始端方向的角度值。

  ☑ ⟵⟶ 按钮:用于改变起始端方向。当在 法向▼ 下拉列表中选择
    3点圆弧 选项和 法向 选项时,此按钮不可用。

- 区域:用于设置结束端点方向的相关参数,其包括 法向▼ 下拉列表、0.0▼
  文本框和 ⟵⟶ 按钮。

  ☑ 法向▼ 下拉列表:用于设置定义结束点方向的类型,其包括 3点圆弧 选项、法向
    选项、到图素 选项、到端点 选项和 角度 选项。3点圆弧 选项:系统将根据样条曲
    线的后三个点创建圆弧,设置结束点的方向与此圆弧相切。法向 选项:系统将
    根据最小曲线长度计算结束点的端点方向。到图素 选项:系统将根据选定的
    直线、圆弧或曲线定义结束点的端点方向。到端点 选项:系统将选定的曲线
    的端点定义起始点的结束方向。角度 选项:系统将根据用户定义的角度值定义
    结束点的端点方向。

☑ 0.0 文本框：用于定义结束端方向的角度值。

☑ ←→ 按钮：用于改变结束方向。当在 法向 下拉列表中选择 3点.圆弧 选项和 法向 选项时不可用。

Step5. 单击 ✓ 按钮，完成"手动画样条"曲线的绘制，如图 3.11.3b 所示。

## 3.11.2 自动绘制样条

"自动绘制样条"命令 🖋 自动绘制样条(A)... 是通过定义样条曲线的第一个、第二个和最后一个节点或控制点来创建样条曲线。下面以图 3.11.9 所示的模型为例讲解使用"自动生成曲线"命令绘制样条曲线的一般操作过程。

a）创建前           b）创建后

图 3.11.9    "自动生成"绘制样条曲线

Step1. 打开文件 D:\mcx8\work\ch03.11.02\AUTOMATIC_SPLINE.MCX。

Step2. 选择命令。选择下拉菜单 绘图(C) ➡ 样条(S) ➡ 🖋 自动绘制样条(A)... 命令，系统弹出图 3.11.10 所示的"自动创建曲线"工具栏。

图 3.11.10    "自动创建曲线"工具栏

图 3.11.10 所示的"自动创建曲线"工具栏中各选项的说明如下。

● 按钮：用于打开"曲线端点"工具栏，用户可以通过此工具栏对曲线端点的方向进行设置。此按钮与以往的按钮不同，单击此按钮不会弹出"曲线端点"工具栏。需完成创建后才弹出"曲线端点"工具栏，即单击 ➕ 按钮或 ✓ 按钮之后。

Step3. 定义样条曲线的节点。依次在绘图区选取图 3.11.9a 所示的点 1、点 2 和点 3 为样条曲线的节点。

Step4. 单击 ✓ 按钮，完成"自动生成曲线"样条曲线的绘制，如图 3.11.9b 所示。

## 3.11.3 转成样条曲线

"转成样条曲线"命令 🖋 样条曲线(C)... 是用于将已知的直线、圆弧或曲线转换成所设置的曲线类型（参数样条曲线或 B 样条曲线）。下面以图 3.11.11 所示的模型为例讲解转成单一曲线的一般操作过程。

Step1. 打开文件 D:\mcx8\work\ch03.11.03\CURVES_SPLINE.MCX。

a）创建前　　　　　　　　　　　　　　　　　　　　b）创建后

图 3.11.11　转成曲线

说明：图 3.11.11b 所示的图形是在更改曲线状态下的，以便用户能更清楚地了解"转成曲线"命令。在没有转成样条曲线前，是不能对圆弧的控制点进行编辑的。

Step2. 选择命令。选择下拉菜单 绘图(C) ➡ 样条(S) ➡ ✂ 样条曲线(C)... 命令，系统弹出"串连"对话框和图 3.11.12 所示的"转成曲线"工具栏，然后选择图 3.11.11a 所示的曲线。单击"串连"对话框的 ✔ 按钮。

图 3.11.12　"转成曲线"工具栏

**图 3.11.12 所示的"转成曲线"工具栏中各选项的说明如下。**

- ● 按钮：单击此按钮，系统弹出"串连选项"对话框。可以通过该对话框选取要转成的曲线。

- ● 文本框：用于设置转成曲线与原始曲线之间的最大偏离值。

- ● 下拉列表：用于设置转成曲线后处理原始曲线的方式，其包括 保留曲线 选项、消隐曲线 选项、删除曲线 选项和 移动到层别 选项。

  - ☑ 保留曲线 选项：用于设置保留原始曲线。

  - ☑ 消隐曲线 选项：用于设置隐藏原始曲线。

  - ☑ 删除曲线 选项：用于设置删除原始曲线。

  - ☑ 移动到层别 选项：用于设置将原始曲线移动到指定的图层中。

- ● 文本框：单击此按钮，系统弹出"层别"对话框。用户可以通过该对话框选择将原始曲线移至指定的图层；也可以在其后的文本框中直接输入值来定义移至图层的层数。

Step3. 设置转成曲线的参数。在"转成曲线"工具栏的 文本框中输入值 0.02，在下拉列表中选择 删除曲线 选项。

Step4. 单击 ✔ 按钮，完成转成单一曲线的操作，如图 3.11.11b 所示。

## 3.11.4 熔接样条曲线

"熔接样条曲线"命令  是用于将两个不相连的图素连接起来，并在两个图素之间创建一条样条曲线。下面以图 3.11.13 所示的模型为例讲解熔接曲线的一般操作过程。

a）创建前　　　　　　　　　　　　　　　　　　　　　　b）创建后

图 3.11.13　熔接曲线

Step1. 打开文件 D:\mcx8\work\ch03.11.04\BLENDED_SPLINE.MCX。

Step2. 选择命令。选择下拉菜单 绘图(C) ➡ 样条(S) ➡ 熔接样条曲线(B)...命令，系统弹出图 3.11.14 所示的"曲线熔接"工具栏。

图 3.11.14　"曲线熔接"工具栏

**图 3.11.14 所示的"曲线熔接"工具栏中各选项的说明如下。**

- 按钮：用于重新选择熔接第一条曲线。
- 文本框：用于定义第一条熔接曲线的切线长度值。
- 按钮：用于重新选择熔接第二条曲线。
- 文本框：用于定义第二条熔接曲线的切线长度值。
- 下拉列表：用于设置裁剪的方式，其包括 无 选项、两者 选项、第一曲线 选项和 第二曲线 选项。
  - ☑ 无 选项：用于设置不修剪熔接曲线。
  - ☑ 两者 选项：用于设置修剪第一条和第二条熔接曲线。
  - ☑ 第一曲线 选项：用于设置修剪第一条熔接曲线。
  - ☑ 第二曲线 选项：用于设置修剪第二条熔接曲线。

Step3. 定义熔接曲线对象。在绘图区选取图 3.11.15 所示的曲线 1 并拖动鼠标使熔接点位于图 3.11.15 所示的位置并单击，然后选取曲线 2 并拖动鼠标使熔接点位于图 3.11.16 所示的位置并单击。

Step4. 设置熔接曲线参数。在"曲线熔接"工具栏的 文本框中输入值 1，在 文本框中输入值-1，在 ⬛ 下拉列表中选择 无 选项。

图 3.11.15　定义第一熔接点位置　　　图 3.11.16　定义第二熔接点位置

Step5. 单击 ✓ 按钮，完成熔接曲线的创建，如图 3.11.13b 所示。

## 3.12　删除与还原图素

删除与还原图素是在设计中常常用到的命令，它主要是对生成的多余图素或重复图素进行删除与还原操作。Mastercam X8 具有较强的删除和还原功能，不仅可以删除多余的图素，还可以删除重复的图素，同时又具有还原删除的图素功能。删除和还原图素的命令主要位于 编辑(E) ➡ 删除(D) 子下拉菜单中，如图 3.12.1 所示。同样，在"删除/还原"工具栏中也列出了相应的删除与还原图素的命令，如图 3.12.2 所示。

图 3.12.1　"删除"子下拉菜单　　　图 3.12.2　"删除/还原"工具栏

### 3.12.1　删除图素

"删除图素"命令 ／ 删除图素(E) 用于删除多余的图素。此命令不仅能删除整个图素，而且还能删除图素的一部分。下面以图 3.12.3 所示的模型为例讲解删除图素的一般操作过程。

Step1. 打开文件 D:\mcx8\work\ch03.12.01\DELETE_ENTITIES.MCX。

a）创建前

b）创建后

图 3.12.3　删除图素

Step2. 选择命令。选择下拉菜单  编辑(E) ➡ 删除(D) ➡ 删除图素(E) 命令。

Step3. 定义删除对象。在绘图区选取图 3.12.4 所示的四条曲线。

选取这四条曲线

图 3.12.4　定义删除对象

Step4. 按 Enter 键，完成删除图素的操作。

## 3.12.2　删除重复图素

"删除重复图素"命令 删除重复项(D) 是删除重复的图素，只保留其中一个同一类型的图素。下面以图 3.12.5 所示的模型为例讲解删除重复图素的一般操作过程。

a）创建前

删除重复图形
0 点、　4 直线、　1 圆弧、　0 样条、
0 尺寸标注、0 注释、0 尺寸界线/引导线、
0 曲面、0 实体已删除
确定

b）创建后

图 3.12.5　删除重复图素

Step1. 打开文件 D:\mcx8\work\ch03.12.02\DELETING_DUPLICATE.MCX。

Step2. 选择命令。选择下拉菜单 编辑(E) ➡ 删除(D) ➡ 删除重复项(D) 命令，系统弹出图 3.12.5b 所示的"删除重复图形"对话框，可以看到共有 4 条直线和 1 条圆弧将被删除。

Step3. 单击 确定 按钮，完成删除重复图素的操作。

说明：如果对删除的重复图素有特殊的要求时，可以通过选择 编辑(E) ➡ 删除(D) ➡ 删除重复项 – 高级(A)... 命令，然后选取要删除的对象，按 Enter 键，系统弹出图 3.12.6 所示的"删除重复图形"对话框。用户可以通过该对话框设置删除重复图素的属性。

图 3.12.6 所示的"删除重复图形"对话框中各选项的说明如下。

- ☑颜色 复选框：用于设置删除定义颜色的重复图素。

- ☑层别 复选框：用于设置删除定义图层的重复图素。

- ☑点型 复选框：用于设置删除定义点类型的重复图素。

- ☑线型 复选框：用于设置删除定义线型的重复图素。

- ☑线宽 复选框：用于设置删除定义线宽的重复图素。

- 全选 按钮：用于选中上面的全部复选框。

- 全部清除 按钮：用于取消选中上面的全部复选框。

图 3.12.6　"删除重复图形"对话框

## 3.12.3　还原被删除图素

Mastercam X8 为用户提供了三种还原被删除图素的命令，分别是"恢复删除图素"命令 ✏ 恢复删除图素(U) 、"恢复删除的图素数量"命令 ✏ 恢复删除的图素数量(N)... 、"恢复删除限定的图素"命令 ✏ 恢复删除限定的图素(M)... 。"恢复删除图素"命令 ✏ 恢复删除图素(U) 可以还原前一步已删除图素。"恢复删除的图素数量"命令 ✏ 恢复删除的图素数量(N)... 可以还原指定的上几步已删除的图素。"恢复删除限定的图素"命令 ✏ 恢复删除限定的图素(M)... 可以还原指定的已删除的图素。下面将分别对它们进行介绍。

### 1．恢复删除

Step1. 打开文件 D:\mcx8\work\ch03.12.03\UNDELETE.MCX。

Step2. 删除图 3.12.7a 所示的图素。

选取这五条曲线

a）创建前　　　　　　　　　　　　　　　　　　b）创建后

图 3.12.7　删除图素

（1）选择命令。选择下拉菜单 编辑(E) ➡ 删除(D) ➡ ✏ 删除图素(E) 命令。

（2）定义删除对象。在绘图区选取图 3.12.7a 所示的五条曲线。

（3）按 Enter 键，完成删除图素的操作，如图 3.12.7b 所示。

Step3. 恢复上一步删除的图素。选择下拉菜单 编辑(E) ➡ 删除(D) ➡

 恢复删除图素(U) 命令恢复删除的图素，如图 3.12.8 所示。

图 3.12.8　恢复删除图素

### 2. 恢复删除指定数量的图素

Step1. 打开文件 D:\mcx8\work\ch03.12.03\UNDELETE.MCX。

Step2. 删除图 3.12.9a 所示的图素。

a）创建前　　　　　　　　　　　　　　　　　　　　　　　　b）创建后

图 3.12.9　删除图素

（1）选择命令。选择下拉菜单 编辑(E) ➡ 删除(D) ➡ 删除图素(E) 命令。

（2）定义删除对象。在绘图区选取图 3.12.9a 所示的五条曲线。

（3）按 Enter 键，完成删除图素的操作，如图 3.12.9b 所示。

Step3. 恢复删除的图素。

（1）选择下拉菜单 编辑(E) ➡ 删除(D) ➡ 恢复删除的图素数量(N)... 命令，系统
弹出图 3.12.10 所示的"输入要恢复删除的数量"对话框。

（2）定义删除步骤值。在"输入要恢复删除的数量"对话框的文本框中输入值 4。

（3）单击 按钮，完成恢复删除指定数量的图素的操作，如图 3.12.11 所示。

图 3.12.10　"输入要恢复删除的数量"对话框

图 3.12.11　恢复删除指定数量的图素

### 3. 恢复删除限定的图素

Step1. 打开文件 D:\mcx8\work\ch03.12.03\UNDELETE.MCX。

Step2. 删除图 3.12.12a 所示的图素。

图 3.12.12　删除图素

（1）选择命令。选择下拉菜单 编辑(E) ➡ 删除(D) ➡ ✏ 删除图素(E) 命令。

（2）定义删除对象。在绘图区选取图 3.12.12a 所示的五条曲线。

（3）按 Enter 键，完成删除图素的操作，如图 3.12.12b 所示。

Step3. 恢复删除的图素。

（1）选择下拉菜单 编辑(E) ➡ 删除(D) ➡ 🗲 恢复删除限定的图素(M)... 命令，系统弹出图 3.12.13 所示的"仅选择"对话框。

（2）定义还原删除的类型。在"仅选择"对话框中单击 ⊘ 按钮，取消选中所有的复选框。然后选中☑ **圆弧** 复选框。

（3）单击 ✓ 按钮，完成恢复删除限定的图素的操作，如图 3.12.14 所示。

图 3.12.13　"仅选择"对话框

图 3.12.14　恢复删除限定的图素

# 3.13 编辑图素

编辑图素是指对已绘制的图素进行位置或形状的调整，其主要包括倒圆角、倒角、修剪/打断、连接图素、更改曲线、转换成 NURBS 曲线和转换曲线为圆弧等。编辑图素的命令主要位于 编辑(E) 下拉菜单中，如图 3.13.1 所示。同样，在"修剪/打断"工具栏中也列出了相应的编辑图素的命令，如图 3.13.2 所示。

图 3.13.1 "编辑"下拉菜单

图 3.13.2 "修剪/打断"工具栏

## 3.13.1 倒圆角

"倒圆角"命令可以在两个图素之间，或一个串连的多个图素之间的拐角处创建圆弧，并且该圆弧与其相邻的图素相切。倒圆角命令可以对直线或者圆弧进行操作，但是不能对样条曲线进行操作。下面以图 3.13.3 为例讲解倒圆角的一般操作过程。

### 1. 倒圆角

Step1. 打开文件 D:\mcx8\work\ch03.13.01\FILLET_ENTITIES.MCX。

a）创建前   b）创建后

图 3.13.3 倒圆角

Step2. 选择命令。选择下拉菜单 绘图(C) ➡ 圆角(F) ➡ 图素(E)... 命令，系统弹出图 3.13.4 所示的"圆角"工具栏。

图 3.13.4　"圆角"工具栏

图 3.13.4 所示的"圆角"工具栏中各选项的说明如下。

- 文本框：用于定义倒圆角的半径值。
- 下拉列表：用于定义倒圆角的类型，其包括 法向 选项、 反向 选项、 圆形 选项和 安全高度 选项。

  ☑ 法向 选项：用于设置创建一般的圆角，如图 3.13.5 所示。

  ☑ 反向 选项：用于设置创建与指定的图素内切的圆角，如图 3.13.6 所示。

  ☑ 圆形 选项：用于设置创建与指定的图素相切的圆，如图 3.13.7 所示。

  ☑ 安全高度 选项：用于设置在指定的图素拐角处创建刀具的去除材料的路径，如图 3.13.8 所示。

图 3.13.5　法向　　　　图 3.13.6　反向　　　　图 3.13.7　圆形　　　　图 3.13.8　安全高度

- 按钮：用于设置修剪与圆角相邻的图素，如图 3.13.9 所示。
- 按钮：用于设置不修剪与圆角相邻的图素，如图 3.13.10 所示。

图 3.13.9　修剪　　　　　　　　　　　　图 3.13.10　不修剪

Step3. 定义倒圆角边。在绘图区选取图 3.13.3a 所示的两条边线。

Step4. 设置倒圆角参数。在"圆角"工具栏的 文本框中输入值 5，并按 Enter 键确认；然后单击 按钮。

Step5. 单击 按钮，完成倒圆角的创建，如图 3.13.3b 所示。

**2. 串连倒圆角**

Step1. 打开文件 D:\mcx8\work\ch03.13.01\FILLET_ENTITIES.MCX。

Step2. 选择命令。选择下拉菜单 绘图(C) ➡ 圆角(F) ➡ 🖉 圆角(C)... 命令，系统弹出"串连"对话框和图 3.13.11 所示的"串连倒角"工具栏。

图 3.13.11　"串连倒角"工具栏

图 3.13.11 所示的"串连倒角"工具栏中部分选项的说明如下。

- ⬤ 按钮：单击此按钮，系统弹出"串连选项"对话框。用户可以通过该对话框重新定义串连线串。
- ⬤ 下拉列表：用于设置扫描方向，其包括 所有角落 选项、 + 扫描 选项和 − 扫描 选项。
  - ☑ 所有角落 选项：用于设置在所有拐角处创建圆角。
  - ☑ + 扫描 选项：用于设置扫描方式为逆时针扫描。
  - ☑ − 扫描 选项：用于设置扫描方式为顺时针扫描。

Step3. 选取线串。在绘图区选取图 3.13.12 所示的边线，系统会自动串连选取与此边线相串连的所有边线，同时在绘图区显示串连的方向，如图 3.13.13 所示。单击 ✔ 按钮完成线串的选取。

图 3.13.12　定义选取边线

图 3.13.13　串连方向

注意：串连的方向会影响到扫描方向和倒圆角的类型。如果所选取的是下面以外的情况，将不会有圆角生成。

- 当选择 所有角落 选项和任何一种圆角类型时，系统将在所有拐角处创建圆角。
- 当同时选择 + 扫描 选项和 法向 选项时，系统将仅在逆时针串连的串链的拐角处创建圆角。
- 当同时选择 + 扫描 选项和 反向 选项时，系统将仅在顺时针串连的串链的拐角处创建圆角。
- 当同时选择 + 扫描 选项和 圆形 选项时，系统将仅在顺时针串连的串链的拐角处创建圆。
- 当同时选择 + 扫描 选项和 安全高度 选项时，系统将仅在逆时针串连的串链的拐角处创建刀具的去除材料的路径。

- 当同时选择 扫描 选项和 法向 选项时，系统将仅在顺时针串连的串链的拐角处创建圆角。

- 当同时选择 扫描 选项和 反向 选项时，系统将仅在逆时针串连的串链的拐角处创建圆角。

- 当同时选择 扫描 选项和 圆形 选项时，系统将仅在逆时针串连的串链的拐角处创建圆。

- 当同时选择 扫描 选项和 安全高度 选项时，系统将仅在顺时针串连的串链的拐角处创建刀具的去除材料的路径。

Step4. 设置倒圆角参数。在"串连倒角"工具栏的  文本框中输入值 5，并按 Enter 键确认；然后单击  按钮。

Step5. 单击  按钮，完成串连图素的创建，如图 3.13.14b 所示。

a) 创建前

图 3.13.14 串连图素

b) 创建后

## 3.13.2 倒角

"倒角"命令  可以在两个图素之间，或一个串连的多个图素之间的拐角处，创建等距或不等距的倒角，其倒角的距离值是从两个图素的交点处算起。下面以图 3.13.15 为例讲解倒角的一般操作过程。

### 1. 倒角

Step1. 打开文件 D:\mcx8\work\ch03.13.02\CHAMFER_ENTITIES.MCX。

选取这两条边线

a) 创建前

图 3.13.15 倒角

b) 创建后

Step2. 选择命令。选择下拉菜单 绘图(C) ➡ 倒角(C) ➡ 图素(E)... 命令，系统弹出图 3.13.16 所示的"倒角"工具栏。

图 3.13.16　"倒角"工具栏

图 3.13.16 所示的"倒角"工具栏中各选项的说明如下。

- 文本框：用于定义倒角的第一个距离值。

- 文本框：用于定义倒角的第二个距离值。

- 文本框：用于定义倒角的角度值。

- 下拉列表：用于定义倒角的类型，其包括 距离 1 选项、距离 2 选项、距离/角度 选项和 宽度 选项。

  ☑ 距离 1 选项：用于设置使用一个距离定义倒角的形状。

  ☑ 距离 2 选项：用于设置使用两个距离定义倒角的形状。

  ☑ 距离/角度 选项：用于设置使用一个距离和一个角度定义倒角的形状。

  ☑ 宽度 选项：用于设置使用倒角的直线长度定义倒角的形状。

- 按钮：用于设置修剪与倒角相邻的图素。

- 按钮：用于设置不修剪与倒角相邻的图素。

Step3. 定义倒角边。在绘图区选取图 3.13.15a 所示的两条边线。

Step4. 设置倒角参数。在"串连倒角"工具栏的 文本框中输入值 5，并按 Enter 键确认；然后单击 按钮。

Step5. 单击 按钮，完成倒角的创建，如图 3.13.15b 所示。

### 2. 串连倒角

Step1. 打开文件 D:\mcx8\work\ch03.13.02\CHAMFER_ENTITIES.MCX。

Step2. 选择命令。选择下拉菜单 绘图(C) ➡ 倒角(C) ➡ 串连(C)... 命令，系统弹出"串连"对话框和图 3.13.17 所示的"串连倒角"工具栏。

图 3.13.17　"串连倒角"工具栏

图 3.13.17 所示的"串连倒角"工具栏中部分选项的说明如下。

- 按钮：单击此按钮，系统弹出"串连"对话框。用户可以通过该对话框重新定义串连线串。

- 文本框：用于定义倒角的距离值。
- 下拉列表：用于定义倒角的类型，其包括 距离1 选项和 宽度 选项。
  - 距离1 选项：用于设置使用一个距离定义倒角的形状。
  - 宽度 选项：用于设置使用倒角的直线长度定义倒角的形状。

Step3. 选取线串。在绘图区选取图 3.13.18 所示的边线，系统会自动串连选取与此边线相串连的所有边线，同时在绘图区显示串连的方向，如图 3.13.19 所示。单击 按钮完成线串的选取。

图 3.13.18　定义选取边线　　　　　　　　　　图 3.13.19　串连方向

Step4. 设置倒角参数。在"串连倒角"工具栏的 文本框中输入值 5，并按 Enter 键确认；然后单击 按钮。

Step5. 单击 按钮，完成串连图素的创建，如图 3.13.20b 所示。

a）创建前　　　　　　　　　　　　　　　　　b）创建后

图 3.13.20　串连图素

## 3.13.3　修剪/打断

"修剪/打断"命令 可以对图素进行修剪或者打断的编辑操作，或者沿着某一个图素的法线方向进行延伸。下面以图 3.13.21 所示的模型为例讲解修剪/打断的一般操作过程。

Step1. 打开文件 D:\mcx8\work\ch03.13.03\TRIM_BREAK.MCX。

a）创建前　　　　　　　　　　　　　　　　　b）创建后

图 3.13.21　修剪/打断

Step2. 选择命令。选择下拉菜单 编辑(E) ➡ 修剪/打断(T) ➡

修剪/打断/延伸(T) 命令，系统弹出图 3.13.22 所示的"修剪/延伸/打断"工具栏。

图 3.13.22　"修剪/延伸/打断"工具栏

图 3.13.22 所示的"修剪/延伸/打断"工具栏中部分选项的说明如下。

● 按钮：用于设置修剪一个图素，如图 3.13.23 所示。

● 按钮：用于设置修剪两个图素，如图 3.13.24 所示。

a）创建前　　　　图 3.13.23　修剪一个图素　　　　b）创建后

a）创建前　　　　图 3.13.24　修剪两个图素　　　　b）创建后

● 按钮：用于设置修剪三个图素，如图 3.13.25 所示。

a）创建前　　　　图 3.13.25　修剪三个图素　　　　b）创建后

● 按钮：用于设置分割图素，如图 3.13.26 所示。

a）创建前　　　　图 3.13.26　分割图素　　　　b）创建后

● 按钮：用于设置修剪到指定点，如图 3.13.27 所示。

图 3.13.27　修剪到指定点

-  按钮：用于设置使用定义长度值延伸指定的图素。用户可以在其后的文本框中指定延伸值，如图 3.13.28 所示。

a）创建前　　　　　　　　　　　　　　　　　b）创建后

图 3.13.28　延伸

- 按钮：用于设置编辑类型为修剪或延伸。
- 按钮：用于设置编辑类型为打断。

Step3. 设置修剪方式。在"修剪/延伸/打断"工具栏单击 按钮和 按钮。

Step4. 定义修剪对象。在绘图区选取图 3.13.21a 所示的两条边线。

Step5. 单击 按钮，完成修剪/打断的创建，如图 3.13.21b 所示。

## 3.13.4　多物修整

"多物修整"命令 可以同时对多个图素进行修剪操作。下面以图 3.13.29 所示的模型为例，讲解多物修整的一般操作过程。

a）创建前　　　　　　　　　　　　　　　　　b）创建后

图 3.13.29　多物修整

Step1. 打开文件 D:\mcx8\work\ch03.13.04\TRIM_MANY.MCX。

Step2. 选择命令。选择下拉菜单 编辑(E) → 修剪/打断(T) → 多物体修剪(M) 命令，系统弹出图 3.13.30 所示的"多物体修剪"工具栏。

图 3.13.30　"多物体修剪"工具栏

图 3.13.30 所示的"多物体修剪"工具栏中部分选项的说明如下。

- 按钮：用于选取要修剪的曲线。
- 按钮：用于调整修剪方向。
- 按钮：用于设置编辑类型为修剪或延伸。
- 按钮：用于设置编辑类型为打断。

Step3. 设置修剪方式。接受系统默认的选项设置。

Step4. 定义修剪对象。在绘图区选取图 3.13.29a 所示的曲线和直线 2 为要修剪的图素，按 Enter 键确定。然后选取图 3.13.29a 所示的直线 1 为修剪至图素。

Step5. 定义保留方向。在图 3.13.31 所示的位置单击，定义保留方向，如图 3.13.32 所示。

图 3.13.31　定义保留方向

图 3.13.32　修剪预览

Step6. 单击 按钮，完成多物修整的操作，如图 3.13.29b 所示。

## 3.13.5　两点打断

"两点打断"命令 可以在指定图素上的任意位置打断该图素，使其变成两个图素。下面以图 3.13.33 所示的模型为例，讲解两点打断的一般操作过程。

a）创建前

b）创建后

图 3.13.33　两点打断

Step1. 打开文件 D:\mcx8\work\ch03.13.05\BREAK_TWOPOINT.MCX。

Step2. 选择命令。选择下拉菜单 编辑(E) ➡ 修剪/打断(T) ➡ ✕ 两点打断(B) 命令，系统弹出图 3.13.34 所示的"两点打断"工具栏。

图 3.13.34　"两点打断"工具栏

Step3. 定义要打断的图素。在绘图区选取图 3.13.33a 所示的直线为要打断的图素。

Step4. 定义打断点。将鼠标慢慢接近图 3.13.33a 所示的直线的中点，当鼠标指针上出现图 3.13.35 所示的符号时，单击设置打断点。

Step5. 单击✔按钮，完成两点打断的创建，如图 3.13.33b 所示。

图 3.13.35　定义打断点

## 3.13.6　在交点处打断

"在交点处打断"命令※可以将选取的图素在它们的相交处打断。下面以图 3.13.36 所示的模型为例，讲解在交点处打断的一般操作过程。

a）创建前

b）创建后

图 3.13.36　在交点处打断

Step1. 打开文件 D:\mcx8\work\ch03.13.06\BREAK_AT_INTERSECTION.MCX。

Step2. 选择命令。选择下拉菜单 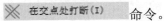命令。

Step3. 定义打断对象。在绘图区选取图 3.13.36a 所示的三条直线和一条圆弧。

Step4. 按 Enter 键，完成在交点处打断的创建，如图 3.13.36b 所示。

## 3.13.7　打成若干段

"打成若干段"命令※可以将选取的图素打断成多段。下面以图 3.13.37 所示的模型为例，讲解打成若干段的一般操作过程。

a）创建前

b）创建后

图 3.13.37　打成若干段

Step1. 打开文件 D:\mcx8\work\ch03.13.07\BREAK_MANY_PIECES.MCX。

Step2. 选择命令。选择下拉菜单 编辑(E) ➡ 修剪/打断(T) ➡ ※ 打成若干段(P) 命令。

Step3. 定义打断对象。在绘图区选取图 3.13.37a 所示的样条曲线为打断的对象,按 Enter 键。系统弹出图 3.13.38 所示的"打断成若干段"工具栏。

图 3.13.38 "打断成若干段"工具栏

图 3.13.38 所示的"打断成若干段"工具栏中部分选项的说明如下。

- 按钮:用于设置采用准确距离方式来进行打断,此时在其后的 文本框中输入准确距离数值。
- 按钮:用于设置采用完整距离方式来进行打断,此时系统将整条曲线按照 文本框定义的段数进行打断。
- 文本框:用于定义打断的段数值。
- 文本框:用于定义打断每段的长度值。
- 文本框:用于定义打断后与原始曲线的公差值。
- 删除 下拉列表:用于设置打断后原始曲线的处理方式,其包括 删除 选项、保留 选项和 消隐 选项。
  - ☑ 删除 选项:用于设置打断后删除原始曲线。
  - ☑ 保留 选项:用于设置打断后保留原始曲线。
  - ☑ 消隐 选项:用于设置打断后隐藏原始曲线。
- 按钮:用于设置将曲线打断成圆弧。
- 按钮:用于设置将曲线打断成直线。

Step4. 定义打断参数。在"打断成若干段"工具栏的 文本框中输入值 6,并按 Enter 键确认;然后单击 按钮。

Step5. 单击 按钮,完成打成若干段的操作,如图 3.13.37b 所示。

Step6. 参照 Step1~ Step5 将图 3.13.37a 所示的圆弧打断成六段圆弧,如图 3.13.37b 所示。

说明:在打断样条曲线时,无论设置是打断成直线还是圆弧,系统都会把样条曲线打断成直线。

## 3.13.8 将尺寸标注打断成线

"将尺寸标注打断成线"命令  可以将尺寸标注、图案填充所生成的复合图素断开,从而方便修改。下面以图 3.13.39 所示的模型为例,讲解将尺寸标注打断成线的一般操作过程。

a)创建前　　　　　　　　　　　　　　　　　　　b)创建后

图 3.13.39　将尺寸标注打断成线

Step1. 打开文件 D:\mcx8\work\ch03.13.08\BREAK_DRAFTING_INTO_LI NES.MCX。

Step2. 选择命令。选择下拉菜单 编辑(E) ➡ 修剪/打断(T) ➡

将尺寸标注打断成线(D) 命令。

Step3. 定义分解对象。在绘图区选取图 3.13.39a 所示的两个剖面线为分解对象。

Step4. 按 Enter 键完成将尺寸标注打断成线的操作,如图 3.13.39b 所示。

## 3.13.9 打断全圆

"打断全圆"命令 可以将选定的圆进行等分处理。下面以图 3.13.40 所示的模型为例,讲解打断全圆的一般操作过程。

Step1. 打开文件 D:\mcx8\work\ch03.13.09\BREAK_CIRCLES.MCX。

Step2. 选择命令。选择下拉菜单 编辑(E) ➡ 修剪/打断(T) ➡ 全圆打断(C) 命令。

a)创建前　　　　　　　　　　　　　　　　　　　b)创建后

图 3.13.40　打断全圆

Step3. 定义打断对象。在绘图区选取图 3.13.40a 所示的圆为打断对象。

Step4. 按 Enter 键完成选取,系统弹出图 3.13.41 所示的"圆形打断后的圆弧数量"对话框。

图 3.13.41　"圆形打断后的圆弧数量"对话框

Step5. 定义打断段数。在"圆形打断后的圆弧数量"对话框的文本框中输入值 4，并按 Enter 键完成打断全圆的操作，如图 3.13.40b 所示。

### 3.13.10 恢复全圆

"恢复全圆"命令 ⌐ 可以将选定的圆弧补成整圆。下面以图 3.13.42 所示的模型为例，讲解恢复全圆的一般操作过程。

a）创建前　　　　　　　　　　　　　　　　　　　　b）创建后

图 3.13.42　恢复全圆

Step1. 打开文件 D：\mcx8\work\ch03.13.10\CLOSE_ARC.MCX。

Step2. 选择命令。选择下拉菜单 编辑(E) ➡ 修剪/打断(T) ➡ ⌐ 恢复全圆(A) 命令。

Step3. 定义恢复对象。在绘图区选取图 3.13.42a 所示的圆弧为恢复对象。

Step4. 按 Enter 键，完成恢复全圆的操作，如图 3.13.42b 所示。

### 3.13.11 连接图素

"连接图素"命令 ⟋ 可以将共线的线段、被断开的圆弧和被断开的样条曲线等多个图素合并成一个图素。下面以图 3.13.43 所示的模型为例，讲解连接图素的一般操作过程。

a）创建前　　　　　　　　　　　　　　　　　　　　b）创建后

图 3.13.43　连接图素

Step1. 打开文件 D：\mcx8\work\ch03.13.11\JOIN_ENTITIES.MCX。

Step2. 选择命令。选择下拉菜单 编辑(E) ➡ ⟋ 连接图素(J) 命令。

Step3. 定义连接对象。在绘图区选取图 3.13.43a 所示的两个圆弧为连接对象。

Step4. 按 Enter 键，完成连接图素的操作，如图 3.13.43b 所示。

## 3.13.12 更改曲线

"更改曲线"命令  可以改变 NURBS 曲线的控制点位置。下面以图 3.13.44 所示的模型为例，讲解更改曲线的一般操作过程。

Step1. 打开文件 D:\mcx8\work\ch03.13.12\MODIFY_NURBS.MCX。

Step2. 选择命令。选择下拉菜单 编辑(E) ➡ 修改样条(M) 命令。

a）创建前                                                    b）创建后

图 3.13.44 更改曲线

Step3. 定义更改对象。在绘图区选取图 3.13.44a 所示的样条曲线为更改对象，此时在绘图区出现图 3.13.45 所示的该样条曲线的控制点。

Step4. 调整控制点。在图 3.13.46 所示的控制点 1 位置单击，然后拖动鼠标至点 1 位置并单击，结果如图 3.13.47 所示。在图 3.13.48 所示的控制点 2 位置单击，然后拖动鼠标至点 2 位置并单击，结果如图 3.13.49 所示。

Step5. 按 Enter 键完成更改曲线的操作。

图 3.13.45 显示样条曲线控制点      图 3.13.46 调整控制点 1      图 3.13.47 调整控制点 1 后

图 3.13.48 调整控制点 2          图 3.13.49 调整控制点 2 后

## 3.13.13 转换线或圆弧为 NURBS 曲线

使用"转成 NURBS"命令 可以将指定的直线、圆弧、参数式曲线转换成 NURBS 曲线，从而方便调整曲线的控制点。下面以图 3.13.50 所示的模型为例，讲解转换线或圆弧为 NURBS 曲线的一般操作过程。

说明：图 3.13.50b 所示的圆弧是在更改曲线状态下的，以便用户能更清楚了解"转成 NURBS"命令。在没有转成 NURBS 曲线前，是不能对圆弧的控制点进行编辑的。

a）创建前                                                                                    b）创建后

图 3.13.50　转换成 NURBS 曲线

Step1.　打开文件 D:\mcx8\work\ch03.13.13\CONVERT_NURBS.MCX。

Step2.　选择命令。选择下拉菜单 编辑(E) ➡  转成 NURBS(O) 命令。

Step3.　定义转换对象。在绘图区选取图 3.13.50a 所示的圆弧和直线为转换对象。

Step4.　按 Enter 键，完成转换线或圆弧为 NURBS 曲线的操作，如图 3.13.50b 所示。

## 3.13.14　转换曲线为圆弧

使用"曲线变弧"命令 可以将指定的曲线转换成圆弧。下面以图 3.13.51 所示的模型为例，讲解转换曲线为圆弧的一般操作过程。

a）创建前                                                                                    b）创建后

图 3.13.51　转换曲线为圆弧

说明：图 3.13.51a 所示的曲线是在更改曲线状态下的，以便用户能更清楚了解"曲线变弧"命令。在没有转成圆弧前，可以对曲线的控制点进行编辑。

Step1.　打开文件 D:\mcx8\work\ch03.13.14\SIMPLIFY.MCX。

Step2.　选择命令。选择下拉菜单 编辑(E) ➡ 曲线变弧(S)... 命令，系统弹出图 3.13.52 所示的"转成圆弧"工具栏。

图 3.13.52　"转成圆弧"工具栏

图 3.13.52 所示的"转成圆弧"工具栏中部分选项的说明如下。

● 按钮：用于选择要转成圆弧的曲线。

● 文本框：用于定义转成圆弧后与原始曲线的偏离值。

● 删除 下拉列表：用于设置转成圆弧后原始曲线的处理方式，其包括 删除 选项、

保留选项和 消隐 选项。

☑ 删除选项：用于设置转成圆弧后删除原始曲线。

☑ 保留选项：用于设置转成圆弧后保留原始曲线。

☑ 消隐选项：用于设置转成圆弧后隐藏原始曲线。

Step3. 定义转成圆弧对象。在绘图区选取图 3.13.51a 所示的样条曲线为转成圆弧的对象。

Step4. 定义转成圆弧参数。在"转成圆弧"工具栏的 ▨ 文本框中输入值 0.02；在 删除 ▼ 下拉列表中选择 删除选项。

Step5. 单击 ✓ 按钮，完成转换曲线为圆弧的操作，如图 3.13.51b 所示。

# 3.14 转 换 图 素

在使用 Mastercam X8 进行绘图时，有时要绘制一些相同或近似的图形，此时可以根据用户的需要对其进行平移、镜像、旋转、缩放、偏置、投影、阵列、缠绕、拖拽等操作，以加快设计速度。转换图素的命令主要位于 转换(X) 下拉菜单中，如图 3.14.1 所示。同样，在"转换"工具栏中也列出了相应的转换图素的命令，如图 3.14.2 所示。

图 3.14.1 "转换"下拉菜单

图 3.14.2 "转换"工具栏

## 3.14.1 平移

"平移"命令 可以将指定的图素沿着某一个方向进行平移操作，该方向可以通过相对直角坐标系、极坐标系或者两点间的距离进行指定。通过"平移"命令可以创建一个或者多个与指定图素相同的图形。下面以图 3.14.3 所示的模型来讲解平移的一般操作过程。

a）创建前　　　　　　　　　　　　　　　　　　　b）创建后

图 3.14.3　平移

Step1. 打开文件 D:\mcx8\work\ch03.14.01\TRANSLATE.MCX。

Step2. 选择命令。选择下拉菜单 转换(X) ➡ 平移(T)... 命令。

Step3. 定义平移对象。在绘图区选取图 3.14.3a 所示的圆为平移对象，按 Enter 键完成平移对象的定义，此时系统弹出图 3.14.4 所示的"平移"对话框。

图 3.14.4 所示的"平移"对话框中部分选项的说明如下。

- 按钮：用于选择要平移的图素。
- 移动 单选项：用于设置将指定的图素移动到一个新的位置。
- 复制 单选项：用于设置将指定的图素移动到一个新的位置，同时原始图素被保留在最初的位置。
- 连接 单选项：用于设置将指定的图素移动到一个新的位置，同时原始图素被保留在最初的位置，系统会自动创建直线或者圆弧，将新创建的图素的端点与原始图素相应的端点连接起来。
- \# 文本框：用于定义平移的次数值。

图 3.14.4　"平移"对话框

- 两点间的距离 单选项：用于设置根据每一个复制的对象计算平移距离，如图 3.14.5 所示。当平移次数大于 1 时，此单选项可用。
- 总距离 单选项：用于设置根据复制的次数计算穿过所有图素的平移距离，如图 3.14.6 所示。当平移次数大于 1 时，此单选项可用。

说明：图 3.14.5 和图 3.14.6 输入的参数是一样的，都是分别在 增量坐标 区域的 ΔX 文本框和 ΔY 文本框输入值 10 之后得到的结果图。

- 增量坐标 区域：用于定义平移图素在直角坐标系下的三个方向上的增量值，其包括文本框、文本框和文本框。

图 3.14.5　两点间的距离　　　　　　　图 3.14.6　总距离

- ☑ 文本框：用于定义 X 方向上的增量值。
- ☑ 文本框：用于定义 Y 方向上的增量值。
- ☑ 文本框：用于定义 Z 方向上的增量值。
- ● 自/至 区域：用于定义平移的起始点、终止点或者直线，其包括 按钮、 按钮和 按钮。
  - ☑ 按钮：用于定义平移的起始点。
  - ☑ 按钮：用于定义平移的直线参考，系统会将直线的方向定义为平移的方向，将直线的两个端点定义为平移的起始点和终止点。
  - ☑ 按钮：用于定义平移的终止点。
- ● 极坐标 区域：用于定义平移图素在极坐标下的平移角度和距离，其包括 文本框和 文本框。
  - ☑ 文本框：用于定义平移角度值。
  - ☑ 文本框：用于定义平移距离值。
- ● 按钮：用于调整平移的方向，有三个状态，分别为 、 和 ，分别表示图 3.14.7 所示的三个方向。

a）状态 1　　　　　　b）状态 2　　　　　　c）状态 3

图 3.14.7　调整平移方向的三个状态

- ● 预览 区域：用于设置预览的相关参数，包括 重新生成 按钮和 ☑ 适配 复选框。
  - ☑ 重新生成 按钮：用于更新平移显示。当选中此按钮前的复选框时，系统会自动更新平移显示。
  - ☑ ☑ 适配 复选框：用于设置使用充满屏幕的显示方式。

● 属性区域：用于设置图素属性的相关参数，其包括 ☑使用新属性 复选框、▯ ▦ 文本框、▦按钮、☑每个副本的增量层别 复选框、▯ ▮文本框和▦按钮。

☑ ☑使用新属性 复选框：用于定义平移图素的层别和颜色等参数。当选中此复选框时，属性区域的其他参数方可显示，如图 3.14.8 所示。

☑ ▯ ▦文本框：用于定义创建的平移图素的所在层别。

☑ ▦按钮：单击此按钮，系统弹出"层别"对话框。用户可以通过该对话框新建或选择平移图素的层别。

☑ ☑每个副本的增量层别 复选框：用于设置在不同的层别创建平移图素，每次平移都增加一个新的图层，并把平移的图素放置在该层中。当平移次数大于 1 时，此复选框可用。

☑ ▯ ▮文本框：用于定义平移图素的颜色号。

☑ ▦按钮：单击此按钮，系统弹出"颜色"对话框。用户可以通过该对话框设置平移图素的颜色。

Step4. 设置平移参数。在"平移"对话框中选中 ⊙移动 单选项；在 # 文本框中输入值 1；在 预览 区域中选中 重新生成 按钮前的复选框，并取消选中 ▯适配 复选框。

Step5. 定义平移位置。在"平移"对话框的 自/至 区域中单击 +1 按钮，选取图 3.14.9 所示的点 1（直线和圆的切点）为平移的起始点，然后选取图 3.14.9 所示的点 2（直线和圆的切点）为平移的终止点。

图 3.14.8 使用新的图素属性

图 3.14.9 定义起始点和终止点

Step6. 单击 ✓ 按钮，完成平移的操作，如图 3.14.3b 所示。

## 3.14.2 3D 平移

"3D 平移"命令 ▱ 可以将指定的图素沿着某一个方向在不同视图间进行平移操作。下面以图 3.14.10 所示的模型来讲解 3D 平移的一般操作过程。

Step1. 打开文件 D:\mcx8\work\ch03.14.02\3D_TRANSLATE.MCX。

a）创建前                                      b）创建后

图 3.14.10  3D 平移

**Step2.** 选择命令。选择下拉菜单 转换(X) ➡ 3D 平移(3)... 命令。

**Step3.** 定义平移对象。在绘图区选取图 3.14.10a 所示的图形为平移对象，按 Enter 键完成平移对象的定义，此时系统弹出图 3.14.11 所示的"3D 平移"对话框。

图 3.14.11 所示的"3D 平移"对话框中部分选项的说明如下。

● 视图 区域

☑ 原始视图:右面的 按钮：单击此按钮，系统弹出"平面选择"对话框。用户可以通过该对话框选择图素来源所在的视角，即原始图素所在的视角。

☑ 目标视图:右面的 按钮：单击此按钮，系统弹出"平面选择"对话框。用户可以通过该对话框选择图素目标所在的视角，即要平移到的视角。

☑ 按钮：定义图素旋转中心点。

图 3.14.11  "3D 平移"对话框

**Step4.** 定义 3D 平移位置。

（1）定义来源图素视角和平移起始点。在"3D 平移"对话框的 视图 区域的 原始视图: 下拉列表中选择 TOP 视角；然后单击 原始视图: 下面的 按钮，在"AutoCursor"工具栏的 X 文本框、Y 文本框和 Z 文本框中均输入值 0，并分别按 Enter 键确认，此时系统再次弹出"3D 平移"对话框。

（2）定义目标图素视角和平移终止点。在"3D 平移"对话框的 视图 区域的 目标视图: 下拉列表中选择 FRONT 视角；然后单击 目标视图: 下面的 按钮，分别在"AutoCursor"工具栏的 X 文本框、Y 文本框和 Z 文本框中输入值 0，−50，0，并分别按 Enter 键确认，此时系统返回至"3D 平移"对话框。

**Step5.** 单击 按钮，完成 3D 平移的操作，如图 3.14.10b 所示。

### 3.14.3　镜像

"镜像"命令 ⚊ 可以将指定的图素关于定义的镜像中心线进行对称操作。下面以图 3.14.12 所示的模型来讲解镜像的一般操作过程。

a）创建前 　　　　　　　　　　　　　　　b）创建后

图 3.14.12　镜像

Step1. 打开文件 D:\mcx8\work\ch03.14.03\MIRROR.MCX。

Step2. 选择命令。选择下拉菜单 转换(X) ➡ 镜像(M)... 命令。

Step3. 定义镜像对象。在"General Selection"工具栏的 ▣▾ 下拉列表中选择 🔗 串连 选项，然后在绘图区选取图 3.14.12a 所示的圆弧为镜像对象，按 Enter 键完成镜像对象的定义，此时系统弹出图 3.14.13 所示的"镜像"对话框。

图 3.14.13　"镜像"对话框

图 3.14.13 所示的"镜像"对话框中部分选项的说明如下。

- ⬚ 按钮：用于选择要镜像的图素。
- 移动 单选项：用于设置将指定的镜像图素移动到一个新的位置。
- 复制 单选项：用于设置将指定的镜像图素移动到一个新的位置，同时原始图素被保留在最初的位置。

- 单选项：用于设置将指定的镜像图素移动到一个新的位置，同时原始图素被保留在最初的位置，系统会自动创建直线或者圆弧将新创建的图素的端点与原始图素的相应端点连接起来。

- 轴 区域：用于定义对称轴的相关参数，其包括 按钮、 Y 文本框、 按钮、 × 文本框、 按钮、 A 文本框、 按钮和 按钮。

  - ☑ 按钮：用于设置指定的图素关于 X 轴对称。

  - ☑ Y 文本框：用于设置平行于 X 轴的对称轴相对于 X 轴的 Y 轴方向上的距离。

  - ☑ 按钮：用于设置指定的图素关于 Y 轴对称。

  - ☑ × 文本框：用于设置平行于 Y 轴的对称轴相对于 Y 轴的 X 轴方向上的距离。

  - ☑ 按钮：用于设置指定的图素关于定义的对称轴对称，此对称轴是通过与极轴之间的夹角来定义的。单击此按钮，系统会返回至绘图区，此时需要用户选取对称轴的通过点。

  - ☑ A 文本框：用于定义对称轴与极轴之间的夹角值。

  - ☑ 按钮：用于定义对称轴。单击此按钮，系统会返回至绘图区，此时需要用户选取对称轴。

  - ☑ 按钮：用于以两点的方式定义对称轴。单击此按钮，系统会返回至绘图区，此时需要用户选取对称轴的两个端点。

- ☐ 镜像注释和标签文字 复选框：用于设置文本与标签关于对称轴对称，如图 3.14.14b 所示。此复选框仅当定义的镜像图素中有文本或标签时才能使用。

- 预览 区域：用于设置预览的相关参数，包括 重新生成 按钮和 ☑ 适配 复选框。

  - ☑ 重新生成 按钮：用于更新镜像显示。当选中此按钮前的复选框时，系统会自动更新镜像显示。

  - ☑ ☑ 适配 复选框：用于设置使用充满屏幕的显示方式。

- 属性 区域：用于设置图素属性的相关参数，其包括 ☑ 使用新属性 复选框、1 文本框、 按钮、0 文本框和 按钮。

  - ☑ ☑ 使用新属性 复选框：用于定义镜像图素的层别和颜色等参数。当选中此复选框时，属性 区域的其他参数方可显示，如图 3.14.15 所示。

  - ☑ 1 文本框：用于定义创建的镜像图素的所在层别。

  - ☑ 按钮：单击此按钮，系统弹出"层别"对话框。用户可以通过此对话框新建或选择镜像图素的层别。

  - ☑ 0 文本框：用于定义镜像图素的颜色号。

a）不选中　　　　　　　　　b）选中

图 3.14.14　"镜像文本与标签"复选框　　　图 3.14.15　使用新的图素属性

按钮：单击此按钮，系统弹出"颜色"对话框。用户可以通过该对话框设置镜像图素的颜色。

Step4. 设置镜像参数。在"镜像"对话框中选中 复制 单选项；在 预览 区域中选中 重新生成 按钮前的复选框，并取消选中 适配 复选框。

Step5. 设置镜像轴。在 轴 区域单击 按钮，然后在绘图区选取图 3.14.12a 所示的直线为镜像轴。

Step6. 单击 按钮，完成镜像的操作，如图 3.14.12b 所示。

## 3.14.4　旋转

"旋转"命令 可以将指定的图素关于定义的中心点旋转一定的角度。下面以图 3.14.16 所示的模型为例来讲解旋转的一般操作过程。

选取此点

a）创建前　　　　　　　　　　　　　　　　　　　b）创建后

图 3.14.16　旋转

Step1. 打开文件 D:\mcx8\work\ch03.14.04\ROTATE.MCX。

Step2. 选择命令。选择下拉菜单 转换(X) ➡ 旋转(R)... 命令。

Step3. 定义旋转对象。在"General Selection"工具栏的 下拉列表中选择 串连 选项，然后在绘图区选取图 3.14.16a 所示的圆弧为旋转对象，按 Enter 键完成旋转对象的定义，此时系统弹出图 3.14.17 所示的"旋转"对话框。

图 3.14.17 所示的"旋转"对话框中部分选项的说明如下。

● 按钮：用于选择要旋转的图素。

- 移动单选项：用于设置将指定的旋转图素移动到一个新的位置。

- 复制单选项：用于设置将指定的旋转图素移动到一个新的位置，同时原始图素被保留在最初的位置。

- 连接单选项：用于设置将指定的旋转图素移动到一个新的位置，同时原始图素被保留在最初的位置，系统会自动创建直线或者圆弧，将新创建的图素的端点与原始图素的相应端点连接起来。

- # 文本框：用于定义旋转的次数值。

- 角度范围单选项：用于设置根据每一个复制的对象计算旋转角度，如图 3.14.18 所示。当旋转次数大于 1 时，此单选项可用。

- 整体扫描单选项：用于设置根据复制的次数计算穿过所有图素的旋转角度，如图 3.14.19 所示。当旋转次数大于 1 时，此单选项可用。

图 3.14.17　"旋转"对话框

图 3.14.18　角度范围

图 3.14.19　整体扫描

说明：图 3.14.18 和图 3.14.19 输入的参数是一样的，都是在 ∠ 的文本框中输入值 90 之后得到的结果图。

- 按钮：用于选取旋转的中心点。单击此按钮，系统会返回至绘图区，此时需要用户选取旋转的中心点。

- ∠文本框：用于定义旋转的角度值。

- 旋转单选项：用于设置旋转指定的图素，如图 3.14.20 所示。

- 平移单选项: 用于将指定的图素关于定义的中心点平移一定的角度,如图 3.14.21 所示。

图 3.14.20　旋转　　　　　　　　　　　　　图 3.14.21　平移

-  按钮: 用于调整旋转的方向, 其有三个状态, 分别为 、 和 , 分别表示图 3.14.22 所示的三个方向。

a) 状态 1　　　　　　　　　b) 状态 2　　　　　　　　c) 状态 3

图 3.14.22　调整旋转方向的三个状态

- 按钮: 用于移除一个或多个复制的旋转图素。单击此按钮, 系统会返回至绘图区, 此时需要用户选取要移除的旋转复制图素, 然后按 Enter 键确认。当旋转次数大于 1 时, 此按钮可用。

- 按钮: 用于还原使用 按钮移除的旋转复制图素。

- 预览 区域: 用于设置预览的相关参数, 其包括 重新生成 按钮和 □ 适配 复选框。

  - ☑ 重新生成 按钮: 用于更新旋转显示。当选中此按钮前的复选框时, 系统会自动更新旋转显示。

  - ☑ □ 适配 复选框: 用于设置使用充满屏幕的显示方式。

- 属性 区域: 用于设置图素属性的相关参数, 其包括 ☑ 使用新属性 复选框、1 文本框、☑ 每个副本的增量层别 复选框、按钮、0 文本框和 按钮。

  - ☑ ☑ 使用新属性 复选框: 用于定义旋转图素的层别和颜色等参数。当选中此复选框时, 属性 区域的其他参数方可显示, 如图 3.14.23 所示。

图 3.14.23　使用新的图素属性

☑ [1] ⊞ 文本框：用于定义创建的旋转图素的所在层别。

☑ ⊞ 按钮：单击此按钮，系统弹出"层别"对话框。用户可以通过该对话框新建或选择旋转图素的层别。

☑ ☑ 每个副本的增量层别 复选框：用于设置在不同的层别创建旋转图素，每次旋转都增加一个新的图层，并把旋转的图素放置在该层中。当旋转次数大于 1 时，此复选框可用。

☑ [0] ▮ 文本框：用于定义旋转图素的颜色号。

☑ ⊞ 按钮：单击此按钮，系统弹出"颜色"对话框。用户可以通过该对话框设置旋转图素的颜色。

Step4. 设置旋转参数。在"旋转"对话框中选中 ⊙ 复制 单选项；然后在 预览 区域中选中 重新生成 按钮前的复选框，并取消选中 ☐ 适配 复选框。

Step5. 设置旋转中心及角度。单击 ✛ 按钮，然后在绘图区选取图 3.14.16a 所示的点（直线的端点）为旋转中心，在 ∠ 的文本框中输入值 90.0。

Step6. 单击 ✔ 按钮，完成旋转的操作，如图 3.14.16b 所示。

## 3.14.5 缩放

"缩放"命令 ⬚ 可以将指定的图素关于定义的中心点按照定义的比例进行缩放。下面以图 3.14.24 所示的模型为例来讲解缩放的一般操作过程。

a）创建前

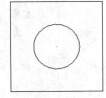
b）创建后

图 3.14.24 缩放

Step1. 打开文件 D:\mcx8\work\ch03.14.05\SCALE.MCX。

Step2. 选择命令。选择下拉菜单 转换(X) ➡ ⬚ 缩放(S)... 命令。

Step3. 定义缩放对象。在绘图区选取图 3.14.24a 所示的圆为缩放对象，然后按 Enter 键完成缩放对象的定义，此时系统弹出图 3.14.25 所示的"缩放"对话框。

图 3.14.25 所示的"缩放"对话框中部分选项的说明如下。

● ⬚ 按钮：用于选择要缩放的图素。

● ⊙ 移动 单选项：用于设置将指定的缩放图素移动到一个新的位置。

● ⊙ 复制 单选项：用于设置将指定的缩放图素移动到一个新的位置，同时原始图素被保留在最初的位置。

- **连接**单选项：用于设置将指定的缩放图素移动到一个新的位置，同时原始图素被保留在最初的位置，系统会自动创建直线或者圆弧，将新创建的图素的端点与原始图素的相应的端点连接起来。

- **#** 文本框：用于定义缩放的次数值。

- **按钮**：用于选取缩放的中心点。单击此按钮，系统会返回至绘图区，此时需要用户选取缩放的中心点。

- **统一**单选项：用于设置使用在 X 轴方向、Y 轴方向和 Z 轴方向三个方向上相同比例的方式进行缩放。

图 3.14.25 "缩放"对话框

- **XYZ**单选项：用于设置使用在 X 轴方向、Y 轴方向和 Z 轴方向三个方向上不同比例的方式进行缩放。

- **统一**区域：用于定义统一缩放的相关参数，其包括 **比例** 单选项、**百分比** 单选项和 **文本框**。此区域将根据选择的缩放方式不同而有所差异。

  - ☑ **比例** 单选项：用于设置使用比例因子的方式控制缩放。
  - ☑ **百分比** 单选项：用于设置使用百分比的方式控制缩放。
  - ☑ **文本框**：用于定义缩放值。

- **预览**区域：用于设置预览的相关参数，其包括 **重新生成** 按钮和 **适配** 复选框。

  - ☑ **重新生成** 按钮：用于更新缩放显示。当选中此按钮前的复选框时，系统会自动更新缩放显示。
  - ☑ **适配** 复选框：用于设置使用充满屏幕的显示方式。

- **属性**区域：用于设置图素属性的相关参数，其中包括 ☑ **使用新属性** 复选框、文本框、**按钮**、☑ **每个副本的增量层别** 复选框、文本框和 **按钮**。

  - ☑ **使用新属性** 复选框：用于定义缩放图素的层别和颜色等参数。当选中此复选框时，**属性** 区域的其他参数方可显示，如图 3.14.26 所示。

图 3.14.26 使用新的图素属性

☑ ![]文本框：用于定义创建的缩放图素的所在层别。

☑ ![]按钮：单击此按钮，系统弹出"层别"对话框。用户可以通过该对话框新建或选择缩放图素的层别。

☑ ![每个副本的增量层别]复选框：用于设置在不同的层别创建缩放图素，每次缩放都增加一个新的图层，并把缩放的图素放置在该层中。当缩放次数大于 1 时，此复选框可用。

☑ ![]文本框：用于定义缩放图素的颜色号。

☑ ![]按钮：单击此按钮，系统弹出"颜色"对话框。用户可以通过该对话框设置缩放图素的颜色。

Step4. 设置缩放参数。在"缩放"对话框中选中 ![移动] 单选项；在 ![预览] 区域中选中 ![重新生成] 按钮前的复选框，并取消选中 ![适配] 复选框。

Step5. 设置缩放中心及缩放比例。单击 ![] 按钮，然后在绘图区选取图 3.14.24a 所示的点（圆的圆心）为旋转中心，在 ![统一] 区域的 ![] 文本框中输入值 0.5。

Step6. 单击 ![] 按钮，完成缩放的操作，如图 3.14.24b 所示。

## 3.14.6 偏置

"偏置"命令 ![] 可以将指定的图素向外或向内偏移一定的距离。下面以图 3.14.27 所示的模型为例来讲解偏置的一般操作过程。

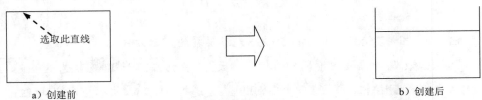

a）创建前　　　　图 3.14.27　偏置　　　　b）创建后

Step1. 打开文件 D:\mcx8\work\ch03.14.06\OFFSET.MCX。

Step2. 选择命令。选择下拉菜单 ![转换(X)] ➡ ![偏置(O)...] 命令，系统弹出图 3.14.28 所示的"偏置"对话框。

**图 3.14.28 所示的"偏置"对话框中部分选项的说明如下。**

- ![移动] 单选项：用于设置将指定的偏置图素移动到一个新的位置。
- ![复制] 单选项：用于设置将指定的偏置图素移动到一个新的位置，同时原始图素被保留在最初的位置。
- ![#] 文本框：用于定义偏置的次数值。
- ![] 文本框：用于定义偏置的距离值。

● 按钮: 用于调整偏置的方向, 其有三个状态, 分别为 、和, 分别表示图 3.14.29 所示的三个方向。

图 3.14.28    "偏置"对话框

a) 状态 1

b) 状态 2

c) 状态 3

图 3.14.29    调整偏置方向的三个状态

● 预览 区域: 用于设置预览的相关参数, 其包括 重新生成 按钮和 □适配 复选框。

☑ 重新生成 按钮: 用于更新偏置显示。当选中此按钮前的复选框时, 系统会自动更新补正显示。

☑ □适配 复选框: 用于设置使用充满屏幕的显示方式。

● 属性 区域: 用于设置图素属性的相关参数, 其包括 ☑ 使用新属性 复选框、1 ⊞ 文本框、⊞ 按钮、☑ 每个副本的增量层别 复选框、0 ■ 文本框和 ⊞ 按钮。

☑ ☑ 使用新属性 复选框: 用于定义偏置图素的层别和颜色等参数。当选中此复选框时, 属性 区域的其他参数方可显示, 如图 3.14.30 所示。

图 3.14.30    使用新的图素属性

☑ 1 ⊞ 文本框: 用于定义创建的偏置图素的所在层别。

- ☑ ⊞按钮：单击此按钮，系统弹出"层别"对话框。用户可以通过该对话框新建或选择偏置图素的层别。

- ☑ ☑每个副本的增量层别复选框：用于设置在不同的层别创建偏置图素，每次偏置都增加一个新的图层，并把偏置的图素放置在该层中。当偏置次数大于 1 时，此复选框可用。

- ☑ ⁰████文本框：用于定义偏置图素的颜色号。

- ☑ ⊞按钮：单击此按钮，系统弹出"颜色"对话框。用户可以通过该对话框设置偏置图素的颜色。

Step3. 设置偏置参数。在"偏置"对话框中选中 ⊙移动单选项；在 ▭文本框中输入值 5；在 预览区域中选中 重新生成按钮前的复选框，并取消选中 □适配复选框。

Step4. 定义偏置对象。在绘图区选取图 3.14.27a 所示的直线为偏置对象，然后在直线的下方单击。

Step5. 单击 ✓按钮，完成偏置的操作，如图 3.14.27b 所示。

## 3.14.7 偏置外形

"偏置外形"命令 ⤵ 可以将一个由多个图素首尾相连而成的图素向外或向内偏移一定距离。下面以图 3.14.31 所示的模型为例来讲解偏置外形的一般操作过程。

a）创建前　　　　　　　　　　　　　　　　　b）创建后

图 3.14.31　偏置外形

Step1. 打开文件 D:\mcx8\work\ch03.14.07\OFFSET_CONTOUR.MCX。

Step2. 选择命令。选择下拉菜单 转换(X) ➡ ⤵偏置外形(C)...命令，系统弹出"串连"对话框。

Step3. 定义偏置对象。在绘图区选取图 3.14.31a 所示的直线为偏置对象，系统会自动串连与它相连的图素并显示串连方向，如图 3.14.32 所示。单击 ✓按钮，完成偏置对象的定义，同时系统弹出图 3.14.33 所示的"偏置外形"对话框。

图 3.14.33 所示的"偏置外形"对话框中部分选项的说明如下。

- ● 距离区域：用于设置偏置距离的相关参数，其包括 ▭文本框、⬆文本框、⟋文本框、⊙绝对坐标单选项和 ⊙增量坐标单选项。

- ☑ ▭文本框：用于设置 XY 方向上的偏移距离值，如图 3.14.34 所示。

图 3.14.32　串连图素

图 3.14.33　"偏置外形"对话框

☑　⬆文本框：用于设置 Z 轴方向上的偏移距离值，如图 3.14.34 所示。

☑　∠文本框：用于设置偏移的角度值，偏移角度范围为 0~89°，如图 3.14.34 所示。

☑　⊙绝对坐标 单选项：用于设置创建 2D 几何图形，如图 3.14.35 所示。

☑　⊙增量坐标 单选项：用于设置创建 3D 几何图形，如图 3.14.35 所示。

图 3.14.34　距离示意图

图 3.14.35　"绝对坐标"和"增量坐标"

说明：如果偏置的原始图素为样条曲线时，系统会用直线或者圆弧代替样条曲线来创建偏置图素。

● 转角区域：用于设置转角的相关选项，其包括⊙无单选项、⊙尖角单选项和⊙全部单选项。

☑ ⊙ 无 单选项：在拐角处不创建圆角，如图 3.14.36a 所示。

☑ ⊙ 尖角 单选项：在小于 135° 的转角处创建圆角，如图 3.14.36b 所示。

☑ ⊙ 全部 单选项：在全部拐角处创建圆角，如图 3.14.36c 所示。

a）无　　　　　　　　b）尖角　　　　　　　c）全部

图 3.14.36　转角设置

- ☑ 寻找自相交 复选框：用于设置偏置后检查自相交。如果偏置后产生了自相交，则系统会弹出图 3.14.37 所示的"警告"对话框，提示偏置失败。

图 3.14.37　"警告"对话框

- 公差 文本框：用于设置偏置图素与原始图素之间的偏差值。此文本框仅当偏置对象为样条曲线时可用。
- 最大深度 文本框：用于设置 3D 样条曲线在尖角时的最大间隙值。此文本框仅当偏置对象为空间样条曲线时可用。

Step4. 设置偏置参数。在"偏置外形"对话框中选中 ⊙ 单选项；在 复制 文本框中输入值 5；在 预览 区域中选中 重新生成 按钮前的复选框，并取消选中 □ 适配 复选框；在 转角 区域中选中 ⊙ 无 单选项；单击两次 按钮使其变成 状态。

Step5. 单击 按钮，完成偏置外形的操作，如图 3.14.31b 所示。

## 3.14.8　投影

"投影"命令 可以将指定的图素按照定义的高度进行投影，或投影到指定的平面、曲面上。下面以图 3.14.38 所示的模型为例来讲解投影的一般操作过程。

Step1. 打开文件 D:\mcx8\work\ch03.14.08\PROJECT.MCX。

Step2. 选择命令。选择下拉菜单 转换(X) ➡ 投影(P)... 命令。

129

Step3. 定义投影对象。在绘图区选取图 3.14.38a 所示的圆为投影对象，按 Enter 键完成投影对象的定义，此时系统弹出图 3.14.39 所示的"投影"对话框。

a）创建前

b）创建后

图 3.14.38　投影

图 3.14.39　"投影"对话框

图 3.14.39 所示的"投影"对话框中部分选项的说明如下。

● 按钮：用于选择要投影的图素。

● 移动 单选项：用于设置将指定的投影图素移动到一个新的位置。

● 复制 单选项：用于设置将指定的投影图素移动到一个新的位置，同时原始图素被保留在最初的位置。

● 连接 单选项：用于设置将指定的投影图素移动到一个新的位置，同时原始图素被保留在最初的位置，系统会自动创建直线或者圆弧，将新创建的图素的端点与原始图素的相应端点连接起来。

● 投影至 区域：用于定义投影到的相关参数，其包括 按钮、 0.0 文本框、 按钮、 按钮。

　☑ 按钮：单击此按钮，用户可以在绘图区选取图素来定义投影的高度值。

　☑ 0.0 文本框：用于定义投影的高度值。

　☑ 按钮：用于定义投影平面。单击此按钮，系统弹出图 3.14.40 所示的"平

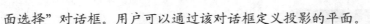

面选择"对话框。用户可以通过该对话框定义投影的平面。

☑ ⊞按钮：单击此按钮，用户可以在绘图区选取投影的曲面。

- 曲面投影 区域：用于定义投影至曲面或者实体的相关参数，其包括 ⊙视图 单选项、⊙法向 单选项、☑ 查找所有结果 复选框、☑ 连接结果 复选框、☑ 最大距离 复选框和 点/线 按钮。

  ☑ ⊙视图 单选项：用于设置沿构图平面的法线方向进行投影。

  ☑ ⊙法向 单选项：用于设置沿指定曲面的法线方向进行投影。

  ☑ ☑ 查找所有结果 复选框：用于设置寻找多种结果。如果没有选中此复选框，系统将采用第一个计算的投影结果。

  ☑ ☑ 连接结果 复选框：用于设置连接投影的多个图素为一个图素。用户可以在其后的文本框中定义连接公差值。

  ☑ ☑ 最大距离 复选框：用于设置寻找结果与所选取点的最大距离，防止系统产生多余的不需要的结果。如果没有选中此复选框，系统会在选取的所有曲面间寻找一个投影结果。此复选框仅当选中 ⊙法向 单选项时可用。用户可以在其后的文本框中定义最大距离值。

  ☑ 点/线 按钮：用于设置在投影点到曲面或实体时是否创建投影点和直线。单击此按钮，系统弹出图 3.14.41 所示的"投影点"对话框。用户可以通过该对话框设置是否创建投影点或者直线。

- 预览 区域：用于设置预览的相关参数，其包括 重新生成 按钮和 ☐适配 复选框。

  ☑ 重新生成 按钮：用于更新投影显示。当选中此按钮前的复选框时，系统会自动更新投影显示。

  ☑ ☐适配 复选框：用于设置使用充满屏幕的显示方式。

- 属性 区域：用于设置图素属性的相关参数，其包括 ☑ 使用新属性 复选框、1 ⊞ 文本框、⊞按钮、0 文本框和 ⊞按钮。

  ☑ ☑ 使用新属性 复选框：用于定义投影图素的层别和颜色等参数。当选中此复选框时，属性 区域的其他参数方可显示，如图 3.14.42 所示。

  ☑ 1 ⊞文本框：用于定义创建的投影图素的所在层别。

  ☑ ⊞按钮：单击此按钮，系统弹出"层别"对话框。用户可以通过该对话框新建或选择投影图素的层别。

  ☑ 0 文本框：用于定义投影图素的颜色号。

  ☑ ⊞按钮：单击此按钮，系统弹出"颜色"对话框。用户可以通过该对话框设置投影图素的颜色。

图 3.14.40　"平面选择"对话框　　图 3.14.41　"投影点"对话框　　图 3.14.42　使用新属性

图 3.14.40 所示的"平面选择"对话框中部分选项的说明如下。

● 平面区域

☑ X文本框：用于定义与 YZ 平面平行的创建平面在 X 轴方向上的距离值。

☑ Y文本框：用于定义与 XZ 平面平行的创建平面在 Y 轴方向上的距离值。

☑ Z文本框：用于定义与 XY 平面平行的创建平面在 Z 轴方向上的距离值。

☑ ───按钮：用于根据指定的直线创建，通过指定直线且与刀具平面（当前的绘图平面）垂直的投影平面。单击此按钮，用户可以在绘图区选取直线来定义投影平面。

☑ ━━按钮：用于根据指定的三点创建投影平面。单击此按钮，用户可以在绘图区选取三个点来定义投影平面。

☑ ━━按钮：用于根据平面图形、两条同一个平面的直线或三个点创建投影平面。单击此按钮，用户可以在绘图区选取平面图形、两条同一个面的直线或三个点来定义投影平面。

☑ ━━按钮：用于根据法线来创建投影平面。单击此按钮，用户可以在绘图区选取直线来定义投影平面。

☑ ━━按钮：用于根据指定的已命名的视角，创建与其平行且位于当前刀具平面的投影平面。单击此按钮，系统弹出"视角"对话框，用户可以通过该对话框选择已命名的视角。

☑ ━━按钮：用于调整投影平面的法线方向。

图 3.14.41 所示的"投影点"对话框中部分选项的说明如下。

- **创建** 区域：用于设置投影构建的相关参数，其包括 ☑**点** 复选框、☑**直线** 复选框、**长度** 文本框和 ⟷ 按钮。

  - ☑ ☑**点** 复选框：用于设置创建投影点。如果没有选中此复选框，则系统不会创建所选取点的投影点。

  - ☑ ☑**直线** 复选框：用于设置创建通过要投影的点和投影点的直线。

  - ☑ **长度** 文本框：用于设置通过要投影的点和投影点的直线的长度值。

  - ☑ ⟷ 按钮：用于调整通过要投影的点和投影点的直线的方向。

- ☑**输出至文件** 复选框：用于设置将投影数据输出为定义的文本格式。

- ⊙ **APT** 单选项：用于设置将投影数据以 APT 格式输出。

- ⊙ **XYZ** 单选项：用于设置将投影数据以 XYZ 格式输出。

Step4. 定义投影面。在**投影至**区域单击 ⊞ 按钮，然后在绘图区选取图 3.14.38a 所示的曲面为投影面，按 Enter 键完成投影面的定义，此时系统返回至"投影"对话框。

Step5. 设置投影参数。在"投影"对话框中选中 ⊙ **复制** 单选项；在**曲面投影**区域中选中 ⊙ **视图** 单选项；在**预览**区域中选中**重新生成**按钮前的复选框，并取消选中 ☐ **适配** 复选框。

Step6. 单击 ✓ 按钮，完成投影的操作，如图 3.14.38b 所示。

## 3.14.9 矩形阵列

"矩形阵列"命令 ⊞ 可以将指定的图素沿两个定义的角度、按照指定的距离进行复制。下面以图 3.14.43 所示的模型为例来讲解矩形阵列的一般操作过程。

Step1. 打开文件 D:\mcx8\work\ch03.14.09\RECTANGULAR_ARRAY.MCX。

a）创建前　　　　　　　　　　　　　b）创建后

图 3.14.43　矩形阵列

Step2. 选择命令。选择下拉菜单 **转换(X)** ➡ ⊞ **矩形阵列(A)...** 命令。

Step3. 定义阵列对象。在绘图区选取图 3.14.43a 所示的圆为阵列对象，然后按 Enter 键完成阵列对象的定义，此时系统弹出图 3.14.44 所示的"矩形阵列"对话框。

图 3.14.44 所示的"矩形阵列"对话框中部分选项的说明如下。

- ▧ 按钮：用于选择要阵列的图素。

- **方向1** 区域：用于设置阵列方向 1 上的参数，其包括 **#** 文本框、▦ 文本框、◿ 文本

框和 按钮。

☑ #文本框：用于设置方向1上的阵列次数。

☑ 文本框：用于定义方向1上每个图素间
的距离值。

☑ 文本框：用于定义方向1上的阵列角度
值。

☑ 按钮：用于调整方向1的阵列方向。

● 方向2区域：用于设置阵列方向2上的参数，其
包括#文本框、文本框、文本框和
按钮。

☑ #文本框：用于设置方向2上的阵列次数。

☑ 文本框：用于定义方向2上每个图素间
的距离值。

☑ 文本框：用于定义方向2上的阵列角度
值。

☑ 按钮：用于调整方向2的阵列方向。

● 按钮：用于移除一个或多个复制的阵列图
素。单击此按钮，系统会返回至绘图区，此时
需要用户选取要移除的阵列复制图素，然后按
Enter键确认。当阵列次数大于1时，此按钮可用。

● 按钮：用于还原使用 按钮移除的阵列复制图素。

● 预览区域：用于设置预览的相关参数，其包括重新生成按钮和□适配复选框。

☑ 重新生成按钮：用于更新阵列显示。当选中此按钮前的复选框时，系统会自动更
新阵列显示。

☑ □适配复选框：用于设置使用充满屏幕的显示方式。

● 属性区域：用于设置图素属性的相关参数，其包括☑ 使用新属性复选框、
1 ⊞文本框、⊞按钮、☑ 每个副本的增量层别复选框、0 ▇文本框和⊞按钮。

☑ ☑ 使用新属性复选框：用于定义阵列图素的层别和颜色等参数。当选中此复选
框时，属性区域的其他参数方可显示，如图3.14.45所示。

☑ 1 ⊞文本框：用于定义创建的阵列图素的所在层别。

☑ ⊞按钮：单击此按钮，系统弹出"层别"对话框。用户可以通过该对话框新
建或选择阵列图素的层别。

图3.14.44 "矩形阵列"对话框

☑ ☑每个副本的增量层别 复选框：用于设置在不同的层别创建阵列图素，每次阵列都增加一个新的图层，并把阵列的图素放置在该层中。当阵列次数大于 1 时，此复选框可用。

图 3.14.45　使用新的图素属性

☑ 0 文本框：用于定义阵列图素的颜色号。

☑ 按钮：单击此按钮，系统弹出"颜色"对话框。用户可以通过该对话框设置阵列图素的颜色。

Step4. 设置阵列参数。在"矩形阵列"对话框的 方向1 区域的 # 文本框中输入值 5，在 文本框中输入值 25，在 文本框中输入值 0；在 方向2 区域的 # 文本框中输入值 3，在 文本框中输入值 25，在 文本框中输入值 90，单击 按钮使其变成 状态；在 预览 区域中选中 重新生成 按钮前的复选框，并取消选中 适配 复选框。

Step5. 单击 按钮，完成阵列的操作，如图 3.14.43b 所示。

## 3.14.10　缠绕

"缠绕"命令 可以将一个由多个图素首尾相连而成的图素缠绕到一个沿着指定的轴线与指定直径的圆柱面上。下面以图 3.14.46 所示的模型为例来讲解缠绕的一般操作过程。

选取此线

a）创建前　　　　　　　　　　　　　　　　　　　b）创建后

图 3.14.46　缠绕

Step1. 打开文件 D:\mcx8\work\ch03.14.10\ROLL.MCX。

Step2. 选择命令。选择下拉菜单 转换(X) ➡ 缠绕(L)... 命令，系统弹出"串连"对话框。

Step3. 定义缠绕对象。在绘图区选取图 3.14.46a 所示的边线为缠绕对象，系统会自动串连与它相连的图素，并显示串连方向，如图 3.14.47 所示。单击  按钮，完成缠绕对象的定义，同时系统弹出图 3.14.48 所示的"缠绕"对话框。

图 3.14.47　串连图素

图 3.14.48　"缠绕"对话框

图 3.14.48 所示的"缠绕"对话框中部分选项的说明如下。

- 按钮：用于选择要缠绕的图素。
- 移动 单选项：用于设置将指定的缠绕图素移动到一个新的位置。
- 复制 单选项：用于设置将指定的缠绕图素移动到一个新的位置，同时原始图素被保留在最初的位置。
- 单选项：用于设置将指定的图素缠绕到定义的圆柱上。
- 单选项：用于设置将指定的图素按照定义的圆柱展开。
- 旋转轴 区域：用于定义缠绕或展开的圆柱轴线，其包括 ⊙ X 轴 单选项和 ⊙ Y 轴 单选项。
  - ☑ ⊙ X 轴 单选项：用于定义 X 轴为缠绕或展开圆柱的轴线。
  - ☑ ⊙ Y 轴 单选项：用于定义 Y 轴为缠绕或展开圆柱的轴线。
- 方向 区域：用于定义缠绕或展开的方向，其包括 ⊙ 顺时针 单选项和 ⊙ 逆时针 单选项。

☑ **顺时针** 单选项：用于定义缠绕或展开的方向为顺时针方向。

☑ **逆时针** 单选项：用于定义缠绕或展开的方向为逆时针方向。

● ↔ 文本框：用于定义缠绕或展开的圆柱的直径值。

● ∠ 文本框：用于定义角度公差值。此值越小则创建的缠绕曲线的段数越多，因此越光滑。

● **定位** 区域

☑ ∠ 文本框：用于定义缠绕曲线的起始角度值。

☑ ✛ 按钮：单击此按钮，用户可以在绘图区选取两点。这两个点用于计算缠绕或展开的平移距离。

● **类型** 下拉列表：用于定义缠绕或展开所创建的图素的类型，其包括 **直线/圆弧** 选项、**点** 选项和 **样条** 选项。

☑ **直线/圆弧** 选项：用于定义缠绕或展开创建的图素由直线和圆弧构成。

☑ **点** 选项：用于定义缠绕或展开创建的图素由点构成。

☑ **样条** 选项：用于定义缠绕或展开创建的图素由曲线构成。

● **预览** 区域：用于设置预览的相关参数，其包括 **重新生成** 按钮和 □ **适配** 复选框。

☑ **重新生成** 按钮：用于更新缠绕或展开显示。当选中此按钮前的复选框时，系统会自动更新缠绕或展开显示。

☑ □ **适配** 复选框：用于设置使用充满屏幕的显示方式。

● **属性** 区域：用于设置图素属性的相关参数，其包括 ☑ **使用新属性** 复选框、1 ⊞ 文本框、⊞ 按钮、0 ▉ 文本框和 ⊞ 按钮。

☑ ☑ **使用新属性** 复选框：用于定义缠绕或展开图素的层别和颜色等参数。当选中此复选框时，**属性** 区域的其他参数方可显示，如图 3.14.49 所示。

☑ 1 ⊞ 文本框：用于定义创建的缠绕或展开图素的所在层别。

☑ ⊞ 按钮：单击此按钮，系统弹出"层别"对话框。用户可以通过该对话框新建或选择缠绕、展开图素的层别。

图 3.14.49 使用新属性

☑ 0 ▉ 文本框：用于定义缠绕或展开图素的颜色号。

☑ ⊞ 按钮：单击此按钮，系统弹出"颜色"对话框。用户可以通过该对话框设置缠绕或展开图素的颜色。

Step4. 设置缠绕类型。在"缠绕"对话框中选中 ⊙ 复制 单选项和 ⊙ 单选项。

Step5. 设置旋转方向。在 方向 区域中选中 ⊙ 顺时针 单选项。

Step6. 设置旋转轴。在 旋转轴 区域中选中 ⊙ Y 轴 单选项。

Step7. 设置缠绕参数。在 ↔ 文本框中输入值 100，在 文本框中输入值 1；在 预览 区域中选中 重新生成 按钮前的复选框，并取消选中 □ 适配 复选框。

Step8. 设置缠绕的图素的类型。在 类型 下拉列表中选择 直线/圆弧 选项。

Step9. 单击 ✓ 按钮，完成缠绕的操作，如图 3.14.46b 所示。

## 3.14.11 动态转换

"动态转换"命令 可以将指定的图素按指定的方向在平面或空间进行平移、旋转操作。下面以图 3.14.50 所示的模型为例讲解动态转换的一般操作过程。

a）创建前

b）创建后

图 3.14.50　动态转换

Step1. 打开文件 D:\mcx8\work\ch03.14.11\DYNAMIC_MOVE.MCX。

Step2. 选择命令。选择下拉菜单 转换(X) ➞ 动态转换 命令，系统弹出图 3.14.51 所示的"动态转换"工具栏。

图 3.14.51　"动态转换"工具栏

图 3.14.51 所示的"动态转换"工具栏中部分选项的说明如下。

- ● 按钮：用于对指针进行相关设置。单击此按钮，系统弹出图 3.14.52 所示的"指针设置"对话框。

- ● 按钮：用于设置动态平移的原点。

- ● 按钮：用于设置动态平移矢量方向。

- ● 1 文本框：用于设置拖拽出来图素的个数。

- ● 按钮：用于设置将选定图素从动态坐标系原点移动到指定的原点位置。原点类型主要包括 WCS 原点、坐标原点、绘图平面原点 和 刀具平面原点 四个选项。

- ● 按钮：用于设置将选定图素从动态坐标系对齐到指定的轴系统。轴类型主要包括 WCS 轴、坐标轴、绘图平面轴 和 刀具平面轴 四个选项。

Step3. 定义动态转换对象。在绘图区框选图 3.14.50a 所示的图形为动态平移对象，然后按 Enter 键完成动态平移对象的定义。

Step4. 设置动态转换参数。在"动态平移"工具栏中确认 按钮被按下。

Step5. 定义动态转换原点。选取图 3.14.53 所示的点 1 为动态平移的原点。

Step6. 定义动态转换方向和距离。在图 3.14.54 所示的位置 1 处单击，然后在尺寸为 50 的位置单击。

说明：单击位置 2 时，可以将定义的图素进行旋转。

Step7. 单击 按钮，退出"动态转换"工具栏。

图 3.14.53　定义动态平移原点

图 3.14.52　"指针设置"对话框

图 3.14.54　定义动态平移方向

## 3.14.12　移动到原点

"移动到原点"命令 可以将所有的图素从某一点移动到坐标原点位置。下面以图 3.14.55 所示的模型为例讲解移动到原点的一般操作过程。

a）创建前　　　　　　　　　　　b）创建后

图 3.14.55　移动到原点

Step1. 打开文件 D:\mcx8\workch03.14.12\MOVE_TO_ORIGIN.MCX。

Step2. 选择命令。选择下拉菜单 转换(X) ➡ 移动到原点(V) 命令。

Step3. 定义平移起点。选择图 3.14.55a 所示的点为平移的起点，系统自动将所有图素移动到原点，结果如图 3.14.55b 所示。

## 3.14.13　拉伸

"拉伸"命令  可以改变指定的图素的大小和形状。下面以图 3.14.56 所示的模型为例讲解拉伸的一般操作过程。

a）创建前

b）创建后

图 3.14.56　拉伸

Step1. 打开文件 D:\mcx8\work\ch03.14.13\TRANSFERENCE.MCX。

Step2. 选择命令。选择下拉菜单 转换(X) ➡ 拉伸(E)... 命令。

Step3. 定义拉伸图素。框选图 3.14.57 所示的边线，然后按 Enter 键完成拉伸图素的定义。此时系统弹出图 3.14.58 所示的"拉伸"对话框。

选择此 3 条边线

图 3.14.57　定义拉伸图素

图 3.14.58　"拉伸"对话框

图 3.14.58 所示的"拉伸"对话框中部分选项的说明如下。

- 按钮：用于选择要拉伸的图素。
- 移动 单选项：用于设置将指定的拉伸图素移动到一个新的位置。

- 复制 单选项：用于设置将指定的拉伸图素移动到一个新的位置，同时原始图素被保留在最初的位置。

- 连接 单选项：用于设置将指定的拉伸图素移动到一个新的位置，同时原始图素被保留在最初的位置，系统会自动创建直线或者圆弧，将新创建的图素的端点与原始图素的相应端点连接起来。

- ＃ 文本框：用于定义拉伸的次数值。

- 两点间的距离 单选项：用于设置根据每一个复制的对象计算平移距离。当平移次数大于 1 时，此单选项可用。

- 总距离 单选项：用于设置根据复制的次数计算穿过所有图素的平移距离。当平移次数大于 1 时，此单选项可用。

- 增量坐标 区域：用于定义平移图素在直角坐标系下的三个方向上的增量值，其包括 ΔX 文本框、ΔY 文本框和 ΔZ 文本框。

    - ☑ ΔX 文本框：用于定义 X 方向上的增量值。
    - ☑ ΔY 文本框：用于定义 Y 方向上的增量值。
    - ☑ ΔZ 文本框：用于定义 Z 方向上的增量值。

- 自/至 区域：用于定义平移的起始点、终止点或者直线，其包括 +1 按钮、→ 按钮和 +2 按钮。

    - ☑ +1 按钮：用于定义平移的起始点。
    - ☑ → 按钮：用于定义平移的直线参考，系统会将直线的方向定义为平移的方向，将直线的两个端点定义为平移的起始点和终止点。
    - ☑ +2 按钮：用于定义平移的终止点。

- 极坐标 区域：用于定义平移图素在极坐标下的平移角度和距离，其包括 ∠ 文本框和 ⇶ 文本框。

    - ☑ ∠ 文本框：用于定义平移角度值。
    - ☑ ⇶ 文本框：用于定义平移距离值。

Step4. 定义牵移参数。在"拉伸"对话框中选中 移动 单选项，然后在 极坐标 区域的 ∠ 文本框中输入值 60，在 ⇶ 文本框中输入值 40，其他参数采用系统默认设置值。

Step5. 单击 ✓ 按钮，完成拉伸的操作。结果如图 3.14.56a 所示。

## 3.14.14　适配

"适配"命令 ⬚⬚ 可以将指定的图素沿指定矢量方向进行适度化。下面以图 3.14.59 所示的模型为例讲解适配的一般操作过程。

a) 创建前                 b) 创建后

图 3.14.59　适配

Step1. 打开文件 D:\mcx8\work\ch03.14.14\FIT.MCX。

Step2. 选择命令。选择下拉菜单 转换(X) ➡ 〖〗适配(F)... 命令。

Step3. 定义适合图素。框选图 3.14.60 所示的矩形，按 Enter 键完成适度化图素的定义。然后在图形区选择 3.14.61 所示的直线，系统弹出图 3.14.62 所示的"适度转换"对话框。

图 3.14.60　定义适合图素

图 3.14.61　定义适合图素        图 3.14.62　"适度转换"对话框

图 3.14.62 所示的"适度转换"对话框中部分选项的说明如下。

- ↘按钮：用于选择要适配的图素。
- ↔按钮：用于定义适配矢量方向。
- 移动单选项：用于设置将指定的适配图素移动到一个新的位置。
- 复制单选项：用于设置将指定的适配图素移动到一个新的位置，同时原始图素被保留在最初的位置。

- 边距 区域：用于定义适配边缘的相关参数。
  - ☑ 0.0 文本框：用于设置边缘偏置距离。
  - ☑ ═ 按钮：用于锁定边缘偏置距离对称变化。当单击该按钮显示为 ╪ 时边缘偏置距离不对称，用户可分别调整左右偏置距离值。
  - ☑ ▣▣▣ 按钮：用于定义适配图素的对齐方式。当此按钮显示为 ▣▣▣ 时表示要转换的图形中心与适配边缘对齐，如图 3.14.63a 所示；当按钮显示为 ▣▣▣ 时表示要转换的图形边缘与适配边缘对齐，如图 3.14.63b 所示。

a）边缘对齐　　　　　　　　　　b）中心对齐

图 3.14.63　对齐方式

- 实例 区域：用于对适配的阵列进行设置。
  - ☑ ◉ # 单选项：选中此单选项，在 1 文本框输入值用于定义阵列的个数。
  - ☑ ◉ □↔□ 单选项：选中此单选项，在 0.0 文本框输入值用于定义阵列两图形之间的间距。
  - ☑ ✛ 按钮：用于定义补偿值的中心点。
  - ☑ 旋转/对齐 下拉列表：用于定义适配图素旋转排列的方式。主要包括 原始 、对齐框 、对齐图形 三种。如图 3.14.64 所示。

Step4. 定义适合参数。在"适度转换"对话框中选中 ◉ 复制 单选项，在 边距 区域的 0.0 文本框中输入值 5，然后单击 ▣▣▣ 按钮，使其变为 ▣▣▣ ；在 实例 区域选中 ◉ # 单选项，然后在 1 文本框中输入值 2，选中 向量偏置 区域中的 ☑ 复选框，在 60.95709 文本框输入值 0，按 Enter 键。在 旋转/对齐 下拉列表中选择 对齐图形 选项。

a）原始　　　　　　　　b）对齐框　　　　　　　　c）对齐图形

图 3.14.64　旋转排列

143

Step5. 单击  按钮，完成适配的操作。结果如图 3.14.64b 所示。

## 3.15　铣刀盘设计实例

本实例将介绍铣刀盘的创建过程，希望读者通过此实例学会图形的设置以及绘制方法。下面介绍图 3.15.1 所示铣刀盘的两个视图的创建过程。

图 3.15.1　铣刀盘

**Stage1. 创建图层**

Step1. 创建中心线、粗实线、细实线和标注四个图层。

（1）在状态栏中单击 层别 按钮，系统弹出"层别管理"对话框。

（2）将层别 1 命名为中心线层。在"层别管理"对话框 主层别 区域的 名称: 文本框中输入"中心线"字样。

（3）创建粗实线层。在 主层别 区域的 层别号码 文本框中输入值 2，在 名称: 文本框中输入"粗实线"字样。

（4）创建细实线层。在 主层别 区域的 层别号码 文本框中输入值 3，在 名称: 文本框中输入"细实线"字样。

（5）创建标注层。在 主层别 区域的 层别号码 文本框中输入值 4，在 名称: 文本框中输入"标注"字样。

（6）单击 按钮，完成图 3.15.2 所示的图层的创建。

Step2. 设置构图图层及图层属性。在状态栏 层别 按钮后的文本框中输入值 1，并按 Enter 键确认；在状态栏的 下拉列表中选择 选项，完成构图图层以及图层属性的设置。

图 3.15.2　创建图层

### Stage2．创建主视图

Step1．绘制图 3.15.3 所示的两条中心线。

（1）选择命令。选择下拉菜单 绘图(C) ➡ 线(L) ➡ ✏ 端点(E)... 命令，系统弹出"直线"工具栏。

（2）绘制竖直中心线。分别在"AutoCursor"工具栏的 X 文本框、Y 文本框和 Z 文本框中输入值 0、−100 和 0，并分别按 Enter 键确认；然后在"直线"工具栏的 文本框中输入值 200，按 Enter 键确认；在 文本框中输入值 90，按 Enter 键确认。

（3）单击 按钮，完成图 3.15.4 所示的中心线的绘制。

图 3.15.3　绘制中心线　　　　　　　　　　　　图 3.15.4　绘制竖直中心线

（4）绘制水平中心线。分别在"AutoCursor"工具栏的 X 文本框、Y 文本框和 Z 文本框中输入值−100、0 和 0，并分别按 Enter 键确认；然后在"直线"工具栏的 文本框中输入值 200，按 Enter 键确认；在 文本框中输入值 0，按 Enter 键确认。

（5）单击 按钮，完成两条中心线的绘制。

Step2．绘制图 3.15.5 所示的三个圆。

（1）定义绘图图层。在状态栏 层别 按钮后的文本框中输入值 2，并按 Enter 键确认。

（2）定义绘图线型。在状态栏的 ▭ ▾ 下拉列表中选择 ▭ 选项，在"线宽" ▭ ▾ 下拉列表中选择第二个选项 ▭ 。

（3）选择命令。选择下拉菜单 绘图(C) ➡ 弧(A) ➡ ⊕ 圆心点画圆(C)... 命令，系统弹出"编辑圆心点"工具栏。

（4）绘制第一个圆。在绘图区选取两条中心线的交点为圆心，然后在"编辑圆心点"工具栏的 ⊕ 文本框中输入值 185，按 Enter 键确认。

（5）单击 ➕ 按钮，完成图 3.15.6 所示的第一个圆的绘制。

（6）参照步骤（4）绘制图 3.15.7 所示的第二个圆和第三个圆。两圆心均位于两条中心线的交点，第二个圆的直径为 60，第三个圆的直径为 40。

（7）单击 ✔ 按钮，完成三个圆的绘制。

图 3.15.5　绘制三个圆　　　　图 3.15.6　绘制第一个圆　　　图 3.15.7　绘制第二个圆和第三个圆

Step3. 绘制图 3.15.8 所示的键槽。

（1）平移竖直中心线。

① 选择命令。选择下拉菜单 转换(X) ➡ ⊿ 平移(T)... 命令。

② 定义第一个平移对象。在绘图区选取竖直中心线为第一个平移对象，然后按 Enter 键完成第一个平移对象的定义，同时系统弹出"平移"对话框。

③ 定义平移距离。在"平移"对话框中选中 复制 ⊙ 单选项；在 增量坐标 区域的 △X 文本框中输入值 6，按 Enter 键确认。

④ 单击 ➕ 按钮完成中心线的平移，如图 3.15.9 所示。

⑤ 定义第二个平移对象。在绘图区选取相同竖直中心线为第二个平移对象，然后按 Enter 键完成第二个平移对象的定义，同时系统弹出"平移"对话框。

⑥ 定义平移距离。在"平移"对话框中选中 复制 ⊙ 单选项，在 极坐标 区域的 △X 文本框中输入值-6，按 Enter 键确认。

⑦ 单击 ✔ 按钮完成中心线的平移操作，如图 3.15.10 所示。

（2）绘制键槽。

① 选择命令。选择下拉菜单 绘图(C) ➡ 线(L) ➡ ✐ 端点(E)... 命令，系统弹出"直线"工具栏。

图 3.15.8　绘制键槽　　　　图 3.15.9　平移中心线　　　图 3.15.10　平移中心线

② 绘制直线。在"直线"工具栏单击 ⚙ 按钮使其处于按下状态；在图 3.15.11 所示的中心线与圆的交点单击，定义直线的起点；在 📐 文本框中输入值 4，按 Enter 键确认；在 ◣ 文本框中输入值 90，并按 Enter 键确认，绘制图 3.15.12 所示的左端的竖直直线。在 📐 文本框中输入值 12，按 Enter 键确认；在 ◣ 文本框中输入值 0，并按 Enter 键确认，绘制图 3.15.13 所示的水平直线。单击 ⚙ 按钮使其处于弹起状态。最后，在图 3.15.14 所示的中心线与圆的交点位置单击，绘制右端的竖直直线。

图 3.15.11　定义直线的起始点　　　　　　　　　图 3.15.12　绘制左端竖直直线

图 3.15.13　绘制水平直线　　　　　　　　　　图 3.15.14　定义终止点

③ 单击 ✔ 按钮完成直线的绘制。

（3）修剪多余曲线，修剪后如图 3.15.15 所示。

① 选择命令。选择下拉菜单 编辑(E) ➡ 修剪/打断(T) ➡ ＼ 修剪/打断/延伸(T) 命令，系统弹出"修剪/打断/延伸"工具栏。

② 设置修剪方式。在"修剪/打断/延伸"工具栏中单击 ╬ 按钮使其处于按下状态。

③ 定义修剪曲线。在图 3.15.16 所示的位置 1 和位置 2 单击修剪曲线。

④ 单击 ✔ 按钮完成曲线的修剪。

图 3.15.15　修剪多余曲线

图 3.15.16　定义修剪曲线

Step4. 绘制图 3.15.17 所示的铣刀刀具定位槽。

（1）绘制图 3.15.18 所示的直线。

图 3.15.17　铣刀刀具定位槽

图 3.15.18　绘制直线

① 选择命令。选择下拉菜单 绘图(C) ➡ 线(L) ➡ // 平行线(A)... 命令，系统弹出"平行线"工具栏。

② 定义平行对象。在绘图区选取水平中心线为平行对象。

③ 定义平行距离及位置。在"平行线"工具栏的 文本框中输入值 67，然后在水平中心线以上的任意位置单击定义平行位置。

④ 单击 按钮完成直线的绘制。

（2）绘制图 3.15.19 所示的两条直线。

① 选择命令。选择下拉菜单 绘图(C) ➡ 线(L) ➡ // 平行线(A)... 命令，系统弹出"平行线"工具栏。

② 定义平行对象。在绘图区选取中间的竖直中心线为平行对象。

③ 定义平行距离及位置。在"平行线"工具栏的 文本框中输入值 10，在中间的竖直中心线以左的任意位置单击定义平行位置，然后单击两次 按钮，使其处于 状态。

④ 单击 按钮完成两条直线的绘制。

（3）修剪多余曲线，修剪后的结果如图 3.15.20 所示。

① 选择命令。选择下拉菜单 编辑(E) ➡ 修剪/打断(T) ➡ 修剪/打断/延伸(T) 命令，系统弹出"修剪/打断/延伸"工具栏。

② 设置修剪方式。在"修剪/打断/延伸"工具栏中单击 按钮使其处于按下状态。

③ 定义修剪曲线和修剪至曲线。选取图 3.15.21 所示的直线 1 和直线 2 为修剪曲线，

选取图 3.15.21 所示的直线 3 为修剪至曲线。

图 3.15.19 绘制直线

图 3.15.20 修剪曲线

**注意**：在选取修剪曲线时，选取的位置为要保留的部分；若此时不能修剪，可保存后重新打开，再进行修剪即可。

a）修剪前　　b）修剪后
图 3.15.21 修剪曲线

④ 参照上述步骤创建图 3.15.22 所示的修剪曲线。

a）修剪前　　b）修剪后
图 3.15.22 修剪曲线

⑤ 单击 ✔ 按钮完成曲线的修剪。

（4）创建图 3.15.23 所示的旋转曲线。

a）旋转前　　b）旋转后
图 3.15.23 旋转曲线

① 选择命令。选择下拉菜单  转换(X) ➡ 🔄 旋转(R)... 命令。

② 定义旋转对象。在绘图区选取图 3.15.23a 所示的三条直线为旋转对象，然后按 Enter 键完成旋转对象的定义，同时系统弹出"旋转"对话框。

③ 定义旋转参数。在"旋转"对话框中选中 📋 单选项，在 # 文本框中输入值 3，在 📐 文本框中输入值 90，按 Enter 键确认。

④ 单击 ✔ 按钮完成旋转曲线的操作。

（5）修剪多余曲线，如图 3.15.24 所示。

① 选择命令。选择下拉菜单 编辑(E) ➡ 修剪/打断(T) ➡ 🔧 修剪/打断/延伸(T) 命令，系统弹出"修剪/打断/延伸"工具栏。

② 设置修剪方式。在"修剪/打断/延伸"工具栏单击 ✛ 按钮使其处于按下状态。

③ 定义修剪曲线。修剪图 3.15.24a 所示的多余曲线，修剪后如图 3.15.24b 所示。

a）修剪前　　　　　　　　　　　　　　　　　　　　　　b）修剪后

图 3.15.24　修剪曲线

④ 单击 ✔ 按钮完成曲线的修剪。

### Stage3. 创建剖视图

Step1. 绘制图 3.15.25 所示的两条直线。

（1）选择命令。选择下拉菜单 绘图(C) ➡ 线(L) ➡ ✏ 端点(E)... 命令，系统弹出"直线"工具栏。

（2）绘制直线。

① 绘制直线 1。单击 🔲 按钮使其处于弹起状态；在绘图区选取图 3.15.26 所示的点 1 为第一条直线的起点，然后在"直线"工具栏的 📏 文本框中输入值 150，按 Enter 键确认；在 📐 文本框中输入值 0，按 Enter 键确认，然后单击 ➕ 键。

图 3.15.25　绘制直线

点 1

点 2

图 3.15.26　定义直线的起始点

② 绘制直线 2。在绘图区选取图 3.15.26 所示的点 2 为第二条直线的起点，然后在"直线"工具栏的 ![] 文本框中输入值 150，按 Enter 键确认；在 ![] 文本框中输入值 0，按 Enter 键确认。

（3）单击 ![] 按钮，完成直线的绘制。

Step2. 绘制图 3.15.27 所示的矩形。

（1）选择命令。选择下拉菜单 绘图(C) ➡ ▢ 矩形(R)... 命令，系统弹出"矩形"工具栏。

（2）绘制矩形。在绘图区选取图 3.15.28 所示的点 1 为矩形的一个顶点，然后在"矩形"工具栏的 ![] 文本框中输入值 53，按 Enter 键确认；在绘图区选取图 3.15.28 所示的点 2 为矩形的另一个顶点。

图 3.15.27 绘制矩形

图 3.15.28 定义矩形的顶点

（3）单击 ![] 按钮，完成矩形的绘制。

Step3. 删除直线，如图 3.15.29 所示。选择下拉菜单 编辑(E) ➡ 删除(D) ➡ ✎ 删除图素(E) 命令；在绘图区选取图 3.15.29a 所示的两条直线为删除的对象；按 Enter 键完成删除直线的操作。

a）删除前

b）删除后

图 3.15.29 删除直线

Step4. 绘制图 3.15.30 所示的 7 条水平直线。选择下拉菜单 绘图(C) ➡ 线(L) ➡ ✎ 端点(E)... 命令，系统弹出"直线"工具栏；绘制图 3.15.30 所示的 7 条水平直线，每条直线的长度均为 250；单击 ![] 按钮，完成直线的绘制。

Step5. 平移直线，如图 3.15.31 所示。

（1）选择命令。选择下拉菜单 转换(X) ➡ ▢ 平移(T)... 命令。

（2）定义平移对象。在绘图区选取图 3.15.31 所示的直线为平移对象，然后按 Enter 键完成平移对象的定义，同时系统弹出"平移"对话框。

（3）定义平移距离。在"平移"对话框中选中 ⊙ 单选项，在 增量坐标 区域的 △X 文本框中输入值 5，按 Enter 键确认。

（4）单击 ✔ 按钮完成直线的平移。

图 3.15.30　绘制水平直线　　　　　　　图 3.15.31　平移直线

Step6. 修剪曲线，如图 3.15.32 所示。选择下拉菜单 编辑(E) ➡ 修剪/打断(T) ➡ ⟍ 修剪/打断/延伸(T) 命令，系统弹出"修剪/打断/延伸"工具栏；在"修剪/打断/延伸"工具栏单击 ⊞ 按钮使其处于按下状态；选取图 3.15.32a 所示的直线 1 和直线 2 为修剪曲线，选取图 3.15.32a 所示的直线 3 为修剪至曲线。

a）修剪前　　　　　　　　　　　　　　　　b）修剪后

图 3.15.32　修剪曲线

Step7. 多曲线修剪，如图 3.15.33 所示。

（1）选择命令。选择下拉菜单 编辑(E) ➡ 修剪/打断(T) ➡ ✕ 多物体修剪(M) 命令，系统弹出"多物体修剪"工具栏。

（2）定义修剪曲线和修剪至曲线。选取图 3.15.33a 所示的四条水平直线为修剪曲线，按 Enter 键完成修剪曲线的定义；选取图 3.15.33a 所示的竖直直线为修剪至曲线，在修剪至曲线的右边任意位置单击，定义保留位置。

a）修剪前　　　　　　　　　　　　　　　　b）修剪后

图 3.15.33　修剪曲线

（3）单击✓按钮完成曲线的修剪。

Step8. 参照 Step7 完成图 3.15.34 所示的多曲线修剪。

a）修剪前      b）修剪后

图 3.15.34   修剪曲线

Step9. 参照 Step7 完成图 3.15.35 所示的多曲线修剪。

a）修剪前      b）修剪后

图 3.15.35   修剪曲线

Step10. 创建图 3.15.36 所示的倒角。

（1）选择命令。选择下拉菜单 绘图(C) ➡ 倒角(C) ➡ 🖊 串连(C)... 命令，系统弹出"串连"对话框和"串连倒角"工具栏。

（2）定义倒角边链。选取图 3.15.37 所示的边线，系统会自动选取与之相连的所有边线，并添加串连方向，如图 3.15.38 所示。在"串连"对话框中单击 ✓ 按钮完成倒角边链的定义。

图 3.15.36   倒角      图 3.15.37   定义倒角边

（3）设置倒角参数。在"串连倒角"工具栏的 文本框中输入值 2，按 Enter 键确认；单击 按钮使其处于按下状态。

（4）单击✓按钮完成倒角的创建。

Step11. 创建图 3.15.39 所示的倒角。

图 3.15.38　串连方向　　　　　　　　图 3.15.39　倒角

（1）选择命令。选择下拉菜单 绘图(C) ➡ 倒角(C) ➡ ⌒ 图素(E)... 命令，系统弹出"倒角"工具栏。

（2）设置倒角参数。在"倒角"工具栏的 ▣ 文本框中输入值 2，按 Enter 键确认；单击 ▣ 按钮使其处于按下状态。

（3）定义倒角边。在绘图区选取图 3.15.40 所示的直线 1 和直线 2 为倒角边，此时系统会自动创建倒角。

图 3.15.40　定义倒角边

**注意**：在选取倒角边的时候要注意选取的位置，如果选取直线 1 时选取的位置在直线 2 的下部，则倒角位置将发生改变。

（4）参照步骤（3）创建其余三个倒角。

（5）单击 ✓ 按钮完成倒角的创建。

Step12. 参照 Step11 创建图 3.15.41 所示的倒角，倒角值为 1。

图 3.15.41　倒角

Step13. 修剪多余曲线，如图 3.15.42 所示。选择下拉菜单 编辑(E) ➡ 修剪/打断(T) ➡

命令，系统弹出"修剪/打断/延伸"工具栏；在"修剪/打断/延伸"工具栏中单击 按钮使其处于按下状态；修剪后的结果如图 3.15.42 所示；单击 按钮完成曲线的修剪。

图 3.15.42　修剪曲线

Step14. 绘制图 3.15.43 所示的三条竖直直线。选择下拉菜单 绘图(C) ➡ 线(L) ➡ 端点(E)... 命令，系统弹出"直线"工具栏；绘制三条直线；单击 按钮，完成直线的绘制。

图 3.15.43　绘制直线

### Stage4. 修改主视图

Step1. 绘制图 3.15.44 所示的三个圆。选择下拉菜单 绘图(C) ➡ 弧(A) ➡ 圆心点画圆(C)... 命令，系统弹出"编辑圆心点"工具栏；三个圆的直径分别为 44、62 和 181；单击 按钮，完成三个圆的绘制。

Step2. 修剪多余曲线，如图 3.15.45 所示。选择下拉菜单 编辑(E) ➡ 修剪/打断(T) ➡ 修剪/打断/延伸(T) 命令，系统弹出"修剪/打断/延伸"工具栏；在"修剪/打断/延伸"工具栏中单击 按钮，使其处于按下状态；修剪后如图 3.15.45 所示。

图 3.15.44　绘制圆　　　　　　　　图 3.15.45　修剪曲线

### Stage5. 修改两个视图

Step1. 隐藏图 3.15.46 所示的两条中心线。选择下拉菜单 屏幕(R) ➡ 消隐图素(B)
命令；选中对称中心线两侧的两条中心线为隐藏对象；按 Enter 键完成中心线的隐藏。

a）隐藏前                                               b）隐藏后

图 3.15.46   隐藏中心线

Step2. 延长图 3.15.47 所示的中心线。选择下拉菜单 编辑(E) ➡ 修剪/打断(T) ➡
修剪/打断/延伸(T) 命令，系统弹出"修剪/打断/延伸"工具栏；在"修剪/打断/延伸"工具
栏中单击 按钮，使其处于按下状态，并在其后的文本框中输入值 130，按 Enter 键确认；
在绘图区选取水平中心线的右端，此时系统会自动延长中心线。

Step3. 保存文件。选择下拉菜单 文件(F) ➡ 保存(S) 命令，系统弹出"另存为"
对话框；在 文件名(N): 文本框中输入文件名"FACER"；单击 按钮，完成文件的保存。

a）延长前                                               b）延长后

图 3.15.47   延长中心线

# 3.16  基座设计实例

本实例将介绍基座的创建过程，希望读者通过此实例学会图形的设置以及绘制方法。
下面介绍图 3.16.1 所示基座的两个视图的创建过程。

### Stage1. 创建图层

Step1. 创建中心线、粗实线、细实线和标注四个图层。

（1）在状态栏中单击 层别 按钮，系统弹出"层别管理"对话框。

（2）将层别 1 命名为中心线层。在"层别管理"对话框 主层别 区域的 名称: 文本框中输入

"中心线"字样。

图 3.16.1 基座

（3）创建粗实线层。在 主层别 区域的 编号: 文本框中输入值 2，在 名称: 文本框中输入"粗实线"字样。

（4）创建细实线层。在 主层别 区域的 编号: 文本框中输入值 3，在 名称: 文本框中输入"细实线"字样。

（5）创建标注层。在 主层别 区域的 编号: 文本框中输入值 4，在 名称: 文本框中输入"标注"字样。

（6）单击 ✓ 按钮，完成图层的创建。

Step2. 设置构图图层及图层属性。在状态栏的 层别 按钮后的文本框中输入值 1，并按 Enter 键确认；在状态栏的 ▬▬▼ 下拉列表中选择 ▬ ▪ ▪ 选项，完成构图图层以及图层属性的设置。

**Stage2. 创建主视图**

Step1. 绘制图 3.16.2 所示的两条中心线。

（1）选择命令。选择下拉菜单 绘图(C) ➡ 线(L) ➡ ✏ 端点(E)... 命令，系统弹出"直线"工具栏。

（2）绘制竖直中心线。分别在"AutoCursor"工具栏的 X 文本框、Y 文本框和 Z 文本框中输入值 0、-20 和 0，并分别按 Enter 键确认；在"直线"工具栏的 ⬓ 文本框中输入值 40，按 Enter 键确认；在 ⬔ 文本框中输入值 90，按 Enter 键确认。

（3）单击 ➕ 按钮，完成图 3.16.3 所示的中心线的绘制。

（4）绘制水平中心线。分别在"AutoCursor"工具栏的 X 文本框、Y 文本框和 Z 文本框中输入值-40、0 和 0，并分别按 Enter 键确认；在"直线"工具栏的 ⬓ 文本框中输入值

80，按 Enter 键确认；在  文本框中输入值 0，按 Enter 键确认。

图 3.16.2　绘制中心线　　　　　　　　　图 3.16.3　绘制竖直中心线

（5）单击 ✔ 按钮，完成两条中心线的绘制。

Step2. 绘制图 3.16.4 所示的两条中心线。

（1）选择命令。选择下拉菜单 绘图(C) ➡ 线(L) ➡ ✐ 端点(E)... 命令，系统弹出"直线"工具栏。

（2）绘制竖直中心线。分别在"AutoCursor"工具栏的 X 文本框、Y 文本框和 Z 文本框中分别输入值-26、-10 和 0，并分别按 Enter 键确认；在"直线"工具栏的 文本框中输入值 20，按 Enter 键确认；在 文本框中输入值 90，按 Enter 键确认。

（3）单击 ➕ 按钮，完成图 3.16.5 所示的中心线的绘制。

（4）绘制竖直中心线。分别在"AutoCursor"工具栏的 X 文本框、Y 文本框和 Z 文本框中输入值 26，-10，0，并分别按 Enter 键确认；然后在"直线"工具栏的 文本框中输入值 20，按 Enter 键确认；在 文本框中输入值 90，按 Enter 键确认。

（5）单击 ✔ 按钮，完成两条中心线的绘制。

图 3.16.4　绘制中心线　　　　　　　　　图 3.16.5　绘制竖直中心线

Step3. 绘制图 3.16.6 所示的四个圆。

（1）定义绘图图层。在状态栏的 层别 按钮后的文本框中输入值 2，并按 Enter 键确认。

（2）定义绘图线型。在状态栏的 ▼ 下拉列表中选择 选项，在"线宽" ▼ 下拉列表中选择第二个选项 。

（3）选择命令。选择下拉菜单 绘图(C) ➡ 弧(A) ➡ ◉ 圆心点画圆(C)... 命令，系统弹出"编辑圆心点"工具栏。

（4）绘制第一个圆。在绘图区选取图 3.16.7 所示的两条中心线的交点为圆心，然后在"编辑圆心点"工具栏的 ⊕ 文本框中输入值 28，按 Enter 键确认。

图 3.16.6 绘制四个圆

图 3.16.7 定义圆心位置

（5）单击➕按钮，完成图 3.16.8 所示的第一个圆的绘制。

（6）参照步骤（4）绘制图 3.16.9 所示的第二个圆、第三个圆和第四个圆。三圆心均为图 3.16.7 所示的两条中心线的交点，第二个圆的直径为 26，第三个圆的直径为 18，第四个圆的直径为 10。

图 3.16.8 绘制第一个圆

图 3.16.9 绘制第二个圆、第三个圆和第四个圆

（7）单击✔按钮，完成四个圆的绘制。

Step4. 绘制图 3.16.10 所示的两个圆。

（1）选择命令。选择下拉菜单 绘图(C) ➡ 弧(A) ➡ 🔘 圆心点画圆(C)... 命令，系统弹出"编辑圆心点"工具栏。

（2）绘制第一个圆。在绘图区选取图 3.16.11 所示的两条中心线的交点为圆心，然后在"编辑圆心点"工具栏的 ⊕ 文本框中输入值 16，按 Enter 键确认。

图 3.16.10 绘制两个圆

图 3.16.11 定义圆心位置

（3）单击➕按钮，完成图 3.16.12 所示的第一个圆的绘制。

（4）参照步骤（2）绘制图 3.16.13 所示的第二个圆。圆心为图 3.16.11 所示的两条中心线的交点，第二个圆的直径为 8。

图 3.16.12 绘制第一个圆

图 3.16.13 绘制第二个圆

（5）单击![按钮]按钮，完成两个圆的绘制。

Step5. 绘制图 3.16.14 所示的两条切线。

（1）选择命令。选择下拉菜单 绘图(C) ➡ 线(L) ➡ / 端点(E)... 命令，系统弹出"直线"工具栏。

（2）绘制第一条切线。在"直线"工具栏中单击![按钮]按钮使其处于按下状态，选取图 3.16.15 所示的两个圆的上部，此时系统自动绘制图 3.16.16 所示的切线。

选取这两个圆

图 3.16.14　绘制切线　　　　　　　　图 3.16.15　定义相切对象

（3）绘制第二条切线。选取图 3.16.15 所示的圆下部，绘制图 3.16.17 所示的第二条切线。

第二条切线

图 3.16.16　第一条切线　　　　　　　图 3.16.17　第二条切线

（4）单击![按钮]按钮，完成直线的绘制。

Step6. 修剪多余曲线，如图 3.16.18 所示。选择下拉菜单 编辑(E) ➡ 修剪/打断(T) ➡ ↘ 修剪/打断/延伸(T) 命令，系统弹出"修剪/打断/延伸"工具栏；在"修剪/打断/延伸"工具栏单击![按钮]按钮使其处于按下状态；在要去除的曲线上单击，修剪后如图 3.16.18b 所示。

a）修剪前　　　　　　　　　　　　　　　b）修剪后

图 3.16.18　修剪曲线

Step7. 创建图 3.16.19 所示的镜像曲线。选择下拉菜单 转换(X) ➡ ⫴ 镜像(M)... 命令；选取图 3.16.19a 所示的两条直线、一个圆弧和一个圆为镜像对象，然后按 Enter 键完成镜像对象的定义，同时系统弹出"镜像"对话框；在"镜像"对话框的 轴 区域中单击↔按钮，然后在绘图区选取图 3.16.19a 所示的中心线为镜像轴。

a）镜像前　　　　　　　　　　　　　　　b）镜像后

图 3.16.19　镜像曲线

Step8. 修剪多余曲线，如图 3.16.20 所示。选择下拉菜单 编辑(E) ➡ 修剪/打断(T) ➡ 修剪/打断/延伸(T) 命令，系统弹出"修剪/打断/延伸"工具栏；在"修剪/打断/延伸"工具栏单击 按钮使其处于按下状态；在要去除的曲线上单击，修剪后如图 3.16.20b 所示；单击 按钮完成曲线的修剪。

a）修剪前　　　　　　　　　　　　　　b）修剪后

图 3.16.20　修剪曲线

Step9. 绘制图 3.16.21 所示的凸圆柱。

（1）平移竖直中心线。

① 选择命令。选择下拉菜单 转换(X) ➡ 平移(T)... 命令。

② 定义第一个平移对象。在绘图区选取竖直中心线为第一个平移对象，然后按 Enter 键完成第一个平移对象的定义，同时系统弹出"平移"对话框。

③ 定义平移距离。在"平移"对话框中选中 单选项，在 增量坐标 区域的 文本框中输入值 5，按 Enter 键确认。

④ 单击 按钮完成中心线的平移，如图 3.16.22 所示。

图 3.16.21　绘制凸圆柱　　　　　　　　图 3.16.22　平移中心线

⑤ 定义第二个平移对象。在绘图区选取相同竖直中心线为第二个平移对象，然后按 Enter 键完成第二个平移对象的定义，同时系统弹出"平移"对话框。

161

⑥ 定义平移距离。在"平移"对话框中选中 ![复制] 单选项，在 ![增量坐标] 区域的 ![Δχ] 文本框中输入值-5，按 Enter 键确认。

⑦ 单击 ![✓] 按钮完成中心线的平移操作，如图 3.16.23 所示。

（2）绘制凸圆柱。

① 选择命令。选择下拉菜单 ![绘图(C)] ➡ ![线(L)] ➡ ![端点(E)...] 命令，系统弹出"直线"工具栏。

② 绘制直线。在"直线"工具栏中单击 ![] 按钮使其处于按下状态；在图 3.16.24 所示的中心线与圆的交点处单击，定义直线的起点；在 ![] 文本框中输入值 2，按 Enter 键确认；在 ![] 文本框中输入值 270，并按 Enter 键确认，绘制图 3.16.25 所示的左端的竖直直线。然后在 ![] 文本框中输入值 10，按 Enter 键确认；在 ![] 文本框中输入值 0，并按 Enter 键确认，绘制图 3.16.26 所示的水平直线。最后在图 3.16.27 所示的中心线与圆的交点位置单击，绘制右端的竖直直线。

图 3.16.23　平移中心线

图 3.16.24　定义直线的起始点

图 3.16.25　绘制左端竖直直线

图 3.16.26　绘制水平直线

图 3.16.27　定义终止点

③ 单击 ![✓] 按钮完成直线的绘制。

（3）删除曲线，删除后的结果如图 3.16.28b 所示。选择下拉菜单 ![编辑(E)] ➡ ![删除(D)] ➡
![删除图素(E)] 命令；在绘图区选取图 3.16.28a 所示的圆弧为删除的对象；按 Enter 键完成删除直线的操作。

a）删除前　　　　　　　　　　　　　　　　b）删除后

图 3.16.28　删除曲线

（4）修剪多余曲线，修剪后的结果如图 3.16.29 所示。选择下拉菜单 编辑(E) ➡ 修剪/打断(T) ➡ 🗡 修剪/打断/延伸(T) 命令，系统弹出"修剪/打断/延伸"工具栏；在"修剪/打断/延伸"工具栏中单击 ┼┼ 按钮使其处于按下状态；在要修剪的曲线上单击，修剪后的结果如图 3.16.29 所示；单击 ✔ 按钮完成曲线的修剪。

图 3.16.29　修剪曲线

Step10. 隐藏图 3.16.30 所示的两条中心线。选择下拉菜单 屏幕(R) ➡ ⬚ 清隐图素(B) 命令；选中竖直对称中心线两侧的两条中心线为隐藏对象；按 Enter 键完成中心线的隐藏。

a）隐藏前　　　　　　　　　　　　　　　　b）隐藏后

图 3.16.30　隐藏中心线

### Stage3. 创建半剖视图

Step1. 绘制图 3.16.31 所示的四条中心线。

（1）在状态栏 层别 按钮后的文本框中输入值 1，并按 Enter 键确认。

（2）在状态栏的 ▭▼ 下拉列表中选择 ▬▬ 选项，完成构图图层以及图层属性的设置；在"线宽" ▭▼ 下拉列表中选择第一个选项 ▬▬。

（3）选择命令。选择下拉菜单 绘图(C) ➡ 线(L) ➡ ╱ 端点(E)... 命令，系统弹出"直线"工具栏。

（4）绘制三条竖直中心线。

① 绘制第一条中心线。分别在"AutoCursor"工具栏的 X 文本框、 Y 文本框和 Z 文本框

本框中输入值-26、25 和 0，并分别按 Enter 键确认；在"直线"工具栏中单击  按钮使其处于弹起状态；在"直线"工具栏的 文本框中输入值 20，按 Enter 键确认；在 文本框中输入值 90，按 Enter 键确认；单击 按钮，完成第一条中心线的绘制，如图 3.16.32 所示。

图 3.16.31　绘制中心线　　　　　　　　　　　　图 3.16.32　绘制第一条中心线

② 绘制第二条中心线。分别在"AutoCursor"工具栏的 文本框、 文本框和 文本框中输入值 0、25 和 0，并分别按 Enter 键确认；在"直线"工具栏的 文本框中输入值 45，按 Enter 键确认；在 文本框中输入值 90，按 Enter 键确认；单击 按钮，完成第二条中心线的绘制，如图 3.16.33 所示。

③ 绘制第三条中心线。分别在"AutoCursor"工具栏的 文本框、 文本框和 文本框中输入值 26、25 和 0，并分别按 Enter 键确认；在"直线"工具栏的 文本框中输入值 20，按 Enter 键确认；在 文本框中输入值 90，按 Enter 键确认；单击 按钮，完成第三条中心线的绘制，如图 3.16.34 所示。

（5）绘制水平中心线。分别在"AutoCursor"工具栏的 文本框、 文本框和 文本框中输入值-6、55 和 0，并分别按 Enter 键确认；在"直线"工具栏的 文本框中输入值 12，按 Enter 键确认；在 文本框中输入值 0，按 Enter 键确认；单击 按钮，完成水平中心线的绘制，如图 3.16.35 所示。

图 3.16.33　绘制第二条中心线　　　图 3.16.34　绘制第三条中心线　　　图 3.16.35　绘制水平中心线

（6）单击 按钮关闭"直线"工具栏。

Step2. 绘制图 3.16.36 所示的直线。

（1）定义绘图图层。在状态栏的 层别 按钮后的文本框中输入值 2，并按 Enter 键确认。

（2）定义绘图线型。在状态栏的 ▼ 下拉列表中选择 选项，在"线宽" ▼ 下拉列表中选择第二个选项 。

（3）选择命令。选择下拉菜单  绘图(C) ➡️ 线(L) ➡️ 端点(E)... 命令，系统弹出"直线"工具栏。

（4）分别在"AutoCursor"工具栏的 X 文本框、Y 文本框和 Z 文本框中输入值-40、30 和 0，并分别按 Enter 键确认；在"直线"工具栏的 文本框中输入值 80，按 Enter 键确认；在 文本框中输入值 0，按 Enter 键确认。

（5）单击 按钮，完成直线的绘制。

Step3. 绘制图 3.16.37 所示的两条平行线。

（1）选择命令。选择下拉菜单 绘图(C) ➡️ 线(L) ➡️ 平行线(A)... 命令，系统弹出"平行线"工具栏。

图 3.16.36 绘制直线

图 3.16.37 绘制平行线

（2）绘制第一条平行直线。在绘图区选取图 3.16.38 所示的直线为平行对象；在"平行线"工具栏的 文本框中输入值 8，然后在水平中心线以上的任意位置单击，定义平行位置，如图 3.16.39 所示，单击 按钮，完成第一条平行直线的绘制。

选取此直线

图 3.16.38 定义平行直线

图 3.16.39 绘制第一条平行直线

（3）绘制第二条平行直线。在绘图区选取图 3.16.38 所示的直线为平行对象；在"平行线"工具栏的 文本框中输入值 33，然后在水平中心线以上的任意位置单击，定义平行位置，如图 3.16.37 所示。单击 按钮，完成第二条平行直线的绘制。

（4）单击 按钮关闭"平行线"工具栏。

Step4. 绘制图 3.16.40 所示的八条竖直直线。选择下拉菜单 绘图(C) ➡️ 线(L)

➡️ 端点(E)... 命令，系统弹出"直线"工具栏；绘制图 3.16.40 所示的八条竖直直线，每条直线的长度均为 70；单击 按钮，完成直线的绘制。

Step5. 修剪多余曲线。选择下拉菜单 编辑(E) ➡️ 修剪/打断(T) ➡️

修剪/打断/延伸(T) 命令修剪多余曲线，修剪后的结果如图 3.16.41 所示。

说明：修剪不掉的可通过删除命令去掉。

图 3.16.40　绘制直线

图 3.16.41　修剪多余曲线

Step6. 平移直线，如图 3.16.42 所示。

（1）选择命令。选择下拉菜单 转换(X) ➡ 平移(T)... 命令。

（2）定义平移对象。在绘图区选取图 3.16.42a 所示的直线为平移对象，然后按 Enter 键完成平移对象的定义，同时系统弹出"平移"对话框。

（3）定义平移距离。在"平移"对话框中选中 复制 单选项，在 增量坐标 区域的 ΔY 文本框中输入值-14，按 Enter 键确认。

a）平移前

图 3.16.42　平移直线

b）平移后

（4）单击 ✔ 按钮完成直线的平移操作，如图 3.16.42b 所示。

Step7. 修剪多余曲线。选择下拉菜单 编辑(E) ➡ 修剪/打断(T) ➡ 修剪/打断/延伸(T) 命令修剪多余曲线，修剪后如图 3.16.43b 所示。

a）修剪前

图 3.16.43　修剪曲线

b）修剪后

Step8. 绘制图 3.16.44 所示的圆弧。

（1）选择命令。选择下拉菜单 绘图(C) ➡ 弧(A) ➡ 极坐标圆弧(P)... 命令，系统弹出"极坐标画弧"工具栏。

（2）定义圆心位置。选取图 3.16.45 所示的两条中心线的交点为圆心。

图 3.16.44 绘制圆弧

放大图

选取这两条中心线的交点

图 3.16.45 定义圆心位置

（3）设置圆弧参数。在"极坐标画弧"工具栏的 ⊕ 文本框中输入值 5，按 Enter 键确认；在 △ 文本框中输入值 90，按 Enter 键确认；在 △ 文本框中输入值 270，按 Enter 键确认。

（4）单击 ✓ 按钮完成圆弧的绘制。

Step9. 创建图 3.16.46 所示的偏置圆弧。

（1）选择命令。选择下拉菜单 转换(X) ➡ │→ 偏置(O)... 命令，系统弹出"偏置"对话框。

（2）设置偏置参数。在"偏置"对话框中选中 ⊙ 复制 选项，在 ▥ 文本框中输入值 1，按 Enter 键确认。

（3）定义偏置对象和偏置方向。选取图 3.16.47 所示的圆弧为偏置对象，然后在圆弧右边的任意位置单击定义偏置方向。

放大图

补正圆弧

图 3.16.46 偏置圆弧

放大图

选取此圆弧

图 3.16.47 选取偏置对象

（4）单击 ✓ 按钮完成偏置圆弧的创建。

Step10. 保存文件。选择下拉菜单 文件(F) ➡ 🖫 保存(S) 命令，系统弹出"另存为"对话框；在 文件名(N): 文本框中输入文件名"BASE"；单击 ✓ 按钮，完成文件的保存。

# 3.17 吊钩设计实例

本实例将介绍吊钩的创建过程，其轮廓线为圆弧与圆弧相切以及圆弧与直线相切所得，希望读者在绘制过程中体会此类图形绘制的方法。下面介绍图 3.17.1 所示的吊钩的创建过程。

图 3.17.1　吊钩

### Stage1. 创建图层

Step1. 创建中心线、粗实线、细实线和标注四个图层。

（1）在状态栏中单击 层别 按钮，系统弹出"层别管理"对话框。

（2）将层别 1 命名为中心线层。在"层别管理"对话框 主层别 区域的 名称 文本框中输入"中心线"字样。

（3）创建粗实线层。在 主层别 区域的 编号: 文本框中输入值 2，在 名称 文本框中输入"粗实线"字样。

（4）创建细实线层。在 主层别 区域的 编号: 文本框中输入值 3，在 名称 文本框中输入"细实线"字样。

（5）创建标注层。在 主层别 区域的 编号: 文本框中输入值 4，在 名称 文本框中输入"标注"字样。

（6）单击 ✔ 按钮，完成图层的创建。

Step2. 设置构图图层及图层属性。在状态栏的 层别 按钮后的文本框中输入值 1，并按 Enter 键确认；在状态栏的 ━━▼ 下拉列表中选择 ▬▬ 选项，完成构图图层以及图层属性的设置。

### Stage2. 创建主视图

Step1. 绘制图 3.17.2 所示的两条中心线。

（1）选择命令。选择下拉菜单 绘图(C) ➡ 线(L) ➡ 端点(E)... 命令，系统弹出"直线"工具栏。

（2）绘制竖直中心线。分别在"AutoCursor"工具栏的 X 文本框、Y 文本框和 Z 文本框中输入值 0、–56 和 0，并分别按 Enter 键确认；在"直线"工具栏的 ⬚ 文本框中输入值 212，按 Enter 键确认；在 ∠ 文本框中输入值 90，按 Enter 键确认。

（3）单击 ➕ 按钮，完成图 3.17.3 所示的中心线的绘制。

（4）绘制水平中心线。分别在"AutoCursor"工具栏的 ⊠ 文本框、⊻ 文本框和 ⊠ 文本框中输入值-106、0 和 0，并分别按 Enter 键确认；在"直线"工具栏的 ⊞ 文本框中输入值 212，按 Enter 键确认；在 ⬢ 文本框中输入值 0，按 Enter 键确认。

（5）单击 ✓ 按钮，完成两条中心线的绘制。

Step2. 创建图 3.17.4 所示的偏置中心线。

（1）选择命令。选择下拉菜单 转换(X) ➡ →| 偏置(O)... 命令，系统弹出"偏置"对话框。

（2）设置偏置参数。在"偏置"对话框的 ⊞ 文本框中输入值 58，按 Enter 键确认。

（3）定义偏置对象和偏置方向。选取水平中心线为偏置对象，在水平中心线以上的任意位置单击定义偏置方向，然后单击 ➕ 按钮。

（4）参照步骤（3）创建图 3.17.5 所示的其余三条偏置中心线。第二条偏置中心线是将水平中心线向上偏置 106，第三条偏置中心线是将水平中心线向上偏置 110，第四条偏置中心线是将水平中心线向下偏置 17。

图 3.17.2　绘制中心线　　　　　　　图 3.17.3　绘制竖直中心线

第三条偏置中心线
第二条偏置中心线
第四条偏置中心线

图 3.17.4　偏置中心线　　　　　　　图 3.17.5　创建其余偏置中心线

（5）单击 ✓ 按钮完成偏置中心线的创建。

Step3. 参照 Step2 创建图 3.17.6 所示的偏置中心线。第一条偏置中心线是将竖直中心线向左偏置 25，第二条偏置中心线是将竖直中心线向左偏置 37。

Step4. 绘制图 3.17.7 所示的三个圆。

（1）定义绘图图层。在状态栏的 层别 按钮后的文本框中输入值 2，并按 Enter 键确认。

（2）定义绘图线型。在状态栏的 ▬▬▼ 下拉列表中选择 ▬▬ 选项；在"线宽" ▬▬▼ 下拉列表中选择第二个选项 ▬▬ 。

图 3.17.6 偏置中心线

图 3.17.7 绘制三个圆

（3）选择命令。选择下拉菜单 绘图(C) ➡ 弧(A) ➡ ⊕ 圆心点画圆(C)... 命令，系统弹出"编辑圆心点"工具栏。

（4）绘制第一个圆。在绘图区选取图 3.17.8 所示的两条中心线的交点为圆心，然后在"编辑圆心点"工具栏的 ⊕ 文本框中输入值 46，按 Enter 键确认；单击 ✚ 按钮，完成图 3.17.7 所示的第一个圆的绘制。

（5）绘制第二个圆。在绘图区选取图 3.17.9 所示的两条中心线的交点为圆心，然后在"编辑圆心点"工具栏的 ⊕ 文本框中输入值 138，按 Enter 键确认；单击 ✚ 按钮，完成图 3.17.7 所示的第二个圆的绘制。

图 3.17.8 定义第一个圆的圆心

图 3.17.9 定义第二个圆的圆心

（6）绘制第三个圆。在绘图区选取图 3.17.8 所示的两条中心线的交点为圆心，然后在"编辑圆心点"工具栏中单击 ✐ 按钮，选取绘制的第二个圆；单击 ✚ 按钮，完成图 3.17.7 所示的第三个圆的绘制。

（7）单击 ✔ 按钮，完成三个圆的绘制。

Step5. 绘制图 3.17.10 所示的辅助线。

（1）定义绘图图层。在状态栏的 层别 按钮后的文本框中输入值 3，并按 Enter 键确认。

（2）定义绘图线型及线宽。在"线型" ⊑‒‒‒‒▾ 下拉列表中选择选项 ████，在"线宽" ⊑‒‒‒‒▾ 下拉列表中选择选项 ████（第一个选项）。

（3）绘制图 3.17.11 所示的直线。

图 3.17.10 绘制辅助线

图 3.17.11 绘制直线

① 选择下拉菜单 绘图(C) ➡ 线(L) ➡ 端点(E)... 命令，系统弹出"直线"工具栏。

② 绘制直线。在绘图区选取图 3.17.12 所示的点 1 为直线的起点，点 2 为直线的终点。

图 3.17.12　定义直线端点

**说明：** 如果在选择点 1 时，选不到，则保存后再打开文件进行选取。

③ 单击✔按钮，完成直线的绘制。

（4）延伸直线如图 3.17.13 所示。

① 选择下拉菜单 编辑(E) ➡ 修剪/打断(T) ➡ 修剪/打断/延伸(T) 命令，系统弹出"修剪/打断/延伸"工具栏。

② 定义编辑类型。在"修剪/打断/延伸"工具栏单击➕按钮使其处于按下状态。

③ 定义延伸曲线和延伸至曲线。在绘图区选取图 3.17.14 所示的直线为延伸曲线，然后选取图 3.17.14 所示的圆为延伸至曲线。

**注意：** 选取延伸曲线和延伸至曲线时，选取的位置应与图 3.17.14 所示的箭头位置相同，否则将修剪定义的延伸曲线，而不是延伸定义的延伸曲线。

④ 单击✔按钮，完成曲线的延伸操作。

图 3.17.13　延伸曲线

图 3.17.14　定义延伸曲线和延伸至曲线

**Step6.** 绘制图 3.17.15 所示的圆弧。

（1）定义绘图图层。在状态栏的 层别 按钮后的文本框中输入值 2，并按 Enter 键确认。

（2）定义绘图线型及线宽。在"线型" ▼下拉列表中选择选项████，在"线宽" ▼下拉列表中选择选项████（第二个选项）。

（3）绘制圆弧。

① 选择命令。选择下拉菜单 绘图(C) ➡ 弧(A) ➡ 极坐标圆弧(P)... 命令，

系统弹出"极坐标画弧"工具栏。

② 定义圆心位置。在绘图区选取图 3.17.16 所示的点 1 为圆弧的圆心。

图 3.17.15 绘制圆弧

图 3.17.16 定义圆弧的圆心和起始点

③ 定义圆弧的起始点和终止点。在绘图区选取图 3.17.16 所示的点 2（辅助线与圆的交点）位置为圆弧的起始点；在"极坐标画弧"工具栏的 文本框中输入值 70，按 Enter 键确认。

④ 单击 按钮，完成圆弧的绘制。

Step7. 创建图 3.17.17 所示的镜像曲线。

图 3.17.17 镜像曲线

（1）选择命令。选择下拉菜单 转换(X) ➡ 镜像(M)... 命令。

（2）定义镜像对象。选取图 3.17.17a 所示的圆弧为镜像对象，然后按 Enter 键完成镜像对象的定义，同时系统弹出"镜像"对话框。

（3）定义镜像中心线。在"镜像"对话框的 轴 区域中单击 按钮，然后在绘图区选取图 3.17.17a 所示的中心线为镜像中心线。

（4）单击 按钮完成镜像曲线的创建。

Step8. 修剪曲线，修剪之后如图 3.17.18b 所示。

图 3.17.18 修剪曲线

（1）选择命令。选择下拉菜单 编辑(E) ➡ 修剪/打断(T) ➡ ✗ 修剪/打断/延伸(T) 命令，系统弹出"修剪/打断/延伸"工具栏。

（2）设置修剪方式。在"修剪/打断/延伸"工具栏中单击 ┼┼ 按钮使其处于按下状态。

（3）定义修剪曲线。在要修剪的曲线上单击，修剪之后如图 3.17.18b 所示。

（4）单击 ✓ 按钮，完成曲线的修剪。

Step9. 绘制图 3.17.19 所示的切圆。

（1）选择命令。选择下拉菜单 绘图(C) ➡ 弧(A) ➡ ◯ 三点画圆(E)... 命令，系统弹出"已知边界点画圆"工具栏。

（2）定义绘制圆的方式。在"已知边界点画圆"工具栏中单击 ◯ 按钮和 ╱ 按钮，使其处于按下状态。

（3）定义相切曲线及绘制圆的参数。在绘图区选取图 3.17.20 所示的曲线 1 和曲线 2 为相切曲线，然后在 ◉ 文本框中输入值 14，按 Enter 键确认。

图 3.17.19 绘制切圆

图 3.17.20 定义相切对象

（4）单击 ✓ 按钮，完成切圆的绘制。

Step10. 绘制图 3.17.21 所示的两个圆。

（1）选择命令。选择下拉菜单 绘图(C) ➡ 弧(A) ➡ ⊕ 圆心点画圆(C)... 命令，系统弹出"编辑圆心点"工具栏。

（2）绘制第一个圆。在"编辑圆心点"工具栏中单击 ╱ 按钮使其处于弹起状态；在绘图区选取图 3.17.22 所示的两条中心线的交点为圆心，然后在 ◉ 文本框中输入值 46，按 Enter 键确认；单击 ✚ 按钮，完成图 3.17.21 所示的第一个圆的绘制。

图 3.17.21 绘制圆

图 3.17.22 定义圆心位置

（3）绘制第二个圆。在绘图区选取图 3.17.23 所示的两条中心线的交点为圆心，然后在

"编辑圆心点"工具栏的  文本框中输入值23，按 Enter 键确认；单击 ⊕ 按钮，完成图3.17.21 所示的第二个圆的绘制。

图3.17.23　定义圆心位置

（4）单击 ✓ 按钮，完成两个圆的绘制。

Step11. 绘制图 3.17.24 所示的圆。选择下拉菜单 绘图(C) ➡ 弧(A) ➡ ⊕ 圆心点画圆(C)... 命令，系统弹出"编辑圆心点"工具栏；在绘图区选取图3.17.25 所示的两条中心线的交点为圆心，然后在 ⊕ 文本框中输入值 10，按 Enter 键确认；单击 ✓ 按钮，完成圆的绘制。

图3.17.24　绘制圆　　　　　图3.17.25　定义圆心位置

Step12. 绘制图 3.17.26 所示的两条辅助线。

（1）定义绘图图层。在状态栏的 层别 按钮后的文本框中输入值 3，并按 Enter 键确认。

（2）定义绘图线型。在 ▼ 下拉列表中选择第一个选项 。

（3）选择命令。选择下拉菜单 绘图(C) ➡ 线(L) ➡ 端点(E)... 命令，系统弹出"直线"工具栏。

（4）设置直线创建方式。在"直线"工具栏中单击 按钮使其处于按下状态。

（5）定义相切对象。在绘图区选取图3.17.27 所示的圆为相切对象。

图3.17.26　绘制辅助线　　　　图3.17.27　定义相切对象

（6）定义直线参数。在"直线"工具栏的 ⊿ 文本框中输入值45，按 Enter 键确认；在 📐 文本框中输入值 80，按 Enter 键确认，此时出现一条直线如图 3.17.28 所示，选取直线的上半部分为保留部分。

（7）单击 ➕ 按钮完成第一条辅助线的绘制。

（8）参照步骤（5）~（7）创建第二条辅助线，第二条辅助线的长度为50，角度为30。

（9）单击 ✔ 按钮，完成辅助线的绘制。

Step13. 绘制图 3.17.29 所示的两条辅助线。

（1）选择命令。选择下拉菜单 绘图(C) ➡ 线(L) ➡ ✏ 端点(E)... 命令，系统弹出"直线"工具栏。

（2）定义相切对象。在绘图区选取图 3.17.30 所示的圆（下半部分大圆）为相切对象。

图 3.17.28　定义保留部分

图 3.17.29　绘制辅助线

（3）定义辅助线的终点。在绘图区选取图 3.17.30 所示的两中心线交点为辅助线的终点。

（4）参照步骤（2）和（3）创建第二条辅助线，第二条辅助线的终点如图 3.17.31 所示。

图 3.17.30　定义辅助线的终点

图 3.17.31　定义辅助线的终点

（5）单击 ✔ 按钮，完成辅助线的绘制。

Step14. 创建图 3.17.32 所示的圆角。

a）创建前

b）创建后

图 3.17.32　圆角

（1）定义绘图图层。在状态栏的 层别 按钮后的文本框中输入值 2，并按 Enter 键确认。

（2）定义绘图线型。在 下拉列表中选择第二个选项 。

（3）选择命令。选择下拉菜单 绘图(C) ➡ 圆角(F) ➡ 图素(E)... 命令，系统弹出"圆角"工具栏。

（4）设置倒圆角参数。在"圆角"工具栏的 ⊙ 文本框中输入值 28，按 Enter 键确认；单击 按钮使其处于按下状态。

（5）定义倒圆角对象。选取图 3.17.33 所示的圆弧和直线为倒圆角对象，此时在绘图区出现图 3.17.34 所示的四个圆角，选取图 3.17.34 所示的圆角为保留对象。

图 3.17.33　定义倒圆角对象

图 3.17.34　定义保留对象

（6）参照步骤（5）创建另一个倒圆角。

（7）单击 按钮，完成倒圆角的创建。

Step15. 参照 Step14 创建图 3.17.35b 所示的倒圆角，倒圆角半径值为 18。

a）创建前

b）创建后

图 3.17.35　倒圆角

Step16. 修剪曲线，修剪之后如图 3.17.36b 所示。

a）修剪前

b）修剪后

图 3.17.36　修剪曲线

（1）选择命令。选择下拉菜单 编辑(E) ➡ 修剪/打断(T) ➡  修剪/打断/延伸(T) 命令，系统弹出"修剪/打断/延伸"工具栏。

（2）设置修剪方式。在"修剪/打断/延伸"工具栏单击 ++ 按钮使其处于按下状态。

（3）定义修剪曲线。在要修剪的曲线上单击，修剪之后如图 3.17.36b 所示。

（4）单击 ✓ 按钮，完成曲线的修剪。

Step17. 隐藏细实线层。在状态栏中单击 层别 按钮，系统弹出"层别管理"对话框；单击 突显 列表中的"细实线"层前的 × ，使其消失，如图 3.17.37 所示；单击 ✓ 按钮，完成细实线层的隐藏。

Step18. 添加直线，如图 3.17.38 所示。选择下拉菜单 绘图(C) ➡ 线(L) ➡ 端点(E)... 命令，系统弹出"直线"工具栏；在"直线"工具栏中单击 ✓ 按钮使其处于弹起状态，然后在所缺直线处添加直线；单击 ✓ 按钮，完成直线的添加。

图 3.17.37　编辑层别管理

a）添加前

b）添加后

图 3.17.38　添加直线

Step19. 保存文件。选择下拉菜单 文件(F) ➡ 🖫 保存(S) 命令，系统弹出"另存为"对话框；在 文件名(N): 文本框中输入文件名"CLASP"；单击 ✓ 按钮完成文件的保存。

**学习拓展：**可以免费学习更多视频讲解。

**讲解内容：**UG 快速入门，UG 软件也是数控加工与编程常用的应用工具，主要包含软件安装，基本操作，二维草图，常用建模命令，零件设计案例等基础内容的讲解。本部分的内容可以作为读者学习数控编程的参考。

# 第4章 图形尺寸标注

## 4.1 标 注 尺 寸

标注尺寸用于确定图素的大小或图素间的相互位置，以及在图形中添加注释等。标注尺寸包括线性标注、角度标注、半径标注、直径标注等几种类型。

标注尺寸样式也就是尺寸标注的外观。比如标注文字的样式、箭头类型、颜色等都属于标注尺寸样式。标注尺寸样式由系统提供的多种尺寸变量控制，用户可以根据需要对其进行设置并保存，以便重复使用此样式，从而可以提高软件的使用效率。

在 Mastercam X8 中，图形尺寸标注包括尺寸标注、注释和图案填充。它们主要位于 绘图(C) 下拉菜单的 标注(D) 菜单的 标注尺寸(D) 子菜单中，如图 4.1.1 所示。同样，在"标注"工具栏中也列出了相应的尺寸标注的命令，如图 4.1.2 所示。

图 4.1.1 "标注尺寸"子菜单          图 4.1.2 "标注"工具栏

## 4.1.1　尺寸标注的组成

一个完整的尺寸标注是由标注文字、尺寸线、尺寸线的端点符号（箭头）、尺寸界线及标注起点组成，如图 4.1.3 所示。下面分别对尺寸标注的构成进行说明。

- 标注文字：用于表明图形大小的数值，标注文字除了包含一个基本的数值外，还可以包含前缀、后缀、公差和其他的任何文字，在创建尺寸标注时，可以控制标注文字字体及其位置和方向。

图 4.1.3　尺寸标注的元素

- 尺寸线：标注尺寸线，简称尺寸线，一般是一条两端带箭头的线段，用于表明标注的范围。对于角度标注，尺寸线是一段圆弧。尺寸线应该使用细实线。
- 标注箭头：标注箭头位于尺寸线的两端，用于指出测量的开始和结束位置。系统默认使用楔形的箭头符号。此外，还提供了多种箭头符号，如三角形，开放三角形、圆形框、矩形框、斜线、积分符号等，以满足用户的不同需求。
- 标注起点：标注起点是所标注对象的起点，系统测量的数据均以起点为计算点。标注起点通常与尺寸界线的起点重合，也可以利用尺寸变量，使标注起点与尺寸界线的起点之间有一小段距离。
- 尺寸界线：尺寸界线是表明标注范围的直线，可用于控制尺寸线的位置。尺寸界线也应该使用细实线。

## 4.1.2　设置尺寸标注样式

在对大小及复杂程度不同的零件图进行标注时，往往由于它们大小不同，而需要对尺寸标注的标注文字和尺寸箭头等因素的大小、形状进行调整，即进行尺寸标准样式设置。

选择下拉菜单 绘图(C) ➡ 标注(D) ➡ 选项(O)... A1t+D 命令（或者在"标注"工具栏的 下拉列表中选择 标注选项... 选项），系统弹出图 4.1.4 所示的"标注选项"对话框。可以看到对话框由五个选项卡组成，下面分别对其进行介绍。

### 1. "尺寸属性"选项卡

"尺寸属性"选项卡用于设置尺寸标注的显示属性，如图 4.1.4 所示。

图 4.1.4　"标注选项"对话框

图 4.1.4 所示的"尺寸属性"选项卡中部分选项的说明如下。

- ● 坐标 区域：用于设置系统坐标的相关参数，其中包括 格式 下拉列表、分数单位 下拉列表、小数位数 文本框、缩放 文本框、☑ 前导零 复选框、☑ 逗号 复选框和 ☑ 尾随零 复选框。

  - ☑ 格式 下拉列表：用于定义文本格式，其中包括 小数型 选项、科学型 选项、工程单位 选项、分数单位 选项和 建筑单位 选项。

  - ☑ 分数单位 下拉列表：用于设置分数的单位形式，其中包括 1/2 选项、1/4 选项、1/8 项、1/16 选项、1/32 选项和 1/64 选项。

  - ☑ 小数位数 文本框：用于设置小数的位数值。

  - ☑ 缩放 文本框：用于设置标注与测量间的比例值。如果定义的比例值为 2，而绘制的直线长度为 20，则标注的尺寸长度为 40。

  - ☑ ☑ 前导零 复选框：用于设置显示小数点前面的零。

  - ☑ ☑ 逗号 复选框：用于设置小数点为逗号。

  - ☑ ☑ 尾随零 复选框：用于设置在小数位数没有达到所定义的位数时，以零补充其余的位数。

- ● 文字自动对中 区域的 ☑ 文字位于箭头之间 复选框：用于设置文本位于标注箭头的中间。

- ● 符号 区域：用于设置符号的相关参数，其中包括 半径 下拉列表、直径 下拉列表和 角度 下拉列表。

☑ 半径:下拉列表：用于定义半径标注的符号。

☑ 直径:下拉列表：用于定义直径标注的符号。

☑ 角度:下拉列表：用于设置角度的单位。

● 公差 区域：用于设置公差的相关参数，其包括 ⊙ 线性 单选项、⊙ 角度 单选项和 设置 区域。

☑ ⊙ 线性 单选项：用于设置在直线上添加公差。

☑ ⊙ 角度 单选项：用于设置在角度上添加公差。

☑ 设置 区域：用于设置公差类型及公差值，其中包括 无 ▾ 下拉列表、上: 文本框、下: 文本框、DIN 字符 文本框和 DIN 值 文本框。

## 2. "尺寸标注文字" 选项卡

"尺寸标注文字" 选项卡用于设置尺寸标注文字的属性和对齐方式，如图 4.1.5 所示。

图 4.1.5 所示的 "尺寸标注文字" 选项卡中部分选项的说明如下。

图 4.1.5 "尺寸标注文字" 选项卡

● 大小 区域：用于设置标注文字的大小参数，其包括 文字高度 文本框、字高公差 文本框、⊙ 固定 单选项、⊙ 按比例 单选项、长宽比 文本框、字符宽度 文本框、附加字符间距 文本框、系数(F)... 按钮和 ☑ 使用系数 复选框。

☑ 文字高度 文本框：用于设置文本的高度值。

☑ 字高公差 文本框：用于设置公差文本的高度值。

☑ ⊙ 固定 单选项：用于设置在标注文字的每一个字体之间加入空格。

☑ ⊙ 按比例 单选项：用于设置按照定义的长宽比例设置标注文字。

☑ 长宽比: 文本框: 用于定义标注文字的长宽比。此文本框当选中 ⦿ 按比例 单选项时可用。

☑ 字符宽度: 文本框: 用于定义每一个字体的宽度。此文本框当选中 ⦿ 固定 单选项时可用。

☑ 附加字符间距: 文本框: 用于设置每一个字体之间的间距值。

☑ 系数(F)... 按钮: 用于设置尺寸字高比例因子的相关参数。单击此按钮，系统弹出图 4.1.6 所示的"尺寸标注字高比例"对话框。用户可通过该对话框设置尺寸字高比例因子的参数。

☑ ☑ 使用系数 复选框: 用于设置根据定义的比例调整标注文字的大小。

● 直线 区域: 用于设置添加直线的位置选项，其包括 第一行文字: 区域中的 ☑ 底部 复选框与 ☑ 顶部 复选框、所有文字行: 区域中的 ☑ 下部 复选框与 ☑ 上部 复选框、文本框线: 区域中的 ☑ 顶部 复选框、☑ 底部 复选框、☑ 左侧 复选框和 ☑ 右侧 复选框。

☑ ☑ 底部 复选框: 用于设置在标注文字的第一行文字底部添加直线。

☑ ☑ 顶部 复选框: 用于设置在标注文字的第一行文字顶部添加直线。

☑ ☑ 下部 复选框: 用于设置在标注文字的所有文字底部添加直线。

☑ ☑ 上部 复选框: 用于设置在标注文字的所有文字顶部添加直线。

图 4.1.6　"尺寸标注字高比例"对话框

☑ ☑ 顶部 复选框: 用于设置在标注文字的上部添加框架。

☑ ☑ 底部 复选框: 用于设置在标注文字的下部添加框架。

☑ ☑ 左侧 复选框: 用于设置在标注文字的左部添加框架。

☑ ☑ 右侧 复选框: 用于设置在标注文字的右部添加框架。

● 路径 区域: 用于设置书写方向的相关参数，包括 ⦿ 向右 单选项、⦿ 向左 单选项、⦿ 向上 单选项和 ⦿ 向下 单选项。

- ☑ ◉向右 单选项：用于设置书写方向为自左向右书写。
- ☑ ◉向左 单选项：用于设置书写方向为自右向左书写。
- ☑ ○向上 单选项：用于设置书写方向为自下而上书写。
- ☑ ○向下 单选项：用于设置书写方向为自上而下书写。

● 字体 区域：用于设置字型的相关参数，其中包括 Stick ▼ 下拉列表和 添加 TrueType(R)(A)... 按钮。

- ☑ Stick ▼ 下拉列表：用于设置标注文字的字体类型。
- ☑ 添加 TrueType(R)(A)... 按钮：单击此按钮，系统弹出"字体"对话框。用户可以通过此对话框设置真实字型的参数。

● 点位标注 区域：用于设置点位标注的相关参数，其中包括 ◉2D 单选项、◉2D标签 单选项、◉3D 单选项、◉3D标签 单选项、☑以快速模式显示 复选框和 ☑绝对坐标 复选框。

- ☑ ◉2D 单选项：用于设置显示 X 方向和 Y 方向的点的位置坐标，如图 4.1.7 所示。
- ☑ ◉2D标签 单选项：用于设置显示 X 方向和 Y 方向的点的位置坐标，以及 X 轴和 Y 轴，如图 4.1.8 所示。

图 4.1.7　2D　　　　　　　　　　　　　　图 4.1.8　2D 标签

- ☑ ◉3D 单选项：用于设置显示 X 方向、Y 方向和 Z 方向点的位置文本，如图 4.1.9 所示。
- ☑ ◉3D标签 单选项：用于设置显示 X 方向、Y 方向和 Z 方向点的位置文本，以及 X 轴、Y 轴和 Z 轴，如图 4.1.10 所示。

图 4.1.9　3D　　　　　　　　　　　　　　图 4.1.10　3D 标签

- ☑ ☑以快速模式显示 复选框：用于设置以自动模式显示创建的点的位置标注。
- ☑ ☑绝对坐标 复选框：用于设置显示点的位置的绝对坐标。如果不选中此复选框将显示点的三维坐标。

● 文字方向 区域：用于设置文字的对齐方式的相关选项，包括 ◉对齐 单选项和 ◉单向 单选项。

☑ ⊙ **对齐** 单选项：用于设置文字的对齐方式与尺寸线对齐。

☑ ⊙ **单向** 单选项：用于设置文字的对齐方式为水平对齐。

● **倾斜** 文本框：用于定义标注文字的倾斜角度值。

● **旋转** 文本框：用于设置标注文字的旋转角度值。

● ☑ **显示负号(-)** 复选框：用于设置使用"顺序标注"方式时，如果标注的尺寸在坐标系的负值区域，系统会自动在该尺寸前加上负号。

### 3. "注释文字"选项卡

"注释文字"选项卡用于设置注释文字的属性和对齐方式，如图 4.1.11 所示。

图 4.1.11 "注释文字"选项卡

图 4.1.11 所示的"注释文字"选项卡中部分选项的说明如下。

● **大小** 区域：用于设置注解文字的大小参数，包括 **文字高度** 文本框、⊙ **固定** 单选项、⊙ **按比例** 单选项、**长宽比** 文本框、**字符宽度** 文本框、**附加字符间距** 文本框、**附加行距** 文本框、**系数(F)...** 按钮和 ☑ **使用系数** 复选框。

☑ **文字高度** 文本框：用于设置注解文字的高度值。

☑ ⊙ **固定** 单选项：用于设置在注解文字的每两个字之间加入空格。

☑ ⊙ **按比例** 单选项：用于设置按照定义的长宽比例设置注解文字。

☑ **长宽比** 文本框：用于定义注解文字的长宽比。此文本框当选中 ⊙ **按比例** 单选项时可用。

☑ **字符宽度** 文本框：用于定义注解文字的每一个字体的宽度。此文本框当选中

$\boxed{\bullet}$ 固定 单选项时可用。

☑ 附加字符间距: 文本框: 用于设置注解文字的每两个字之间的间距值。

☑ 附加行距: 文本框: 用于定义注解文字间的行距值。

☑ 系数(F)... 按钮: 用于设置注解文字的尺寸字高比例因子的相关参数。单击此按钮,系统弹出图 4.1.12 所示的"注释字高比例"对话框。用户可通过该对话框设置注解文字的尺寸字高比例因子的参数。

图 4.1.12 "注释字高比例"对话框

☑ ☑使用系数 复选框: 用于设置根据定义的比例调整注解文字的大小。

● 直线 区域: 用于设置添加直线的位置选项,其中包括 第一行文字: 区域中的 ☑基线 复选框与 ☑顶部 复选框、 所有文字行: 区域中的 ☑下部 复选框与 ☑上部 复选框、 文本框线: 区域中的 ☑顶部 复选框、 ☑底部 复选框、 ☑左侧 复选框和 ☑右侧 复选框。

☑ ☑基线 复选框: 用于设置在注解文字的第一行文字基部添加直线。

☑ ☑顶部 复选框: 用于设置在注解文字的第一行文字上缘添加直线。

☑ ☑下部 复选框: 用于设置在注解文字的所有文字底部添加直线。

☑ ☑上部 复选框: 用于设置在注解文字的所有文字顶部添加直线。

☑ ☑顶部 复选框: 用于设置在注解文字的上部添加框架。

☑ ☑底部 复选框: 用于设置在注解文字的下部添加框架。

☑ ☑左侧 复选框: 用于设置在注解文字的左部添加框架。

☑ ☑右侧 复选框: 用于设置在注解文字的右部添加框架。

● 路径 区域: 用于设置注解文字书写方向的相关参数,其中包括 ⊙向右 单选项、 ⊙向左 单选项、 ⊙向上单选项和 ⊙向下单选项。

☑ ⊙向右 单选项: 用于设置注解文字的书写方向为自左向右书写。

☑ ⊙向左 单选项: 用于设置注解文字的书写方向为自右向左书写。

☑ ⊙向上 单选项: 用于设置注解文字的书写方向为自下向上书写。

☑ <sup>向下</sup>单选项：用于设置注解文字的书写方向为自上向下书写。

● 字体 区域：用于设置注解文字字型的相关参数，其包括 Stick ▼ 下拉列表和 添加 TrueType(R)(A)... 按钮。

　　☑ Stick ▼ 下拉列表：用于设置注解文字的字体类型。

　　☑ 添加 TrueType(R)(A)... 按钮：单击此按钮，系统弹出"字体"对话框。用户可以通过该对话框设置注解文字的字体的参数。

● 对齐 区域：用于设置注解文字的对齐方式，其中包括 水平 区域和 垂直 区域。

　　☑ 水平 区域：用于设置水平方向上的对齐方式，其中包括 ⊙ 左侧 单选项、⊙ 居中 单选项和 ⊙ 右侧 单选项。

　　☑ 垂直 区域：用于设置垂直方向上的对齐方式，其中包括 ☑ 顶部 单选项、☑ 顶部 单选项、⊙ 中间 单选项、☑ 基线 单选项和 ☑ 底部 单选项。

● 镜射 区域：用于设置注释字本镜像的相关参数，其中包括 ⊙ 无 单选项、⊙ X轴 单选项、⊙ Y轴 单选项和 ⊙ X+Y 单选项。

　　☑ ⊙ 无 单选项：用于设置注解文字不进行镜像操作。

　　☑ ⊙ X轴 单选项：用于设置注解文字关于 X 轴镜像。

　　☑ ⊙ Y轴 单选项：用于设置注解文字关于 Y 轴镜像。

　　☑ ⊙ X+Y 单选项：用于设置注解文字关于 X 轴和 Y 轴镜像。

● 角度 文本框：用于设置注解文字的角度值。

● 倾斜 文本框：用于定义注解文字中每个字的倾斜角度值。

● 旋转 文本框：用于设置注解文字中每个字的旋转角度值。

4. "引导线/尺寸界线"选项卡

"引导线/尺寸界线"选项卡用于设置尺寸线、尺寸界线和箭头的属性，如图 4.1.13 所示。

图 4.1.13 所示的"引导线/尺寸界线"选项卡中部分选项的说明如下。

● 引导线 区域：用于设置尺寸线的相关参数，其包括 ⊙ 标准 单选项、⊙ 实线 单选项、⊙ 两者 单选项、⊙ 第一个 单选项、⊙ 第二个 单选项、⊙ 无 单选项、⊙ 内 单选项、⊙ 外 单选项和 ☑ 向角度引导线添加延伸线 复选框。

　　☑ ⊙ 标准 单选项：用于设置尺寸线的样式为标准样式，如图 4.1.14 所示。

　　☑ ⊙ 实线 单选项：用于设置尺寸线的样式为选取实体样式，如图 4.1.15 所示。

图 4.1.13 "引导线/尺寸界线"选项卡

图 4.1.14 标准

图 4.1.15 选取实体

☑ ⊙**两者**单选项：用于设置显示标注文字两边的尺寸线，如图 4.1.16 所示。

☑ ⊙**第一个**单选项：用于设置显示标注文字第一端的尺寸线，如图 4.1.17 所示。

图 4.1.16 两边尺寸线

图 4.1.17 第一端

☑ ⊙**第二个**单选项：用于设置显示标注文字第二端的尺寸线，如图 4.1.18 所示。

☑ ⊙**无**单选项：用于设置不显示标注文字两边的尺寸线，如图 4.1.19 所示。

图 4.1.18 第二端

图 4.1.19 不显示尺寸线

☑ ⊙内单选项：用于设置箭头在尺寸界线内。

☑ ⊙外单选项：用于设置箭头在尺寸界线外。

☑ ☑向角度引导线添加延伸线 复选框：用于设置在角度的引线后加上尺寸界线。

● 尺寸界线区域：用于设置尺寸界线的相关参数，其中包括⊙两者单选项、⊙第一个单选项、⊙第二个单选项、⊙无单选项、尺寸界线间隙:文本框和尺寸界线延伸:文本框。

☑ ⊙两者单选项：用于设置显示标注文字两边的尺寸界线，如图4.1.20所示。

☑ ⊙第一个单选项：用于设置显示标注文字第一端的尺寸界线，如图4.1.21所示。

图4.1.20 两者

图4.1.21 第一个

☑ ⊙第二个单选项：用于设置显示标注文字第二端的尺寸界线，如图4.1.22所示。

☑ ⊙无单选项：用于设置不显示标注文字两边的尺寸界线，如图4.1.23所示。

图4.1.22 第二个

图4.1.23 无

☑ 尺寸界线间隙:文本框：用于设置延伸线与标注所选图素之间的间隙值。

☑ 尺寸界线延伸:文本框：用于设置延伸线超出标注箭头的距离值。

● 箭头区域：用于设置箭头的相关参数，其中包括⊙尺寸标注单选项、⊙标签和引导线单选项、线型下拉列表、☑填充复选框、☑应用至纵坐标标注复选框、高度文本框和宽度文本框。

☑ ⊙尺寸标注单选项：设置用于尺寸标注的箭头。

☑ ⊙标签和引导线单选项：用于设置箭头使用于引线标注。

☑ 型式:下拉列表：用于定义箭头的类型，其中包括三角形选项、开放三角形选项、楔形选项、无选项、圆形选项、矩形选项、斜线选项和积分符号选项。

☑ ☑填充复选框：用于给箭头设置填充颜色。当定义的箭头类型为三角形选项、开放三角形选项、圆形选项和矩形选项时此复选框可用。

☑ ☑应用至纵坐标标注复选框：用于将设置箭头参数应用到"顺序标注"命令。

☑ 高度文本框：用于定义标注箭头的高度。

☑ 宽度 文本框：用于定义标注箭头的宽度。

## 5. "尺寸设置"选项卡

"尺寸设置"选项卡用于设置标注尺寸的属性和对齐方式，如图 4.1.24 所示。

图 4.1.24 "尺寸设置"选项卡

图 4.1.24 所示的"尺寸设置"选项卡中部分选项的说明如下。

- 关联性 区域：用于设置标注尺寸与被标注的图素之间的关联性参数，包括 绘制尺寸标注、标签、引导线和尺寸界线时使其与所选图形关联。 复选框和 重新生成 区域。
  - ☑ 绘制尺寸标注、标签、引导线使其与所选的图形具关联 复选框：用于设置创建的标注与被标注的图素之间具有关联性。
  - ☑ 重新生成 区域：用于设置重建的相关选项，其中包括 ☑ 自动 复选框和 ☑ 将重新创建的图素标记为"系统结果" 复选框。☑ 自动 复选框：用于设置当尺寸改变时自动更新实体。
  - ☑ 将重新创建的图素标记为"系统结果" 复选框：用于为标注的实体尺寸设置显示的结果。

- 整个图形的关联性规则 区域：用于设置删除与标注相关联的尺寸时处理标注尺寸的方式，其中包括 ⊙ 始终在删除包含关联标注要素的图素时显示警告消息。 单选项、⊙ 在删除图素的同时删除所有关联的标注要素。 单选项、⊙ 保留所有标注要素，删除关联。 单选项和 ⊙ 忽略所有关联的标注要素。 单选项。
  - ☑ ⊙ 始终在删除包含关联标注要素的图素时显示警告消息。 单选项：用于设置当删除与标注相关联的尺寸时显示"警告"对话框，如图 4.1.25 所示。
  - ☑ ⊙ 在删除图素的同时删除所有关联的标注要素。 单选项：用于设置当删除与标注相关联的尺寸时不显示"警告"对话框。

- ☑ ◉ 保留所有标注要素，删除关联。单选项：用于设置当删除与标注相关联的尺寸时保留尺寸标注但删除其关联性，不显示"警告"对话框。
- ☑ ◉ 忽略所有关联的标注要素。单选项：用于设置当删除与标注相关联的尺寸时忽略所有关联的尺寸标注，不显示"警告"对话框。

- 显示区域：用于设置显示的相关参数，其中包括 ◉ 图素视图等于屏幕视图 单选项、◉ 任意视图 单选项和 ☑ 字型预览 复选框。

  - ☑ ◉ 图素视图等于屏幕视图 单选项：用于设置仅当图素视角与屏幕视角相同时显示尺寸标注。
  - ☑ ◉ 任意视图 单选项：用于设置在任意的屏幕视角显示尺寸标注。
  - ☑ ☑ 字型预览 复选框：用于设置当屏幕放大到一定程度时以矩形框来代替尺寸标注显示。

图 4.1.25 "警告"对话框

- 基线增量区域：用于设置基线增量的相关参数，其中包括 ☑ 自动 复选框、X 文本框和 Y 文本框。

  - ☑ ☑ 自动 复选框：用于在使用基准标注时，自动使用已定义的 X 方向和 Y 方向上的尺寸增量值。
  - ☑ X 文本框：用于定义 X 方向上的尺寸增量值。
  - ☑ Y 文本框：用于定义 Y 方向上的尺寸增量值。

- 保存/获取区域：用于设置存档/取档的相关参数，其中包括 保存至磁盘文件... 按钮、从硬盘文件获取... 按钮、从图素获取... 按钮和 获取默认值 按钮。
  - ☑ 保存至磁盘文件... 按钮：用于保存当前的尺寸标注设置。
  - ☑ 从硬盘文件获取... 按钮：用于读取已保存的尺寸标注设置。
  - ☑ 从图素获取... 按钮：用于设置用户选取尺寸标注设置。单击此按钮，用户可以在绘图区选取一个尺寸标注作为尺寸标注设置。

☑ **获取默认值** 按钮：用于设置读取系统默认的尺寸标注设置。

## 4.1.3 尺寸标注

尺寸标注是在现有的图素上添加标注尺寸，使其成为完整的工程图。Msatercam X8 为用户提供了多种标注命令，可以进行水平、垂直、平行、角度、半径、直径等标注。水平标注、垂直标注和平行标注统称为线性标注，用于标注图形对象的线性距离或长度。下面讲解创建尺寸标注的方法。

### 1. 水平标注

水平标注用于标注对象上的两点在水平方向上的距离，尺寸线沿水平方向放置。下面以图 4.1.26 所示的模型为例讲解水平标注的创建过程。

a）创建前　　　　　图 4.1.26　水平标注　　　　b）创建后

Step1. 打开文件 D:\mcx8\work\ch04.01.03\HORIZONTAL.MCX。

Step2. 选择命令。选择下拉菜单 绘图(C) ➡ 标注(D) ➡ 标注尺寸(D) ➡

⊢⊣ 水平(H)... 命令，系统弹出图 4.1.27 所示的"尺寸标注"工具栏。

图 4.1.27　"尺寸标注"工具栏

图 4.1.27 所示的"尺寸标注"工具栏中部分选项的说明如下。

- ⊢⊣按钮：用于设置尺寸界线的显示。该按钮有四种状态，分别为⊢⊣、⊢⊣、⊢⊣和⊢⊣。⊢⊣状态表示仅显示左边的尺寸界线；⊢⊣状态表示仅显示右边的尺寸界线；⊢⊣状态表示显示两边的尺寸界线；⊢⊣状态表示不显示尺寸界线。

- ⊡按钮：用于设置标注文字位于尺寸线的中间。

- ↔按钮：用于设置标注箭头是在尺寸界线内，还是在尺寸界线外。

- ⊢⊣按钮：用于设置水平标注。

- ⊥按钮：用于设置垂直标注。

- 🔒按钮：用于设置锁定当前的尺寸位置。

- 按钮：用于设置标注尺寸的角度。单击此按钮，系统弹出图 4.1.28 所示的"输入角度"对话框。用户可以通过该对话框设置标注尺寸的角度,如图4.1.29所示。

- ⒜按钮:用于设置标注文字的字体。单击此按钮,系统弹出图4.1.30所示的"编辑字体"对话框。用户可以通过该对话框对标注文字的字体进行设置。

- abc按钮:用于编辑标注文字。单击此按钮,系统弹出图4.1.31所示的"编辑尺寸标注文字"对话框。用户可以通过该对话框对标注文字进行设置。

图4.1.28 "输入角度"对话框

图4.1.29 设置标注尺寸角度

图4.1.30 "编辑字体"对话框

图4.1.31 "编辑尺寸标注文字"对话框

- ⒝按钮:用于设置标注文字的高度。单击此按钮,系统弹出图4.1.32所示的"高度"对话框。用户可以通过该对话框对标注文字的高度进行设置。

- .123按钮:用于设置标注文字的小数位数。单击此按钮,系统弹出图4.1.33所示的"输入有效数字位数"对话框。用户可以通过该对话框对标注文字的小数位数进行设置。

图4.1.32 "高度"对话框

图4.1.33 "输入有效数字位数"对话框

- 按钮：用于设置在标注文字前加上直径符号。
- 按钮：用于设置在标注文字前加上半径符号。
- 按钮：用于设置在标注文字时，以矩形方框显示标注文字。
- 按钮：用于改变标注角度的标注位置。
- 按钮：用于排列"顺序标注"的标注位置。
- 按钮：用于改变"相切标注"的标注位置。
- 按钮：用于设置在选定的标注文字上添加尺寸线。
- 按钮：用于设置在选定的标注文字上去除尺寸线。
- 按钮：用于设置尺寸标注的参数。单击此按钮，系统弹出"自定义选项"对话框。用户可以通过该对话框对尺寸标注的详细参数进行设置。
- 按钮：用于将当前的尺寸标注设置复制到"自定义选项"配置中。

Step3. 定义标注对象。在绘图区选取图 4.1.34 所示的直线为标注对象。

Step4. 定义标注尺寸的放置位置。在图 4.1.35 所示的位置单击以放置标注尺寸，如图 4.1.36 所示。

**说明：**在定义标注对象时，选取图 4.1.34 所示的直线的两个端点也可以标出图 4.1.36 所示的效果。

图 4.1.34 定义标注对象

图 4.1.35 定义标注尺寸的放置位置

图 4.1.36 放置尺寸

Step5. 参照 Step3、Step4 创建图 4.1.26b 所示的其余两个水平尺寸。

Step6. 在"尺寸标注"工具栏中单击 按钮，完成水平尺寸的标注。

### 2. 垂直标注

垂直标注用于标注对象上的两点在垂直方向上的距离，尺寸线沿垂直方向放置。下面以图 4.1.37 所示的模型为例讲解垂直标注的创建过程。

Step1. 打开文件 D:\mcx8\work\ch04.01.03\VERTICAL.MCX。

Step2. 选择命令。选择下拉菜单 绘图(C) ➡ 标注(D) ➡ 标注尺寸(D) ➡

垂直(V)... 命令，系统弹出"尺寸标注"工具栏。

Step3. 定义标注对象。在绘图区选取图 4.1.38 所示的直线为标注对象。

a）创建前                                    b）创建后

图 4.1.37    垂直标注

Step4. 定义标注尺寸的放置位置。在图 4.1.39 所示的位置单击以放置标注尺寸，放置后如图 4.1.40 所示。

图 4.1.38    定义标注对象        图 4.1.39    定义标注尺寸的放置位置        图 4.1.40    放置尺寸

Step5. 参照 Step3、Step4 创建图 4.1.37b 所示的其余两个垂直标注的尺寸。

Step6. 在"尺寸标注"工具栏中单击 ✓ 按钮，完成垂直尺寸的标注。

### 3．平行标注

平行标注用于标注两点在所选对象上的平行距离，尺寸线与所选对象平行放置。下面以图 4.1.41 所示的模型为例讲解平行标注的创建过程。

Step1. 打开文件 D:\mcx8\work\ch04.01.03\ALIGNED.MCX。

a）创建前                                    b）创建后

图 4.1.41    平行标注

Step2. 选择命令。选择下拉菜单 绘图(C) ➡ 标注(D) ➡ 标注尺寸(D) ➡
✓ 平行(P)... 命令，系统弹出"尺寸标注"工具栏。

Step3. 定义标注对象。在绘图区选取图 4.1.42 所示的直线为标注对象。

Step4. 定义标注尺寸的放置位置。在图 4.1.43 所示的位置单击以放置标注尺寸，放置后如图 4.1.44 所示。

Step5. 参照 Step3、Step4 创建图 4.1.41b 所示的另一个平行尺寸。

图 4.1.42　定义标注对象　　图 4.1.43　定义标注尺寸的放置位置　　 图 4.1.44　放置尺寸

Step6. 在"尺寸标注"工具栏中单击 按钮，完成平行尺寸的标注。

### 4．基准标注

基准标注是以已创建的线性尺寸为基准，并根据指定的点的位置进行线性标注。下面以图 4.1.45 所示的模型为例讲解基准标注的创建过程。

a）创建前

b）创建后

图 4.1.45　基准标注

Step1. 打开文件 D：\mcx8\work\ch04.01.03\BENCHMARK.MCX。

Step2. 选择命令。选择下拉菜单 绘图(C) ➡ 标注(D) ➡ 标注尺寸(D) ➡

Ⅱ 基线(B)... 命令。

Step3. 定义基准。在绘图区选取图 4.1.46 所示的尺寸为基准。

Step4. 定义尺寸标注对象。依次在绘图区选取图 4.1.47 所示的点 1 和点 2，此时系统生成如图 4.1.48 所示尺寸标注。

图 4.1.46　定义基准　　　图 4.1.47　定义标注对象　　　图 4.1.48　完成标注

说明：如果读者标注出的效果与图 4.1.48 不一致，可先在标注选项对话框中选中 ☑ 文字位于箭头之间 复选框，在 基线增量 的 ˣ 文本框中输入值 10，然后进行标注即可。

Step5. 按两下 Esc 键退出基准标注状态。

### 5．串连标注

串连标注是以已创建的线性尺寸为基准，并根据指定的点的位置进行线性标注。此命令与基准标注不同，使用串连标注创建的尺寸的尺寸线首尾相连且位于同一直线上。下面以图 4.1.49 所示的模型为例讲解串连标注的创建过程。

Step1. 打开文件 D:\mcx8\work\ch04.01.03\CHAIN.MCX。

Step2. 选择命令。选择下拉菜单 绘图(C) ➡ 标注(D) ➡ 标注尺寸(D) ➡ 串连(C)... 命令。

a) 创建前

b) 创建后

图 4.1.49 串连标注

Step3. 定义基准。在绘图区选取图 4.1.50 所示的尺寸为基准。

Step4. 定义标注尺寸对象。依次在绘图区选取图 4.1.51 所示的点 1 和点 2，此时系统生成图 4.1.52 所示的尺寸标注。

Step5. 按两下 Esc 键退出串连标注状态。

图 4.1.50 定义基准

图 4.1.51 定义标注对象

图 4.1.52 完成标注

### 6. 角度标注

角度标注用于标注两条直线间的夹角。下面以图 4.1.53 所示的模型为例讲解角度标注的创建过程。

Step1. 打开文件 D:\mcx8\work\ch04.01.03\ANGLE.MCX。

Step2. 选择命令。选择下拉菜单 绘图(C) ➡ 标注(D) ➡ 标注尺寸(D) ➡ 角度(A)... 命令，系统弹出"尺寸标注"工具栏。

Step3. 定义标注对象。在绘图区选取图 4.1.54 所示的两条直线为标注对象。

Step4. 定义标注尺寸的放置位置。在图 4.1.55 所示的位置单击以放置标注尺寸，放置后如图 4.1.53b 所示。

a)创建前

b)创建后

图 4.1.53 角度标注

图 4.1.54 定义标注对象

图 4.1.55 定义标注尺寸的放置位置

Step5. 在"尺寸标注"工具栏中单击 ✔ 按钮，完成角度尺寸的标注。

说明：在没有放置标注尺寸时，用户可以在图 4.1.56 所示的三个放置点的位置单击，创建其余三个位置的角度尺寸标注，如图 4.1.57~图 4.1.59 所示。

图 4.1.56 放置位置

图 4.1.57 点 1 位置

图 4.1.58 点 2 位置

图 4.1.59 点 3 位置

### 7. 圆弧标注

圆弧标注用于标注圆或圆弧的直径或半径。下面以图 4.1.60 所示的模型为例讲解圆弧标注的创建过程。

Step1. 打开文件 D:\mcx8\work\ch04.01.03\ARC.MCX。

Step2. 选择命令。选择下拉菜单 绘图(C) ➡ 标注(D) ➡ 标注尺寸(D) ➡

🚫 圆(I)... 命令，系统弹出"尺寸标注"工具栏。

a）创建前

b）创建后

图 4.1.60　圆弧标注

Step3. 定义标注对象。在绘图区选取图 4.1.61 所示的圆为标注对象。

Step4. 定义标注尺寸的放置位置。在图 4.1.62 所示的位置单击以放置标注尺寸，放置后如图 4.1.63 所示。

图 4.1.61　定义标注对象

图 4.1.62　定义标注尺寸的放置位置

图 4.1.63　放置尺寸

Step5. 参照 Step3、Step4 创建图 4.1.60b 所示的半径尺寸。

Step6. 在"尺寸标注"工具栏中单击 按钮，完成圆弧尺寸的标注。

### 8．正交标注

正交标注用于标注点到直线或者两个平行直线之间的距离。下面以图 4.1.64 所示的模型为例讲解正交标注的创建过程。

a）创建前

b）创建后

图 4.1.64　正交标注

Step1. 打开文件 D:\mcx8\work\ch04.01.03\PERPENDICULARITY.MCX。

Step2. 选择命令。选择下拉菜单 绘图(C) ➡ 标注(D) ➡ 标注尺寸(D) ➡ 正交(E)... 命令，系统弹出"尺寸标注"工具栏。

Step3. 定义标注对象。依次在绘图区选取图 4.1.65 所示的直线和点为标注对象。

Step4. 定义标注尺寸的放置位置。将尺寸放置在图 4.1.66 所示的位置。

Step5. 参照 Step3、Step4 创建图 4.1.64b 所示的另一个正交尺寸。

图 4.1.65 定义标注对象

图 4.1.66 放置尺寸

Step6. 在"尺寸标注"工具栏中单击✓按钮，完成正交尺寸的标注。

### 9. 相切标注

相切标注用于标注点、直线、圆弧与圆之间的距离。下面以图 4.1.67 所示的模型为例讲解相切标注的创建过程。

Step1. 打开文件 D:\mcx8\work\ch04.01.03\TANGENCY.MCX。

Step2. 选择命令。选择下拉菜单 绘图(C) ➡ 标注(D) ➡ 标注尺寸(D) ➡
相切(T)... 命令，系统弹出"尺寸标注"工具栏。

a）创建前　　　　　　　　　　　　　　　　　　　　b）创建后

图 4.1.67 相切标注

Step3. 定义标注对象。在绘图区选取图 4.1.67a 所示的两个圆弧为标注对象。

Step4. 定义标注尺寸的放置位置。将尺寸放置在图 4.1.67b 所示的位置。

说明：如果不能标注图 4.1.67b 所示的尺寸，则需在"尺寸标注"工具栏中单击⬜按钮调整尺寸位置。

Step5. 在"尺寸标注"工具栏单击✓按钮，完成相切尺寸的标注。

### 10. 水平坐标标注

水平坐标标注用于按照一定顺序标注对象上的两点在水平方向上的距离，尺寸线沿垂直方向放置。下面以图 4.1.68 所示的模型为例讲解水平坐标标注的创建过程。

Step1. 打开文件 D:\mcx8\work\ch04.01.03\HORIZONTAL_GRADATION.MCX。

Step2. 选择命令。选择下拉菜单 绘图(C) ➡ 标注(D) ➡ 标注尺寸(D) ➡
坐标(O) ➡ 水平(H)... 命令。

Step3. 定义开始坐标标注尺寸的位置。在绘图区选取图 4.1.69 所示的点（圆弧和直线的交点）位置为开始坐标标注尺寸的位置。

a）创建前　　　　　　　　　　　　　　b）创建后

图 4.1.68　水平坐标标注

Step4. 定义开始坐标标注尺寸的放置位置。将尺寸放置在图 4.1.70 所示的位置。

Step5. 参照 Step3、Step4 标注其余三个水平坐标尺寸，如图 4.1.68b 所示。

Step6. 按 Esc 键退出水平坐标标注状态。

选取此点

图 4.1.69　定义开始坐标标注的尺寸位置　　　　　图 4.1.70　放置尺寸

## 11. 垂直坐标标注

垂直坐标标注用于按照一定顺序标注对象上的两点在垂直方向上的距离，尺寸线沿水平方向放置。下面以图 4.1.71 所示的模型为例讲解垂直坐标标注的创建过程。

Step1. 打开文件 D:\mcx8\work\ch04.01.03\VERICVAL_GRADATION.MCX。

Step2. 选择命令。选择下拉菜单 绘图(C) ➡ 标注(D) ➡ 标注尺寸(D) ➡ 坐标(O) ➡ 垂直(V)... 命令。

a）创建前　　　　　　　　　　　　　　b）创建后

图 4.1.71　垂直坐标标注

Step3. 定义开始坐标标注尺寸的位置。在绘图区选取图 4.1.72 所示的点（圆弧和直线的交点）位置为开始坐标标注尺寸的位置。

Step4. 定义开始坐标标注尺寸的放置位置。将尺寸放置在图 4.1.73 所示的位置。

Step5. 参照 Step3、Step4 标注其余三个垂直坐标尺寸，如图 4.1.71b 所示。

Step6. 按 Esc 键退出垂直坐标标注状态。

图 4.1.72 定义开始坐标标注尺寸的位置　　　　图 4.1.73 放置尺寸

### 12. 平行坐标标注

平行坐标标注用于按照一定顺序标注对象上的两点在所选对象上的平行距离，尺寸线沿所选对象的平行方向放置。下面以图 4.1.74 所示的模型为例讲解平行坐标标注的创建过程。

a）创建前　　　　　　　　　　　　　　　b）创建后

图 4.1.74 平行坐标标注

Step1. 打开文件 D:\mcx8\work\ch04.01.03\ALIGNED_GRADATION.MCX。

Step2. 选择命令。选择下拉菜单 绘图(C) ➡ 标注(D) ➡ 标注尺寸(D) ➡ 坐标(O) ➡ 平行(P)... 命令。

Step3. 定义开始坐标标注尺寸的位置。在绘图区选取图 4.1.75 所示的点 1（两直线的交点）和点 2 位置为开始坐标标注尺寸的位置。

Step4. 定义开始坐标标注尺寸的放置位置。将尺寸放置在图 4.1.76 所示的位置。

图 4.1.75 定义开始顺序标注的尺寸位置　　　图 4.1.76 放置尺寸

Step5. 定义下一个坐标标注尺寸的位置。在绘图区选取图 4.1.77 所示的直线端点位置为下一个标注尺寸的位置。

Step6. 定义下一个坐标标注尺寸的放置位置。将尺寸放置在图 4.1.78 所示的位置。

Step7. 参照 Step5、Step6 标注最后一个平行坐标尺寸，如图 4.1.74b 所示。

Step8. 按 Esc 键退出平行坐标标注状态。

图 4.1.77　定义下一个坐标标注尺寸的位置　　　　图 4.1.78　放置尺寸

### 13. 添加坐标标注

添加坐标标注是在现有的顺序尺寸上添加一个或多个新的顺序尺寸。下面以图 4.1.79 所示的模型为例讲解添加坐标标注的创建过程。

a）创建前　　　　　　　　　　　　　　　　b）创建后

图 4.1.79　添加坐标标注

Step1.　打开文件 D:\mcx8\work\ch04.01.03\ADD_GRADATION.MCX。

Step2.　选择命令。选择下拉菜单 绘图(C) → 标注(D) → 标注尺寸(D) → 坐标(O) → 增加至现有(E)... 命令。

Step3.　定义坐标尺寸。在绘图区选取图 4.1.80 所示的坐标尺寸。

Step4.　添加图 4.1.81 所示的三个坐标尺寸。

图 4.1.80　定义坐标尺寸　　　　　　　图 4.1.81　添加坐标尺寸

Step5.　按 Esc 键退出添加坐标标注状态。

### 14. 快速标注坐标尺寸

快速标注坐标尺寸是根据定义的标注基点创建水平和垂直两个方向上的坐标尺寸。下面以图 4.1.82 所示的模型为例讲解快速标注坐标尺寸的创建过程。

Step1.　打开文件 D:\mcx8\work\ch04.01.03\QUICK_GRADATION.MCX。

Step2.　选择命令。选择下拉菜单 绘图(C) → 标注(D) → 标注尺寸(D) → 坐标(O) → 窗口(W)... 命令，系统弹出图 4.1.83 所示"纵坐标标注：自动"对话框。

a）创建前

b）创建后

图 4.1.82 快速标注坐标尺寸

图 4.1.83 "纵坐标标注：自动"对话框

图 4.1.83 所示的"纵坐标标注：自动"对话框中的部分选项的说明如下。

- 原点区域：用于设置自动标注的基准点的参数，其中包括 X 文本框、Y 文本框和选择(S)...按钮。
  - ☑ X 文本框：用于定义基准点在 X 轴上的坐标。
  - ☑ Y 文本框：用于定义基准点在 Y 轴上的坐标。
  - ☑ 选择(S)...按钮：用于选取现有图素的端点、中点和现有点作为基准点。单击此按钮，用户可以在绘图区选取一个点作为基准点。

- 点区域：用于设置创建尺寸的位置，其中包括 ☑ 中心点(圆弧) 复选框、☑ 仅全圆 复选框、☑ 端点(圆弧) 复选框和 ☑ 端点 复选框。
  - ☑ 中心点(圆弧) 复选框：用于设置在圆弧的圆心点创建标注尺寸。
  - ☑ 仅全圆 复选框：用于设置对整圆创建标注尺寸。
  - ☑ 端点(圆弧) 复选框：用于设置对圆弧的端点创建标注尺寸。
  - ☑ 端点 复选框：用于设置对图素的端点创建标注尺寸。

- 选项区域：用于设置自动标注尺寸的相关选项，其中包括 ☑ 负号 复选框、☑ 前导零 复选框、☑ 箭头 复选框和 边距:文本框。
  - ☑ 负号 复选框：用于设置标注的尺寸在坐标系的负值区域，系统会自动在该尺寸前加上负号。
  - ☑ 前导零 复选框：用于设置显示小数点前面的零。

☑ ☑ 箭头 复选框：用于设置显示尺寸线箭头。

☑ 边距: 文本框：用于设置自动标注尺寸的尺寸线长度值。

- 创建 区域：用于设置创建自动标注尺寸的类型，其中包括 ☑ 水平 复选框和 ☑ 垂直 复选框。

☑ ☑ 水平 复选框：用于设置创建水平顺序标注。

☑ ☑ 垂直 复选框：用于设置创建垂直顺序标注。

Step3. 定义基准点。在"纵坐标标注：自动"对话框的 原点 区域中单击 选择(S)... 按钮，然后在绘图区选取图 4.1.84 所示的点（直线的端点）为基准点。

Step4. 定义自动标注参数。在 创建 区域中选中 水平 复选框和 垂直 复选框；在 点 区域中选中 ☑ 端点 复选框；在 选项 区域中选中 ☑ 前导零 复选框，在 边距: 文本框中输入值 10。

图 4.1.84　定义基准点

Step5. 单击 ✓ 按钮，关闭"纵坐标标注：自动"对话框。然后在绘图区框选图 4.1.82a 所示的图形，此时系统会自动创建图 4.1.82b 所示的坐标尺寸。

### 15．点位标注

点位标注是对选取的图素点进行二维或者三维的坐标标注。下面以图 4.1.85 所示的模型为例讲解点位标注的创建过程。

a）创建前

b）创建后

图 4.1.85　点位标注

Step1. 打开文件 D:\mcx8\work\ch04.01.03\POINT.MCX。

Step2. 点位的二维标注。

（1）选择命令。选择下拉菜单 绘图(C) ➡ 标注(D) ➡ 标注尺寸(D) ➡ 点(N)... 命令，系统弹出"尺寸标注"工具栏。

（2）定义标注位置。在绘图区选取图 4.1.85a 所示的圆 1 的圆心，并放置点的坐标如图 4.1.85b 所示。

（3）在"尺寸标注"工具栏单击 按钮，完成点位的二维坐标标注。

Step3.点位的三维标注。

（1）选择命令。选择下拉菜单 绘图(C) ➡ 标注(D) ➡ 选项(O)... Alt+D 命令，系统弹出"标注选项"对话框。

（2）设置参数。单击 尺寸标注文字 选项卡，在 点位标注 区域中选中 ● 3D标签 单选项。

（3）单击 按钮，完成参数的设置。

（4）选择命令。选择下拉菜单 绘图(C) ➡ 标注(D) ➡ 标注尺寸(D) ➡ 点(N)... 命令，系统弹出"尺寸标注"工具栏。

（5）定义标注位置。在绘图区选取图 4.1.85a 所示的圆 2 的圆心，并放置点的坐标如图 4.1.85b 所示。

（6）在"尺寸标注"工具栏单击 按钮，完成点位的三维坐标标注。

## 4.1.4 快速标注

使用"快速标注"命令 快速标注(S)... ，可以自动判断所选图素的类型，从而自动选择合适的标注方式完成标注。下面以图 4.1.86 所示的模型为例讲解快速标注的创建过程。

a）创建前

b）创建后

图 4.1.86 快速标注

Step1. 打开文件 D:\mcx8\work\ch04.01.04\EXAMPLE.MCX。

Step2. 选择命令。选择下拉菜单 绘图(C) ➡ 标注(D) ➡ 快速标注(S)... 命令，系统弹出"尺寸标注"工具栏。

Step3. 标注图 4.1.87 所示的尺寸。

图 4.1.87　标注尺寸

（1）定义标注对象。在绘图区选取图 4.1.88 所示的直线为标注的对象。

图 4.1.88　定义标注对象

（2）设置标注参数。在"尺寸标注"工具栏中单击 □ 按钮使其处于弹起状态；单击 ⊘ 按钮使其处于按下状态，添加直径符号；单击 ! 按钮，系统弹出"标注选项"对话框。在"标注选项"对话框的 尺寸属性 选项卡的 坐标 区域的 小数位数 文本框中输入值 4，然后选中 ☑ 前导零 复选框，取消选中 □ 逗号 复选框和 □ 尾随零 复选框；在 公差 区域的 设置 子区域的下拉列表中选择 +/- 选项，然后分别在 上: 文本框中输入值 0.01，在 下: 文本框中输入值 0；单击 引导线/尺寸界线 选项卡，在 箭头 区域的 型式: 下拉列表中选择 开放三角形 选项，然后选中 ☑ 填充 复选框。单击 ✓ 按钮退出"标注选项"对话框。

（3）放置尺寸。在图 4.1.87 所示的位置放置尺寸。

Step4. 标注图 4.1.89 所示的尺寸。

图 4.1.89　标注尺寸

（1）定义标注对象。在绘图区选取图 4.1.90 所示的直线为标注的对象。

图 4.1.90　定义标注对象

（2）设置标注参数。在"尺寸标注"工具栏中单击 ⟷ 按钮使其处于按下状态，添加直径符号；单击 ❗ 按钮，系统弹出"标注选项"对话框。在"标注选项"对话框中单击 尺寸属性 选项卡，在 公差 区域的 设置 子区域的下拉列表中选择 无 选项。单击 ✓ 按钮退出"标注选项"对话框。

（3）放置尺寸。在图 4.1.89 所示的位置放置尺寸。

Step5. 标注图 4.1.91 所示的尺寸。

图 4.1.91 标注尺寸

（1）定义标注对象。在绘图区选取图 4.1.92 所示的直线为标注的对象。

图 4.1.92 定义标注对象

（2）设置标注参数。在"尺寸标注"工具栏中单击 ⟷ 按钮使其处于按下状态，添加直径符号；单击 ❗ 按钮，系统弹出"标注选项"对话框。在"标注选项"对话框中单击 尺寸属性 选项卡，在 公差 区域的 设置 子区域的下拉列表中选择 DIN 选项，然后分别在 DIN 字符 文本框中输入 $h$，在 DIN 值 文本框中输入值 7。单击 ✓ 按钮退出"标注选项"对话框。

（3）放置尺寸。在图 4.1.91 所示的位置放置尺寸。

Step6. 标注图 4.1.93 所示的尺寸。

图 4.1.93 标注尺寸

（1）定义标注对象。在绘图区选取图 4.1.94 所示的直线为标注的对象。

图 4.1.94　定义标注对象

（2）设置标注参数。在"尺寸标注"工具栏中单击⊘按钮使其处于按下状态，添加直径符号；单击!按钮，系统弹出"标注选项"对话框。在"标注选项"对话框中单击 尺寸属性 选项卡，在 公差 区域的 设置 子区域的下拉列表中选择 +/- 选项，然后在 上: 文本框中输入值 0，在 下: 文本框中输入值-0.015。单击 ✓ 按钮退出"标注选项"对话框。

（3）放置尺寸。在图 4.1.93 所示的位置放置尺寸。

Step7.　标注图 4.1.95 所示的尺寸。

图 4.1.95　标注尺寸

（1）定义标注对象。在绘图区选取图 4.1.96 所示的点 1（两条粗实线交点）和点 2（两条粗实线交点）为标注的对象。

（2）设置标注参数。在"尺寸标注"工具栏中单击!按钮，系统弹出"标注选项"对话框。在"标注选项"对话框中单击 尺寸属性 选项卡，在 公差 区域的 设置 子区域的下拉列表中选择 无 选项。单击 ✓ 按钮退出"标注选项"对话框。在"尺寸标注"工具栏中单击 abc 按钮，系统弹出"编辑尺寸标注文字"对话框。在该对话框的文本框中将原值改为 M60X2，单击 ✓ 按钮退出"编辑尺寸标注文字"对话框。

（3）放置尺寸。在图 4.1.95 所示的位置放置尺寸。

图 4.1.96　定义标注对象

Step8. 标注图 4.1.97 所示的尺寸。

（1）定义标注对象。在绘图区选取图 4.1.98 所示的直线为标注的对象。

（2）设置标注参数。在"尺寸标注"工具栏中单击 按钮使其处于按下状态；然后单击 按钮使其处于按下状态，添加直径符号。

（3）放置尺寸。在图 4.1.97 所示的位置放置尺寸。

图 4.1.97　标注尺寸

图 4.1.98　定义标注对象

Step9. 标注图 4.1.99 所示的尺寸。

图 4.1.99　标注尺寸

（1）定义标注对象。在绘图区选取图 4.1.100 所示的点 1（粗实线交点）和点 2（粗实线交点）为标注的对象。

（2）设置标注参数。在"尺寸标注"工具栏中单击 按钮使其处于按下状态。

（3）放置尺寸。在图 4.1.99 所示的位置放置尺寸。

Step10. 标注图 4.1.101 所示的尺寸。

图 4.1.100　定义标注对象

图 4.1.101　标注尺寸

（1）定义标注对象。在绘图区选取图 4.1.102 所示的点 1（粗实线交点）和点 2（粗实线交点）为标注的对象。

图 4.1.102　定义标注对象

（2）放置尺寸。在图 4.1.101 所示的位置放置尺寸。

Step11. 标注图 4.1.103 所示的尺寸。

（1）定义标注对象。在绘图区选取图 4.1.104 所示的点 1（粗实线交点）和点 2（粗实线交点）为标注的对象。

图 4.1.103　标注尺寸

图 4.1.104　定义标注对象

（2）设置标注参数。在"尺寸标注"工具栏中单击 ▬ 按钮使其处于按下状态。

（3）放置尺寸。在图 4.1.103 所示的位置放置尺寸。

Step12. 标注图 4.1.105 所示的尺寸。在绘图区选取图 4.1.106 所示的点 1（粗实线交点）和点 2（粗实线交点）为标注的对象；在"尺寸标注"工具栏中单击 abc 按钮，系统弹出"编辑尺寸标注文字"对话框，在该对话框的文本框中将原值改为 745；在图 4.1.105 所示的位置放置尺寸。

图 4.1.105　标注尺寸

Step13. 标注图 4.1.107 所示的尺寸。

（1）定义标注对象。在绘图区选取图 4.1.108 所示的点 1（粗实线交点）和点 2（粗实线交点）为标注的对象。

图 4.1.106　定义标注对象

图 4.1.107　标注尺寸

图 4.1.108　定义标注对象

（2）设置标注参数。在"尺寸标注"工具栏中单击 [=] 按钮使其处于按下状态。

（3）放置尺寸。在图 4.1.107 所示的位置放置尺寸。

Step14. 标注图 4.1.109 所示的尺寸。

（1）定义标注对象。在绘图区选取图 4.1.110 所示的点 1（粗实线交点）和点 2（粗实线交点）为标注的对象。

（2）设置标注参数。在"尺寸标注"工具栏中单击 [=] 按钮使其处于按下状态，然后单击 [abc] 按钮，系统弹出"编辑尺寸标注文字"对话框，在该对话框的文本框中将原值改为 1031。

（3）放置尺寸。在图 4.1.109 所示的位置放置尺寸。

图 4.1.109　标注尺寸

图 4.1.110　定义标注对象

Step15. 标注图 4.1.111 所示的尺寸。

（1）定义标注对象。在绘图区选取图 4.1.112 所示的点 1（粗实线交点）和点 2（粗实线交点）为标注的对象。

（2）设置标注参数。在"尺寸标注"工具栏中单击 ▭ 按钮使其处于按下状态，然后单击 abc 按钮，系统弹出"编辑尺寸标注文字"对话框，在此对话框的文本框中将值改为 2×2。

（3）放置尺寸。在图 4.1.111 所示的位置放置尺寸。

Step16. 在"尺寸标注"工具栏单击 ✓ 按钮，完成快速标注尺寸的操作。

图 4.1.111　标注尺寸

图 4.1.112　定义标注对象

# 4.2　其他类型的图形标注

在 Mastercam X8 中，除了对图形进行尺寸标注外，用户还可以对图形进行其他标注，如绘制尺寸界线、绘制引导线、图形注释等。它们主要位于 绘图(C) 下拉菜单的 标注(D) 子菜单中，如图 4.2.1 所示。同样，在"标注"工具栏中也列出了相应的绘制命令，如图 4.2.2 所示。

图 4.2.1　"标注"子菜单

图 4.2.2　"标注"工具栏

## 4.2.1　绘制尺寸界线

"尺寸界线"命令 ┌─ 尺寸界线(W) 是绘制一条没有箭头的直线,其用于创建在图素与对图素所作的注释文本之间的指引线。下面以图 4.2.3 所示的模型为例讲解尺寸界线的创建过程。

Step1. 打开文件 D:\mcx8\work\ch04.02.01\EXTENDABLE_LINE.MCX。

Step2. 选择命令。选择下拉菜单 绘图(C) ➡ 标注(D) ➡ ┌─ 尺寸界线(W) 命令。

Step3. 定义尺寸界线的起始点和终止点。在图 4.2.4 所示的点 1 位置单击,定义尺寸界线的起始点;然后在图 4.2.4 所示的点 2 位置单击,定义尺寸界线的终止点。

Step4. 按 Esc 键退出绘制尺寸界线状态。

a) 创建前　　　　　　　　　　　　　　b) 创建后

图 4.2.3　绘制尺寸界线

图 4.2.4　定义延伸线的起始点和终止点

## 4.2.2　绘制引导线

"引导线"命令 ↗ 引导线(L) 是绘制一条有箭头的折线,其用于创建在图素与对图素所作的注释文本之间的一条有箭头的折线。下面以图 4.2.5 所示的模型为例讲解引导线的创建过程。

Step1. 打开文件 D:\mcx8\work\ch04.02.02\GUIDE_LINE.MCX。

Step2. 选择命令。选择下拉菜单 绘图(C) ➡ 标注(D) ➡ ↗ 引导线(L) 命令。

Step3. 定义引导线的起始点、转折点和终止点。在图 4.2.6 所示的直线的中间位置单击,定义引导线的起始点;然后在图 4.2.6 所示的点 1 位置单击,定义引导线的转折点;最后在

图 4.2.6 所示的点 2 位置单击，定义引导线的终止点。

　　Step4. 按两下 Esc 键退出绘制引导线状态。

图 4.2.5　绘制引导线

图 4.2.6　定义引导线的起始点和终止点

## 4.2.3　图形注释

　　使用"注解文字"命令 [注解(N)...] 可以在图形中添加注释文本信息。下面以图 4.2.7
所示的模型为例讲解图形注释的创建过程。

图 4.2.7　注解文字

　　Step1. 打开文件 D:\mcx8\work\ch04.02.03\TEXT.MCX。

　　Step2. 选择命令。选择下拉菜单 [绘图(C)] ➡ [标注(D)] ➡ [注解(N)...] 命令，系
统弹出图 4.2.8 所示的"注释对话"对话框。

　　图 4.2.8 所示的"注释对话"对话框中部分选项的说明如下。

● [加载文件(L)...] 按钮：用于将文件中的文字载入到注解框中。单击此按钮，系统弹出
　　"打开"对话框。用户可以通过该对话框选择文件。

图 4.2.8　"注释对话"对话框

- <kbd>添加符号 (A)...</kbd> 按钮：用于为注解文本添加符号。单击此按钮，系统弹出"选取符号："
  对话框。用户可以通过该对话框为注解文本添加符号。

- <kbd>创建</kbd> 区域：用于设置创建注解文本的方式，其包括 <kbd>单个注释</kbd> 单选项、<kbd>多个注释</kbd>
  单选项、<kbd>标签含单一引导线</kbd> 单选项、<kbd>标签含分段引导线</kbd> 单选项、<kbd>标签含多重引导线</kbd>
  单选项、<kbd>单一引导线</kbd> 单选项、<kbd>分段引导线</kbd> 单选项和 <kbd>多重引导线</kbd> 单选项。

  ☑ <kbd>单个注释</kbd> 单选项：用于创建一个图形注释。

  ☑ <kbd>多个注释</kbd> 单选项：用于创建一个连续的图形注释。此单选项与 <kbd>单个注释</kbd> 单
    选项不同，<kbd>单个注释</kbd> 单选项只能在一个位置创建图形注释，而此单选项能
    在不同位置创建相同的图形注释。

  ☑ <kbd>标签含单一引导线</kbd> 单选项：用于创建带引导线的图形注释，图形注释前面的
    引导线不能弯折，如图 4.2.9 所示。

  ☑ <kbd>标签含分段引导线</kbd> 单选项：用于创建带多折引线的图形注释，如图 4.2.10 所
    示。

图 4.2.9　标签含单一引线

图 4.2.10　标签含分段引导线

  ☑ <kbd>标签含多重引导线</kbd> 单选项：用于创建带多重指引线的图形注释，如图 4.2.11
    所示。

  ☑ <kbd>单一引导线</kbd> 单选项：用于只创建不能折弯的指引线，如图 4.2.12 所示。

  ☑ <kbd>分段引导线</kbd> 单选项：用于只创建多折的指引线，如图 4.2.13 所示。

  ☑ <kbd>多重引导线</kbd> 单选项：用于只创建多重指引线，如图 4.2.14 所示。

图 4.2.11　标签含多重引导线

图 4.2.12　单一引导线

图 4.2.13　分段引导线

图 4.2.14　多重引导线

- **属性(P)...** 按钮：用于设置图形注释的属性。单击此按钮，系统弹出图 4.2.15 所示的"注释文字"对话框。用户可以通过该对话框对注解文字的属性进行设置。

图 4.2.15　"注释文字"对话框

Step3. 输入添加的注解文字。在"注释对话"对话框的文本框中输入"阶梯孔"字样。

Step4. 设置图形注释产生方式。在 **创建** 区域中选中 **单个注释** 单选项。

Step5. 设置图形注释属性。单击 **属性(P)...** 按钮，系统弹出"注释文字"对话框。在 **大小** 区域的 **文字高度:** 文本框中输入值 10；在 **字体** 区域单击 **添加 TrueType(R)(A)...** 按钮，系统弹出"字体"对话框。在"字体"对话框 **字体(F):** 列表框中选择 **宋体** 选项，在 **字形(Y):** 列表框中选择 **常规** 选项，在 **大小(S):** 列表框中选择 **10** 选项。单击 **确定** 按钮退出"字体"对话框，同时系统返回至"注释文字"对话框。单击 ✓ 按钮退出"注释文字"对话框，单击 ✓ 按钮退出"注释对话"对话框。

Step6. 放置图形注释。将图形注释放置在图 4.2.7b 所示的位置，完成图形注释的创建。

## 4.3　编辑图形标注

在 Mastercam X8 中，用户可以使用"编辑"命令 □ 编辑(M)... 对现有的图形标注进行编辑，如标注属性、标注文字、尺寸标注和对引导线/尺寸界线等进行设置。下面以图 4.3.1 所示模型为例讲解编辑图形标注的操作。

Step1. 打开文件 D:\mcx8\work\ch04.03\EDIT.MCX。

Step2. 选择命令。选择下拉菜单 绘图(C) ➡ 标注(D) ➡ □ 编辑(M)... 命令。

a）编辑前　　　　　　　　　　　　　　b）编辑后

图 4.3.1　编辑图形标注

Step3. 定义编辑对象。在绘图区选取图 4.3.1a 所示的 8、3、6 三个尺寸为编辑对象，然后按 Enter 键完成选取，此时系统弹出"标注选项"对话框。

Step4. 设置参数。在"标注选项"对话框中单击 引导线/尺寸界线 选项卡，在 箭头 区域的 型式: 下拉列表中选择 斜线 选项。

Step5. 单击 ✓ 按钮，完成编辑图形标注的操作，如图 4.3.1b 所示。

## 4.4　图　案　填　充

有时经常需要重复绘制一些图案以填充图形中的某个区域来表达该区域的特征。在 Mastercam X8 中不需要一一绘制，它为用户提供了图案填充的命令，用户可以通过 ▨ 剖面线(H)... 命令对现有图形的封闭区域进行图形填充。下面以图 4.4.1 所示模型为例讲解创建图案填充的操作步骤。

Step1. 打开文件 D:\mcx8\work\ch04.04\FILL.MCX。

Step2. 选择命令。选择下拉菜单 绘图(C) ➡ 标注(D) ➡ ▨ 剖面线(H)... 命令，系统弹出图 4.4.2 所示的"剖面线"对话框。

a）创建前　　　　　　　　　　　　　　b）创建后

图 4.4.1　图案填充

图 4.4.2 所示的"剖面线"对话框中部分选项的说明如下。

● 图案 区域：用于设置填充图样的类型，包括一个列表和 用户定义剖面线图案(U)... 按钮。

☑ 图案 区域列表框：用于选择填充图样。

☑ 用户定义剖面线图案(U)... 按钮：用于自定义填充的图样。单击此按钮，系统弹出图 4.4.3 所示的"用户定义剖面线图样"对话框。用户可以通过该对话框自定义填充的图样。

● 参数 区域：用于设置填充图样的参数，包括 间距: 文本框和 角度: 文本框。

☑ 间距: 文本框：用于设置填充图样的两个临近图素的间距值。

☑ 角度: 文本框：用于设置填充图样的角度值。

图 4.4.2　"剖面线"对话框

图 4.4.3　"用户定义剖面线图样"对话框

图 4.4.3 所示的"用户定义剖面线图样"对话框中部分选项的说明如下。

● 剖面线编号 区域：用于设置剖面线编号，包括 未定义 ▼ 下拉列表、 新建剖面线(N) 按钮

和 删除剖面线(D) 按钮。

☑ 未定义 ▼ 下拉列表：用于选择自定义剖面线的编号。

☑ 新建剖面线(N) 按钮：用于新建剖面线编号。

☑ 删除剖面线(D) 按钮：用于删除现有的用户自定义剖面线编号。

● 剖面线 区域：用于设置剖面线的相关参数，包括 行号 下拉列表、新建线(L) 按钮、⊙ 消隐线 单选项、⊙ 实线 单选项和 ⊙ 虚线 单选项。

☑ 行号 下拉列表：用于选择剖面线的数量。

☑ 新建线(L) 按钮：用于增加剖面线的数量。单击此按钮，系统会自动在 行号 下拉列表中添加剖面线数量选项，最多可以添加至16条。

☑ ⊙ 消隐线 单选项：用于创建隐藏剖面线。

☑ ⊙ 实线 单选项：用于创建实线剖面线。

☑ ⊙ 虚线 单选项：用于创建虚线剖面线。

● 交叉剖面线 区域：用于设置交叉剖面线的参数，包括 行号 下拉列表、新建线(I) 按钮、⊙ 消隐线 单选项、⊙ 实线 单选项和 ⊙ 虚线 单选项。

☑ 行号 下拉列表：用于选择相交剖面线的数量。

☑ 新建线(I) 按钮：用于增加相交剖面线的数量。单击此按钮，系统会自动在 行号 下拉列表中添加剖面线数量选项，最多可以添加至16条。

☑ ⊙ 消隐线 单选项：用于创建隐藏的相交剖面线。

☑ ⊙ 实线 单选项：用于创建实线相交剖面线。

☑ ⊙ 虚线 单选项：用于创建虚线相交剖面线。

Step3. 设置剖面线参数。在"剖面线"对话框的 图案 区域的列表框中选择 铁 选项；在 参数 区域的 间距 文本框中输入值3，在 角度 文本框中输入值135；单击 ✓ 按钮，系统弹出"串连"对话框。

Step4. 定义填充区域。选取图4.4.4所示的串连，单击 ✓ 按钮完成剖面线的创建，如图4.4.5所示。

图4.4.4 定义填充区域

图4.4.5 填充剖面线

Step5. 参照 Step2~ Step4 创建图4.4.1所示的其余三处剖面线。

# 4.5 标 注 实 例

本实例主要介绍尺寸标注的基本过程，读者要重点掌握尺寸标注的技巧，以及标注方法的运用。标注实例如图 4.5.1 所示，其尺寸的标注过程如下。

Step1. 打开文件 D:\mcx8\work\ch04.05\EXAMPLE.MCX。

Step2. 设置标注参数。选择下拉菜单 绘图(C) ➡ 标注(D) ➡ 选项(O)... A1t+D 命令，系统弹出"标注选项"对话框，在"标注选项"对话框 坐标 区域的 小数位数: 文本框中输入值 4，然后选中 ☑前导零 复选框，取消选中 □逗号 复选框和 □尾随零 复选框；单击 引导线/尺寸界线 选项卡，在 箭头 区域的 型式: 下拉列表中选择 开放三角形 选项，然后选中 ☑填充 复选框，在 高度 文本框中输入值 5，在 宽度 文本框中输入值 2；单击 ✓ 按钮，完成标注参数的设置。

图 4.5.1 标注实例

Step3. 创建剖面线。

（1）选择命令。选择下拉菜单 绘图(C) ➡ 标注(D) ➡ 剖面线(H)... 命令，系统弹出"剖面线"对话框。

（2）设置剖面线参数。在"剖面线"对话框的 图案 区域的列表框中选择 铁 选项；在 参数 区域的 间距 文本框中输入值 3，在 角度 文本框中输入值 135；单击 ✓ 按钮，系统弹出"串连"对话框。

（3）定义填充区域。选取图 4.5.2 所示的串连，单击 ✓ 按钮完成剖面线的创建，如

图 4.5.3 所示。

图 4.5.2　定义填充区域

图 4.5.3　填充剖面线

（4）参照（1）～（3）创建图 4.5.4 所示的其余三处剖面线。

Step4. 创建图 4.5.5 所示的水平尺寸。

图 4.5.4　其余三处剖面线

图 4.5.5　水平尺寸

（1）创建图 4.5.6 所示的水平尺寸。

①选择命令。选择下拉菜单 绘图(C) ➡ 标注(D) ➡ 标注尺寸(D) ➡ ⊢ 水平(H)... 命令，系统弹出"尺寸标注"工具栏。

② 定义标注对象。在绘图区选取图 4.5.7 所示的点 1 和点 2 为标注的对象。

图 4.5.6　标注尺寸

图 4.5.7　定义标注对象

③ 设置标注参数。在"尺寸标注"工具栏中单击 按钮使其处于按下状态，添加直径符号；单击 按钮，系统弹出"标注选项"对话框。在"标注选项"对话框中单击 尺寸属性 选项卡，在 公差 区域的 设置 子区域的下拉列表中选择 +/- 选项，然后分别在 上: 文本框和 下: 文本框中输入值 0.242，-0.202；单击 按钮退出"标注选项"对话框。

④ 放置尺寸。在图 4.5.6 所示的位置放置尺寸。

（2）创建图 4.5.8 所示的水平尺寸。

① 定义标注对象。在绘图区选取图 4.5.9 所示的点 1 和点 2 为标注对象。

② 设置标注参数。在"尺寸标注"工具栏中单击 按钮使其处于按下状态，添加直径符号；单击 按钮，系统弹出"标注选项"对话框。在"标注选项"对话框中单击 尺寸属性 选项卡，在 公差 区域的 设置 子区域的下拉列表中选择 无 选项；单击 按钮退出"标注选

项"对话框。

图 4.5.8  标注尺寸

图 4.5.9  定义标注对象

③ 放置尺寸。在图 4.5.8 所示的位置放置尺寸。

（3）创建图 4.5.10 所示的水平尺寸。

① 定义标注对象。在绘图区选取图 4.5.11 所示的点 1 和点 2 为标注对象。

② 设置标注参数。在"尺寸标注"工具栏中单击 ⊕ 按钮使其处于按下状态，添加直径符号。

图 4.5.10  标注尺寸

图 4.5.11  定义标注对象

③ 放置尺寸。在图 4.5.10 所示的位置放置尺寸。

（4）创建图 4.5.12 所示的水平尺寸。

① 定义标注对象。在绘图区选取图 4.5.13 所示的点 1 和点 2 为标注的对象。

图 4.5.12  标注尺寸

图 4.5.13  定义标注对象

② 设置标注参数。在"尺寸标注"工具栏中单击 ⊕ 按钮使其处于按下状态，添加直径符号。

③ 放置尺寸。在图 4.5.12 所示的位置放置尺寸。

（5）创建图 4.5.14 所示的水平尺寸。

① 定义标注对象。在绘图区选取图 4.5.15 所示的点 1 和点 2 为标注的对象。

② 设置标注参数。在"尺寸标注"工具栏中单击 ⊕ 按钮使其处于按下状态，添加直径符号。

③ 放置尺寸。在图 4.5.14 所示的位置放置尺寸。

图 4.5.14　标注尺寸

图 4.5.15　定义标注对象

（6）创建图 4.5.16 所示的水平尺寸。

① 定义标注对象。在绘图区选取图 4.5.17 所示的点 1 和点 2 为标注的对象。

图 4.5.16　标注尺寸　　　　　　　　　图 4.5.17　定义标注对象

② 设置标注参数。在"尺寸标注"工具栏中单击 ⊟ 按钮使其处于弹起状态；单击 abc 按钮，系统弹出"编辑尺寸标注文字"对话框。在该对话框的文本框的文字前输入"4×"字样，单击 ✓ 按钮完成文本编辑的操作，同时系统返回至"尺寸标注"工具栏。单击 ⊕ 按钮使其处于按下状态，添加直径符号。

③ 放置尺寸。在图 4.5.16 所示的位置放置尺寸。

（7）创建图 4.5.18 所示的水平尺寸。

① 定义标注对象。在绘图区选取图 4.5.19 所示的点 1 和点 2 为标注的对象。

图 4.5.18　标注尺寸　　　　　　　　　图 4.5.19　定义标注对象

② 设置标注参数。在"尺寸标注"工具栏中单击 abc 按钮，系统弹出"编辑尺寸标注文

字"对话框。在该对话框的文本框的文字前输入"4×"字样，单击 ![](按钮完成文本编辑的操作，同时系统返回至"尺寸标注"工具栏。单击 ![](按钮使其处于按下状态，添加直径符号。

③ 放置尺寸。在图 4.5.18 所示的位置放置尺寸。

（8）单击 ![](按钮，完成水平尺寸的标注。

Step5. 创建图 4.5.20 所示的垂直尺寸。

（1）创建图 4.5.21 所示的垂直尺寸。

图 4.5.20　垂直尺寸

图 4.5.21　标注尺寸

① 选择命令。选择下拉菜单 绘图(C) ➡ 标注(D) ➡ 标注尺寸(D) ➡
I 垂直(V)... 命令，系统弹出"尺寸标注"工具栏。

② 定义标注对象。在绘图区选取图 4.5.22 所示的点 1 和点 2 为标注对象。

③ 设置标注参数。在"尺寸标注"工具栏中单击 ![](按钮使其处于按下状态。

④ 放置尺寸。在图 4.5.21 所示的位置放置尺寸。

（2）创建图 4.5.23 所示的垂直尺寸。

图 4.5.22　定义标注对象

图 4.5.23　标注尺寸

① 定义标注对象。在绘图区选取图 4.5.24 所示的点 1 和点 2 为标注的对象。

② 放置尺寸。在图 4.5.23 所示的位置放置尺寸。

（3）创建图 4.5.25 所示的垂直尺寸。在绘图区选取图 4.5.26 所示的点 1 和点 2 为标注对象；在图 4.5.25 所示的位置放置尺寸。

（4）创建图 4.5.27 所示的垂直尺寸。在绘图区选取图 4.5.28 所示的点 1 和点 2 为标注对象；在图 4.5.27 所示的位置放置尺寸。

图 4.5.24　定义标注对象

图 4.5.25　标注尺寸

（5）创建图 4.5.29 所示的垂直尺寸。在绘图区选取图 4.5.30 所示的点 1 和点 2 为标注对象；在图 4.5.29 所示的位置放置尺寸。

图 4.5.26　定义标注对象　　　　　　　　　图 4.5.27　标注尺寸

图 4.5.28　定义标注对象

图 4.5.29　标注尺寸

图 4.5.30　定义标注对象

（6）创建图 4.5.31 所示的垂直尺寸。在绘图区选取图 4.5.32 所示的点 1 和点 2 为标注对象；在图 4.5.31 所示的位置放置尺寸。

图 4.5.31　标注尺寸

图 4.5.32　定义标注对象

（7）创建图 4.5.33 所示的垂直尺寸。在绘图区选取图 4.5.34 所示的点 1 和点 2 为标注对象；在图 4.5.33 所示的位置放置尺寸。

图 4.5.33　标注尺寸

图 4.5.34　定义标注对象

（8）单击 按钮，完成垂直尺寸的标注。

Step6. 编辑尺寸属性，如图 4.5.35 所示。

（1）选择命令。选择下拉菜单 绘图(C) ➡ 标注(D) ➡ 编辑(M)... 命令。

（2）定义编辑对象。在绘图区选取图 4.5.35a 所示的 8、3、6 三个尺寸为编辑对象，然后按 Enter 键完成选择，此时系统弹出"标注选项"对话框。

（3）设置参数。在"标注选项"对话框中单击 引导线/尺寸界线 选项卡，在 箭头 区域的 型式: 下拉列表中选择 斜线 选项。

a）编辑前                                                        b）编辑后

图 4.5.35 编辑尺寸属性

（4）单击 ✓ 按钮，完成编辑图形标注的操作，如图 4.5.35b 所示。

Step7. 创建图 4.5.36b 所示的直径尺寸。选择下拉菜单 绘图(C) ➡ 标注(D) ➡ 标注尺寸(D) ➡ ⊘ 圆(I)... 命令，系统弹出"尺寸标注"工具栏；在绘图区选取图 4.5.36a 所示的圆为标注对象；在图 4.5.36b 所示的位置放置尺寸；单击 ✓ 按钮，完成直径尺寸的标注。

a）创建前                                                        b）创建后

图 4.5.36 创建直径尺寸

# 第 5 章　曲面的创建与编辑

## 5.1　基本曲面的创建

在 Mastercam X8 中，基本曲面为具有规则的、固定形状的曲面，其中包括圆柱面、圆锥面、立方体面、球面和圆环面等基本三维曲面。创建基本曲面的命令主要位于 绘图(C) 下拉菜单的 基本实体(M) 子菜单中。同样，在"草图设计"工具栏中也列出了相应的绘制基本曲面的命令。

### 5.1.1　圆柱体

圆柱体(C)... 命令是通过输入圆柱的半径和高度来创建圆柱曲面的，当然也可以为创建的圆柱面加一个起始角度和终止角度来创建部分圆柱面。下面以图 5.1.1 所示的模型为例来讲解圆柱面的创建过程。

Step1. 新建文件。

Step2. 选择命令。选择下拉菜单 绘图(C) ➡ 基本实体(M) ➡ 圆柱体(C)... 命令，系统弹出图 5.1.2 所示的"圆柱体"对话框。

图 5.1.1　圆柱面

图 5.1.2　"圆柱体"对话框

图 5.1.2 所示的"圆柱体"对话框中部分选项的说明如下。

- 按钮：用于设置显示"圆柱体"对话框的更多选项。单击此按钮，显示"圆柱体"对话框的更多选项，如图 5.1.3 所示。

- 实体(S) 单选项：用于创建由实体构成的圆柱。

- 曲面(U) 单选项：用于创建由曲面构成的圆柱。

-  文本框：用于设置圆柱面的直径值。

- 文本框：用于设置圆柱面的高度值。

- 按钮：用于调整创建曲面/实体圆柱的方向，其有三种状态，分别为 、 和 ，如图 5.1.4~图 5.1.6 所示。

图 5.1.3　"圆柱体"对话框的更多选项

图 5.1.4　状态 1

图 5.1.5　状态 2

图 5.1.6　状态 3

**图 5.1.3 所示的"圆柱体"对话框的更多选项中部分选项的说明如下。**

- 扫描 区域：用于设置圆柱的扫描角度，其包括 文本框和 文本框。

  ☑ 文本框：用于设置圆柱曲面/实体的起始角度值。

  ☑ 文本框：用于设置圆柱曲面/实体的终止角度值。

- 轴 区域：用于设置圆柱曲面/实体的轴线的位置，包括 X 单选项、 Y 单选项、 Z 单选项、 按钮和 按钮。

  ☑ X 单选项：用于设置 X 轴为圆柱曲面/实体的轴线，如图 5.1.7 所示。

  ☑ Y 单选项：用于设置 Y 轴为圆柱曲面/实体的轴线，如图 5.1.8 所示。

  ☑ Z 单选项：用于设置 Z 轴为圆柱曲面/实体的轴线，如图 5.1.9 所示。

图 5.1.7　X 轴

图 5.1.8　Y 轴

图 5.1.9　Z 轴

  ☑ 按钮：用于选取圆柱曲面/实体的轴线。单击此按钮，用户可以在绘图区选取一条直线作为圆柱曲面/实体的轴线。

  ☑ 按钮：用于以两个端点确定圆柱曲面/实体的轴线。单击此按钮，用户可以在绘图区选取两点作为圆柱曲面/实体的轴线的两个端点。

Step3. 定义圆柱曲面的基点位置。分别在"AutoCursor"工具栏的 ⊠ 文本框、 ⊻ 文本框和 ☑ 文本框中输入值 0、0 和 0，并分别按 Enter 键确认。

Step4. 设置圆柱曲面的参数。在"圆柱体"对话框中选中 ⊙ 曲面(U) 单选项，在 ⊘ 文本框中输入值 30，按 Enter 键确认；在 文本框中输入值 20，按 Enter 键确认。

Step5. 单击 ✔ 按钮，完成圆柱曲面的创建。

Step6. 保存文件。选择下拉菜单 文件(F) ➡ 🖫 保存(S) 命令，在弹出的"另存为"对话框中输入文件名"CYLINDER"。

## 5.1.2  圆锥体

🔺 圆锥体(O)... 命令是通过输入圆锥的半径和高度来创建圆锥体曲面的，当然也可以为创建的圆锥体面加一个起始角度和终止角度来创建部分圆锥体面。下面以图 5.1.10 所示的模型为例讲解圆锥体曲面的创建过程。

Step1. 新建文件。

Step2. 选择命令。选择下拉菜单 绘图(C) ➡ 基本实体(M) ➡ 🔺 圆锥体(O)... 命令，系统弹出图 5.1.11 所示的"圆锥体"对话框。

图 5.1.10  圆锥体

图 5.1.11  "圆锥体"对话框

图 5.1.11 所示的"圆锥体"对话框中部分选项的说明如下。

● 按钮：用于设置显示"圆锥体"对话框的更多选项。单击此按钮，显示"圆锥体"对话框的更多选项，如图 5.1.12 所示。

- **实体(S)** 单选项：用于创建由实体构成的圆锥体。
- **曲面(U)** 单选项：用于创建由曲面构成的圆锥体。
- 文本框：用于设置圆锥体底面的直径值。
- 文本框：用于设置圆锥体的高度值。
- **顶部** 区域：用于设置圆锥体顶部的创建方式，包括 单选项和 单选项。
  - ☑ 单选项：用于设置通过定义圆锥母线与圆锥中心轴的夹角来创建圆锥的顶部。用户可以在其后的文本框中输入值来定义圆锥母线与圆锥中心轴的夹角。
  - ☑ 单选项：用于设置通过定义半径来创建圆锥的顶部。用户可以在其后的文本框中输入值来定义圆锥顶部的半径值。
- 按钮：用于调整创建曲面/实体圆锥的方向，有三种状态，分别为 、 和 ，如图 5.1.13~图 5.1.15 所示。

图 5.1.12　"圆锥体"对话框的更多选项

图 5.1.13　状态 1　　　图 5.1.14　状态 2

图 5.1.15　状态 3

图 5.1.12 所示的"圆锥体"对话框的更多选项中部分选项的说明如下。

- **扫描** 区域：用于设置圆锥体的扫描角度，包括 文本框和 文本框。
  - ☑ 文本框：用于设置曲面/实体圆锥体的起始角度值。
  - ☑ 文本框：用于设置曲面/实体圆锥体的终止角度值。
- **轴** 区域：用于设置曲面/实体圆锥体的轴线的位置，包括 X 单选项、 Y 单选项、 Z 单选项、 按钮和 按钮。
  - ☑ X 单选项：用于设置 X 轴为曲面/实体圆锥体的轴线。
  - ☑ Y 单选项：用于设置 Y 轴为曲面/实体圆锥体的轴线。
  - ☑ Z 单选项：用于设置 Z 轴为曲面/实体圆锥体的轴线。

☑ ▬▬▬按钮: 用于选取曲面/实体圆锥体的轴线。单击此按钮, 用户可以在绘图区选取一条直线作为圆锥体曲面/实体的轴线。

☑ ✛▬▬▬按钮: 用于以两个端点确定曲面/实体圆锥体的轴线。单击此按钮, 用户可以在绘图区选取两点作为曲面/实体圆锥体的轴线的两个端点。

Step3. 定义圆锥曲面的基点位置。分别在 "AutoCursor" 工具栏的 ⊠ 文本框、 ⊻ 文本框和 ⊡ 文本框中输入值 0、0 和 0, 并分别按 Enter 键确认。

Step4. 设置圆锥曲面的参数。在 "圆锥体" 对话框中选中 ⊙ 曲面(U) 单选项, 在 ⊘ 文本框中输入值 30, 按 Enter 键确认; 在 ↥ 文本框中输入值 20, 按 Enter 键确认; 在 顶部 区域选中 ⊙ ⊘ 单选项, 并在其后的文本框中输入值 20, 按 Enter 键确认。

Step5. 单击 ✓ 按钮, 完成圆锥曲面的创建。

Step6. 保存文件。选择下拉菜单 文件(F) ➡ 🖫 保存(S) 命令, 在系统弹出的 "另存为" 对话框中输入文件名 "CONE"。

## 5.1.3 立方体

"立方体" 命令 ▭ 立方体(B)... 是通过定义立方体的长度、宽度和高度来创建立方体。下面以图 5.1.16 所示的模型为例讲解立方体曲面的创建过程。

Step1. 新建文件。

Step2. 选择命令。选择下拉菜单 绘图(C) ➡ 基本实体(M) ➡ ◼ 立方体(B)... 命令, 系统弹出图 5.1.17 所示的 "立方体" 对话框。

图 5.1.16 立方体

图 5.1.17 "立方体" 对话框

图 5.1.17 所示的 "立方体" 对话框中部分选项的说明如下。

- ▼ 按钮: 用于设置显示 "立方体" 对话框的更多选项。单击此按钮, "立方体" 对话框显示的更多选项, 如图 5.1.18 所示。

- ⊙ 实体(S)单选项：用于创建由实体构成的立方体。

- ⊙ 曲面(U)单选项：用于创建由曲面构成的立方体。

- 文本框：用于定义立方体的长度值。

- 文本框：用于定义立方体的宽度值。

- 文本框：用于定义立方体的高度值。

- 按钮：用于调整创建曲面/实体立方体的方向，其有三种状态，分别为、和。

图 5.1.18 "立方体"对话框的更多选项

**图 5.1.18 所示的"立方体"对话框的更多选项中部分选项的说明如下。**

- 文本框：用于定义立方体绕 Z 轴旋转的角度值。

- 定位点 区域：用于设置立方体基准点的位置。

- 轴 区域：用于设置曲面/实体立方体的轴线的位置，包括 ⊙ X 单选项、⊙ Y 单选项、⊙ Z 单选项、按钮和按钮。

  - ☑ ⊙ X 单选项：用于设置 X 轴为曲面/实体立方体的轴线，如图 5.1.19 所示。

  - ☑ ⊙ Y 单选项：用于设置 Y 轴为曲面/实体立方体的轴线，如图 5.1.20 所示。

  - ☑ ⊙ Z 单选项：用于设置 Z 轴为曲面/实体立方体的轴线，如图 5.1.21 所示。

图 5.1.19 X 轴

图 5.1.20 Y 轴

图 5.1.21 Z 轴

☑ ▭按钮：用于选取曲面/实体立方体的轴线。单击此按钮，用户可以在绘图区选取一条直线为曲面/实体立方体的轴线。

☑ ◄▬►按钮：用于以两个端点确定曲面/实体立方体的轴线。单击此按钮，用户可以在绘图区选取两点为曲面/实体立方体的轴线的两个端点。

Step3. 定义立方体曲面的基点位置。分别在 "AutoCursor" 工具栏的 ⌧ 文本框、 ⌄ 文本框和 ⌶ 文本框中输入值 0、0 和 0，并分别按 Enter 键确认。

Step4. 设置立方体曲面的参数。在 "立方体" 对话框中选中 ⊙ 曲面(U) 单选项，在 ⬡ 文本框中输入值 30，按 Enter 键确认；在 ⬡ 文本框中输入值 20，按 Enter 键确认；在 ⬡ 文本框中输入值 10，按 Enter 键确认。

Step5. 单击 ✓ 按钮，完成立方体曲面的创建。

Step6. 保存文件。选择下拉菜单 文件(F) ➡ 🖫 保存(S) 命令，在系统弹出的 "另存为" 对话框中输入文件名 "BLOCK"。

## 5.1.4  球体

⬤ 球体(S)... 命令是通过定义球的半径来创建球体，当然也可以为创建的球体面加一个起始角度和终止角度来创建部分球体面。下面以图 5.1.22 所示的模型为例讲解球体曲面的创建过程。

Step1. 新建文件。

Step2. 选择命令。选择下拉菜单 绘图(C) ➡ 基本实体(M) ➡ ⬤ 球体(S)... 命令，系统弹出图 5.1.23 所示的 "球体" 对话框。

图 5.1.22  球体        图 5.1.23  "球体" 对话框        图 5.1.24  "球体" 对话框的更多选项

图 5.1.23 所示的 "球体" 对话框中部分选项的说明如下。

● ⬇ 按钮：用于设置显示 "球体" 对话框的更多选项。单击此按钮，显示 "球体"

对话框的更多选项，如图 5.1.24 所示。

- **实体(S)** 单选项：用于创建由实体构成的球体。
- **曲面(U)** 单选项：用于创建由曲面构成的球体。
- **文本框**：用于定义球体的半径值。

图 5.1.24 所示的"球体"对话框的更多选项中部分选项的说明如下。

- **扫描** 区域：用于设置球体的扫描角度，包括 文本框和 文本框。
  - ☑ 文本框：用于设置曲面/实体球体的起始角度值。
  - ☑ 文本框：用于设置曲面/实体球体的终止角度值。
- **轴** 区域：用于设置曲面/实体球体的轴线的位置，包括 **X** 单选项、 **Y** 单选项、 **Z** 单选项、 按钮和 按钮。
  - ☑ **X** 单选项：用于设置 X 轴为曲面/实体球体的轴线。
  - ☑ **Y** 单选项：用于设置 Y 轴为曲面/实体球体的轴线。
  - ☑ **Z** 单选项：用于设置 Z 轴为曲面/实体球体的轴线。
  - ☑ 按钮：用于选取曲面/实体球体的轴线。单击此按钮，用户可以在绘图区选取一条直线为球体曲面/实体的轴线。
  - ☑ 按钮：用于以两个端点确定曲面/实体球体的轴线。单击此按钮，用户可以在绘图区选取两点作为曲面/实体球体的轴线的两个端点。

Step3. 定义球体曲面的基点位置。分别在"AutoCursor"工具栏的 **X** 文本框、 **Y** 文本框和 **Z** 文本框中输入值 0，0，0，并分别按 Enter 键确认。

Step4. 设置球体曲面的参数。在"球体"对话框中选中 **曲面(U)** 单选项，在 文本框中输入值 50，并按 Enter 键确认。

Step5. 单击 按钮，完成球体曲面的创建。

Step6. 保存文件。选择下拉菜单 **文件(F)** ➡ **保存(S)** 命令，在系统弹出的"另存为"对话框中输入文件名"BALL"。

## 5.1.5　圆环体

**圆环体(T)...** 命令是通过定义圆环中心线的半径和圆环环管的半径来创建圆环体，当然也可以为创建的圆环体面加一个起始角度和终止角度来创建部分圆环体面。下面以图 5.1.25 所示的模型为例讲解圆环体曲面的创建过程。

Step1. 新建文件。

Step2. 选择命令。选择下拉菜单 **绘图(C)** ➡ **基本实体(M)** ➡ **圆环体(T)...** 命令，系统弹出图 5.1.26 所示的"圆环体"对话框。

图 5.1.26 所示的"圆环体"对话框中部分选项的说明如下。

- ⬇按钮: 用于设置显示"圆环体"对话框的更多选项。单击此按钮,"圆环体" 对话框显示的更多选项如图 5.1.27 所示。

- ⊙实体(S)单选项: 用于创建由实体构成的圆环体。

- ⊙曲面(U)单选项: 用于创建由曲面构成的圆环体。

- 📎文本框: 用于定义到圆环体中心的距离。

- 📎文本框: 用于定义圆环体的圆环环管的半径。

图 5.1.25　圆环体

图 5.1.26　"圆环体"对话框

图 5.1.27　"圆环体"对话框的更多选项

图 5.1.27 所示的"圆环体"对话框的更多选项中部分选项的说明如下。

- 扫描区域: 用于设置圆环体的扫描角度, 包括🔺文本框和🔺文本框。

  - ☑ 🔺文本框: 用于设置曲面/实体圆环体的起始角度值。

  - ☑ 🔺文本框: 用于设置曲面/实体圆环体的终止角度值。

- 轴区域: 用于设置曲面/实体圆环体的轴线的位置, 包括⊙X单选项、⊙Y单选项、 ⊙Z单选项、━━按钮和✛按钮。

  - ☑ ⊙X单选项: 用于设置 X 轴为曲面/实体圆环体的轴线。

  - ☑ ⊙Y单选项: 用于设置 Y 轴为曲面/实体圆环体的轴线。

  - ☑ ⊙Z单选项: 用于设置 Z 轴为曲面/实体圆环体的轴线。

  - ☑ ━━按钮: 用于选取曲面/实体圆环体的轴线。单击此按钮, 用户可以在绘 图区选取一条直线为圆环体曲面/实体的轴线。

  - ☑ ✛按钮: 用于以两个端点确定曲面/实体圆环体的轴线。单击此按钮, 用 户可以在绘图区选取两点作为曲面/实体圆环体的轴线的两个端点。

Step3. 定义圆环体曲面的基点位置。分别在"AutoCursor"工具栏的 X 文本框、 Y 文 本框和 Z 文本框中输入值 0、0 和 0, 并分别按 Enter 键确认。

Step4. 设置圆环体曲面的参数。在"圆环体"对话框中选中  单选项，在 文本框中输入值 50，并按 Enter 键确认；在 文本框中输入值 10，并按 Enter 键确认；单击 按钮显示"圆环体"对话框的更多选项。在 扫描 区域的 文本框中输入值 0，并按 Enter 键确认；在 文本框中输入值 270，并按 Enter 键确认。

Step5. 单击 按钮，完成圆环体曲面的创建。

Step6. 保存文件。选择下拉菜单 文件(F) ➡ 保存(S) 命令，在系统弹出的"另存为"对话框中输入文件名"TORUS"。

## 5.2 曲面的创建

在 Mastercam X8 中，曲面通常是由一个或多个封闭或者开放的二维图形，经过拉伸、旋转等命令创建的。创建曲面的命令主要位于 绘图(C) 下拉菜单的 曲面(U) 子菜单中，如图 5.2.1 所示。同样，在"曲面"工具栏中也有相应的创建曲面的命令，如图 5.2.2 所示。

图 5.2.1 "曲面"子菜单

图 5.2.2 "曲面"工具栏

## 5.2.1 挤出曲面

 命令是将指定的一个封闭的图形沿其法向方向进行平移来创建曲面的，平移之后的曲面为封闭的几何体。下面以图 5.2.3 所示的模型为例讲解挤出曲面的创建过程。

a) 创建前          b) 创建后

图 5.2.3   挤出曲面

Step1. 打开文件 D:\mcx8\work\ch05.02.01\EXTRUDED_SURFACE.MCX。

Step2. 选择命令。选择下拉菜单 绘图(C) ➡ 曲面(U) ➡ 挤出(X)... 命令，系统弹出"串连"对话框。

Step3. 定义拉伸轮廓。选取图 5.2.3a 所示的边线，此时系统会自动选取与此边线相连的所有图素，同时系统弹出 5.2.4 所示的"拉伸曲面"对话框。

图 5.2.4   "拉伸曲面"对话框

图 5.2.4 所示的"拉伸曲面"对话框中部分选项的说明如下。

● 按钮：用于选取挤出曲面的轮廓。单击此按钮，系统弹出"串连"对话框。用户可以通过该对话框选取挤出曲面的轮廓。

- 按钮：用于定义挤出曲面的基点。单击此按钮，用户可以在绘图区选取一点作为挤出曲面的基点。

- 文本框：用于定义挤出曲面的深度值。

- 按钮：用于调整挤出曲面的拉伸方向，有三种状态，分别为 、 和 ，如图5.2.5～图5.2.7所示。

图5.2.5　状态1

图5.2.6　状态2

图5.2.7　状态3

- 文本框：用于定义挤出曲面的缩放比例值。

- 文本框：用于定义挤出曲面绕其中心轴旋转的角度值。

- 文本框：用于定义挤出曲面的偏移距离值，如图5.2.8所示。

- 按钮：用于调整挤出曲面的偏移方向。

- 文本框：用于定义挤出曲面的拔模角度值，如图5.2.9所示。

图5.2.8　偏移

图5.2.9　拔模

- 按钮：用于调整挤出曲面的拔模方向。

- 轴 复选框：用于设置挤出曲面的中心轴。当选中此复选框时，Z 下拉列表、 按钮和 按钮被激活。

- Z 下拉列表：用于定义挤出曲面的中心轴，包括 X 选项、Y 选项和 Z 选项。

- ☑ X 选项：用于设置X轴为挤出曲面的中心轴，如图5.2.10所示。

- ☑ Y 选项：用于设置Y轴为挤出曲面的中心轴，如图5.2.11所示。

- ☑ Z 选项：用于设置Z轴为挤出曲面的中心轴，如图5.2.12所示。

图5.2.10　X轴

图5.2.11　Y轴

图5.2.12　Z轴

- 按钮:用于选取挤出曲面的轴线。单击此按钮,用户可以在绘图区选取一条直线作为挤出曲面的轴线。

- 按钮:用于以两个端点确定挤出曲面的轴线。单击此按钮,用户可以在绘图区选取两点作为挤出曲面的轴线的两个端点。

Step4. 设置拉伸参数。在"拉伸曲面"对话框的 文本框中输入值 20,按 Enter 键确认;在 文本框中输入值 10,按 Enter 键确认;单击其后的 按钮,调整拔模方向向外,结果如图 5.2.3b 所示。

Step5. 单击 按钮,完成挤出曲面的创建。

## 5.2.2 旋转曲面

旋转曲面(R)... 命令是将指定的串连图素绕定义的旋转轴旋转一定角度来创建曲面的。下面以图 5.2.13 所示的模型为例讲解旋转曲面的创建过程。

a)创建前

b)创建后

图 5.2.13 旋转曲面

Step1. 打开文件 D:\mcx8\work\ch05.02.02\REVOLVEDE_SURFACES.MCX。

Step2. 选择命令。选择下拉菜单 绘图(C) ➡ 曲面(U) ➡ 旋转曲面(R)... 命令,系统弹出"串连"对话框。

Step3. 定义旋转轮廓。单击 按钮,选取图 5.2.14 所示的曲线,此时系统会自动为所选取的图素添加方向,如图 5.2.15 所示;选取图 5.2.16 所示的直线,单击 按钮完成旋转轮廓的定义,同时系统弹出"旋转曲面"工具栏。

选取此曲线

选取此直线

图 5.2.14 定义旋转轮廓 1    图 5.2.15 选取方向    图 5.2.16 定义旋转轮廓 2

"旋转曲面"工具栏中的部分选项的说明如下。

- 按钮:用于选取旋转曲面的轮廓。单击此按钮,系统弹出"串连选项"对话框。

用户可以通过该对话框选取旋转曲面的轮廓。

- ▯按钮：用于定义旋转曲面的旋转轴。单击此按钮，用户可以在绘图区选取一直线作为旋转曲面的旋转轴。

- ⟵⟶按钮：用于改变旋转方向，如图 5.2.17 所示。

a）方向 1

b）方向 2

图 5.2.17　改变旋转方向

- ◁文本框：用于定义旋转曲面的起始角度值。

- ◁文本框：用于定义旋转曲面的终止角度值。

Step4. 定义旋转轴。选取图 5.2.13a 所示的虚线为旋转轴。

Step5. 设置旋转参数。在"旋转曲面"工具栏的◁文本框中输入值 0，在◁文本框中输入值 360。

Step6. 单击✓按钮，完成旋转曲面的创建。

## 5.2.3　曲面偏置

◈ 偏置(O)... 命令是将现有的曲面沿着其法向方向移动一段距离。下面以图 5.2.18 所示的模型为例讲解曲面偏置的创建过程。

a）创建前

b）创建后

图 5.2.18　曲面偏置

Step1. 打开文件 D:\mcx8\work\ch05.02.03\OFFSET_SURFACES.MCX。

Step2. 选择命令。选择下拉菜单 绘图(C) ➡ 曲面(U) ➡ ◈ 偏置(O)... 命令。

Step3. 定义偏置曲面。在绘图区选取图 5.2.18a 所示的曲面为偏置曲面，然后按 Enter 键完成偏置曲面的定义，同时系统弹出图 5.2.19 所示的"曲面偏置"工具栏。

图 5.2.19　"曲面偏置"工具栏

图 5.2.19 所示的"曲面偏置"工具栏中的部分选项的说明如下。

- 按钮：用于选取偏置的曲面。单击此按钮，用户可以在绘图区选取要偏置的曲面。

- 按钮：用于单独翻转偏置曲面。单击此按钮，在绘图区显示图 5.2.20 所示的曲面的法向，此时单击此曲面可以调整偏置方向，如图 5.2.21 所示。

单击此曲面

图 5.2.20　曲面的法向　　　　　　　　　图 5.2.21　调整偏置方向

- 按钮：用于在多个偏置曲面之间进行切换。

- 按钮：用于调整偏置曲面的偏置方向。

- 文本框：用于设置偏置距离。

- 按钮：用于设置根据指定的偏置距离和方向复制选取的偏置曲面，如图 5.2.22 所示。

- 按钮：用于设置根据指定的偏置距离和方向移动选取的偏置曲面，如图 5.2.23 所示。

图 5.2.22　复制　　　　　　　　　　　　图 5.2.23　移动

Step4. 设置偏置参数。在"曲面偏置"工具栏的文本框中输入值 5，单击按钮使其处于按下状态。

Step5. 单击按钮，完成曲面偏置的创建。

## 5.2.4　扫描曲面

扫描(S)...命令是将一个或多个截面图素，沿着指定的一条或者多条轨迹线进行扫描来创建曲面的。定义的截面图素和轨迹线可以是封闭的，也可以是开放的。下面以图 5.2.24 所示的模型为例讲解扫描曲面的创建过程。

Step1. 打开文件 D:\mcx8\work\ch05.02.04\SWEPT_SURFACES.MCX。

Step2. 选择命令。选择下拉菜单 绘图(C) ➡ 曲面(U) ➡ 扫描(S)... 命令，系统弹出"串连"对话框和"扫描曲面"工具栏。

此为截面线

此为轨迹线

a）创建前

b）创建后

图 5.2.24 扫描曲面

**Step3.** 定义截面线。单击 ![按钮] 按钮，选取图 5.2.24a 所示的截面线，此时系统会自动为所选取的图素添加方向，如图 5.2.25 所示；单击 ![按钮] 按钮完成截面线的定义，同时系统再次弹出"串连"对话框。

**Step4.** 定义轨迹线。单击 ![按钮] 按钮，选取图 5.2.24a 所示的轨迹线，此时系统会自动为所选取的图素添加方向，如图 5.2.26 所示；单击 ![按钮] 按钮完成轨迹线的定义，同时系统弹出图 5.2.27 所示的"扫描曲面"工具栏。

图 5.2.25 定义截面线

图 5.2.26 定义轨迹线

图 5.2.27 "扫描曲面"工具栏

图 5.2.27 所示的"扫描曲面"工具栏中的部分选项的说明如下。

- ![按钮] 按钮：用于选取扫描曲面的截面图素和轨迹图素。单击此按钮，系统弹出"串连选项"对话框。用户可以通过该对话框选取扫描曲面的截面图素和轨迹图素。

- ![按钮] 按钮：用于设置使用截面线沿着轨迹线做平移运动的方式创建扫描曲面，如图 5.2.28 所示。

- ![按钮] 按钮：用于设置使用截面线不仅沿着轨迹线做平移运动，而且截面线按照轨迹线的走势，做一定的旋转运动的方式创建扫描曲面，如图 5.2.29 所示。

- ![按钮] 按钮：用于设置与轨迹线相关的曲面，依次来控制曲面的扫描生成。

- ![按钮] 按钮：用于设置截面图素和轨迹线为两条以上时创建扫描曲面。

图 5.2.28 平移

图 5.2.29 旋转

Step5. 设置扫描方式。在"扫描曲面"工具栏中单击"旋转"按钮 定义扫描方式。

Step6. 单击 按钮，完成扫描曲面的创建。

## 5.2.5 网状曲面

网状曲面(N) 命令是根据指定相交的网格线控制曲面的形状，就像渔网一样。此种曲面的创建方式适用于创建变化多样、形状复杂的曲面。下面以图 5.2.30 所示的模型为例讲解网状曲面的创建过程。

a）创建前                    b）创建后

图 5.2.30    网状曲面

Step1. 打开文件 D:\mcx8\work\ch05.02.05\NET_SURFACE.MCX。

Step2. 选择命令。选择下拉菜单 绘图(C) ➡ 曲面(U) ➡ 网状曲面(N) 命令，系统弹出"串连"对话框和图 5.2.31 所示的"创建网状曲面"工具栏。

图 5.2.31    "创建网状曲面"工具栏

**图 5.2.31 所示的"创建网状曲面"工具栏中的部分选项的说明如下。**

- 按钮：用于选取网状曲面的网格线。单击此按钮，系统弹出"串连选项"对话框。用户可以通过该对话框选取网状曲面的网格线。

- 按钮：用于手动设置顶点位置。先单击此按钮，在选取网状曲面的网格线之后，用户可以在绘图区选取一个顶点。使用此按钮之前需确认所选取的网格线有一个共同的交点。

- 下拉列表：用于定义曲面的 Z 轴深度，包括 引导方向 选项、截断方向 选项和 平均 选项。
  - ☑ 引导方向 选项：用于设置使用引导方向控制 Z 轴深度。
  - ☑ 截断方向 选项：用于设置使用截面方向控制 Z 轴深度。
  - ☑ 平均 选项：用于设置使用引导方向和截面方向的平均值控制 Z 轴深度。

Step3. 设置控制网格曲面深度方式。在 下拉列表中选择 截断方向 选项。

Step4. 定义网格线。在绘图区依次选取图 5.2.30a 所示的曲线 1、曲线 2、曲线 3、曲线 4、曲线 5 和曲线 6，单击"串连"对话框中的 按钮完成网格线的定义。

Step5. 单击"创建网状曲面"工具栏的 ✓ 按钮，完成网状曲面的创建。

## 5.2.6　围篱曲面

围篱曲面(F)... 命令是将指定的曲面上的相交线，按照定义的长度和角度拉伸来创建曲面的。下面以图 5.2.32 所示的模型为例讲解围篱曲面的创建过程。

a）创建前　　　　　　　　　　　　　b）创建后

图 5.2.32　围篱曲面

Step1. 打开文件 D:\mcx8\work\ch05.02.06\FENCE_SURFACE.MCX。

Step2. 选择命令。选择下拉菜单 绘图(C) ➡ 曲面(U) ➡ 围篱曲面(F)... 命令，系统弹出图 5.2.33 所示的"创建围篱曲面"工具栏。

图 5.2.33　"创建围篱曲面"工具栏

图 5.2.33 所示的"创建围篱曲面"工具栏中的部分选项的说明如下。

● 按钮：用于选取围篱曲面的相交线。单击此按钮，系统弹出"串连"对话框。用户可以通过该对话框选取围篱曲面的相交线。

● 按钮：用于选取创建围篱曲面的附着面。单击此按钮，用户可以在绘图区选取围篱曲面的附着面。

● 按钮：用于调整围篱曲面的创建方向。

● 下拉列表：用于定义创建围篱曲面的方式，包括 常量 选项、线性锥度 选项和 三次曲线熔接 选项。

　☑ 常量 选项：用于设置创建高度和角度为恒量的围篱曲面。

　☑ 线性锥度 选项：用于创建高度和角度为线性变量的围篱曲面。

　☑ 三次曲线熔接 选项：用于创建"S"形的围篱曲面。

● 文本框：用于定义围篱曲面的开始高度值。

● 文本框：用于定义围篱曲面的结束高度值。当 在下拉列表中选择 常量 选项时此文本框不可用。

● 文本框：用于定义围篱曲面的开始角度值。

● 文本框：用于定义围篱曲面的结束角度值。当 在下拉列表中选择 常量 选项时，此文本框不可用。

Step3. 定义附着面。选取图 5.2.32a 所示的曲面为围篱曲面的附着面，同时系统弹出"串连"对话框。

Step4. 定义相交线。选取图 5.2.32a 所示的曲线为相交线，同时系统为选取的相交线添加方向，如图 5.2.34 所示；单击 ✓ 按钮完成相交线的定义。

Step5. 设置围篱曲面参数。单击 ⟵╱⟶ 按钮调整围篱曲面方向，调整后如图 5.2.35 所示；在 下拉列表中选择 线性锥度 选项，然后在"开始高度" 的文本框中输入值 0，按 Enter 键确认；在"结束高度" 的文本框中输入值 10，按 Enter 键确认。

图 5.2.34 相交线方向

图 5.2.35 调整后围篱曲面方向

Step6. 单击 ✓ 按钮，完成围篱曲面的创建。

## 5.2.7 直纹/举升曲面

▤ 直纹/举升曲面(L)... 命令是将多个截面图形按照一定的顺序连接起来创建曲面的。若每个截面图形间用直线相连，则称为直纹；若每个截面图形间用曲线相连，则称为举升。因直纹曲面和举升曲面创建的步骤基本相同，所以下面以图 5.2.36 所示的模型为例，讲解举升曲面的创建过程，而直纹曲面的创建过程就不再赘述了。

a）创建前

b）创建后

图 5.2.36 举升曲面

Step1. 打开文件 D:\mcx8\work\ch05.02.07\RULED_LOFTED_SURFACES.MCX。

Step2. 选择命令。选择下拉菜单 绘图(C) ➡ 曲面(U) ➡ ▤ 直纹/举升曲面(L)... 命令，系统弹出"串连"对话框。

Step3. 定义截面图形。选取图 5.2.37 所示的直线，系统会自动选取图 5.2.38 所示的线串，并显示串连方向；选取图 5.2.39 所示的椭圆，系统会自动选取图 5.2.40 所示的线串，并显示串连方向；选取图 5.2.41 所示的圆，系统会自动选取图 5.2.42 所示的线串，并显示串连方向；单击 ✓ 按钮完成截面图形的定义，同时系统弹出图 5.2.43 所示的"直纹/举升"工具栏。

注意：要使箭头方向保持一致。

图 5.2.37 选取直线

图 5.2.38 自动选取的线串

图 5.2.39 选取椭圆

图 5.2.40 自动选取的线串

图 5.2.41 选取圆

图 5.2.42 自动选取的线串

说明：在选取截面图形时，选取的方向不同，创建的曲面也不同。

图 5.2.43 "直纹/举升"工具栏

图 5.2.43 所示的"直纹/举升"工具栏中的部分选项的说明如下。

- 按钮：用于选取直纹/举升曲面的截面图形。单击此按钮，系统弹出"串连选项"对话框。用户可以通过该对话框选取直纹/举升曲面的截面图形。
- 按钮：用于创建直纹曲面。
- 按钮：用于创建举升曲面。

Step4. 单击 按钮，完成举升曲面的创建。

## 5.2.8 牵引曲面

牵引(D)... 命令是以当前的构图平面为牵引平面，将一条或多条外形轮廓沿构图平面的法向方向，按照定义的长度和角度牵引出曲面。外形轮廓可以是二维的，也可以是三维的；既可以是封闭的，也可以是开放的。下面以图 5.2.44 所示的模型为例讲解牵引曲面的创建过程。

a）创建前          b）创建后

图 5.2.44 牵引曲面

Step1. 打开文件 D:\mcx8\work\ch05.02.08\DRAFT_SURFACE.MCX。

Step2. 选择命令。选择下拉菜单 绘图(C) ➡ 曲面(U) ➡ ◈ 牵引 (D)... 命令，系统弹出"串连"对话框。

Step3. 定义牵引曲面的外形轮廓。在绘图区选取图 5.2.45 所示的圆为牵引曲面的外形轮廓，系统会自动显示串连方向，如图 5.2.46 所示，单击 ✓ 按钮完成外形轮廓的定义，同时系统弹出图 5.2.47 所示的"牵引曲面"对话框。

选取此圆

图 5.2.45 定义外形轮廓

图 5.2.46 显示串连方向     图 5.2.47 "牵引曲面"对话框

图 5.2.47 所示的"牵引曲面"对话框中部分选项的说明如下。

- 按钮：用于选取牵引曲面的外形轮廓。单击此按钮，系统弹出"串连选项"对话框。用户可以通过该对话框选取牵引曲面的外形轮廓。

- 长度(L) 单选项：用于设置使用定义长度和角度的方式创建牵引曲面。

- 平面(A) 单选项：用于设置使用定义角度和牵引截止面的方式创建牵引曲面。

- 文本框：用于定义牵引曲面的牵引长度。

- 按钮：用于调整牵引方向，有三种状态，分别为 、 和 。

- 文本框：用于定义牵引曲面的真实牵引长度。

- ◢ 文本框：用于定义牵引曲面的牵引角度。
- ◢ 按钮：用于调整牵引角度的方向，有两种状态，分别为 ◢ 和 ◢。
- ◢ 按钮：用于设置牵引截止面。单击此按钮，系统弹出"平面选项"对话框。用户可以通过该对话框创建牵引截止面。
- ☑ 分离拔模(D) 复选框：用于设置在两个牵引方向上都使用定义牵引角度，仅当调整牵引方向按钮 ◢ 为 ◢ 状态时可用。

Step4. 设置牵引曲面的参数。在"牵引曲面"对话框的 ◢ 文本框中输入值 50，按 Enter 键确认；在 ◢ 文本框中输入值 10，按 Enter 键确认，并单击 ◢ 按钮调整牵引角度方向，调整后如图 5.2.44b 所示。

Step5. 单击 ✓ 按钮，完成牵引曲面的创建。

## 5.2.9　平面修整

▱ 平面修整(B)... 命令是对一个封闭图形的内部进行填充后获得平整的曲面。下面以图 5.2.48 所示的模型为例讲解平面修整的创建过程。

a）创建前　　　　　　　　　　　　　b）创建后

图 5.2.48　平面修整

Step1. 打开文件 D:\mcx8\work\ch05.02.09\FLAT_BOUNDARY.MCX。

Step2. 选择命令。选择下拉菜单 绘图(C) ➡ 曲面(U) ➡ ▱ 平面修整(B)... 命令，系统弹出"串连"对话框。

Step3. 定义平面修整的封闭图形。在绘图区选取图 5.2.49 所示的边线为平面修整的封闭图形，系统会自动显示串连方向，如图 5.2.50 所示；单击 ✓ 按钮完成平面修整的封闭图形的定义，同时系统弹出图 5.2.51 所示的"平面修整"工具栏。

图 5.2.49　选取边线　　　　　　　　图 5.2.50　显示串连方向

图 5.2.51　"平面修整"工具栏

图 5.2.51 所示的"平面修整"工具栏中的部分选项的说明如下。

-  按钮：用于选取平面修整的封闭图形。单击此按钮，系统弹出"串连"对话框。用户可以通过该对话框选取平面修整的封闭图形。

- 按钮：用于增加平面修整的图形。单击此按钮，系统弹出"串连"对话框。用户可以通过该对话框为现有的图形增加线串。

- 按钮：用于手动串连平面修整的图形。单击此按钮，系统弹出图 5.2.52 所示的"手动串连"工具栏。用户可以通过该工具栏手动串连平面修整的图形，当选取的封闭图形中存在间隙时可使用此种选择方式。

图 5.2.52　"手动串连"工具栏

图 5.2.52 所示的"手动串连"工具栏中的部分选项的说明如下。

- 按钮：用于重新选择串连。
- 文本框：用于定义间隙公差值。

Step4. 单击 按钮，完成平面修剪的创建。

## 5.2.10　由实体生成曲面

在 Mastercam X8 中，实体和曲面之间是可以相互转换的，使用实体手段创建的实体模型可以转换成曲面，同时也可以将编辑好的曲面模型转换成实体。使用 由实体(M)... 命令可以提取实体表面从而创建曲面。下面以图 5.2.53 所示的模型为例讲解由实体生成曲面的创建过程。

a）创建前　　　　　　　　　　　　　　　　　　　　　b）创建后

图 5.2.53　由实体生成曲面

Step1. 打开文件 D:\mcx8\work\ch05.02.10\SURFACE_FROM_SOLID.MCX。

Step2. 选择命令。选择下拉菜单 绘图(C) ➡ 曲面(U) ➡ 由实体(M)... 命令。

Step3. 设置选取方式。在"General Selection"工具栏中单击 按钮使其处于弹起状态，单击 按钮使其处于按下状态。

Step4. 定义实体。在绘图区选取图 5.2.53a 所示的实体。

Step5. 按 Enter 键完成实体的选取，然后单击 按钮完成由实体生成曲面的操作。

# 5.3　曲面的编辑

通过对 5.2 节的学习，使读者了解到了创建各种曲面的方法，但是，仅创建曲面还不能满足用户的设计需求，还需要对已创建好的曲面进行编辑。Mastercam X8 为用户提供了多种曲面编辑的方法，如曲面倒圆角、修剪曲面、曲面延伸、填补内孔、恢复修剪、分割曲面、移除边界、两曲面熔接、三曲面间熔接和三圆角熔接等。编辑曲面的命令主要位于 绘图(C) 下拉菜单的 曲面(U) 子菜单中，如图 5.3.1 所示，同样，在"曲面"工具栏中也列出了相应的编辑曲面的命令，如图 5.3.2 所示。

图 5.3.1　"曲面"子菜单

图 5.3.2　"曲面"工具栏

## 5.3.1　曲面倒圆角

曲面倒圆角就是在现有的两个曲面之间创建圆角曲面，使这两个曲面进行圆角过渡连接。曲面倒圆角包括三种方式：在曲面和曲面相交处倒圆角、在曲面和曲线相交处倒圆角、在曲面和平面相交处倒圆角。下面分别讲解三种曲面倒圆角的创建过程。

### 1. 曲面与曲面倒圆角

使用 &#9633; 至曲面(S)... 命令可以在两个曲面之间产生圆角曲面。下面以图 5.3.3 所示的模型为例，介绍曲面与曲面倒圆角之间的圆角的创建过程。

a）创建前

b）创建后

图 5.3.3　曲面与曲面倒圆角

Step1. 打开文件 D:\mcx8\work\ch05.03.01\FILLET_SURFACES_TO_SURFACES.MCX。

Step2. 选择命令。选择下拉菜单 绘图(C) → 曲面(U) → 圆角(I) → &#9633; 至曲面(S)... 命令。

Step3. 定义倒圆角的曲面。在绘图区选取图 5.3.3a 所示的曲面 1，然后按 Enter 键确认；在绘图区选取图 5.3.3a 所示的曲面 2，然后按 Enter 键确认，系统弹出图 5.3.4 所示的"曲面与曲面圆角"对话框。

图 5.3.4 所示的"曲面与曲面圆角"对话框中部分选项的说明如下。

- &#9660;按钮：用于设置显示"曲面与曲面圆角"对话框的更多选项。单击此按钮，显示"曲面与曲面圆角"对话框的更多选项，如图 5.3.5 所示。

图 5.3.4　"曲面与曲面圆角"对话框

图 5.3.5　"曲面与曲面圆角"对话框的更多选项

- 按钮：用于重新选取第一圆角曲面。单击此按钮，用户可以在绘图区选取倒圆角的第一曲面。

- 按钮：用于重新选取第二圆角曲面。单击此按钮，用户可以在绘图区选取倒圆角的第二曲面。

- 按钮：用于设置创建圆角的方向。

- 文本框：用于定义圆角的半径值。

- 按钮：用于选取可能的圆角曲面。单击此按钮，用户可以在绘图区选取第一圆角曲面和可能的圆角曲面点，然后选取第二圆角曲面和可能的圆角曲面点。

- 按钮：用于设置创建圆角的参数。单击此按钮，系统弹出图 5.3.6 所示的"圆角–曲面选项"对话框，用户可以通过该对话框对圆角的参数进行设置。

- ☑ 修剪(T) 复选框：用于设置创建圆角后修剪原始曲面。

- ☑ 连接(J) 复选框：用于设置将连接公差内的圆角曲面和两个原始曲面连接成一个图素。

- 预览(W) 复选框：用于设置显示预览结果。

图 5.3.6　"圆角–曲面选项"对话框

**图 5.3.5 所示的"曲面与曲面圆角"对话框的更多选项中部分选项的说明如下。**

- 变化圆角 区域：用于设置可变圆角的参数，其中包括 ⬛→ 按钮、⬛⤙ 按钮、⬛ ＊ 按钮、⬛ ⊘ 按钮、⬛ ⚬ 按钮和 ⬤ 文本框。此区域当选中 变化圆角 前的复选框时可用。

- ☑ ⬛→ 按钮：用于根据圆角曲面的中心曲线动态改变圆角曲面的半径。单击此按钮，需要先选取圆角曲面的中心曲线，然后再定义要改变圆角曲面半径的点的位置。

☑ 　⊓✝ 按钮: 用于改变定义的两个圆角标记中点的圆角曲面半径。单击此按钮,
需要选取两个相邻的圆角标记。

☑ 　⊓✳ 按钮: 用于改变选取的圆角标记的圆角曲面半径值。单击此按钮,需要
选取要修改圆角曲面半径的圆角标记。

☑ 　⊓⊘ 按钮: 用于删除选取的圆角标记。单击此按钮,需要选取要删除的圆角
标记。

☑ 　⊓⊶ 按钮: 用于按照定义的圆角标记的半径创建圆角曲面。单击此按钮,系
统弹出图 5.3.7 所示的"输入半径"对话框。用户可以在此对话框中输入第一
个圆角标记处的圆角半径值,然后按 Enter 键确认。此时系统会让用户定义
下一个圆角标记处的圆角半径值,直至定义完所有的圆角标记。

图 5.3.7 　"输入半径"对话框

☑ 　⟋ 文本框: 用于定义所选的圆角标记的圆角半径值。

图 5.3.6 所示的"圆角-曲面选项"对话框中部分选项的说明如下。

● 图素区域: 用于设置创建图素的相关参数,其中包括 ☑ 圆角(F) 复选框、 ☑ 边界(R)
复选框、 ☑ 中心(C) 复选框和 ☑ 曲面曲线(S) 复选框。

　☑ ☑ 圆角(F) 复选框: 用于设置创建圆角曲面。

　☑ ☑ 边界(R) 复选框: 用于设置在圆角曲面与圆角面之间创建两条样条曲线。
　　这两条圆角曲线是圆角曲面的切边。

　☑ ☑ 中心(C) 复选框: 用于设置创建圆角曲面的中心线,如图 5.3.8 所示。

　☑ ☑ 曲面曲线(S) 复选框: 用于设置创建曲面曲线。

● ☑ 查找所有结果(M) 复选框: 用于设置寻找多个结果。

● ☑ 两侧圆角(B) 复选框: 用于设置两侧都倒圆角,如图 5.3.9 所示。

图 5.3.8 　中心线

图 5.3.9 　两侧倒圆角

● ☑ 延伸曲面(E) 复选框: 用于设置圆角曲面延伸至较大曲面的边缘。

● ☑ 倒角(A) 复选框: 用于设置创建两个曲面间的倒斜角,此时将不创建倒圆角。

- 连接结果 文本框：用于设置连接公差值。

- 修剪曲面 区域：用于设置修剪曲面的相关参数，其包括 ☑ 是 复选框、原始曲面 区域、修剪曲面 区域和 删除其他平面 刚边上的曲面 复选框。

  - ☑　☑ 是 复选框：用于设置激活 修剪曲面选项 区域的所有参数。

  - ☑　原始曲面 区域：用于设置是否保留原始曲面，其中包括 ⊙ 保留⑴ 单选项和 ⊙ 删除⑴ 单选项。

  - ☑　修剪曲面 区域：用于设置修剪对象，其中包括 ⊙ 1 单选项、⊙ 2 单选项和 ⊙ 两者 单选项。

  - ☑　☑ 删除其他平面 刚边上的曲面 复选框：用于设置删除所选择的平面其他边上的曲面。

Step4. 设置倒圆角参数。在"曲面与曲面圆角"对话框的 ◉ 文本框中输入值 5，按 Enter 键确认。选中 ☑ 修剪(T) 复选框、☑ 连接(J) 复选框和 ☑ 自动预览(A) 复选框，单击 ！ 按钮，勾选 ☑ 延伸曲面(E) 复选框。

Step5. 单击 ✓ 按钮，完成曲面与曲面倒圆角的创建。

### 2．曲线与曲面

◈ 至曲线(C)... 命令可以在曲线和曲面之间产生圆角曲面。下面以图 5.3.10 所示的模型为例，介绍曲线与曲面之间的圆角的创建过程。

选取此曲线

选取此曲面

a）创建前　　　　　　　　　　　　　　　　b）创建后

图 5.3.10　曲线与曲面

Step1. 打开文件 D:\mcx8\work\ch05.03.01\FILLET_CURVE_TO_SURFACES.MCX。

Step2. 选择命令。选择下拉菜单 绘图(C) ➡ 曲面(U) ➡ 圆角(I) ➡ ◈ 至曲线(C)... 命令。

Step3. 定义倒圆角的曲线和曲面。在绘图区选取图 5.3.10a 所示的曲面，然后按 Enter 键确认，同时系统弹出"串连"对话框；在绘图区选取图 5.3.10a 所示的曲线，单击 ✓ 按钮完成曲线的选取，系统弹出图 5.3.11 所示的"曲面与曲线圆角"对话框。

图 5.3.11 所示的"曲面与曲线圆角"对话框中部分选项的说明如下。

- 1田 按钮：用于重新选取第一圆角曲面。单击此按钮，用户可以在绘图区选取倒圆角的第一曲面。

- 按钮：用于重新选取圆角曲线。单击此按钮，用户可以在绘图区选取倒圆角的曲线。

图 5.3.11　"曲面与曲线圆角"对话框

Step4. 设置倒圆角参数。在"曲面与曲线圆角"对话框的文本框中输入值 20，按 Enter 键确认，选中☑ 修剪(T)复选框、☑ 连接(J)复选框和☑ 自动预览(A)复选框。

Step5. 单击按钮，完成曲线与曲面倒圆角的创建。

### 3．曲面与平面

至平面(P)...命令可以在曲面和平面之间产生圆角曲面。下面以图 5.3.12 所示的模型为例介绍曲面与平面之间的圆角的创建过程。

选取此曲面

a）创建前　　　　　　　　　　　　　　　　b）创建后

图 5.3.12　曲面与平面

Step1. 打开文件 D:\mcx8\work\ch05.03.01\FILLET_PLANE_TO_SURFACES.MCX。

Step2. 选择命令。选择下拉菜单 绘图(C) ➜ 曲面(U) ➜ 圆角(I) ➜ 至平面(P)...命令。

Step3. 定义倒圆角曲面。在绘图区选取图 5.3.12a 所示的曲面，然后按 Enter 键完成曲面的选择，同时系统弹出"平面选择"对话框和图 5.3.13 所示的"曲面与平面圆角"对话框。

图 5.3.13 所示的"曲面与平面圆角"对话框中部分选项的说明如下。

按钮：用于设置显示"曲面与平面圆角"对话框的更多选项。单击此按钮，显示"曲面与平面圆角"对话框的更多选项，如图 5.3.14 所示。

图 5.3.13　"曲面与平面圆角"对话框　　　　图 5.3.14　"曲面与平面圆角"对话框的更多选项

- 按钮：用于重新选取第一圆角曲面。单击此按钮，用户可以在绘图区选取倒圆角的第一曲面。

- 按钮：用于重新选取圆角平面。单击此按钮，用户可以在绘图区选取倒圆角的平面。

Step4. 定义倒圆角平面。在"平面选择"对话框中单击  按钮，系统弹出"平面选择"对话框。在该对话框的列表框中选择 FRONT 选项，单击 按钮关闭"平面选择"对话框。然后在"平面选择"对话框中单击 按钮，调整图 5.3.15 所示的平面的法线方向，单击 按钮完成倒圆角平面的定义，此时在绘图区显示图 5.3.16 所示的圆角预览。

图 5.3.15　定义平面法向　　　　　　　　图 5.3.16　圆角预览

Step5. 设置倒圆角参数。在"曲面与平面圆角"对话框的 文本框中输入值 5，按 Enter

键确认。选中 ☑ 修剪(T) 复选框和 ☑ 连接(J) 复选框。

Step6. 单击 ✓ 按钮，完成曲面和平面倒圆角的创建。

## 5.3.2 修整曲面

修整曲面就是根据指定的修整边界对选定曲面进行剪裁的操作，其修整边界可以是曲面，也可以是曲线，还可以是平面。修整曲面是通过三种命令来实现的，分别为修整至曲面、修整至曲线和修整至平面。下面分别讲解三种修整曲面的创建过程。

### 1. 修整至曲面

使用 至曲面(S)... 命令可以在两个曲面之间进行相互修剪。下面以图5.3.17所示的模型为例，介绍修整至曲面的创建过程。

a）创建前　　　　　　　　　　　　　　b）创建后

图 5.3.17 修整至曲面

Step1. 打开文件 D:\mcx8\work\ch05.03.02\TRIM_SURFACE_TO_SURFACE.MCX。

Step2. 选择命令。选择下拉菜单 绘图(C) ➡ 曲面(U) ➡ 修剪(T) ➡ 至曲面(S)... 命令。

Step3. 定义修剪的曲面。在绘图区选取图5.3.17a所示的曲面1，然后按 Enter 键完成曲面的选择；在绘图区选取图5.3.17a所示的曲面2，然后按 Enter 键完成曲面的选择，此时系统弹出图5.3.18所示的"曲面至曲面"工具栏。

图 5.3.18 "曲面至曲面"工具栏

图5.3.18所示的"曲面至曲面"工具栏中的部分选项的说明如下。

- 按钮：用于重新选取第一个曲面。单击此按钮，用户可以在绘图区选取修剪曲面的第一个曲面。
- 按钮：用于重新选取第二个曲面。单击此按钮，用户可以在绘图区选取修剪曲面的第二个曲面。
- 按钮：用于设置保留原始曲面。
- 按钮：用于设置删除原始曲面。

- 按钮：用于设置修剪第一个曲面。

- 按钮：用于设置修剪第二个曲面。

- 按钮：用于设置修剪两个曲面。

- 按钮：用于设置将曲面的相交线延伸至曲面边界并进行修剪。

- 按钮：用于设置分割曲面。使用此命令进行修剪后不会把修剪的部分删除，而
  是将它保留下来，如图 5.3.19 所示。

- 按钮：用于设置保留原始曲面的多个区域。

- 按钮：用于设置修剪后的曲面使用当前系统设置的图素属性，如颜色、层别、
  线型和线宽等。

Step4. 设置修剪参数。在"曲面至曲面"工具栏中单击 按钮使其处于按下状态，单
击 按钮使其处于按下状态，单击 按钮使其处于按下状态，单击 按钮使其处于弹起
状态。

Step5. 定义修剪曲面的保留部分。

（1）在图 5.3.20 所示的曲面上单击，此时系统出现"保留箭头"，拖动鼠标将"保留箭
头"移动到图 5.3.21 所示的位置，再次单击。

图 5.3.19　分割曲面　　　　图 5.3.20　选取曲面　　　　图 5.3.21　定义保留部分

（2）在图 5.3.22 所示的曲面上单击，此时系统出现"保留箭头"，拖动鼠标将"保留箭
头"移动到图 5.3.23 所示的位置，再次单击。

图 5.3.22　选取曲面　　　　　　　图 5.3.23　定义保留部分

Step6. 单击 按钮，完成修整至曲面的操作。

### 2. 修整至曲线

使用 至曲线(C)... 命令可以根据指定的曲线对曲面进行修剪。下面以图 5.3.24 所示

的模型为例，介绍修整至曲线的创建过程。

选取此曲线
选取此曲面
a）创建前

b）创建后

图 5.3.24　修整至曲线

Step1. 打开文件 D:\mcx8\work\ch05.03.02\TRIM_CURVE_TO_SURFACE.MCX。

Step2. 选择命令。选择下拉菜单  绘图(C) ➡ 曲面(U) ➡ 修剪(T) ➡ ⊕ 至曲线(C)... 命令。

Step3. 定义修剪的曲面。在绘图区选取图 5.3.24a 所示的曲面，然后按 Enter 键完成曲面的选择，系统弹出"串连"对话框。在绘图区选取图 5.3.24a 所示的曲线，单击 ✔ 按钮完成曲线的选取，系统弹出图 5.3.25 所示的"曲面至曲线"工具栏。

图 5.3.25　"曲面至曲线"工具栏

图 5.3.25 所示的"曲面至曲线"工具栏中的部分选项的说明如下。

- 按钮：用于重新选取要修剪曲面。单击此按钮，用户可以在绘图区选取要修剪曲面。

- 按钮：用于重新选取边界曲线。单击此按钮，用户可以在绘图区选取修剪曲面的边界曲线。

- 按钮：用于设置将所选取的曲线，沿着当前构图平面的法向方向投影到定义曲面上并进行修剪。

- 按钮：用于设置将所选取的曲线投影到定义的曲面上并进行修剪。用户可以在其后的文本框中输入计算修剪曲线的最大范围值，以免产生不需要的修剪结果。

Step4. 设置修剪参数。在"曲面至曲线"工具栏中单击 按钮使其处于按下状态，单击 按钮使其处于按下状态。

Step5. 定义修剪曲面的保留部分。在图 5.3.26 所示的曲面上单击，此时系统出现"保留箭头"，拖动鼠标将"保留箭头"移动到图 5.3.27 所示的位置，再次单击。

选取该曲面
图 5.3.26　选取曲面

图 5.3.27　定义保留部分

Step6. 单击按钮，完成修整至曲线的操作。

**3. 修整至平面**

使用 至平面(P)... 命令可以根据指定的平面对曲面进行修剪。下面以图 5.3.28 所示的模型为例，介绍修整至平面的创建过程。

a）创建前       b）创建后

图 5.3.28　修整至平面

Step1. 打开文件 D:\mcx8\work\ch05.03.02\TRIM_SURFACE_TO_PLANE.MCX。

Step2. 选择命令。选择下拉菜单 绘图(C) ➡ 曲面(U) ➡ 修剪(T) ➡

至平面(P)... 命令。

Step3. 定义修剪曲面。在绘图区选取图 5.3.28a 所示的曲面，然后按 Enter 键完成曲面的选择，同时系统弹出"平面选择"对话框。

Step4. 定义平面位置。在"平面选择"对话框的 Z 文本框中输入值 5，按 Enter 键确认；单击 按钮完成平面位置的定义，同时系统弹出图 5.3.29 所示的"曲面至平面"工具栏。

图 5.3.29　"曲面至平面"工具栏

图 5.3.29 所示的"曲面至平面"工具栏中的部分选项的说明如下。

● 按钮：用于重新选取要修剪曲面。单击此按钮，用户可以在绘图区选取要修剪曲面。

● 按钮：用于重新选取修剪平面。单击此按钮，用户可以在绘图区选取修剪平面。

● 按钮：用于设置删除所选择的平面其他边上的曲面。

Step5. 设置修剪参数。在"曲面至平面"工具栏中单击 按钮使其处于按下状态。

Step6. 单击 按钮，完成修整至平面的操作。

## 5.3.3　曲面延伸

曲面延伸就是将现有曲面的长度或宽度按照定义的值进行延伸，或者延伸到指定的平面。下面以图 5.3.30 所示的模型为例讲解曲面延伸的创建过程。

Step1. 打开文件 D:\mcx8\work\ch05.03.03\SURFACE_EXTEND.MCX。

a）创建前

b）创建后

图 5.3.30　曲面延伸

Step2. 选择命令。选择下拉菜单 绘图(C) ➡ 曲面(U) ➡ 延伸(E)... 命令，系统弹出图 5.3.31 所示的"曲面延伸"工具栏。

图 5.3.31　"曲面延伸"工具栏

图 5.3.31 所示的"曲面延伸"工具栏中的部分选项的说明如下。

- 按钮：用于设置线性延伸。
- 按钮：用于设置非线性延伸。
- 按钮：用于设置延伸到指定的平面。单击此按钮，系统弹出"平面选择"对话框。用户可以通过该对话框来指定延伸至的平面。
- 按钮：用于设置使用指定长度的方式进行延伸。
- 按钮：用于设置保留延伸的原始曲面。
- 按钮：用于设置删除延伸的原始曲面。

Step3. 设置延伸参数。在"曲面延伸"工具栏中单击 按钮，系统弹出"平面选择"对话框。在 Z 文本框中输入值 5，按 Enter 键确认；单击 按钮完成延伸平面位置的定义。

Step4. 定义要延伸的曲面和边线。

（1）选取图 5.3.30a 所示的曲面为延伸曲面，此时在延伸曲面上出现"箭头"，如图 5.3.32 所示。拖动鼠标将"箭头"移动到图 5.3.33 所示的位置，再次单击，完成一边的曲面延伸。

选取该曲面

图 5.3.32　定义延伸曲面

图 5.3.33　定义延伸边线

（2）选取图 5.3.34 所示的曲面为延伸曲面，此时在延伸曲面上出现"箭头"。拖动鼠标将"箭头"移动到图 5.3.35 所示的位置，再次单击，完成另一边的曲面延伸。

Step5. 单击 按钮，完成图 5.3.30b 所示的曲面延伸的创建。

选取该曲面

图 5.3.34　定义延伸曲面

图 5.3.35　定义延伸边线

## 5.3.4　填补内孔

填补内孔就是在现有的曲面上的孔洞位置处创建一个新的曲面，以填补孔洞。下面以图 5.3.36 所示的模型为例，讲解填补内孔的创建过程。

Step1.　打开文件 D:\mcx8\work\ch05.03.04\FILL_HOLES.MCX。

a）创建前

b）创建后

图 5.3.36　填补内孔

Step2.　选择命令。选择下拉菜单 绘图(C) ➡ 曲面(U) ➡ 填补内孔(H)... 命令，系统弹出图 5.3.37 所示的"填补孔"工具栏。

图 5.3.37　"填补孔"工具栏

图 5.3.37 所示的"填补孔"工具栏中的部分选项的说明如下。

● 按钮：用于选取要填补的曲面。单击此按钮，用户可以在绘图区选取要填补的曲面。

Step3.　定义要填补的曲面和边线。选取图 5.3.36a 所示的曲面为填补曲面，此时在填补曲面上出现"箭头"，如图 5.3.38 所示。拖动鼠标将"箭头"移动到图 5.3.39 所示的位置，再次单击，完成要填补的曲面和边线的定义。

选取该曲面

图 5.3.38　定义填补曲面

图 5.3.39　定义填补边线

Step4.　单击 按钮，完成图 5.3.36b 所示的填补内孔的创建。

### 5.3.5 恢复修剪曲面

恢复修剪曲面就是取消之前对曲面进行的修剪操作，从而产生一个新的独立曲面。下面以图 5.3.40 所示的模型为例，讲解恢复修剪曲面的创建过程。

Step1. 打开文件 D:\mcx8\work\ch05.03.05\UN-TRIM_SURFACES.MCX。

a）创建前

b）创建后

图 5.3.40 恢复修剪

Step2. 选择命令。选择下拉菜单  绘图(C) ➡ 曲面(U) ➡ 恢复修剪(U)... 命令，系统弹出图 5.3.41 所示的"恢复修剪"工具栏。

图 5.3.41 "恢复修剪"工具栏

图 5.3.41 所示的"恢复修剪"工具栏中的部分选项的说明如下。

● 按钮：用于设置保留原始曲面。

● 按钮：用于设置删除原始曲面。

Step3. 设置恢复修剪曲面参数。在"恢复修剪"工具栏中单击 按钮。

Step4. 定义恢复修剪曲面对象。选取图 5.3.40a 所示的曲面为恢复修剪曲面对象。

Step5. 单击 按钮，完成图 5.3.40b 所示的恢复修剪曲面的创建。

### 5.3.6 分割曲面

分割曲面就是将定义的曲面按照定义的位置和方向进行打断的操作。下面以图 5.3.42 所示的模型为例，讲解分割曲面的创建过程。

a）创建前

b）创建后

图 5.3.42 分割曲面

Step1. 打开文件 D:\mcx8\work\ch05.03.06\SPLIT_SURFACE.MCX。

Step2. 选择命令。选择下拉菜单  绘图(C) ➡ 曲面(U) ➡ 分割(P) 命令，系统弹出图 5.3.43 所示的"分割曲面"工具栏。

图 5.3.43　"分割曲面"工具栏

图 5.3.43 所示的"分割曲面"工具栏中的部分选项的说明如下。

- 按钮：用于切换方向，如图 5.3.44 所示。
- 按钮：用于设置分割后的曲面的属性参数由系统属性来决定。
- 按钮：用于设置分割后的曲面的属性，由原曲面属性来决定。

a）方向 1　　　　　　　　　　　　　　　　　　　　　b）方向 2

图 5.3.44　切换方向

Step3. 定义分割曲面和打断位置。选取图 5.3.42a 所示的曲面为分割曲面，此时在该曲面上出现"箭头"，如图 5.3.45 所示。拖动鼠标将"箭头"移动到图 5.3.46 所示的位置，再次单击，完成分割曲面和打断位置的定义。

图 5.3.45　箭头

图 5.3.46　定义打断位置

Step4. 单击 按钮，完成图 5.3.42b 所示的分割曲面的创建。

## 5.3.7　移除边界

移除边界就是对现有曲面上的孔进行填补，使其恢复修剪前的曲面形状。下面以图 5.3.47 所示的模型为例，讲解移除边界的创建过程。

a）创建前　　　　　　　　　　　　　　　　　　　　b）创建后

图 5.3.47　移除边界

Step1. 打开文件 D:\mcx8\work\ch05.03.07\RESUME_BOUNDARY.MCX。

Step2. 选择命令。选择下拉菜单 绘图(C) ➡ 曲面(U) ➡ 移除边界(V) 命令。

Step3. 定义要恢复的曲面和边线。选取图 5.3.47a 所示的曲面为恢复曲面，此时在恢复曲面上出现"箭头"，如图 5.3.48 所示。拖动鼠标将"箭头"移动到图 5.3.49 所示的位置，再次单击，完成恢复曲面边界的操作。

图 5.3.48　定义恢复曲面　　　　　　　　　图 5.3.49　定义恢复边线

Step4. 按 Esc 键退出恢复曲面边界状态。

## 5.3.8　两曲面熔接

两曲面熔接是在两个曲面之间创建一个平滑的曲面，使原有的两个曲面连接起来。下面以图 5.3.50 所示的模型为例，讲解两曲面熔接的创建过程。

a）创建前　　　　　　　　　　　　　　　　　　　b）创建后

图 5.3.50　两曲面熔接

Step1. 打开文件 D:\mcx8\work\ch05.03.08\TWO_SURFACE_BLEND.MCX-7。

Step2. 选择命令。选择下拉菜单  命令，系统弹出图 5.3.51 所示的"两曲面熔接"对话框。

图 5.3.51　"两曲面熔接"对话框

图 5.3.51 所示的"两曲面熔接"对话框中部分选项的说明如下。

● **1** 按钮：用于选取两曲面熔接的第一个熔接曲面。单击此按钮，用户可以在绘图区选取第一个熔接曲面。

- ⬜按钮：用于调整第一个熔接曲面的熔接方向。
- 2⊞按钮：用于选取两曲面熔接的第二个熔接曲面。单击此按钮，用户可以在绘图区选取第二个熔接曲面。
- ⬜按钮：用于调整第二个熔接曲面的熔接方向。
- 量值区域：用于设置起始位置和终止位置的熔接值，其包括1—2文本框和1—2文本框。
  - ☑ 1—2文本框：用于设置起始位置的熔接值。熔接值越大，熔接曲面在起始位置过渡的也就越平滑，即熔接曲面在起始位置的弯曲程度越小。
  - ☑ 1—2文本框：用于设置终止位置的熔接值。
- ⬜按钮：用于扭转熔接曲面，如图 5.3.52 所示。

　　a）扭转前　　　　　　　　　　　　b）扭转后

图 5.3.52　扭转

- ⬜按钮：用于修改熔接点。单击此按钮，用户可以在绘图区对熔接点的位置进行修改。
- 修剪曲面按钮：用于设置修剪曲面的相关参数，其包括均不选项、1选项、2选项和两者选项。
  - ☑ 均不选项：用于设置不修剪熔接曲面的原始曲面。
  - ☑ 1选项：用于设置只修剪第一个熔接原始曲面。
  - ☑ 2选项：用于设置只修剪第二个熔接原始曲面。
  - ☑ 两者选项：用于设置修剪两个熔接原始曲面。
- 保留曲线按钮：用于设置是否保留熔接原始曲面与熔接曲面的相关参数，其包括均不选项、1选项、2选项和两者选项。
  - ☑ 均不选项：用于设置不保留熔接原始曲面与熔接曲面的交线。
  - ☑ 1选项：用于设置保留第一个熔接原始曲面与熔接曲面之间的交线。
  - ☑ 2选项：用于设置保留第二个熔接原始曲面与熔接曲面之间的交线。
  - ☑ 两者选项：用于设置保留两个熔接原始曲面与熔接曲面之间的交线。

Step3. 定义熔接原始曲面和熔接位置。

（1）选取图 5.3.53 所示的曲面为第一个熔接原始曲面，此时在该曲面上出现"箭头"，拖动鼠标，将"箭头"移动到图 5.3.54 所示的位置单击，完成第一个熔接原始曲面和熔接位置的定义。

图 5.3.53　定义第一个熔接原始曲面　　　　图 5.3.54　定义熔接位置

（2）选取图 5.3.55 所示的曲面为第二个熔接原始曲面，此时在延伸曲面上出现"箭头"，拖动鼠标，将"箭头"移动到图 5.3.56 所示的位置单击，完成第二个熔接原始曲面和熔接位置的定义，此时在绘图区出现熔接曲面预览，如图 5.3.57 所示。

图 5.3.55　定义第二个熔接原始曲面　　图 5.3.56　定义熔接位置　　图 5.3.57　熔接预览

Step4. 设置熔接曲面参数。在"两曲面熔接"对话框中单击 1⊞ 按钮后的 ↔ 按钮调整熔接方向，如图 5.3.58 所示；单击 2⊞ 按钮后的 ↔ 按钮调整熔接方向，如图 5.3.59 所示；单击 ⊠ 按钮扭转熔接曲面，如图 5.3.60 所示。在 保留曲线 下拉列表中选择 均不 选项。

图 5.3.58　调整第一熔接曲面的方向　图 5.3.59　调整第二熔接曲面的方向　图 5.3.60　扭转熔接曲面

Step5. 单击 ✓ 按钮，完成图 5.3.50b 所示的两曲面熔接的创建。

## 5.3.9　三曲面间熔接

三曲面间熔接是在三个曲面之间创建一个平滑的曲面，使原有的三个曲面连接起来。

下面以图 5.3.61 所示的模型为例讲解三曲面间熔接的创建过程。

a）创建前　　　　　　　　　　　　　　　　　　　　　　b）创建后

图 5.3.61　三曲面间熔接

Step1. 打开文件 D:\mcx8\work\ch05.03.09\3_Surface_Blend.MCX。

Step2. 选择命令。选择下拉菜单 绘图(C) ➡ 曲面(U) ➡ 三曲面熔接(A)... 命令。

Step3. 定义熔接原始曲面和熔接位置。

（1）选取图 5.3.62 所示的曲面为第一个熔接原始曲面，此时在该曲面上出现"箭头"，拖动鼠标，将"箭头"移动到图 5.3.63 所示的位置单击，完成第一个熔接原始曲面和熔接位置的定义。

选取该曲面

图 5.3.62　定义第一个熔接原始曲面　　　　　　　　图 5.3.63　定义熔接位置

（2）选取图 5.3.64 所示的曲面为第二个熔接原始曲面，此时在延伸曲面上出现"箭头"，拖动鼠标，将"箭头"移动到图 5.3.65 所示的位置单击，完成第二个熔接原始曲面和熔接位置的定义。

选取该曲面

图 5.3.64　定义第二个熔接原始曲面　　　　　　　　图 5.3.65　定义熔接位置

（3）选取图 5.3.66 所示的曲面为第三个熔接原始曲面，此时在延伸曲面上出现"箭头"，拖动鼠标，将"箭头"移动到图 5.3.67 所示的位置单击，完成第三个熔接原始曲面和熔接位置的定义。按 Enter 键确认，此时在绘图区出现熔接曲面预览，如图 5.3.68 所示。同时系统弹出图 5.3.69 所示的"三曲面熔接"对话框。

选取该曲面

图 5.3.66　定义第三个熔接原始曲面

图 5.3.67　定义熔接位置

图 5.3.69 所示的"三曲面熔接"对话框中部分选项的说明如下。

- ☑修剪曲面(R) 复选框：用于设置修剪熔接原始曲面。
- ☑保留曲线(K) 复选框：用于设置保留熔接原始曲面与熔接曲面之间的交线。

Step4. 设置熔接曲面参数。在"三曲面熔接"对话框中单击 1▦ 按钮后的 ↔ 按钮调整熔接方向，如图 5.3.70 所示；选中 ☑修剪曲面(R) 复选框。

图 5.3.69　"三曲面熔接"对话框

图 5.3.68　熔接预览

图 5.3.70　调整第一熔接曲面的方向

Step5. 单击 ✓ 按钮，完成图 5.3.61b 所示的三曲面间熔接的创建。

## 5.3.10　三圆角曲面熔接

三圆角曲面熔接是在三个相交曲面之间生成光滑圆角。使用此命令生成的圆角要比三曲面间熔接生成的曲面更加圆滑。下面以图 5.3.71 所示的模型为例，讲解三圆角曲面熔接的创建过程。

a）创建前

b）创建后

图 5.3.71　三圆角曲面熔接

Step1. 打开文件 D:\mcx8\work\ch05.03.10\3_FILLET_BLEND.MCX。

Step2. 选择命令。选择下拉菜单 绘图(C) ➡ 曲面(U) ➡ 🔧 三圆角面熔接(3)... 命令。

Step3. 定义圆角曲面。在绘图区依次选取图 5.3.72 所示的曲面 1、曲面 2 和曲面 3，此时会在绘图区产生三圆角曲面熔接的预览图，如图 5.3.73 所示。同时弹出图 5.3.74 所示的"3 圆角熔接"对话框。

图 5.3.72　定义圆角曲面

图 5.3.73　圆角预览

图 5.3.74 所示的"3 圆角熔接"对话框中部分选项的说明如下。

- 🔲 按钮：用于重新选取圆角曲面。单击此按钮，用户可以在绘图区选取三个要圆角的曲面。
- ⦿ 🛡3 单选项：用于设置创建的圆角曲面是由三个小曲面组成的。
- ⦿ 🛡6 单选项：用于设置创建的圆角曲面是由六个小曲面组成的，如图 5.3.75 所示。

图 5.3.74　"3 圆角熔接"对话框

图 5.3.75　六个曲面的圆角曲面

Step4. 设置圆角曲面参数。在"3 圆角面熔接"对话框中选中 ⦿ 🛡3 单选项；选中 ☑ 修剪曲面(T) 复选框。

Step5. 单击 ✓ 按钮，完成图 5.3.71b 所示的三圆角曲面熔接的创建。

## 5.3.11　延伸修剪的边界

延伸修剪的边界就是将定义的曲面按照定义的方向和位置进行延伸。下面以图 5.3.76 所示的模型为例，讲解延伸修剪的边界的创建过程。

a）创建前

b）创建后

图 5.3.76　延伸修剪的边界

Step1. 打开文件 D:\mcx8\work\ch05.03.11\EXPAND_SURFACE_EDGE.MCX。

Step2. 选择命令。选择下拉菜单     命令。系统弹出图 5.3.77 所示的"延伸修剪的边界"工具栏。

图 5.3.77　"延伸修剪的边界"工具栏

**图 5.3.77 所示的"延伸修剪的边界"工具栏中的部分选项的说明如下。**

- ⟵⟶按钮：用于调整延伸曲面的方向。如图 5.3.78 所示。

a）调整前

b）调整后

图 5.3.78　延伸

- 按钮：用于设置延伸曲面的长度。
- 按钮：用于设置曲面的拐角延伸出来保持尖角形状，如图 5.3.79a 所示。
- 按钮：用于设置曲面的拐角延伸出来为扇形，如图 5.3.79b 所示。

a）尖角

b）圆角

图 5.3.79　拐角形状

Step3. 定义延伸曲面。在绘图区选取图 5.3.76a 所示的曲面，在绘图区图 5.3.80 中箭头所示的位置处单击定义曲面延长的第一点；然后在图 5.3.81 中箭头所示的位置处单击定义曲面延长的第二点。

图 5.3.80　定义延长第一点

图 5.3.81　定义延长第二点

Step4. 定义延伸曲面的长度。在"延伸修剪的边界"工具栏 按钮后的文本框中输入值 5，按 Enter 键。

Step5. 单击 按钮，完成修整延伸曲面到边界的创建。

# 5.4　综合实例

本实例是一个日常生活中常见的微波炉调温旋钮，设计过程是：首先创建曲面旋转特征和基准曲线，然后利用基准曲线通过镜像构建曲面，再使用曲面修剪来塑造基本外形，最后进行倒圆角得到最终的模型。零件模型如图 5.4.1 所示。

图 5.4.1　零件模型

Step1. 创建曲面和草图 1 两个图层。在状态栏中单击 层别 按钮，系统弹出"层别管理"对话框；在"层别管理"对话框的 主层别 区域的 名称: 文本框中输入"曲面"字样；在 主层别 区域的 编号: 文本框中输入值 2，在 名称: 文本框中输入"草图 1"字样；单击 按钮，完成图层的创建。

Step2. 绘制图 5.4.2 所示的草图 1。

（1）将屏幕视图调整为前视图。

（2）绘制图 5.4.3 所示的中心线。

① 定义绘图线型。在状态栏的 下拉列表中选择 选项，完成绘图线型

的设置。

② 选择命令。选择下拉菜单 绘图(C) ➡ 线(L) ➡ 📏 端点(E)... 命令，系统弹出"直线"工具栏。

③ 绘制中心线。分别在"AutoCursor"工具栏的 X 文本框、Y 文本框和 Z 文本框中输入值 0，−10，0，并分别按 Enter 键确认；然后在"直线"工具栏的 ↗ 文本框中输入值 50，按 Enter 键确认；在 ∠ 文本框中输入值 90，按 Enter 键确认。

④ 单击 ✓ 按钮，完成中心线的绘制。

图 5.4.2　草图 1

图 5.4.3　中心线

（3）绘制图 5.4.4 所示的圆弧。

① 定义绘图线型。在状态栏的 ▬▬▬▾ 下拉列表中选择 ▬▬▬ 选项；在"线宽" ▬▬▬▾ 下拉列表中选择第二个选项 ▬▬▬ 。

② 选择命令。选择下拉菜单 绘图(C) ➡ 弧(A) ➡ 🔧 极坐标圆弧(P)... 命令，系统弹出"极坐标画弧"工具栏。

③ 定义圆心位置。在绘图区选取中心线的下端点为圆弧的圆心。

④ 设置圆弧参数。在"极坐标画弧"工具栏的 ⊕ 文本框中输入值 38，按 Enter 键确认；在 ∠ 文本框中输入值 0，按 Enter 键确认；在 ∠ 文本框中输入值 90，按 Enter 键确认。

⑤ 单击 ✓ 按钮，完成圆弧的绘制。

（4）绘制图 5.4.5 所示的直线。

图 5.4.4　绘制圆弧　　　　　　　　　图 5.4.5　绘制直线

① 选择命令。选择下拉菜单 绘图(C) ➡ 线(L) ➡ 📏 端点(E)... 命令，系统弹出"直线"工具栏。

② 绘制直线。分别在"AutoCursor"工具栏的 X 文本框、Y 文本框和 Z 文本框中输入值 35，0，0，并分别按 Enter 键确认；然后在"直线"工具栏的 ↗ 文本框中输入值 25，

按 Enter 键确认；在 ∠ 文本框中输入值 90，按 Enter 键确认。

③ 单击 ✓ 按钮，完成直线的绘制。

（5）修剪曲线，如图 5.4.6 所示。

a）修剪前　　　　　　　　　　　　　　　　b）修剪后

图 5.4.6　修剪曲线

① 选择命令。选择下拉菜单 编辑(E) ➡ 修剪/打断(T) ➡ 🗡 修剪/打断/延伸(T) 命令，系统弹出"修剪/延伸/打断"工具栏。

② 设置修剪方式。在"修剪/延伸/打断"工具栏单击 ╫ 按钮使其处于按下状态。

③ 定义修剪曲线。在要修剪的曲线上单击，修剪之后如图 5.4.6b 所示。

④ 单击 ✓ 按钮，完成曲线的修剪。

（6）标注尺寸。在"线宽" ⬚⬚⬚▼ 下拉列表中选择第一个选项 ▬▬。选择下拉菜单 绘图(C) ➡ 标注(D) ➡ ❙❘ 快速标注(S)... 命令标注尺寸，如图 5.4.7 所示。

Step3. 创建图 5.4.8 所示的旋转曲面。

（1）在状态栏的 层别 按钮后的文本框中输入值 1，并按 Enter 键确认。

（2）选择命令。选择下拉菜单 绘图(C) ➡ 曲面(U) ➡ ⌒ 旋转曲面(R)... 命令，系统弹出"串连"对话框。

（3）定义轮廓曲线。选取图 5.4.9 所示的曲线链并调整与图相同的串连方向，单击 ✓ 按钮完成轮廓曲线的定义，同时系统弹出"旋转曲面"工具栏。

图 5.4.7　标注尺寸　　　　　　图 5.4.8　旋转曲面　　　　　　图 5.4.9　定义轮廓曲线

（4）定义旋转轴。选取草图 1 的中心线为旋转轴。

（5）单击 ✓ 按钮，完成曲面的创建。

Step4. 编辑图层 2 的图素不显示。在状态栏中单击 层别 按钮，系统弹出"层别管理"

对话框；单击 可见 列表中的"草图 1"层前的 × ，使其消失；单击 ✓ 按钮，完成编辑操作。

Step5. 绘制图 5.4.10 所示的草图 2。

（1）创建图层 3。在状态栏中单击 层别 按钮，系统弹出"层别管理"对话框；在 主层别 区域的 编号: 文本框中输入值 3，在 名称: 文本框中输入"草图 2"字样；单击 ✓ 按钮，完成图层的创建。

（2）绘制图 5.4.11 所示的中心线。

图 5.4.10　草图 2

图 5.4.11　绘制中心线

① 定义绘图线型。在状态栏的 ▼ 下拉列表中选择 ━ ─ ─ 选项，完成绘图线型的设置。

② 选择命令。选择下拉菜单 绘图(C) ➡ 线(L) ➡ 端点(E)... 命令，系统弹出"直线"工具栏。

③ 绘制中心线。分别在"AutoCursor"工具栏的 X 文本框、Y 文本框和 Z 文本框中输入值 0，−10，0，并分别按 Enter 键确认；然后在"直线"工具栏的 文本框中输入值 50，按 Enter 键确认；在 文本框中输入值 90，按 Enter 键确认。

④ 单击 ✓ 按钮，完成中心线的绘制。

（3）绘制图 5.4.12 所示的圆。

① 定义绘图线型。在状态栏的"线型" ▼ 下拉列表中选择 ━━ 选项；在"线宽" ▼ 下拉列表中选择第二个选项 ━━ 。

② 选择命令。选择下拉菜单 绘图(C) ➡ 弧(A) ➡ 圆心点画圆(C)... 命令，系统弹出"编辑圆心点"工具栏。

③ 定义圆心位置。分别在"AutoCursor"工具栏的 X 文本框、Y 文本框和 Z 文本框中输入值 10，12，0，并分别按 Enter 键确认。

④ 设置圆参数。在"编辑圆心点"工具栏的 ⊕ 文本框中输入值 12，按 Enter 键确认。

⑤ 单击 ✓ 按钮，完成圆的绘制。

（4）绘制图 5.4.13 所示的直线。

① 选择命令。选择下拉菜单 绘图(C) ➡ 线(L) ➡ 端点(E)... 命令，系统

弹出"直线"工具栏。

图 5.4.12　绘制圆

图 5.4.13　绘制直线

② 绘制直线。在"直线"工具栏中单击 按钮使其处于按下状态，然后选取上一步所绘制的圆为相切对象（选取圆的左边）；分别在"AutoCursor"工具栏的 文本框、 文本框和 文本框中输入值 4，30，0，并分别按 Enter 键确认。

③ 单击 按钮，完成直线的绘制。

（5）绘制图 5.4.14 所示的圆弧。

① 选择命令。选择下拉菜单 绘图(C) ➡ 弧(A) ➡ 切弧(T)... 命令，系统弹出"圆弧切线"工具栏。

② 定义创建方式。在"圆弧切线"工具栏中单击 按钮使其处于按下状态。

③ 定义相切对象和通过点。在 文本框中输入值 500，按 Enter 键确认；在绘图区选取步骤（3）所绘制的圆为相切对象；分别在"AutoCursor"工具栏的 文本框、 文本框和 文本框中输入值 36，10，0，并分别按 Enter 键确认，此时在绘图区显示符合参数的所有圆弧，选取图 5.4.15 所示的圆弧为保留圆弧。

图 5.4.14　绘制圆弧

图 5.4.15　定义保留圆弧

④ 单击 按钮，完成圆弧的绘制。

（6）修剪曲线，如图 5.4.16 所示。

a）修剪前

b）修剪后

图 5.4.16　修剪曲线

① 选择命令。选择下拉菜单 编辑(E) ➡ 修剪/打断(T) ➡ ✎ 修剪/打断/延伸(T) 命令，系统弹出"修剪/打断/延伸"工具栏。

② 设置修剪方式。在"修剪/打断/延伸"工具栏单击 ↓↓ 按钮使其处于按下状态。

③ 定义修剪曲线。在要修剪的曲线上单击，修剪之后如图5.4.16b所示。

④ 单击 ✔ 按钮，完成曲线的修剪。

（7）标注尺寸。在"线宽" ▭▾ 下拉列表中选择第一个选项 ▬ 。选择下拉菜单 绘图(C) ➡ 标注(D) ➡ ┇▾ 快速标注(S)... 命令标注尺寸，如图5.4.17所示。

Step6. 编辑图层3的图素不显示。在状态栏中单击 层别 按钮，系统弹出"层别管理"对话框，然后取消选中 □ 设置主层别始终可见 复选框；单击 可见 列表中的"草图2"层前的 × ，使其消失；单击 ✔ 按钮，完成编辑操作。

Step7. 绘制图5.4.18所示的草图3。

（1）创建图层4。在状态栏中单击 层别 按钮，系统弹出"层别管理"对话框；在 主层别 区域的 编号: 文本框中输入值4，在 名称: 文本框中输入"草图3"字样；单击 ✔ 按钮，完成图层的创建。

（2）绘制图5.4.19所示的中心线。

图5.4.17 标注尺寸

图5.4.18 草图3

① 定义绘图线型。在状态栏的 ▭▾ 下拉列表中选择 ▬ 选项，完成绘图线型的设置。

② 选择命令。选择下拉菜单 绘图(C) ➡ 线(L) ➡ ╱ 端点(E)... 命令，系统弹出"直线"工具栏。

③ 绘制中心线。分别在"AutoCursor"工具栏的 ⌧ 文本框、 ⌄ 文本框和 ☑ 文本框中输入值0，-10，35，并分别按Enter键确认；然后在"直线"工具栏的 ⟼ 文本框中输入值50，按Enter键确认；在 ◿ 文本框中输入值90，按Enter键确认。

④ 单击 ✔ 按钮，完成中心线的绘制。

（3）绘制图5.4.20所示的圆。

① 定义绘图线型。在状态栏的"线型" ▭▾ 下拉列表中选择 ▬ 选项；在"线宽" ▭▾ 下拉列表中选择第二个选项 ▬ 。

② 选择命令。选择下拉菜单 绘图(C) ➞ 弧(A) ➞ 圆心点画圆(C)... 命令，系统弹出"编辑圆心点"工具栏。

③ 定义圆心位置。分别在"AutoCursor"工具栏的 X 文本框、Y 文本框和 Z 文本框中输入值 12，23.5，35，并分别按 Enter 键确认。

④ 设置圆参数。在"编辑圆心点"工具栏的 ⊕ 文本框中输入值 16，按 Enter 键确认。

⑤ 单击 ✓ 按钮，完成圆的绘制。

（4）绘制图 5.4.21 所示的直线。

图 5.4.19　绘制中心线　　　　图 5.4.20　绘制圆　　　　图 5.4.21　绘制直线

① 选择命令。选择下拉菜单 绘图(C) ➞ 线(L) ➞ 端点(E)... 命令，系统弹出"直线"工具栏。

② 绘制直线。在"直线"工具栏中单击 ✓ 按钮使其处于按下状态，然后选取上一步所绘制的圆为相切对象（选取圆的左边）；分别在"AutoCursor"工具栏的 X 文本框、Y 文本框和 Z 文本框中输入值 4，30，35，并分别按 Enter 键确认。

③ 单击 ✓ 按钮，完成直线的绘制。

（5）绘制图 5.4.22 所示的圆弧。

① 选择命令。选择下拉菜单 绘图(C) ➞ 弧(A) ➞ 切弧(T)... 命令，系统弹出"圆弧切线"工具栏。

② 定义创建方式。在"圆弧切线"工具栏中单击 ⊙ 按钮使其处于按下状态。

③ 定义相切对象和通过点。在 ⊕ 文本框中输入值 300，按 Enter 键确认；在绘图区选取步骤（3）所绘制的圆为相切对象；分别在"AutoCursor"工具栏的 X 文本框、Y 文本框和 Z 文本框中输入值 36，15.5，35，并分别按 Enter 键确认，此时在绘图区显示符合参数的所有圆弧，选取图 5.4.23 所示的圆弧为保留圆弧。

④ 单击 ✓ 按钮，完成圆弧的绘制。

图 5.4.22　绘制圆弧　　　　图 5.4.23　定义保留圆弧

（6）修剪曲线，如图 5.4.24 所示。

a）修剪前

b）修剪后

图 5.4.24　修剪曲线

① 选择命令。选择下拉菜单 编辑(E) ➡ 修剪/打断(T) ➡ 修剪/打断/延伸(T) 命令，系统弹出"修剪/打断/延伸"工具栏。

② 设置修剪方式。在"修剪/打断/延伸"工具栏中单击 按钮使其处于按下状态。

③ 定义修剪曲线。在要修剪的曲线上单击，修剪之后如图 5.4.24b 所示。

④ 单击 按钮，完成曲线的修剪。

（7）标注尺寸。在"线宽" 下拉列表中选择第一个选项 。选择下拉菜单 绘图(C) ➡ 标注(D) ➡ 快速标注(S)... 命令，标注尺寸如图 5.4.25 所示。

（8）创建图 5.4.26 所示的镜像曲线。

图 5.4.25　标注尺寸

图 5.4.26　镜像曲线

① 选择命令。首先将视图方位调整至俯视图，然后选择下拉菜单 转换(X) ➡ 镜像(M)... 命令。

② 定义镜像对象。在绘图区选取草图 3 所绘制的曲线为镜像对象，按 Enter 键完成镜像对象的定义，同时系统弹出"镜像"对话框。

③ 定义镜像轴。在 轴 区域单击 按钮，然后分别在"AutoCursor"工具栏的 X 文本框、 Y 文本框和 Z 文本框中输入值 0，0，0，并分别按 Enter 键确认，定义镜像轴的一个端点；分别在"AutoCursor"工具栏的 X 文本框、 Y 文本框和 Z 文本框中输入值 10，0，0，并分别按 Enter 键确认，定义镜像轴的另一个端点。

④ 单击 按钮，完成镜像曲线的创建。

Step8. 编辑图层 3 显示。在状态栏中单击 层别 按钮，系统弹出"层别管理"对话框；单击 可见 列表中的"草图 2"层前的列表框，显示 ×；单击 按钮，完成编辑操作。

Step9. 创建图 5.4.27 所示的举升曲面。

（1）在状态栏的 层别 按钮后的文本框中输入值 1，并按 Enter 键确认。

（2）选择命令。选择下拉菜单 绘图(C) ➡ 曲面(U) ➡ 直纹/举升曲面(L)... 命令，系统弹出"串连选项"对话框。

（3）定义举升外形。在绘图区依次选取草图 3 所绘制的曲线、草图 2 所绘制的曲线和镜像曲线为举升的三个外形，单击 ✓ 按钮完成轮廓曲线的定义，同时系统弹出"直纹/举升"工具栏。

（4）单击 ✓ 按钮，完成举升曲面的创建。

Step10. 编辑图层 3 和图层 4 的图素不显示。在状态栏中单击 层别 按钮，系统弹出"层别管理"对话框；单击 可见 列表中的"草图 3"层前的 ×，使其消失；单击 可见 列表中的"草图 4"层前的 ×，使其消失；单击 ✓ 按钮，完成编辑操作。

Step11. 创建图 5.4.28 所示的镜像曲面。

图 5.4.27　举升曲面　　　　　　　　　图 5.4.28　镜像曲面

（1）选择命令。选择下拉菜单 转换(X) ➡ 镜像(M)... 命令。

（2）定义镜像对象。在绘图区选取举升曲面为镜像对象，按 Enter 键完成镜像对象的定义，同时系统弹出"镜像"对话框。

（3）定义镜像轴。在 轴 区域单击 ···· 按钮，然后分别在"AutoCursor"工具栏的 X 文本框、 Y 文本框和 Z 文本框中输入值 0，0，0，并分别按 Enter 键确认，定义镜像轴的一个端点；分别在"AutoCursor"工具栏的 X 文本框、 Y 文本框和 Z 文本框中输入值 0，10，0，并分别按 Enter 键，定义镜像轴的另一个端点。

（4）单击 ✓ 按钮，完成镜像曲面的创建。

Step12. 创建图 5.4.29b 所示的修剪曲面。

第一个曲面
第二个曲面

a）修剪前　　　　　　　　　　　　　　　　　b）修剪后

图 5.4.29　修剪曲面

Mastercam X8 宝典

（1）选择命令。选择下拉菜单 绘图(C) → 曲面(U) → 修剪(T) → 至曲面(S)... 命令。

（2）定义修剪曲面。在绘图区选取图 5.4.29a 所示的第一个曲面，按 Enter 键完成第一个曲面的定义；在绘图区选取图 5.4.29a 所示的第二个曲面，按 Enter 键完成完成第二个曲面的定义，同时系统弹出"曲面至曲面"工具栏。

（3）定义保留部分。在第一个修剪曲面上单击，此时会出现箭头，将箭头移动到图 5.4.30 所示的位置单击；在第二个修剪曲面上单击，此时会出现箭头，将箭头移动到图 5.4.31 所示的位置单击。

（4）单击✔按钮，完成曲面的修剪。

图 5.4.30 定义第一个曲面的保留部分　　图 5.4.31 定义第二个曲面的保留部分

Step13. 参照 Step12 创建图 5.4.32b 所示的修剪曲面。

a）修剪前　　　　　　　　　　　　　　b）修剪后

图 5.4.32 修剪曲面

Step14. 创建图 5.4.33b 所示的倒圆角。

a）创建前　　　　　　　　　　　　　　b）创建后

图 5.4.33 倒圆角

（1）选择命令。选择下拉菜单 绘图(C) → 曲面(U) → 圆角(I) → 至曲面(S)... 命令。

（2）定义倒圆角曲面。在绘图区选取图 5.4.33a 所示的第一组曲面，按 Enter 键完成第一组曲面的定义；在绘图区选取图 5.4.33a 所示的曲面为第二组曲面，按 Enter 键完成第二组曲面的定义。

（3）设置倒圆角参数。在"曲面与曲面圆角"对话框的 文本框中输入值 1；选中

284

☑ 修剪(T) 复选框。

（4）单击 ☑ 按钮，完成倒圆角的创建。

Step15. 创建图 5.4.34b 所示的倒圆角。

a）创建前

b）创建后

图 5.4.34　倒圆角

（1）选择命令。选择下拉菜单 绘图(C) ➡ 曲面(U) ➡ 圆角(I) ➡
至曲面(S)... 命令。

（2）定义倒圆角曲面。在绘图区选取图 5.4.34a 所示的第一组曲面，按 Enter 键完成第一组曲面的定义；在绘图区选取图 5.4.34a 所示的曲面为第二组曲面，按 Enter 键完成第二组曲面的定义。

（3）设置倒圆角参数。在"曲面与曲面圆角"对话框的 ☑ 文本框中输入值 1；选中
☑ 修剪(T) 复选框。

（4）单击 ☑ 按钮，完成倒圆角的创建。

Step16. 参照 Step15 创建图 5.4.35b 所示的倒圆角，圆角半径值为 5。

Step17. 保存文件。输入文件名"GAS_OVEN_SWITCH"。

a）创建前

b）创建后

图 5.4.35　倒圆角

# 第 6 章　创建曲面曲线

## 6.1　单一边界

使用 <kbd>曲面单一边界(O)...</kbd> 命令可以在指定的曲面或实体的边缘生成单一的边界曲线。下面以图 6.1.1 所示的模型为例，讲解单一边界的创建过程。

a）创建前　　　　　　　　　　　　　　　　b）创建后

图 6.1.1　创建单一边界

Step1. 打开文件 D:\mcx8\work\ch06.01\CURVE_ON_ONE_EDGE.MCX。

Step2. 选择命令。选择下拉菜单 绘图(C) ➡ 曲线(V) ➡ 曲面单一边界(O)... 命令，系统弹出图 6.1.2 所示的"单一边界线"工具栏。

图 6.1.2　"单一边界线"工具栏

图 6.1.2 所示的"单一边界线"工具栏中部分选项的说明如下。

● 文本框：用于设置在经过剪裁的曲面上创建边界时，边界的起始和终止位置。系统会根据定义的值，预测曲面边界线并计算其终止点，这个终止点是该边界改变方向的位置，其位置是根据大于或等于定义值计算而得的。

● 按钮：用于设置是否使用适合的圆弧或线来创建曲面边界线。

Step3. 定义边界的附着面和边界位置。选取图 6.1.3 所示的曲面为边界的附着面，此时在所选取的曲面上出现图 6.1.4 所示的箭头。移动鼠标，将箭头移动到图 6.1.5 所示的位置单击，此时系统自动生成创建的边界预览。

图 6.1.3　定义附着面　　　图 6.1.4　出现箭头　　　图 6.1.5　定义边界位置

Step4. 单击 按钮完成单一边界的创建，结果如图 6.1.1b 所示。

# 6.2 所有曲线边界

使用  曲面所有边界(A) 命令是在指定的曲面或实体的边缘生成边界曲线。下面以图 6.2.1 所示的模型为例,讲解所有曲线边界的创建过程。

a)创建前　　　　　　　　　　　　　　　　　　　　b)创建后

图 6.2.1　创建所有曲线边界

Step1. 打开文件 D:\mcx8\work\ch06.02\CURVE_ON_ALL_EDGE.MCX。

Step2. 选择命令。选择下拉菜单 绘图(C) ➡ 曲线(V) ➡ 曲面所有边界(A) 命令。

Step3. 定义附着曲面。在绘图区选取图 6.2.1a 所示的面为附着曲面,然后按 Enter 键完成附着曲面的定义,此时系统弹出图 6.2.2 所示的"创建所有边界线"工具栏。

图 6.2.2　"创建所有边界线"工具栏

图 6.2.2 所示的"创建所有边界线"工具栏中部分选项的说明如下。

- 按钮:用于重新选取附着曲面。单击此按钮,用户可以在绘图区选取要创建边界的曲面或实体。

- 按钮:用于设置仅在开放边界创建的曲线,其使用效果如图 6.2.3 所示。

a)弹起状态　　　　　　　　　　　　　　　　b)按下状态

图 6.2.3　"开放边界"按钮的使用效果

- 文本框:用于设置在经过剪裁的曲面上创建边界时的边界起始和终止位置。系统会根据定义的值,预测曲面边界直线并计算其终止点,这个终止点是该边界改变方向的位置,其位置是根据大于或等于定义值计算而得的。

- 按钮:用于设置是否使用适合的圆弧或线来创建曲面边界线。

Step4. 单击 ✓ 按钮完成所有曲线边界的创建，结果如图 6.2.1b 所示。

# 6.3  固定参数曲线

使用  固定参数曲线(C)... 命令是在定义的曲面上沿着曲面的一个或两个方向，在指定位置构建曲线。下面以图 6.3.1 所示的模型为例，讲解固定参数曲线的创建过程。

a）创建前

b）创建后

图 6.3.1  创建固定参数曲线

Step1. 打开文件 D:\mcx8\work\ch06.03\CURVE_CONSTANT_PARAMETER.MCX。

Step2. 选择命令。选择下拉菜单 绘图(C) ➡ 曲线(V) ➡ 固定参数曲线(C)... 命令，系统弹出图 6.3.2 所示的"绘制指定位置的曲线曲面"工具栏。

图 6.3.2  "绘制指定位置的曲线曲面"工具栏

**图 6.3.2 所示的"绘制指定位置的曲线曲面"工具栏中部分选项的说明如下。**

- ⬅➡ 按钮：用于调整固定曲线的方向，有三种状态，分别为 ⬅➡ 、⬅➡ 和 ⬅➡ ，其对应结果分别如图 6.3.3~图 6.3.5 所示。

图 6.3.3  状态 1

图 6.3.4  状态 2

图 6.3.5  状态 3

- 弦差 下拉列表：用于设置创建的固定曲线的质量控制类型。此下拉列表锁定在"弦差"选项。系统会自动在 NURBS 曲面和等参数曲面上创建精确的曲线，而在其他类型的曲面上创建近似于 NURBS 曲线的弦高曲线。
- 0.001 文本框：用于设置创建固定曲线的弦差值。此值限定了创建的固定曲线与指定曲面的最大距离。

Step3. 定义固定曲线的附着面与位置。选取图 6.3.6 所示的曲面为固定曲线的附着面，此时，在所选取的曲面上出现图 6.3.7 所示的箭头，移动鼠标将箭头移动到图 6.3.8 所示的位置单击，此时系统自动生成创建的固定曲线预览。

图 6.3.6　定义附着面

图 6.3.7　箭头

图 6.3.8　定义固定曲线位置

Step4. 单击 ✓ 按钮完成固定参数曲线的创建，如图 6.3.1b 所示。

# 6.4　流 线 曲 线

使用 ┈┈ 流线曲线(F)... 命令可以在定义的曲面上，沿着曲面在常数参数方向上创建指定间距的参数曲线。下面以图 6.4.1 所示的模型为例，讲解流线曲线的创建过程。

a）创建前

b）创建后

图 6.4.1　创建流线曲线

Step1. 打开文件 D:\mcx8\work\ch06.04\CURVE_FLOWLINE.MCX。

Step2. 选择命令。选择下拉菜单 绘图(C) ➡ 曲线(V) ➡ ┈ 流线曲线(F)... 命令，系统弹出图 6.4.2 所示的"流线曲线"工具栏。

图 6.4.2　"流线曲线"工具栏

图 6.4.2 所示的"流线曲线"工具栏中部分选项的说明如下。

● ⟵⟶ 按钮：用于调整流线曲线的方向，有两种状态，分别为 ⟵⟶ 和 ⟵⟶，如图 6.4.3 和图 6.4.4 所示。

图 6.4.3　状态 1

图 6.4.4　状态 2

-  弦差 下拉列表：用于设置创建的流线曲线的质量控制类型。此下拉列表锁定在"弦差"选项。系统会自动在 NURBS 曲面和等参数曲面上创建精确的曲线；而在其他类型的曲面上创建近似于 NURBS 曲线的弦高曲线。

- 0.001 文本框：用于设置创建流线曲线的弦差值。此值限定了创建的流线曲线与指定曲面的最大距离。

- 下拉列表：用于设置创建的流线曲线的数量控制方式，包括 弦差 选项、距离 选项和 数量 选项。

  ☑ 弦差 选项：用于设置使用弦高的方式控制流线曲线的数量。用户可以在其后的文本框中设置创建流线曲线的公差值。此值限定了创建的流线曲线与指定曲面的最大距离。使用此种方法创建的流线曲线的数量与间距，是根据所选取的曲面或实体面的形状和复杂程度而定的。

  ☑ 距离 选项：用于设置使用相邻两条流线曲线之间的距离控制流线曲线的数量。用户可以在其后的文本框中定义相邻两条流线曲线之间的距离值。

  ☑ 数量 选项：用于设置使用数值控制流线曲线的数量。用户可以在其后的文本框中定义要创建流线曲线的数量。

Step3. 定义流线曲线的附着面。在绘图区选取图 6.4.1a 所示的曲面为流线曲线的附着面。

Step4. 设置流线曲线的参数。在"流线曲线"工具栏的 下拉列表中选择 数量 选项，并在其后的文本框中输入值 5。

Step5. 单击 按钮完成流线曲线的创建，如图 6.4.1b 所示。

# 6.5　动态曲线

使用 动态曲线(D)... 命令可以在定义的曲面上绘制任意曲线。下面以图 6.5.1 所示的模型为例，讲解动态曲线的创建过程。

a）创建前

b）创建后

图 6.5.1　动态曲线

Step1. 打开文件 D:\mcx8\work\ch06.05\CURVE_DYNAMIC.MCX。

Step2. 选择命令。选择下拉菜单 绘图(C) ➡ 曲线(V) ➡ ／ 动态曲线(D)... 命令，系统弹出图 6.5.2 所示的"绘制动态曲线"工具栏。

图 6.5.2 "绘制动态曲线"工具栏

图 6.5.2 所示的"绘制动态曲线"工具栏中部分选项的说明如下。

● 文本框：用于设置创建动态曲线的弦差值。此值限定了创建的动态曲线与指定曲面的最大距离。

Step3. 定义动态曲线的附着面并绘制曲线。

（1）定义动态曲线的附着面。选取图 6.5.1a 所示的曲面为动态曲线的附着面，此时在所选取的曲面上出现图 6.5.3 所示的箭头。

（2）绘制动态曲线。按照从左至右的顺序，在图 6.5.4 所示的位置依次单击，然后按 Enter 键确认。

图 6.5.3 箭头

图 6.5.4 定义动态曲线通过点

Step4. 单击 ✓ 按钮完成动态曲线的创建，如图 6.5.1b 所示。

# 6.6 曲面剖切线

使用 剖切线(S)... 命令可以在定义的曲面上创建与指定平面的交线。下面以图 6.6.1 所示的模型为例，讲解曲面剖切线的创建过程。

a）创建前

图 6.6.1 创建曲面剖切线

b）创建后

Step1. 打开文件 D:\mcx8\work\ch06.06\CURVE_SLICE.MCX。

Step2. 选择命令。选择下拉菜单 绘图(C) ➡ 曲线(V) ➡ 剖切线(S)... 命令，系统弹出图 6.6.2 所示的"剖切线"工具栏。

图 6.6.2　"剖切线"工具栏

图 6.6.2 所示的"剖切线"工具栏中部分选项的说明如下。

- 按钮：用于定义剖切平面。单击此按钮，系统弹出"平面选择"对话框。用户可以通过该对话框定义剖切平面的位置。
- 文本框：用于定义补正平面的间隔值。当需要创建不同深度的剖切线时使用此文本框，如图 6.6.3 所示。
- 文本框：用于定义曲面的偏移距离。如果在此文本框中定义了曲面的偏移距离，则系统会根据定义的值将曲面偏移，并与定义的平面相交来创建剖切线，如图 6.6.4 所示。

图 6.6.3　补正平面

图 6.6.4　偏移曲面

- 按钮：用于设置将剖切线连接成一个图素。
- 按钮：用于设置查找多个结果。如果不按下此按钮，系统会将找到的第一个解作为最终结果，如图 6.6.5 所示。

a）弹起状态

b）按下状态

图 6.6.5　查找所有结果

Step3. 定义剖切平面。

① 在"剖切线"工具栏中单击按钮，系统弹出"平面选择"对话框。

② 在"平面选择"对话框的 $Z$ 文本框中输入值 2.5，按 Enter 键确认。

③ 单击按钮完成剖切平面的定义。

Step4. 选取要剖切的曲面。在绘图区选取图 6.6.1a 所示的曲面。

Step5. 设置剖切参数。在"剖切线"工具栏的文本框中输入值 0；在文本框中输入值 0；单击按钮和按钮使其处于按下状态。

Step6. 单击按钮应用设置参数，然后单击按钮完成剖切线的创建，如图 6.6.1b 所示。

# 6.7 曲面曲线

使用"曲面曲线"命令  曲面曲线(U) 可以将曲线转为曲面曲线。下面以图 6.7.1 所示的模型为例,讲解曲面曲线的创建过程。

a)创建前　　　　　　　　　　　　　　　　b)创建后

图 6.7.1　创建曲面曲线

Step1. 打开文件 D:\mcx8\work\ch06.07\CURVE_SURFACE.MCX。

Step2. 选择命令。选择下拉菜单 绘图(C) ➡ 曲线(V) ➡  曲面曲线(U) 命令。

Step3. 定义要转化的曲线。选取图 6.7.2 所示的曲线为要转化的曲线,然后按 Enter 键完成曲线的转化。

Step4. 验证是否转化为曲面曲线。

① 选择命令。选择下拉菜单 屏幕(R) ➡ 消隐图素(B) 命令。

② 定义隐藏对象。在"General Selection"工具栏中单击"仅选择" 按钮,系统弹出"仅选择"对话框。

③ 在"仅选择"对话框的列表框中选中 ☑曲面上的曲线 复选框。

④ 单击 ✓ 按钮关闭"仅选择"对话框。

⑤ 框选图 6.7.3 所示的所有图素。

⑥ 按 Enter 键隐藏图素,如图 6.7.1b 所示。

选取此曲线

图 6.7.2　定义转化曲线　　　　　　　图 6.7.3　定义隐藏对象

# 6.8 分 模 线

使用 分模线(P)... 命令可以将曲面(零件)分为两个部分。下面以图 6.8.1 所示的模型为例，讲解分模线的创建过程。

a）创建前

b）创建后

图 6.8.1　创建分模线

Step1. 打开文件 D：\mcx8\work\ch06.08\CURVE_PARTING_LINE.MCX。

Step2. 选择命令。选择下拉菜单 绘图(C) ➡ 曲线(V) ➡ 分模线(P)... 命令，系统弹出图 6.8.2 所示的"分模线"工具栏。

弦差
距离

图 6.8.2　"分模线"工具栏

图 6.8.2 所示的"分模线"工具栏中部分选项的说明如下。

- 下拉列表：用于设置控制创建的分模线的精度，包括 弦差 选项和 距离 选项。
  - ☑ 弦差 选项：用于设置使用以弦高的方式控制分模线的质量。用户可以在其后的文本框中设置创建分模线的弦差值。此值限制了创建的分模线与指定曲面的最大距离。
  - ☑ 距离 选项：用于设置使用以分模线上点的修正距离控制分模线的质量。修正距离是指分模线上的点在指定曲面或实体面上沿曲线方向的距离。用户可以在其后的文本框中定义点的修正距离值。
- 文本框：用于定义分模线的倾斜角度值。

Step3. 定义要创建分模线的实体面。在"General Selection"工具栏中单击 按钮，然后选取图 6.8.1a 所示的模型外表面，按 Enter 键完成要创建分模线的实体面的定义。

Step4. 设置构图平面。在状态栏中单击 平面 按钮，然后在弹出的快捷菜单中选择 前视图(WCS)(F) 命令。

Step5. 设置分模线参数。在"分模线"工具栏的 文本框中输入值 30，按 Enter 键确认。

Step6. 单击 按钮应用设置参数，再单击 按钮完成分模线的创建，如图 6.8.1b 所示。

# 6.9　曲　面　交　线

使用 曲面交线(I)... 命令可以在两个曲面或实体的相交位置创建一条曲线。下面以图 6.9.1 所示的模型为例，讲解曲面交线的创建过程。

a) 创建前

b) 创建后

图 6.9.1 创建曲面交线

Step1. 打开文件 D:\mcx8\work\ch06.09\CURVE_INTERSECTION.MCX。

Step2. 选择命令。选择下拉菜单 绘图(C) ➡ 曲线(V) ➡ 曲面交线(I)... 命令，系统弹出"曲面交线"工具栏。

Step3. 定义相交曲面。在绘图区选取图 6.9.1 所示的曲面 1 为第一曲面，然后按 Enter 键完成第一曲面的定义；在绘图区选取图 6.9.1 所示的曲面 2 为第二曲面，然后按 Enter 键完成第二曲面的定义，此时，"曲面交线"工具栏中的参数被激活，如图 6.9.2 所示。

图 6.9.2 "曲面交线"工具栏

图 6.9.2 所示的"曲面交线"工具栏中部分选项的说明如下。

- 下拉列表：用于设置控制创建的交线的精度，包括 弦差 选项和 距离 选项。

  - ☑ 弦差 选项：用于设置使用以弦高的方式控制交线的质量。用户可以在其后的文本框中设置创建交线的弦差值。此值限制了创建的交线与指定曲面的最大距离。

  - ☑ 距离 选项：用于设置使用以交线上点的修正距离控制交线的质量。修正距离是指交线上的点在指定曲面或实体面上沿曲线方向的距离。用户可以在其后的文本框中定义点的修正距离值。

- 按钮：用于重新选取第一曲面。单击此按钮，用户可以在绘图区选取一个曲面为第一曲面。

- 文本框：用于设置第一曲面的偏移距离值。在此文本框中定义偏移距离，第一曲面的位置是不会改变的，而创建的交线会根据定义的值进行偏移，如图 6.9.3 所示。

- 按钮：用于重新选取第二曲面。单击此按钮，用户可以在绘图区选取两个曲面为第二曲面。

- 文本框：用于设置第二曲面的偏移距离值。在此文本框中定义偏移距离，第二曲面的位置是不会改变的，而创建的交线会根据定义的值进行偏移，如图 6.9.4

所示。

图 6.9.3　第一曲面偏移

图 6.9.4　第二曲面偏移

- ⬚按钮：用于设置创建另一个相交曲线。在出现以下两种情况时可使用此按钮：当用户知道存在一个或者多个交线而系统创建交线失败时，可使用此按钮；当用户知道有多个相交的可能，但又没有按下≈按钮，而又需要创建与系统不同的交线时，可使用此按钮。
- ⬚按钮：用于设置将交线连接成一个图素。
- ≈按钮：用于设置查找多个结果。

Step4. 设置交线参数。在"曲面交线"工具栏的⬚文本框中输入值 0，按 Enter 键确认；在⬚文本框中输入值 0，按 Enter 键确认；单击⬚按钮使其处于按下状态。

Step5. 单击✔按钮完成交线的创建，如图 6.9.1b 所示。

# 第 7 章 实体的创建与编辑

## 7.1 基本实体的创建

基本实体是具有规则的、固定形状的实体。在 Mastercam X8 中提供了圆柱、圆锥、立方体、球和圆环等基本三维实体。创建基本实体的命令主要位于下拉菜单 绘图(C) 的 基本实体(M) 子菜单中，如图 7.1.1 所示。同样，在"草图设计"工具栏中也列出了相应的绘制基本实体的命令，如图 7.1.2 所示。

### 7.1.1 圆柱

使用 圆柱体(C)... 命令是通过输入圆柱的半径和高度来创建圆柱体的实体，当然也可以为创建的圆柱体加一个起始角度和终止角度来创建部分圆柱体。下面以图 7.1.3 所示的模型为例讲解圆柱的创建过程。

Step1. 新建名称为 CYLINDER 的模型。

说明：系统默认新建的是一个空白的文件，只有在保存的时候才可以修改模型的名称，下同。

Step2. 选择命令。选择下拉菜单 绘图(C) ➡ 基本实体(M) ➡ 圆柱体(C)... 命令，系统弹出"圆柱体"对话框。

图 7.1.1 "基本实体"子菜单

图 7.1.2 "草图设计"工具栏

图 7.1.3 圆柱

Step3. 定义圆柱的基点位置。分别在"AutoCursor"工具栏的 文本框、 文本框和 文本框中输入值 0，0，0，并分别按 Enter 键确认。

Step4. 设置圆柱的参数。在"圆柱体"对话框中选中 实体(S) 单选项，在 文本框中输入值 30，按 Enter 键确认；在 文本框中输入值 30，按 Enter 键确认；单击 按钮显示"圆柱体"对话框的更多选项。在 文本框中输入值 0，按 Enter 键确认；在 文本框中输入值 270，按 Enter 键确认。

Step5. 单击 按钮，完成圆柱的创建。

Step6. 保存文件。选择下拉菜单 文件(F) ➡ 保存(S) 命令，在弹出的"另存为"对话框中输入要创建的模型的名称即可。

## 7.1.2 圆锥

使用 圆锥体(O)... 命令是通过输入半径和高度来创建圆锥体，当然也可以在创建的圆锥体上加一个起始角度和终止角度来创建部分圆锥体。下面以图 7.1.4 所示的模型为例，讲解圆锥体的创建过程。

Step1. 新建名称为 CONE 的模型。

Step2. 选择命令。选择下拉菜单 绘图(C) ➡ 基本实体(M) ➡ 圆锥体(O)... 命令，系统弹出"圆锥体"对话框。

图 7.1.4　圆锥

Step3. 定义圆锥体的基准点位置。分别在"AutoCursor"工具栏的 文本框、 文本框和 文本框中输入值 0，0，0，并分别按 Enter 键确认。

Step4. 设置圆锥体的参数。在"圆锥体"对话框中选中 实体(S) 单选项，在 文本框中输入值 30，按 Enter 键确认；在 文本框中输入值 20，按 Enter 键确认；在 顶部 区域中选中 单选项，并在其后的文本框中输入值 10，按 Enter 键确认；单击 按钮显示"圆锥体"对话框的更多选项。在 文本框中输入值 0，按 Enter 键确认；在 文本框中输入值 270，按 Enter 键确认。

Step5. 单击 按钮，完成圆锥体的创建。

Step6. 保存文件。选择下拉菜单 文件(F) ➡ 保存(S) 命令，在弹出的"另存为"对话框中输入要创建的模型的名称即可。

## 7.1.3 立方体

使用  立方体(B)... 命令是通过定义立方体的长度、宽度和高度来创建立方体。下面以图 7.1.5 所示的模型为例,讲解立方体的创建过程。

图 7.1.5 立方体

Step1. 新建名称为 BLOCK 的模型。

Step2. 选择命令。选择下拉菜单 绘图(C) ➜ 基本实体(M) ➜ 立方体(B)... 命令,系统弹出"立方体"对话框。

Step3. 定义立方体的基点位置。分别在"AutoCursor"工具栏的 X 文本框、 Y 文本框和 Z 文本框中输入值 0,0,0,并分别按 Enter 键确认。

Step4. 设置立方体的参数。在"立方体"对话框中选中 ⊙ 实体(S) 单选项,在 文本框中输入值 30,按 Enter 键确认;在 文本框中输入值 20,按 Enter 键确认;在 文本框中输入值 10,按 Enter 键确认。

Step5. 单击 ✓ 按钮,完成立方体的创建。

Step6. 保存文件。选择下拉菜单 文件(F) ➜ 保存(S) 命令,在弹出的"另存为"对话框中输入要创建的模型的名称即可。

## 7.1.4 球

使用 球体(S)... 命令是通过定义球的半径来创建球体,当然也可以在创建的球体上加一个起始角度和终止角度来创建部分球体。下面以图 7.1.6 所示的模型为例,讲解球体的创建过程。

图 7.1.6 球体

Step1. 新建名称为 BALL 的模型。

Step2. 选择命令。选择下拉菜单 绘图(C) ➜ 基本实体(M) ➜ 球体(S)... 命令，系统弹出"球体"对话框。

　　Step3. 定义球体的基点位置。分别在"AutoCursor"工具栏的 ⊠ 文本框、⊻ 文本框和 ⊇ 文本框中输入值 0，0，0，并分别按 Enter 键确认。

　　Step4. 设置球体的参数。在"球体"对话框中选中 ⊙ 实体(S) 单选项，在 ⊘ 文本框中输入值 50，并按 Enter 键确认；单击 ⬇ 按钮显示"球体"对话框的更多选项。在 ◿ 文本框中输入值 0，按 Enter 键确认；在 ◺ 文本框中输入值 270，按 Enter 键确认。

　　Step5. 单击 ✓ 按钮，完成球体的创建。

　　Step6. 保存文件。选择下拉菜单 文件(F) ➡ 🖫 保存(S) 命令，在弹出的"另存为"对话框中输入要创建的模型的名称即可。

## 7.1.5　圆环体

　　使用 ○ 圆环体(T)... 命令是通过定义圆环的半径和最小半径来创建圆环体，当然也可以在创建的圆环体上加一个起始角度和终止角度来创建部分圆环体。下面以图 7.1.7 所示的模型为例，讲解圆环体的创建过程。

图 7.1.7　圆环体

　　Step1. 新建名称为 TORUS 的模型。

　　Step2. 选择命令。选择下拉菜单 绘图(C) ➡ 基本实体(M) ➡ ○ 圆环体(T)... 命令，系统弹出"圆环体"对话框。

　　Step3. 定义圆环体的基点位置。分别在"AutoCursor"工具栏的 ⊠ 文本框、⊻ 文本框和 ⊇ 文本框中输入值 0，0，0，并分别按 Enter 键确认。

　　Step4. 设置圆环体的参数。在"圆环体"对话框中选中 ⊙ 实体(S) 单选项，在 ◔ 文本框中输入值 50，并按 Enter 键确认；在 ◔ 文本框中输入值 10，并按 Enter 键确认；单击 ⬇ 按钮显示"圆环体"对话框的更多选项。在 扫描 区域的 ◿ 文本框中输入值 0，并按 Enter 键确认；在 ◺ 文本框中输入值 270，并按 Enter 键确认。

　　Step5. 单击 ✓ 按钮，完成圆环体的创建。

　　Step6. 保存文件。选择下拉菜单 文件(F) ➡ 🖫 保存(S) 命令，在弹出的"另存为"对话框中输入要创建的模型的名称即可。

# 7.2 实体的创建

在 Mastercam X8 中，实体通常是由一个或多个封闭的或者开放的二维图形经过挤出、旋转、举升等命令创建的。创建实体的命令主要位于 实体(S) 下拉菜单中，如图 7.2.1 所示。同样，在"实体"工具栏中也列出了相应的创建实体的命令，如图 7.2.2 所示。

图 7.2.1　"实体"下拉菜单　　　　　图 7.2.2　"实体"工具栏

## 7.2.1　挤出实体

使用 挤出(X)... 命令是将指定的一个或多个外形轮廓，沿着指定的方向和距离进行平移所形成的实体。如果所选取的外形轮廓为封闭曲线，可以生成实心实体或空心实体；当所选取的外形轮廓为开放曲线时，只能生成薄壁实体。下面以图 7.2.3 所示的模型为例，讲解挤出实体的创建过程。

a）创建前　　　　　　　　　　　　　　b）创建后

图 7.2.3　挤出实体

Step1. 打开文件 D:\mcx8\work\ch07.02.01\EXTRUDE.MCX。

Step2. 选择命令。选择下拉菜单 实体(S) ➡ 挤出(X)... 命令，系统弹出"串连"

对话框。

    **Step3.** 定义外形轮廓。选取图 7.2.4 所示的边线，此时系统会自动为所选取的图素添加方向，如图 7.2.5 所示；选取图 7.2.6 所示的圆，此时系统会自动为所选取的图素添加方向，如图 7.2.7 所示；选取图 7.2.8 所示的圆，此时系统会自动为所选取的图素添加方向，如图 7.2.9 所示；单击 [✓] 按钮完成轮廓的定义，同时系统弹出 7.2.10 所示的"实体挤出"对话框。

图 7.2.4 选取边线

图 7.2.5 选取方向

图 7.2.6 选取圆

图 7.2.7 选取方向

图 7.2.8 选取圆

图 7.2.9 选取方向

图 7.2.10 "实体挤出"对话框

图 7.2.10 所示的"实体挤出"对话框中的部分选项的说明如下。

➢ **基本** 选项卡：用于设置挤出的基本参数。

● **名称:** 文本框：用于设置挤出特征的名称。

● **类型:** 区域：用于设置挤出操作的方式，其中包括 ⊙ **创建主体** 单选项、⊙ **切削主体** 单选项、⊙ **添加凸缘** 单选项、☑ **创建单一操作** 和 ☑ **自动确定操作类型** 复选框。

- ☑ ◉ 创建主体 单选项：用于设置创建新的挤出实体。

- ☑ ◉ 切削主体 单选项：用于设置创建切除的挤出特征。此单选项在创建最初的实体时不可用。

- ☑ ◉ 添加凸缘 单选项：用于在现有实体的基础上创建挤出特征。使用此种方式创建的挤出特征的材料与现有的实体相同。此单选项在创建最初的一个实体时不可用。

- ☑ ☑ 创建单一操作 复选框：用于将多个挤出操作合成一个挤出操作。当同时挤出多个封闭轮廓时，如果不选中此复选框，则系统会在操作管理中创建相应个数的挤出特征；反之，则创建一个挤出特征。

- ☑ ☑ 自动确定操作类型 复选框：用于根据以选定的图形，自动创建 ◉ 添加凸缘 或者 ◉ 切削主体 操作。

- ● 串连 区域：用于显示实体操作所选图元。

- ● 距离 区域：用于设置挤出距离/方向的相关参数，其中包括 ↔ 按钮、◉ 距离 文本框、◉ 全部贯穿 单选项、☑ 双向 复选框和 ☑ 修剪到面 复选框。

  - ☑ ↔ 按钮：用于将特征生成的方向发生反转。

  - ☑ ◉ 距离 文本框：用于定义挤出的距离值。

  - ☑ ◉ 全部贯穿 单选项：用于定义创建的挤出特征完全贯穿所选择的实体，如图 7.2.11 所示。

  - ☑ ☑ 双向 复选框：用于创建对称类型的挤出特征。

  - ☑ ☑ 修剪到面 复选框：用于设置将挤出体挤出到选定的曲面并进行修剪。

- ➤ 高级 选项卡：用于设置挤出的高级参数。

- ● ☑ 绘图 区域：用于设置拔模角的相关参数，其中包括 ☑ 绘图 复选框、☑ 翻转 复选框、角度 文本框、☑ 分割 复选框和 □ 绘图端 复选框。

  - ☑ ☑ 绘图 复选框：用于设置创建拔模角，如图 7.2.12 所示。

图 7.2.11 挤出距离

图 7.2.12 拔模

  - ☑ ☑ 翻转 复选框：用于设置拔模方向相对于挤出轮廓为朝外，如图 7.2.13 所示；反之，则朝内，如图 7.2.14 所示。

图 7.2.13　朝外拔模　　　　　　　图 7.2.14　朝内拔模

☑　**角度** 文本框：用于定义拔模角度。
☑　☑**分割** 复选框：用于设置挤出两边同时拔模，如图 7.2.15 所示。当同时选中
　　☑**绘图** 复选框和 ☑**双向** 复选框时此复选框可用，如图 7.2.16 所示。

图 7.2.15　双向拔模　　　　　　　图 7.2.16　两边同时延伸

☑　☐**绘图端** 复选框：用于将定义的拔模角度应用至与曲线的开放式串联端点相
　　关联的面。
● ☑**薄壁** 区域：用于设置薄壁特征的相关参数，其中包括 ☑**薄壁** 复选框、◉**方向** 1
　单选项、◉**方向** 2 单选项、◉**两者** 单选项、**方向** 1: 文本框和 **方向** 2: 文本框。
☑　☑**薄壁** 复选框：用于设置创建薄壁实体。选中此复选框后才能设置其他参数。
☑　◉**方向** 1 单选项：用于设置薄壁实体的厚度方向相对于挤出轮廓向内，如图
　　7.2.17 所示。
☑　◉**方向** 2 单选项：用于设置薄壁实体的厚度方向相对于挤出轮廓向外，如图
　　7.2.18 所示。
☑　◉**两者** 单选项：用于设置薄壁实体的厚度方向相对于挤出轮廓向两侧，如
　　图 7.2.19 所示。

图 7.2.17　厚度朝内　　　　图 7.2.18　厚度朝外　　　　图 7.2.19　双向

☑ **方向 1:** 文本框：用于定义薄壁朝内的厚度值。

☑ **方向 2:** 文本框：用于定义薄壁朝外的厚度值。

Step4. 设置挤出参数。在"实体挤出"对话框的 **距离** 区域中选中◉**距离**单选项，然后在◉**距离**文本框中输入值 20；单击↔按钮调整材料生成方向，如图 7.2.20 所示。

图 7.2.20 定义挤出参数

Step5. 单击✅按钮，完成挤出特征的创建。

## 7.2.2 实体旋转

使用 **旋转(R)...** 命令是将指定的一个或多个外形轮廓，绕着定义的旋转轴旋转所形成的实体。下面以图 7.2.21 所示的模型为例，讲解实体旋转的创建过程。

a）创建前  b）创建后

图 7.2.21 实体旋转

Step1. 打开文件 D:\mcx8\work\ch07.02.02\REVOLVE.MCX。

Step2. 选择命令。选择下拉菜单 **实体(S)** ➡ **旋转(R)...** 命令，系统弹出"串连"对话框。

Step3. 定义外形轮廓。选取图 7.2.22 所示的边线，此时系统会自动为所选取的图素添加方向，如图 7.2.23 所示；单击✅按钮完成旋转轮廓的定义。

选取此边线

图 7.2.22 选取边线    图 7.2.23 选取方向

Step4. 定义旋转轴。选取图 7.2.24 所示的虚线为旋转轴，系统会在绘图区显示旋转方向，如图 7.2.25 所示。同时系统弹出图 7.2.26 所示的"实体旋转"对话框。

选取此虚线

图 7.2.24　定义旋转轴

图 7.2.25　旋转方向

图 7.2.26　"实体旋转"对话框

图 7.2.26 所示的"实体旋转"对话框中的部分选项的说明如下。

➢ 基本 选项卡: 用于设置旋转的相关参数。

● 名称: 文本框: 用于设置旋转特征的名称。

● 类型: 区域: 用于设置旋转操作的方式, 其包括 ◉创建主体 单选项、◉切削主体 单选项、◉添加凸缘 单选项和 ☑创建单一操作 复选框。

☑ ◉创建主体 单选项: 用于设置创建新的旋转实体。

☑ ◉切削主体 单选项: 用于设置创建切除的旋转特征。此单选项在创建最初的一个实体时不可用。

☑ ◉添加凸缘 单选项: 用于在现有实体的基础上创建旋转特征。使用此种方式创建的旋转特征的材料与现有的实体相同。此单选项在创建最初的一个实体时不可用。

☑　　☑创建单一操作　复选框：用于将多个旋转操作合成一个旋转操作。当同时旋转
多个封闭轮廓时，如果不选中此复选框，则系统会在操作管理中创建相应个
数的旋转特征；反之，则创建一个旋转特征。

- 串连　区域：用于显示实体操作所选图元。
- 旋转轴　区域：用于设置轴线的相关参数，其包括[按钮]按钮和"反向"[↔]按钮。
  - ☑　[按钮]按钮：用于选择其他的旋转轴。
  - ☑　[↔]按钮：用于翻转旋转方向。
- 角度　区域：用于设置旋转角度的相关参数，其包括起始角度：文本框和结束角度：文本框。
  - ☑　起始角度：文本框：用于设置旋转的起始角度值。
  - ☑　结束角度：文本框：用于设置旋转的终止角度值。

➢ 高级　选项卡：用于设置薄壁实体的相关参数。

- ☑薄壁　区域：用于设置薄壁特征的相关参数，其中包括☑薄壁　复选框、◉方向1
单选项、◉方向2单选项、◉两者　单选项、方向1：文本框和方向2：文本框。
  - ☑　☑薄壁　复选框：用于设置创建薄壁实体。当选中此复选框时，☑薄壁　区域
    才可被激活。
  - ☑　◉方向1单选项：用于设置薄壁实体的厚度方向相对于旋转轮廓向内。
  - ☑　◉方向2单选项：用于设置薄壁实体的厚度方向相对于旋转轮廓向外。
  - ☑　◉两者　单选项：用于设置薄壁实体的厚度方向相对于旋转轮廓向两侧。
  - ☑　方向1：文本框：用于定义薄壁朝内的厚度值。
  - ☑　方向2：文本框：用于定义薄壁朝外的厚度值。

Step5. 设置旋转参数。在"实体旋转"对话框的角度　区域的起始角度：文本框中输入值
0；在结束角度：文本框中输入值360。

Step6. 单击[✓]按钮，完成实体旋转的创建。

## 7.2.3　扫描

使用[扫描(S)...]命令是将指定的一个或多个共面且封闭的外形轮廓，沿着定义的一条轨迹进行扫描所形成的实体。下面以图7.2.27所示的模型为例，讲解扫描特征的创建过程。

Step1. 打开文件 D:\mcx8\work\ch07.02.03\SWEEP.MCX。

Step2. 选择命令。选择下拉菜单实体(S) ➡ [扫描(S)...]命令，系统弹出"串连"

a）创建前

b）创建后

图 7.2.27　扫描实体

Step3. 定义扫描外形轮廓。选取图 7.2.28 所示的圆，此时系统会自动为所选取的图素添加方向，如图 7.2.29 所示；单击 ✔ 按钮完成扫描外形轮廓的定义，此时系统再次弹出"串连"对话框。

选取此圆

图 7.2.28　定义扫描外形轮廓

图 7.2.29　选取方向

Step4. 定义扫描轨迹。选取图 7.2.30 所示的曲线，此时系统会自动选取与此曲线相连的所有图素，并弹出图 7.2.31 所示的"扫描"对话框。

选取此曲线

图 7.2.30　定义扫描轨迹

图 7.2.31　"扫描"对话框

图 7.2.31 所示的"扫描"对话框中的部分选项的说明如下。

● 名称:文本框：用于设置扫描的名称。

- **类型**:区域:用于设置扫描操作的方式,其中包括 ⊙**创建主体** 单选项、⊙**切削主体** 单选项、⊙**添加凸缘** 单选项和 ☑**创建单一操作** 复选框。

  - ☑ ⊙**创建主体** 单选项:用于设置创建新的扫描实体。

  - ☑ ⊙**切削主体** 单选项:用于设置创建切除的扫描特征。此单选项在创建最初的一个实体时不可用。

  - ☑ ⊙**添加凸缘** 单选项:用于在现有实体的基础上创建扫描特征。使用此种方式创建的扫描特征的材料与现有的实体相同。此单选项在创建最初的一个实体时不可用。

  - ☑ ☑**创建单一操作** 复选框:用于将多个扫描操作合成一个扫描操作。当同时扫描多个封闭轮廓时,如果不选中此复选框,则系统会在操作管理中创建相应个数的扫描特征;反之,则创建一个扫描特征。

- **要扫描的串连** 文本框:用于定义扫描外形轮廓。
- **引导串连** 文本框:用于定义扫描轨迹。

Step5. 单击 ⊘ 按钮,完成扫描特征的创建。

## 7.2.4 举升实体

使用 🔲 **举升(L)...** 命令是将多个截面图形按照一定的顺序,以平滑或线性方式连接起来所形成的实体。下面以图 7.2.32 所示的模型为例,讲解举升实体特征的创建过程。

Step1. 打开文件 D:\mcx8\work\ch07.02.04\LIFT.MCX。

Step2. 选择命令。选择下拉菜单 **实体(S)** ➡ 🔲 **举升(L)...** 命令,系统弹出"串连"对话框。

a)创建前

b)创建后

图 7.2.32 举升实体

Step3. 定义截面轮廓。

① 选取第一个截面轮廓。选取图 7.2.33 所示的直线,此时系统会自动选取与此直线相连的所有图素并添加串连方向,如图 7.2.34 所示。

② 选取第二个截面轮廓。选取图 7.2.35 所示的椭圆,此时系统会自动为此图素添加串连方向,如图 7.2.36 所示。

图 7.2.33　定义第一个举升截面轮廓

图 7.2.34　选取方向

图 7.2.35　定义第二个举升截面轮廓

图 7.2.36　选取方向

③ 选取第三个截面轮廓。选取图 7.2.37 所示的椭圆，此时系统会自动为此图素添加串连方向，如图 7.2.38 所示。

图 7.2.37　定义第三个举升截面轮廓

图 7.2.38　选取方向

④ 单击 ✓ 按钮完成截面轮廓的定义，此时系统弹出图 7.2.39 所示的"举升"对话框。

图 7.2.39 所示的"举升"对话框中的部分选项的说明如下。

● ☑ 创建为直纹 复选框：用于设置创建直纹实体，如图 7.2.40b 所示。

图 7.2.39　"举升"对话框

a）举升

b）直纹

图 7.2.40　举升和直纹

Step4. 设置举升参数。在"举升"对话框中取消选中 ☐创建为直纹 复选框。

Step5. 单击 ✅按钮，完成举升特征的创建。

## 7.2.5 由曲面生成实体

使用  命令是根据曲面生成实体。下面以图 7.2.41 所示的模型为例讲解由曲面生成实体的创建过程。

a）创建前　　　　　　　　　　　　　　　　　　b）创建后

图 7.2.41　由曲面生成实体

Step1. 打开文件 D:\mcx8\work\ch07.02.05\SOLID_FROM_SURFACE.MCX。

Step2. 选择命令。选择下拉菜单 实体(S) ➡ 由曲面生成实体(O)... 命令。

Step3. 选取要缝合到实体的曲面。按 Ctrl+A 选取所有可见曲面，然后按 Enter 键，此时系统弹出图 7.2.42 所示的"由曲面生成实体"对话框。

图 7.2.42　"由曲面生成实体"对话框

图 7.2.42 所示的"由曲面生成实体"对话框中的部分选项的说明如下。

● 原始曲面:区域：用于设置处理原始曲面的方式，其包括 ⦿保留单选项、◉消隐 单选项和 ⦿删除单选项。

　☑ ⦿保留单选项：用于设置保留原始曲面。

　☑ ◉消隐 单选项：用于设置隐藏原始曲面。

☑ ⊙ 删除 单选项：用于设置删除原始曲面。

● 公差: 文本框：用于设置曲面边界间允许的最大间隙值。如果超过了最大间隙值，则此曲面将不会被转为实体。

Step4. 设置串连选项。在"由曲面生成实体"对话框 原始曲面: 区域中选中 ⊙ 删除 单选项。

Step5. 单击 ⊘ 按钮，完成由曲面转为实体的创建。

# 7.3 实体的编辑

在 Mastercam X8 中，实体编辑包括倒圆角、倒角、抽壳、加厚、实体修剪、牵引实体、移除实体表面、结合、切割、交集等。创建实体的命令主要位于 实体(S) 下拉菜单中，如图 7.3.1 所示。同样，在"实体"工具栏中也列出了相应的创建实体的命令，如图 7.3.2 所示。

图 7.3.1 "实体"下拉菜单

图 7.3.2 "实体"工具栏

## 7.3.1 倒圆角

倒圆角可以在定义的实体边界线上产生圆角过渡。Mastercam X8 为用户提供了三种倒圆角的命令，分别为"等半径倒圆角"命令 ● 等半径倒圆角(C)... 、"可变半径倒圆角"命令 ● 可变半径倒圆角(V)... 和"面与面倒圆角"命令 ● 面与面倒圆角(F)... 。下面将分别介绍使用三种倒圆角命令进行倒圆角的创建过程。

### 1. 等半径倒圆角

● 等半径倒圆角(C)... 命令可以创建等半径倒圆角。下面以图 7.3.3 所示的模型为例讲解等半径倒圆角的创建过程。

a）创建前

b）创建后

图 7.3.3　等半径倒圆角

Step1. 打开文件 D:\mcx8\work\ch07.03.01\FILLET.MCX。

Step2. 选择命令。选择下拉菜单 实体(S) ➡ 圆角(F) ➡ 🔵 等半径倒圆角(C)... 命令，系统弹出"实体选择"对话框。

Step3. 定义倒圆角边。在"实体选择"对话框中只选中"边界"按钮 🔲，选取图 7.3.3a 所示的边线，单击 ✓ 按钮，完成倒圆角边的定义，同时系统弹出图 7.3.4 所示的 "固定圆角半径"对话框。

图 7.3.4　"固定圆角半径"对话框

图 7.3.4 所示的"固定圆角半径"对话框中的部分选项的说明如下。

● 名称:文本框：用于设置倒圆角的名称。

● ☑沿切线延伸 复选框：用于设置在与所选取边相切的所有边处创建圆角过渡，如图 7.3.5 所示（只选取了图 7.3.3a 所示的一条边线）。

a）未选中

b）选中后

图 7.3.5　沿切线延伸

- ☑斜接圆角 复选框：用于设置在角落处创建斜接，如图 7.3.6 所示。

a）未选中

b）选中后

图 7.3.6　斜接圆角

- 半径 文本框：用于定义倒圆角的半径值。

Step4. 设置倒圆角参数。在"固定圆角半径"对话框 半径 文本框中输入值 3；选中
☑沿切线延伸 复选框。

Step5. 单击 ✅按钮，完成等半径倒圆角的创建，如图 7.3.3b 所示。

### 2. 可变半径倒圆角

🔷可变半径倒圆角(V)... 命令也可以创建变化半径倒圆角。下面以图 7.3.7 所示的模型为
例，讲解可变半径倒圆角的创建过程。

选取此边线
a）创建前

b）创建后

图 7.3.7　可变半径倒圆角

Step1. 打开文件 D:\mcx8\work\ch07.03.01\FILLET.MCX。

Step2. 选择命令。选择下拉菜单 实体(S) ➡ 圆角(F) ➡ 🔷可变半径倒圆角(V)... 命
令，系统弹出"实体选择"对话框。

Step3. 定义倒圆角边。在"实体选择"对话框中只选中"边界"按钮 🔳，选取图
7.3.7a 所示的边线，单击 ✅按钮，完成倒圆角边的定义，同时系统弹出图 7.3.8 所示的
"变化圆角半径"对话框。

Step4. 设置倒圆角参数。在"变化圆角半径"对话框的 半径 文本框中输入值 3；选中
◉线性 单选项；取消选中 ☐沿切线延伸 复选框；单击 顶点 区域中的"中点"按钮 ✏，选取
图 7.3.7a 所示的边线，系统会自动在此边线的中点位置添加半径标记，同时弹出"输入半
径"对话框。在此对话框中输入值 8，按 Enter 键确认，按 Esc 退出顶点的选择。

Step5. 单击 ✅按钮，完成可变半径倒圆角的创建，如图 7.3.7b 所示。

图 7.3.8　变化圆角半径

图 7.3.8 所示的"变化半径圆角"对话框中的部分选项的说明如下。

- **名称:** 文本框：用于设置倒圆角的名称。
- **线性** 单选项：用于设置变化半径倒圆角的类型为线性的，如图 7.3.9 所示。
- **平滑** 单选项：用于设置变化半径倒圆角的类型为平滑的，如图 7.3.10 所示。

图 7.3.9　线性

图 7.3.10　平滑

- **溢出:** 下拉列表：用于定义圆角超出边界的处理方式，其包括 **默认** 选项、**维持熔接** 选项和 **维持边缘** 选项。

  ☑ **默认** 选项：用于设置倒圆角超出边界的处理方式为默认。使用此选项，系统会在"保持熔接"方式和"保持边界"方式中选择一个最好的方式，处理超出边界的情况。

  ☑ **维持熔接** 选项：用于设置使用保持熔接的方式处理超出边界的情况，如图 7.3.11 所示。使用此选项创建的圆角可以使圆角和超出边界面保持相切，其保持相切的方式是通过延伸或修剪超出边界面来实现的。

☑ 维持边缘 选项：用于设置使用保持边界的方式处理超出边界的情况，如图 7.3.12 所示。使用此选项创建的圆角，其圆角和超出边界面是不相切的。

图 7.3.11　维持熔接

图 7.3.12　维持边缘

● 顶点 区域：用于添加或者编辑半径标记。

☑ （中点）按钮：用于在定义边的中点位置插入半径标记。

☑ （动态）按钮：用于以动态插入点的方式插入可变半径的标记，半径标记如图 7.3.13 所示。

图 7.3.13　半径标记

☑ （位置）按钮：用于修改半径标记位置。

☑ （移除顶点）按钮：用于移除指定的半径标记。

☑ 循环 按钮：用于循环修改半径标记处的半径值。

## 3. 面与面倒圆角

面与面倒圆角(F)... 命令可以在两组面之间创建圆角过渡。下面以图 7.3.14 所示的模型为例，讲解面与面倒圆角的创建过程。

a）创建前

图 7.3.14　面与面倒圆角

b）创建后

Step1. 打开文件 D:\mcx8\work\ch07.03.01\FILLET.MCX。

Step2. 选择命令。选择下拉菜单 实体(S)  圆角(F)  面与面倒圆角(F)... 命令，系统弹出"实体选择"对话框。

Step3. 定义倒圆角面。在绘图区选取图 7.3.15 所示的面 1 为第一面组，按 Enter 键完成倒圆角第一面组的定义，在绘图区选取图 7.3.15 所示的面 2 为第二面组，按 Enter 键完成倒圆角第二面组的定义，同时系统弹出图 7.3.16 所示的"面与面倒圆角"对话框。

图 7.3.15　定义倒圆角面

图 7.3.16　"面与面倒圆角"对话框

图 7.3.16 所示的"面与面倒圆角"对话框中的部分选项的说明如下。

- **名称:** 文本框：用于设置面与面倒圆角的名称。
- **半径** 单选项：用于设置使用半径的方式限制圆角过渡。使用此种方式创建的圆角可使圆角面的圆角半径保持不变，如图 7.3.17 所示。
- **宽度** 单选项：用于设置使用宽度的方式限制圆角过渡。使用此种方式创建的圆角可使圆角过渡的宽度保持不变，而圆角半径可能发生变化，如图 7.3.18 所示。

图 7.3.17　半径

图 7.3.18　宽度

- **控制线** 单选项：用于设置使用控制线的方式限制圆角过渡。使用此种方式创建圆角无须定义圆角半径或宽度，只需定义圆角的边界即可，如图 7.3.19 所示。
- **半径** 文本框：用于定义圆角的半径值。当选中 **半径** 单选项时此文本框可用。
- **宽度:** 文本框：用于定义圆角的宽度值。当选中 **宽度** 单选项时此文本框可用。

a）创建前

b）创建后

图 7.3.19　控制线

- **比率：** 文本框：用于定义圆角过渡在第一组圆角面与第二组圆角面的分布。当定义的两方向跨度值为 1 时，第一组圆角面与第二组圆角面将平分定义圆角宽度，如图 7.3.20 所示；当定义的两方向跨度值小于 1 时，在第一组圆角面分布的圆角过渡将大于在第二组圆角面分布的圆角过渡，并且在第一组圆角面分布的圆角过渡与在第二组圆角面分布的圆角过渡的比值为定义的两方向跨度值，如图 7.3.21 所示；当定义的两方向跨度值大于 1 时，在第一组圆角面分布的圆角过渡将小于在第二组圆角面分布的圆角过渡，并且在第一组圆角面分布的圆角过渡与在第二组圆角面分布的圆角过渡的比值为定义的两方向跨度值，如图 7.3.22 所示。

- **边缘：** 文本框：用于选取控制线。激活此文本框，用户可以在绘图区选取面与面圆角的控制线。当选中 **◉ 控制线** 单选项时此按钮可用。

- **◉ 单侧** 单选项：用于设置使用一条控制线来限制圆角过渡。

- **◉ 双侧** 单选项：用于设置使用两条控制线来限制圆角过渡。

图 7.3.20　两方向跨度等于 1 时　　图 7.3.21　两方向跨度小于 1 时　　图 7.3.22　两方向跨度大于 1 时

- **☑ 沿切线延伸** 复选框：用于设置在与所选取边相切的所有边处创建圆角过渡。

- **☑ 连续曲率** 复选框：用于设置创建到指定的点具有相同的曲率的圆角过渡。

- **辅助点** 按钮：用于设置创建离辅助点最近的圆角过渡。当创建的圆角过渡具有多种解时，可以通过定义辅助点的方式确定圆角过渡的位置，如图 7.3.23 所示。

Step4. 设置倒圆角参数。在"面与面倒圆角"对话框中选中 **◉ 半径** 单选项；在 **半径** 文本框中输入值 3。

Step5. 单击 ✓ 按钮，完成面与面倒圆角的创建，如图 7.3.14b 所示。

图 7.3.23 可能的圆角过渡

## 7.3.2 倒角

倒角可以在定义的实体上产生倒角。Mastercam X8 为用户提供了三种倒角的命令，分别为"单一距离倒角"命令 ⚠ 单一距离倒角(O)... 、"不同距离倒角"命令 ⚠ 不同距离倒角(T)... 和"距离/角度倒角"命令 ⚠ 距离/角度倒角(D)... 。下面分别介绍使用三种倒角命令创建倒角的过程。

### 1. 单一距离

"单一距离倒角"命令 ⚠ 单一距离倒角(O)... 是在两个表面进行相同长度的倒角。下面以图 7.3.24 所示的模型为例，讲解单一距离倒角的创建过程。

Step1. 打开文件 D:\mcx8\work\ch07.03.02\CHAMFER.MCX。

Step2. 选择命令。选择下拉菜单 实体(S) ➡ 倒角(C) ➡ ⚠ 单一距离倒角(O)... 命令，系统弹出"实体选择"对话框。

Step3. 定义倒角边。在"实体选择"对话框中只选中"边界"按钮 🔲，选取图 7.3.24a 所示的边线，单击 ✔ 按钮，完成倒角边的定义，同时系统弹出图 7.3.25 所示的"单距离倒角"对话框。

a) 创建前　　　　　　　　b) 创建后

图 7.3.24 单一距离　　　　　　图 7.3.25 "单距离倒角"对话框

图 7.3.25 所示的"单距离倒角"对话框中的部分选项的说明如下。

- 名称: 文本框：用于设置倒角的名称。

- 距离 文本框：用于定义倒角的距离值。

- ☑斜接圆角 复选框：用于设置在角落处创建斜接，如图 7.3.26 所示。

a）未选中　　　　　　　　　　　　　　　　　　　　b）选中后

图 7.3.26　斜接圆角

- ☑沿切线延伸 复选框：用于设置在与所选取边相切的所有边处创建倒角过渡。

Step4. 设置倒角参数。在"倒角参数"对话框的 距离 文本框中输入值 3；选中 ☑沿切线延伸 复选框。

Step5. 单击 按钮，完成单一距离倒角的创建，如图 7.3.24b 所示。

## 2．不同距离

"不同距离倒角"命令 不同距离倒角(T)... 是在两个表面进行不同距离的倒角。下面以 图 7.3.27 所示的模型为例，讲解不同距离倒角的创建过程。

a）创建前　　　　　　　　　　　　　　　　　　　　b）创建后

图 7.3.27　不同距离

Step1. 打开文件 D:\mcx8\work\ch07.03.02\CHAMFER.MCX。

Step2. 选择命令。选择下拉菜单 实体(S) ➡ 倒角(C) ➡ 不同距离倒角(T)... 命令，系统弹出"实体选择"对话框。

Step3. 定义倒角边。在"实体选择"对话框中只选中"边界"按钮 ，选取图 7.3.27a 所示的边线，系统弹出图 7.3.28 所示的"选取参考面"对话框，并在绘图区中显示选中图 7.3.27a 所示的平面。单击 按钮关闭"选取参考面"对话框。单击 按钮完成倒角 边的定义，同时系统弹出图 7.3.29 所示的"两距离倒角"对话框。

图 7.3.28 所示的"选取参考面"对话框中的选项的说明如下。

- 其它端面(F) 按钮：用于选取其他的面。单击此按钮，可以切换选取面。

图 7.3.28　"选取参考面"对话框　　　　图 7.3.29　"两距离倒角"对话框

图 7.3.29 所示的"两距离倒角"对话框中的部分选项的说明如下。

● 距离1:文本框：用于定义倒角边临近的所选取的倒角面上的倒角的距离值。

● 距离2:文本框：用于定义倒角边临近的未选取的倒角面上的倒角的距离值。

Step4. 设置倒角参数。在"两距离倒角"对话框的 距离1:文本框中输入值 8；在 距离2:文本框中输入值 2；取消选中 □沿切线延伸 复选框。

Step5. 单击 按钮，完成不同距离倒角的创建，如图 7.3.27b 所示。

## 3. 距离/角度

"距离/角度"命令 距离/角度倒角(D)... 是根据定义的距离和角度创建倒角。下面以图 7.3.30 所示的模型为例，讲解距离/角度倒角的创建过程。

　　a）创建前　　　　　　　　　　　　　　　b）创建后

图 7.3.30　距离/角度

Step1. 打开文件 D:\mcx8\work\ch07.03.02\CHAMFER.MCX。

Step2. 选择命令。选择下拉菜单 实体(S) → 倒角(C) → 距离/角度倒角(D)... 命令，系统弹出"实体选择"对话框。

Step3. 定义倒角边。在"实体选择"对话框中只选中"边界"按钮，选取图 7.3.30a

所示的边线，系统弹出"选取参考面"对话框，单击 ✓ 按钮关闭"选取参考面"对话框。单击 ✓ 按钮完成倒角边的定义，同时系统弹出图 7.3.31 所示的"距离和倒角角度"对话框。

图 7.3.31　"距离和倒角角度"对话框

图 7.3.31 所示的"距离和倒角角度"对话框中的部分选项的说明如下。

- 距离文本框：用于定义倒角的距离值。
- 角度文本框：用于定义倒角的角度值。

Step4. 设置倒角参数。在"距离和倒角角度"对话框的 距离文本框中输入值 2；在 角度文本框中输入值 45；选中 ☑沿切线延伸 复选框。

Step5. 单击 ✓ 按钮，完成距离/角度倒角的创建，如图 7.3.30b 所示。

## 7.3.3　抽壳

使用 抽壳(H)... 命令可以将指定的面移除，并根据实体的结构将其中心掏空，使之形成定义壁厚的薄壁实体。下面以图 7.3.32 所示的模型为例，讲解抽壳的创建过程。

选取此平面
a）创建前

b）创建后

图 7.3.32　抽壳

Step1. 打开文件 D:\mcx8\work\ch07.03.03\SHELL_SOLID.MCX。

Step2. 选择命令。选择下拉菜单 实体(S) ➡ 抽壳(H)... 命令，系统弹出"实体选择"对话框。

Step3. 定义抽壳移除面。在绘图区选取图7.3.32a所示的面为移除面，然后在"实体选择"对话框中单击 ✓ 按钮完成抽壳移除面的定义，同时系统弹出图7.3.33所示的"抽壳"对话框。

图7.3.33 "抽壳"对话框

图7.3.33所示的"抽壳"对话框中的部分选项的说明如下。

- 名称: 文本框: 用于设置抽壳的名称。

- 方向: 区域: 用于定义抽壳的方向参数, 其包括 ⊙方向 1 单选项、⊙方向 2 单选项和 ⊙两者 单选项。

  ☑ ⊙方向 1 单选项: 用于设置朝内创建抽壳, 如图7.3.34所示。

  ☑ ⊙方向 2 单选项: 用于设置朝外创建抽壳, 如图7.3.35所示。

  ☑ ⊙两者 单选项: 用于设置双向抽壳, 如图7.3.36所示。

- 抽壳厚度 区域: 用于定义抽壳的参数, 其中包括方向 1: 文本框和方向 2: 文本框。

  ☑ 方向 1: 文本框: 用于定义朝内抽壳的厚度值。

  ☑ 方向 2: 文本框: 用于定义朝外抽壳的厚度值。

图7.3.34 朝内

图7.3.35 朝外

图7.3.36 两者

Step4. 设置抽壳参数。在"抽壳"对话框的 方向: 区域中选中 ⊙方向 1 单选项; 在 抽壳厚度 区域的方向 1: 文本框中输入值1。

Step5. 单击按钮，完成抽壳的创建，如图 7.3.32b 所示。

## 7.3.4 加厚

使用  加厚(K)... 命令可以将曲面生成的薄壁实体进行加厚。下面以图 7.3.37 所示的模型为例，讲解加厚的创建过程。

a）创建前

b）创建后

图 7.3.37 加厚

Step1. 打开文件 D:\mcx8\work\ch07.03.04\THICKEN_SHEET_SOLID.MCX。

Step2. 选择命令。选择下拉菜单 实体(S) ➡ 加厚(K)... 命令，系统弹出图 7.3.38 所示的"加厚"对话框。

Step3. 设置加厚方向。在"加厚"对话框的 方向: 区域选中 ◉ 方向 2 单选项，此时方向箭头如图 7.3.39 所示。

Step4. 设置加厚参数。在"加厚"对话框的 加厚 区域的 方向 2: 文本框中输入值 2。

图 7.3.38 "加厚"对话框

图 7.3.39 定义加厚方向

图 7.3.38 所示的"加厚"对话框中的部分选项的说明如下。

- 名称:文本框：用于设置加厚的名称。
- 方向:区域：用于定义加厚方向的参数，其包括 ◉ 方向 1 单选项、◉ 方向 2 单选项和 ◉ 两者 单选项。
  - ☑ ◉ 方向 1 单选项：用于设置以薄片实体为基础向内进行加厚。

☑　◉方向 2 单选项：用于设置以薄片实体为基础向外进行加厚。

☑　◉两者 单选项：用于设置以薄片实体为对称面进行两侧加厚。

● 加厚 区域：用于定义增加的厚度值。

Step5. 单击 按钮，完成加厚的创建，如图 7.3.37b 所示。

## 7.3.5　实体修剪

使用 修剪(T) 命令可以根据定义的平面、曲面、薄壁实体切割指定的实体。用户可以根据需要保留其中的一部分，也可以保留两部分。下面以图 7.3.40 所示的模型为例，讲解实体修剪的创建过程。

a）创建前

b）创建后

图 7.3.40　实体修剪

Step1. 打开文件 D:\mcx8\work\ch07.03.05\TRIM_SOLID.MCX。

Step2. 选择命令。选择下拉菜单 实体(S) ➡ 修剪(T) ➡ 修剪到曲面/版面(S)... 命令，系统弹出"实体选择"对话框。

Step3. 定义修剪体。在"实体选择"对话框中确认只有 （主体）按钮被按下，然后在绘图区选取长方体作为修剪体。

Step4. 定义修剪工具体。在绘图区选取图 7.3.41 所示的曲面为修剪的工具体，此时系统会弹出图 7.3.42 所示的"修剪到曲面/薄片"对话框。

图 7.3.41　定义修剪工具体

图 7.3.42　"修剪到曲面/薄片"对话框

图 7.3.42 所示的"修剪到曲面/薄片"对话框中的部分选项的说明如下。

- 名称: 文本框: 用于设置修剪实体的名称。
- ↔ 按钮: 用于调整修剪方向。
- ☑分割实体 复选框: 用于设置保留修剪工具两侧的实体。

Step5. 定义修剪方向。单击 ↔ 按钮,调整修剪方向,效果如图 7.3.40b 所示。

Step6. 单击 ✓ 按钮,完成修剪实体的创建,如图 7.3.40b 所示。

# 7.3.6  拔模实体

使用 拔模(D) 命令可以将实体的一个或多个表面,绕着指定的边界线或实体面,与其他面的交线旋转一定的角度。在 Mastercam 中拔模的类型包括牵引(拔模)到端面、牵引到平面、牵引到边缘与牵引以挤出。下面以图 7.3.43 所示的模型为例,讲解牵引到端面的创建过程。

a) 创建前　　　　　　　　　　　　　　　　　　　　b) 创建后

图 7.3.43　拔模实体

Step1. 打开文件 D:\mcx8\work\ch07.03.06\DRAFT.MCX。

Step2. 选择命令。选择下拉菜单 实体(S) ➡ 拔模(D) ➡ 牵引到端面(F)... 命令,系统弹出"实体选择"对话框。

Step3. 定义牵引的端面。在绘图区选取图 7.3.43a 所示的面为牵引面,然后在"实体选择"工具栏中单击 ✓ 按钮完成牵引面的定义。

Step4. 定义牵引平面。在绘图区选取图 7.3.44 所示的面为牵引平面,此时系统弹出图 7.3.45 所示的"牵引至端面"对话框。

图 7.3.44　定义牵引平面

图 7.3.45　"牵引至端面"对话框

图 7.3.45 所示的"牵引至端面"对话框中的部分选项的说明如下。

- **名称**:文本框:用于设置拔模特征的名称。
- ☑**沿切线延伸** 复选框:用于设置在与所选取面相切的所有面均进行拔模处理。
- **角度** 文本框:用于定义牵引的角度值。

Step5. 设置拔模参数。在"牵引到端面"对话框中选中  复选框,在 **角度** 文本框中输入值 5。

Step6. 调整拔模方向。单击 ⟷ 按钮调整拔模方向。

Step7. 单击 ✓ 按钮,完成牵引实体的创建,如图 7.3.43b 所示。

**对于拔模操作其他几种类型的说明如下。**

- **牵引到端面(F)...** 类型:用于设置将定义的牵引面牵引到指定的实体表面,如图 7.3.46 所示。

a) 创建前　　　　　　　　　　　　　　　　　　　　　　　　b) 创建后

图 7.3.46　牵引到端面

- **牵引到平面(P)...** 单选项:用于设置将定义的牵引面牵引到指定的平面,如图 7.3.47 所示。

a) 创建前　　　　　　　　　　　　　　　　　　　　　　　　b) 创建后

图 7.3.47　牵引到平面

- **牵引到边缘(E)...** 单选项:用于设置将定义的牵引面牵引到指定的边界,如图 7.3.48 所示。

a) 创建前　　　　　　　　　　　　　　　　　　　　　　　　b) 创建后

图 7.3.48　牵引到边缘

-  牵引以挤出(X)... 单选项：用于设置将定义的拉伸侧面进行牵引，如图 7.3.49 所示。

a）创建前

b）创建后

图 7.3.49　牵引以挤出

## 7.3.7　移除实体面

使用 移除实体面(F)... 命令可以将实体上的一个或多个面删除，从而形成一个薄片的实体。被移除的面可以是封闭实体，也可以是薄片实体。下面以图 7.3.50 所示的模型为例，讲解移除实体面的操作过程。

选取该平面

a）创建前

b）创建后

图 7.3.50　移除实体面

Step1. 打开文件 D:\mcx8\work\ch07.03.07\REMOVE_FACES_FROM_A_SOLID.MCX。

Step2. 选择命令。选择下拉菜单 模型准备(P) ➡ 移除实体面(F)... 命令，系统弹出 "实体选择" 对话框。

Step3. 定义移除面。在绘图区选取图 7.3.50a 所示的面为移除面，然后在 "实体选择" 工具栏中单击 ✓ 按钮完成移除面的定义，同时系统弹出图 7.3.51 所示的 "移除端面" 对话框。

图 7.3.51　"移除端面" 对话框

图 7.3.51 所示的"移除端面"对话框中的部分选项的说明如下。

- 原始面: 区域：用于设置处理原始曲面的方式，其中包括 保留 单选项、 消隐 单选项和 删除 单选项。
  - ☑ 保留 单选项：用于设置保留原始曲面。
  - ☑ 消隐 单选项：用于设置隐藏原始曲面。
  - ☑ 删除 单选项：用于设置删除原始曲面。

Step4. 设置移除参数。在"移除端面"对话框的 原始面: 区域中选中 删除 单选项，取消选中 在开放边缘上创建曲线 复选框。

Step5. 单击 按钮，完成移除实体表面的操作，如图 7.3.50b 所示。

## 7.3.8 布尔结合

使用布尔结合命令可以使两个或者两个以上的单独且相交的实体，合并成一个独立的实体。下面以图 7.3.52 所示的模型为例讲解结合的创建过程。

Step1. 打开文件 D:\mcx8\work\ch07.03.08\UNITE.MCX。

Step2. 选择命令。选择下拉菜单 实体(S) ➡ 布尔运算(B)... 命令。

Step3. 选择目标主体。在绘图区选取图 7.3.52a 所示的实体 1 为目标主体，此时系统弹出"实体选择"对话框。

Step4. 选择刀具主体。在绘图区选取图 7.3.52a 所示的实体 2 为刀具主体，然后单击 按钮，此时系统弹出图 7.3.53 所示的"布尔"对话框。

图 7.3.52 结合

图 7.3.53 "布尔"对话框

Step5. 设置布尔参数。在"布尔"对话框中将  设置为 ⊙添加 ，然后单击 按钮，完成结合的创建，如图 7.3.52b 所示。

### 7.3.9 布尔切割

使用布尔切割命令可以用两个相交实体中的一个实体去修剪另一个实体。下面以图 7.3.54 所示的模型为例，讲解布尔切割的创建过程。

a）创建前

b）创建后

图 7.3.54　布尔切割

Step1. 打开文件 D:\mcx8\work\ch07.03.09\SUBTRACT.MCX。

Step2. 选择命令。选择下拉菜单 实体(S) ➡ 布尔运算(B)... 命令。

Step3. 选择目标主体。在绘图区选取图 7.3.54a 所示的实体 1 为目标主体，此时系统弹出"实体选择"对话框。

Step4. 选择刀具主体。在绘图区选取图 7.3.54a 所示的实体 2 为刀具主体，然后单击 按钮，此时系统弹出"布尔"对话框。

Step5. 设置布尔参数。在"布尔"对话框中将 类型: 设置为 ⊙移除 ，然后单击 按钮，完成切割的创建，如图 7.3.54b 所示。

### 7.3.10 布尔求交

使用布尔求交命令可以创建两个相交实体的共同部分。下面以图 7.3.55 所示的模型为例，讲解布尔求交的创建过程。

Step1. 打开文件 D:\mcx8\work\ch07.03.10\INTERSECTION.MCX。

Step2. 选择命令。选择下拉菜单 实体(S) ➡ 布尔运算(B)... 命令。

a）创建前

b）创建后

图 7.3.55　求交

Step3. 选择目标主体。在绘图区选取图 7.3.55a 所示的实体 1 为目标主体,此时系统弹出"实体选择"对话框。

Step4. 选择刀具主体。在绘图区选取图 7.3.55a 所示的实体 2 为刀具主体,然后单击 ☑ 按钮,此时系统弹出"布尔"对话框。

Step5. 设置布尔参数。在"布尔"对话框中将 类型: 设置为 ⦿ 求交 ,然后单击 ⊘ 按钮,完成求交的创建,如图 7.3.55b 所示。

## 7.3.11 非关联实体的布尔运算

非关联布尔运算将产生没有操作历史记录的新实体。非关联实体的布尔运算包括非关联切割和非关联交集两个命令。它们的创建过程与关联切割和关联交集基本相同,只是可以保留原实体。下面分别对它们进行介绍。

### 1. 切割

下面以图 7.3.56 所示的模型为例讲解非关联切割的创建过程。

Step1. 打开文件 D:\mcx8\work\ch07.03.11\SUBTRACT.MCX。

Step2. 选择命令。选择下拉菜单 实体(S) ➡ 布尔运算(B)... 命令。

Step3. 选择目标主体。在绘图区选取图 7.3.56a 所示的实体 1 为目标主体,此时系统弹出"实体选择"对话框。

Step4. 选择刀具主体。在绘图区选取图 7.3.56a 所示的实体 2 为刀具主体,然后单击 ☑ 按钮,此时系统弹出图 7.3.57 所示的"布尔"对话框。

Step5. 设置布尔参数。在"布尔"对话框中将 类型: 设置为 ⦿ 移除 ,选中 ☑ 非关联实体 复选框,然后选中 ☑ 保留原始目标实体 复选框与 ☑ 保留原始刀具实体 复选框。单击 ⊘ 按钮,完成切割的创建,如图 7.3.56b 所示。

图 7.3.57 "布尔"对话框

图 7.3.56 非关联切割

图 7.3.57 所示的"布尔"对话框中的选项的说明如下。

● ☑保留原来的目标实体 复选框：用于设置保留选取的原始目标体。

● ☑保留原来的工件实体 复选框：用于设置保留选取的原始工件体。

## 2. 交集

下面以图 7.3.58 所示的模型为例讲解非关联交集的创建过程。

实体 2
实体 1

a）创建前

b）创建后

图 7.3.58　非关联交集

Step1. 打开文件 D:\mcx8\work\ch07.03.11\INTERSECTION.MCX。

Step2. 选择命令。选择下拉菜单 实体(S) ➡ 🔲 布尔运算(B)... 命令。

Step3. 选择目标主体。在绘图区选取图 7.3.58a 所示的实体 1 为目标主体，此时系统弹出"实体选择"对话框。

Step4. 选择刀具主体。在绘图区选取图 7.3.58a 所示的实体 2 为刀具主体，然后单击 ☑️ 按钮，此时系统弹出"布尔"对话框。

Step5. 设置布尔参数。在"布尔"对话框中将 类型: 设置为 ◉ 求交 ，选中 ☑非关联实体 复选框，然后选中 ☑保留原始目标实体 复选框与 ☑保留原始刀具实体 复选框。单击 ◉ 按钮，完成交集的创建，如图 7.3.58b 所示。

# 7.4　实体操作管理器

"实体操作管理"可以详细地记录一个实体的创建过程，而且是有先后顺序的，记录中包含有实体创建时的参数设置。所以，通过"实体操作管理"窗口可以对实体在创建过程中的参数进行修改、删除创建记录、改变创建顺序等操作。

实体操作管理器一般显示在屏幕左侧，如果在屏幕上没有显示，可以通过选择下拉菜单 视图(V) ➡ 🔲 切换实体管理器 命令打开实体操作管理器，如图 7.4.1 所示。

有一些记录前面有一个"+"，单击此符号可以将该记录展开，可以看到记录的下一级操作信息，同时记录前的"+"变化为"-"；有些记录的前方有一个"-"，单击此符号可以将该记录下的项目折叠起来，减小占用面积。

图 7.4.1　模型及实体操作管理器

在不同的项目上右击，将弹出相应的快捷菜单，从而能更方便地操作，如图 7.4.2 和图 7.4.3 所示。

图 7.4.2　快捷菜单（一）

图 7.4.3　快捷菜单（二）

## 7.4.1　删除操作

删除操作是指在操作管理中删除某项特征操作。下面以图 7.4.4 所示的模型为例，讲解删除指定项目的一般操作过程。

a）删除前

b）删除后

图 7.4.4　删除操作

Step1. 打开文件 D:\mcx8\work\ch07.04.01\DELETE.MCX。

Step2. 定义删除项目。右击图 7.4.5 所示的操作管理中的项目，此时系统会自动弹出快捷菜单。

**Step3.** 选择命令。在弹出的快捷菜单中选择 删除 命令，系统会将指定的项目删除，同时在相关的记录符号上就会被打上"叉号"，如图 7.4.6 所示。

说明："叉号"表明该项目已发生变化，需重新生成所有实体。

图 7.4.5　定义删除项目

图 7.4.6　叉号

**Step4.** 重新生成实体。单击 全部重新生成 按钮重新计算所有实体，重新生成之后如图 7.4.4b 所示。

## 7.4.2　暂时屏蔽操作效果

暂时屏蔽操作效果是指忽略指定的操作对实体的影响。使用"禁用"命令 禁用 可以屏蔽指定的操作效果。下面以图 7.4.7 所示的模型为例，讲解暂时屏蔽操作效果的一般操作过程。

a）屏蔽前

b）屏蔽后

图 7.4.7　暂时屏蔽操作

**Step1.** 打开文件 D:\mcx8\work\ch07.04.02\SHIELD.MCX。

**Step2.** 定义禁用项目。右击图 7.4.8 所示的操作管理中的项目，此时系统会自动弹出快捷菜单。

**Step3.** 选择命令。在系统弹出的快捷菜单中选择 禁用 命令，系统会将指定的项目禁用，同时此项目会以灰色显示，如图 7.4.9 所示。

图 7.4.8　定义禁用项目

图 7.4.9　禁用效果

说明：保存模型之前应该取消操作的禁用，否则将无法保存模型。

## 7.4.3 编辑操作参数

欲修改已创建实体的参数，可以展开相应的记录，找到"参数"项并单击，即可打开相应的对话框重新设置参数。下面以图 7.4.10 所示的模型为例，讲解编辑操作参数的一般操作过程。

a）编辑前

b）编辑后

图 7.4.10　编辑操作参数

Step1. 打开文件 D:\mcx8\work\ch07.04.03\EDIT.MCX。

Step2. 定义编辑项目。单击图 7.4.11 所示的项目前的"+"展开此项目；单击图 7.4.12 所示的项目前的"+"展开此项目；在图 7.4.13 所示的项目上右击，在系统弹出的快捷菜单中选择 编辑参数 命令，

图 7.4.11　展开项目（一）

图 7.4.12　展开项目（二）

单击图 7.4.13 所示的项目前的"+"展开此项目，如图 7.4.14 所示；在图 7.4.14 所示的项目上单击，系统会弹出"挤出串连"对话框。

Step3. 编辑参数。将"挤出串连"对话框 距离 区域的 ◉ 距离 文本框中的值改为 40，单击 ◉ 按钮完成参数的编辑。此时模型及实体管理器如图 7.4.15 所示。

Step4. 重新生成实体。单击 全部重新生成 按钮重新计算所有实体，重新生成之后如图 7.4.10b 所示。

图 7.4.13　展开项目（三）

图 7.4.14　右击快捷菜单

图 7.4.15　模型及实体管理器

## 7.4.4　编辑二维截形

一些实体是在二维截形的基础上创建的，例如拉伸实体、旋转实体、举升实体和扫描实体等。它们的实体记录中都有"图形"项，利用此项可以修改二维截形。下面以图 7.4.16 所示的模型为例，讲解编辑二维截形的一般操作过程。

a）编辑前

图 7.4.16　编辑二维截形

b）编辑后

Step1. 打开文件 D:\mcx8\work\ch07.04.04\BOLT.MCX。

Step2. 定义编辑项目。右击图 7.4.17 所示的项目节点，在系统弹出的图 7.4.18 所示的快捷菜单中选择 编辑参数 命令。

图 7.4.17  展开节点　　　　　　　　　　　　　　图 7.4.18  快捷菜单

Step3. 编辑截面图形。在系统弹出的"实体挤出"对话框中右击 串连 区域中的串联 1，选择 全部重新串连 命令，系统弹出"串连"对话框。然后选取图 7.4.19 所示的边线，系统会自动串连与它相连的所有图素，并添加串连方向，如图 7.4.20 所示。单击 ✓ 按钮完成截面定义的选取，单击 ✅ 按钮完成截面图形的编辑。

选取此边线

图 7.4.19  定义串连边线　　　　　　　　　　　图 7.4.20  串连方向

Step4. 重新生成实体。单击 全部重新生成 按钮重新计算所有实体，重新生成之后如图 7.4.16b 所示。

## 7.4.5  改变操作次序

操作管理中的记录表明生成的实体的先后过程，改变操作的次序就是改变实体的生成过程。下面以图 7.4.21 所示的操作管理为例，讲解改变操作次序的一般操作过程。

a）改变前　　　　　　　　　　　　　　　　　b）改变后

图 7.4.21  改变操作次序

Step1. 打开文件 D：\mcx8\work\ch07.04.05\CHANGE.MCX。

Step2. 改变次序的操作。在图 7.4.21a 所示的项目上按住鼠标左键不放，向上拖动鼠标，将项目移动到图 7.4.21b 所示的位置松开鼠标，完成操作次序的改变。

# 7.5 分 析

Mastercam X8 为用户提供了一些分析功能，可以分析图素的属性、点位、两点间距、角度、面积和体积、重叠或短小图素，以及曲面和实体的检测等。分析的命令主要位于 分析(A) 下拉菜单中，如图 7.5.1 所示。下面分别进行介绍。

## 7.5.1 图素属性

使用 图素属性(E)... 命令可以显示图素的详细信息，图素种类的不同，其相关的详细信息也有所不同。同时，用户也可以通过修改这些信息来修改图素。下面通过图 7.5.2 所示的模型为例，讲解分析图素属性的一般过程。

### 1. 直线属性

Step1. 打开文件 D：\mcx8\work\ch07.05.01\PROPERTIES.MCX。

图 7.5.1 "分析"下拉菜单

图 7.5.2 模型

Step2. 定义要分析对象。选取图 7.5.3 所示的直线为分析对象（在选取时可通过在"仅选择"对话框中选中☑线）。

Step3. 选择命令。选择下拉菜单 分析(A) ➡ 图素属性(E)... 命令，系统弹出图 7.5.4 所示的"直线属性"对话框。

图 7.5.4 所示的"直线属性"对话框中的各选项的说明如下。

● ☒ 文本框：用于设置线在 X 轴方向上的起点和终点的坐标值。用户可以在左边的文本框中定义直线的起点坐标值，在右边的文本框中定义终点坐标值。

选取此直线

图 7.5.3　定义分析对象　　　　　　　　图 7.5.4　"直线属性"对话框

- Y 文本框：用于设置线在 Y 轴方向上的起点和终点的坐标值。用户可以在左边的文本框中定义直线的起点坐标值，在右边的文本框中定义终点坐标值。

- Z 文本框：用于设置线在 Z 轴方向上的起点和终点的坐标值。用户可以在左边的文本框中定义直线的起点坐标值，在右边的文本框中定义终点坐标值。

- +1 按钮：用于设置起点位置。单击此按钮，用户可以在绘图区任意一点单击来定义线的起点位置。

- +2 按钮：用于设置终点位置。单击此按钮，用户可以在绘图区任意一点单击来定义线的终点位置。

- ∠ 文本框：用于设置线的角度值。

- 3D 文本框：用于设置线的 3D 长度值。如果直线是在 2D 模式下创建的，则此文本框仅显示 3D 长度，并不能对其长度值进行编辑；如果直线是在 3D 模式下创建的，则用户可以对 3D 长度值进行编辑。

- 2D 文本框：用于设置线的 2D 长度值。如果直线是在 2D 模式下创建的，则用户可以对 2D 长度值进行编辑；如果直线是在 3D 模式下创建的，则此文本框仅显示 2D 长度，并不能对其长度值进行编辑。

- ΔX 文本框：用于显示线在 X 轴方向上的增量值。

- ΔY 文本框：用于显示线在 Y 轴方向上的增量值。

- ΔZ 文本框：用于显示线在 Z 轴方向上的增量值。

- ⊞ 文本框：用于定义线的所在图层。用户可以在其后的文本框中定义线的所在图层，也可单击 按钮，通过弹出的"层别"对话框定义线的所在图层。

- 文本框：用于定义线的颜色。用户可以在其后的文本框中定义线的颜色，也可以单击 按钮，通过弹出的"颜色"对话框定义线的颜色。
- 型式 下拉列表：用于设置线的类型，例如实线、虚线、中心线、双点画线和波折线。
- 宽度 下拉列表：用于定义线的宽度。

Step4. 修改线的类型。在 型式 下拉列表中选择 ------- 选项。

Step5. 单击 按钮完成直线属性分析的操作，如图 7.5.5 所示。

## 2. 圆弧属性

Step1. 打开文件 D:\mcx8\work\ch07.05.01\PROPERTIES.MCX。

Step2. 定义要分析对象。选取图 7.5.6 所示的圆弧为分析对象（在选取时可通过在"仅选择"对话框中选中 圆弧 ）。

Step3. 选择命令。选择下拉菜单 分析(A) ➡ 图素属性(E)... 命令，系统弹出图 7.5.7 所示的"圆弧属性"对话框。

图 7.5.5 修改属性效果

选取此圆弧

图 7.5.6 定义分析对象

图 7.5.7 "圆弧属性"对话框

**图 7.5.7 所示的"圆弧属性"对话框中的各选项的说明如下。**

- X 文本框：用于设置圆心在 X 轴方向上的坐标值。
- Y 文本框：用于设置圆心在 Y 轴方向上的坐标值。
- Z 文本框：用于设置圆心在 Z 轴方向上的坐标值。

- 按钮：用于定义圆心的位置。单击此按钮，用户可以在绘图区任意一点单击定义圆心的位置。

- 文本框：用于定义圆弧的半径值。

- 文本框：用于定义圆弧的直径值。

- 按钮：用于定义半径的大小。单击此按钮，用户可以在绘图区任意一点单击定义半径的大小。

- 文本框：用于设置圆弧转过的角度值。

- 3D 文本框：用于设置圆弧的 3D 长度值。

- 文本框：用于设置圆弧的起始角度值。

- 文本框：用于设置圆弧的终止角度值。

Step4. 修改线宽。在 宽度 下拉列表中选择第二个选项 _____ 。

Step5. 单击 ✓ 按钮完成圆弧属性分析的操作，如图 7.5.8 所示。

## 3. NURBS 曲线属性

Step1. 打开文件 D:\mcx8\work\ch07.05.01\PROPERTIES.MCX。

Step2. 定义要分析对象。选取图 7.5.9 所示的曲线为分析对象（在选取时可通过在"仅选择"对话框中选中 ⊞ ☑ 样条 ）。

Step3. 选择命令。选择下拉菜单 分析(A) ➡ ⚡? 图素属性(E)... 命令，系统弹出图 7.5.10 所示的"NURBS 样条属性"对话框。

图 7.5.8 修改属性效果

选取此曲线

图 7.5.9 定义分析对象

图 7.5.10 "NURBS 样条属性"对话框

**图 7.5.10 所示的"NURBS 样条属性"对话框中的各选项说明如下。**

- ✕ 文本框：用于设置显示起点或终点在 X 轴方向上的坐标值。左边的文本框显示的为起点在 X 轴方向上的坐标值，右边的文本框显示的为终点在 X 轴方向上的坐标值。

-  **Y** 文本框：用于设置显示起点或终点在 Y 轴方向上的坐标值。左边的文本框显示的为起点在 Y 轴方向上的坐标值，右边的文本框显示的为终点在 Y 轴方向上的坐标值。

- **Z** 文本框：用于设置显示起点或终点在 Z 轴方向上的坐标值。左边的文本框显示的为起点在 Z 轴方向上的坐标值，右边的文本框显示的为终点在 Z 轴方向上的坐标值。

- 按钮：用于调整 NURBS 曲线的控制点位置。

- **3D** 文本框：用于显示 NURBS 曲线的 3D 长度值。

- **点:** 文本框：用于显示 NURBS 曲线的控制点数。

- **度数:** 文本框：用于显示 NURBS 曲线的阶数。

Step4. 修改 NURBS 曲线。单击 按钮，选取图 7.5.11 所示的控制点，并调整到图 7.5.12 所示的位置，按 Enter 键确认。

图 7.5.11　定义控制点

图 7.5.12　调整之后控制点位置

Step5. 单击 按钮，完成 NURBS 曲线属性分析的操作。

### 4．NURBS 曲面属性

Step1. 打开文件 D：\mcx8\work\ch07.05.01\PROPERTIES.MCX。

Step2. 选择命令。选择下拉菜单 分析(A) → 图素属性(E)... 命令。

Step3. 定义要分析对象。选取图 7.5.13 所示的曲面为分析对象，系统弹出图 7.5.14 所示的"NURBS 曲面"对话框。

图 7.5.13　定义分析对象

图 7.5.14　"NURBS 曲面"对话框

图 7.5.14 所示的 "NURBS 曲面" 对话框中的部分选项的说明如下。

- 控制点 文本框: 用于显示曲面的控制点的数量。
- 度数 文本框: 用于显示曲面的阶数。
- ←→ 按钮: 用于改变曲面的正向。

Step4. 修改显示颜色。在 ⊞ 文本框中输入值 13, 按 Enter 键确认。

Step5. 单击 ✓ 按钮, 完成 NURBS 曲面属性分析的操作。

### 5. 实体属性

Step1. 打开文件 D:\mcx8\work\ch07.05.01\PROPERTIES.MCX。

Step2. 选择命令。选择下拉菜单 分析(A) ➡ ❓ 图素属性(E)... 命令。

Step3. 定义要分析对象。选取图 7.5.15 所示的实体为分析对象, 系统弹出图 7.5.16 所示的 "挤出" 对话框。

图 7.5.15 定义分析对象

图 7.5.16 "挤出" 对话框

图 7.5.16 所示的 "挤出" 对话框中的部分选项的说明如下。

- 最上面的文本框: 用于定义所选的封闭实体的名称。
- 操作数量 文本框: 用于显示创建所选的封闭实体的操作次数。
- 封闭式实体主体 按钮: 用于显示实体的类型, 例如 "封闭的实体主体" "开放薄片实体" 等。

Step4. 修改显示颜色。在 ⊞ 文本框中输入值 13, 按 Enter 键确认。

Step5. 单击 ✓ 按钮, 完成实体属性分析的操作。

## 7.5.2 点坐标

使用 ❖❓ 点位(P) 命令可以测量指定点的空间坐标值。下面通过图 7.5.17 所示的模型为例, 讲解测量点坐标的一般过程。

Step1. 打开文件 D:\mcx8\work\ch07.05.02\ANALYZE_POSITION.MCX-7。

Step2. 选择命令。选择下拉菜单 分析(A) ➡ ❖❓ 点位(P) 命令。

Step3. 定义分析点的位置。选取图 7.5.18 所示的圆心点, 系统弹出图 7.5.19 所示的 "点位分析"对话框。

Step4. 单击  按钮，完成点坐标分析的操作。

选取此圆心点

图 7.5.17　模型　　　图 7.5.18　定义分析点的位置　　　图 7.5.19　"点位分析"对话框

## 7.5.3　分析距离

使用 ┗╭? 距离(D)... 命令可以测量两对象间的距离。下面通过图 7.5.20 所示的模型为例，讲解测量两点间距离的一般过程。

Step1. 打开文件 D:\mcx8\work\ch07.05.03\ANALYZE_DISTANCE.MCX-7。

Step2. 选择命令。选择下拉菜单 分析(A)　➡　╭? 距离(D)... 命令。

Step3. 定义分析点的位置。依次选取图 7.5.21 所示的圆心 1 和圆心 2 的点，系统弹出图 7.5.22 所示的"距离分析"对话框。

图 7.5.20　模型

圆心 1

圆心 2

图 7.5.21　定义分析点的位置

图 7.5.22　"距离分析"对话框

Step4. 单击 ✓ 按钮，完成两点间距分析的操作。

## 7.5.4 分析角度

使用 ∡ 角度(N)... 命令可以测量两条直线所成的角度值。下面通过图 7.5.23 所示的模型为例，讲解测量两线夹角的一般过程。

Step1. 打开文件 D:\mcx8\work\ch07.05.04\ANALYZE_ANGLE.MCX。

Step2. 选择命令。选择下拉菜单 分析(A) ➡ ∡ 角度(N)... 命令，系统弹出图 7.5.24 所示的"角度分析"对话框。

图 7.5.24 所示的"角度分析"对话框中的各选项的说明如下。

- ◉ 2 线 单选项：用于定义设置测量两条直线。
- ◉ 3 点 单选项：用于以三点的方式定义测量两条直线的端点。

图 7.5.23　模型

图 7.5.24　"角度分析"对话框

- 第一个角度 文本框：用于显示两条直线的夹角。
- 第二个角度 文本框：用于显示两条直线的补角。
- ◉ 绘图平面 单选项：用于显示测量的两条直线在当前的构图平面上所成的角度。
- ◉ 3D 单选项：用于显示测量的两条直线在空间所成的角度。

Step3. 设置测量类型。在"角度分析"对话框中选中 ◉ 3 点 单选项和 ◉ 3D 单选项。

Step4. 定义两直线的位置。依次选取图 7.5.25 所示的点 1、点 2 和点 3，此时在"角度分析"的文本框中显示两条直线的夹角值，如图 7.5.26 所示。

Step5. 单击 ✓ 按钮，完成两线夹角分析的操作。

## 7.5.5 面积/体积

使用"体积/面积"子菜单中的 体积/面积(V) 命令，可以测量指定平面或曲面的面积以及定义实体的体积，它们分别为 ⊞? 平面面积(2)... 命令、⊞? 曲面表面积(S)... 命令和

点2
点1
点3
放大图

图 7.5.25　定义直线的位置

图 7.5.26　在"角度分析"的文本框中显示夹角值

安体属性(O)... 命令。下面将分别进行介绍。

### 1. 平面面积

使用  平面面积(2)... 命令可以测量指定的串连图素所形成的封闭平面面积。下面以图 7.5.27 所示的模型为例，讲解平面面积测量的一般过程。

图 7.5.27　模型

Step1. 打开文件 D:\mcx8\work\ch07.05.05\ANALYZE_2D.MCX。

Step2. 设置构图平面。在状态栏中单击平面按钮，在系统弹出的快捷菜单中选择 前视图(WCS)(F) 命令。

Step3. 选择命令。选择下拉菜单 分析(A) ➡ 体积/面积(V) ➡ 平面面积(2)... 命令，系统弹出"串连"对话框。

Step4. 定义图素。选取图 7.5.28 所示的直线，系统会自动串连与它相连的图素并添加串连方向，如图 7.5.29 所示；单击 按钮完成图素的定义，同时系统弹出图 7.5.30 所示的"2D 面积分析"对话框。

选取此直线

图 7.5.28　定义图素

图 7.5.29　串连方向

图 7.5.30 "2D 面积分析"对话框

图 7.5.30 所示的"**2D 面积分析**"对话框中的部分选项的说明如下。

- 弦差 文本框：用于设置分析的精确度，此值越小越精确，但是计算的时间比较长。
- ➕ 按钮：用于根据设置的参数重新计算结果。
- 💾 按钮：用于保存计算的结果。

Step5. 保存分析结果。单击 💾 按钮，系统弹出"另存为"对话框，输入文件名 "ANALYZE_2D"，单击 保存(S) 按钮保存分析结果。

Step6. 单击 ✓ 按钮，完成平面面积分析的操作。

### 2. 曲面表面积

使用"曲面表面积"命令可以测量指定的曲面表面积。下面以图 7.5.31 所示的模型为例，讲解曲面表面积测量的一般过程。

图 7.5.31 模型

Step1. 打开文件 D:\mcx8\work\ch07.05.05\ANALYZE_SURFACE_AREA.MCX-7。

Step2. 选择命令。选择下拉菜单 分析(A) ➡ 体积/面积(V) ➡ 🔲? 曲面表面积(S)... 命令。

Step3. 定义分析曲面。在绘图区选取图 7.5.32 所示的曲面为分析曲面，然后按 Enter 键完成分析曲面的定义，同时系统弹出图 7.5.33 所示的"曲面面积分析"对话框。

Step4. 保存分析结果。单击 💾 按钮，系统弹出"另存为"对话框，输入文件名"ANA

LYZE_SURFACE_AREA", 单击 保存(S) 按钮保存分析结果。

图 7.5.33 "曲面面积分析"对话框

图 7.5.32 定义分析曲面

Step5. 单击 ✓ 按钮,完成曲面表面积分析的操作。

### 3. 分析实体属性

使用 ？ 实体属性(O)... 命令可以测量指定的实体的体积、质量以及中心坐标。下面以图 7.5.34 所示的模型为例,讲解实体体积测量的一般过程。

Step1. 打开文件 D:\mcx8\work\ch07.05.05\SOLID_PROPERTIES.MCX。

Step2. 选择命令。选择下拉菜单 分析(A) ➡ 体积/面积(V) ➡ ？ 实体属性(O)... 命令,系统弹出图 7.5.35 所示的"实体属性"对话框。

图 7.5.35 所示的"实体属性"对话框中的部分选项的说明如下。

● ✎ 按钮: 用于选取回转中心线。单击此按钮,用户可以在绘图区选取一条计算惯性力矩的回转中心线直线。

图 7.5.35 "实体属性"对话框

图 7.5.34 模型

Step3. 保存分析结果。单击 🖫 按钮,系统弹出"另存为"对话框,输入文件名

"SOLID_PROPERTIES"，单击 保存(S) 按钮保存分析结果。

Step4. 单击 ✓ 按钮，完成实体属性分析的操作。

## 7.5.6　分析串连

使用 ✂ 串连(C)... 命令可以检测到指定的串连图素中，是否存在重叠或者短小的图素等问题。下面以图 7.5.36 所示的模型为例，讲解串连分析的一般过程。

Step1. 打开文件 D:\mcx8\work\ch07.05.06\ANALYZE_CHAIN.MCX。

Step2. 选择命令。选择下拉菜单 分析(A) ➡ ✂ 串连(C)... 命令，系统弹出"串连"对话框。

Step3. 定义分析对象。在"串连"对话框中单击 按钮，框选图 7.5.37 所示的所有图素，然后在三角形内任意一点单击定义搜索区域。单击 ✓ 按钮完成分析对象的定义，同时系统弹出图 7.5.38 所示的"串连分析"对话框（一）。

图 7.5.36　模型

图 7.5.37　定义分析对象

图 7.5.38　"串连分析"对话框（一）

图 7.5.38 所示的"串连分析"对话框（一）中的部分选项的说明如下。

● 重叠的图形 区域：用于设置分析重叠图素的相关参数，其包括 ☑显示 复选框、⊙快速 单选项和 ⊙完整 单选项。

　　☑ ☑显示 复选框：用于设置以红色的圆形标记显示重叠图素。

　　☑ ⊙快速 单选项：用于设置仅搜索临近的重叠图素。当选中 ☑显示 复选框时此单选项可用。

　　☑ ⊙完整 单选项：用于设置搜索全部的重叠图素。当选中 ☑显示 复选框时此单选项可用。

● 反向 区域：用于设置分析反向的参数，其中包括 ☑显示 复选框和 最小角度: 文本框。

　　☑ ☑显示 复选框：用于设置以方向标记串连方向大于定义的角度值的链。

☑ 最小角度: 文本框: 用于设置反向的最小角度值。

● 短图素 区域: 用于设置分析短小图素的相关参数,其包括 ☑ 显示 复选框和 最大长度: 文本框。

☑ ☑ 显示 复选框: 用于设置以蓝色圆形标记小于定义的最大长度值的图素。

☑ 最大长度: 文本框: 用于设置允许显示的最大长度值。当选中 ☑ 显示 复选框时此单选项可用。

● ☑ 在每条串连的起点显示箭头 复选框: 用于设置在每条链的起始点显示箭头,以便更好地指示串连间隙。

● ☑ 在有问题的区域绘制几何图形 复选框: 用于设置根据用户定义的参数在有问题的位置创建显示图形。

Step4. 设置分析参数。在"串连分析"对话框(一)的 重叠的图形 区域中选中 ☑ 显示 复选框和 ⦿ 完整 单选项;在 反向 区域中选中 ☑ 显示 复选框;在 短图素 区域中选中 ☑ 显示 复选框;选中 ☑ 在每条串连的起点显示箭头 复选框和 ☑ 在有问题的区域绘制几何图形 复选框。单击 ☑ 按钮完成参数的设置,系统在绘图区添加图 7.5.39 所示的标记,同时弹出图 7.5.40 所示的"串连分析"对话框(二)。

图 7.5.39  添加标记

图 7.5.40  "串连分析"对话框(二)

Step5. 单击 确定 按钮,关闭"串连分析"对话框(二)。

## 7.5.7  分析外形

使用 ⦿? 外形(O)... 命令可以分析由串连外形组成图素的详细属性,并以文本框的形式显示出来。下面以图 7.5.41 所示的模型为例讲解外形分析的一般过程。

Step1. 打开文件 D:\mcx8\work\ch07.05.07\ANALYZE_CONTOUR.MCX-7。

Step2. 选择命令。选择下拉菜单 分析(A) ➡ ⦿? 外形(O)... 命令,系统弹出"串连"对话框。

Step3. 定义图素。选取图 7.5.42 所示的直线,系统会自动串连与它相连的图素并添加串连方向,如图 7.5.43 所示;单击 ☑ 按钮完成图素的定义,同时系统弹出图 7.5.44 所示的"外形分析"对话框。

图 7.5.41 模型

选取此直线

图 7.5.42 选取直线

图 7.5.43 串连方向

图 7.5.44 "外形分析"对话框

**图 7.5.44** 所示的"外形分析"对话框中的部分选项的说明如下。

- 类型 区域：用于设置分析串连外形的类型，其中包括 ⊙2D 单选项和 ⊙3D 单选项。
  - ☑ ⊙2D 单选项：用于设置分析 2D 边界外形。
  - ☑ ⊙3D 单选项：用于设置分析 3D 边界外形。

- 缠绕转角 区域：用于定义转角类型的设置，其中包括 ⊙无 单选项、⊙尖角 单选项和 ⊙全部 单选项。
  - ☑ ⊙无 单选项：用于设置不在拐角处插入圆弧。
  - ☑ ⊙尖角 单选项：用于设置当采用外补正的时候，在小于或等于 135° 的拐角处插入圆弧。
  - ☑ ⊙全部 单选项：用于设置当采用外补正的时候，在所有的拐角处插入圆弧。

- 偏置方向 区域：用于定义补正方向，其中包括 ⊙关 单选项、⊙左侧 单选项和 ⊙右侧 单选项。
  - ☑ ⊙关 单选项：用于设置不补正。
  - ☑ ⊙左侧 单选项：用于设置在串连方向的左侧进行补正。
  - ☑ ⊙右侧 单选项：用于设置在串连方向的右侧进行补正。

- 偏置距离 文本框：用于定义补正的距离值。

- ☑寻找自相交 复选框：用于设置防止添加了补正距离和补正方向外形产生自相交。

选中此复选框，系统会自动防止自相交。

Step4. 设置分析参数。在"外形分析"对话框的 类型 区域选中 ⊙ 2D 单选项；在 缠绕转角 区域选中 ⊙ 全部 单选项；在 偏置 区域选中 ⊙ 左侧 单选项，并在 偏置距离 文本框中输入值 1；选中 ☑ 寻找自相交 复选框。单击 ✓ 按钮应用设置，系统弹出图 7.5.45 所示的"外形分析"窗口。

```
外形分析.txt                                          _ □ ✕

文件(F)  编辑(E)

使用世界坐标系

图素  1：直线
端点 1： X：    14.545 Y：   61.000 Z：    0.000
端点 2： X：    65.455 Y：   61.000 Z：    0.000 角度：    0.000
两点间距： X：  50.910 Y：    0.000 Z：    0.000 3D 长度：   50.910

图素  2：圆弧 顺时针
 圆心：  X：   72.929 Y：   52.929 Z：    0.000 视图：    1
 起始点： X：   65.455 Y：   61.000 Z：    0.000 角度：  492.800
 结束点： X：   81.000 Y：   45.455 Z：    0.000 角度：  317.200
 半径：  11.000 直径：  22.000 扫描： -175.599 3D 长度：  33.713

图素  3：直线
端点 1： X：    81.000 Y：   45.455 Z：    0.000
端点 2： X：    81.000 Y：    0.000 Z：    0.000 角度：  270.000
两点间距： X：    0.000 Y：  -45.455 Z：    0.000 3D 长度：   45.455
```

图 7.5.45  "外形分析"窗口

Step5. 保存分析结果。在"外形分析"窗口中选择下拉菜单 文件(F) ➜ 🖫 另存为(A)... 命令，系统弹出"另存为"对话框，接受系统默认的文件名，单击 ✓ 按钮保存分析结果。然后，选择下拉菜单 文件(F) ➜ 退出(X) 命令，关闭"外形分析"窗口。

## 7.5.8  动态分析

使用 🗝 动态(Y)... 命令可以分析指定图素上任意位置的信息，指定的分析图素可以是直线、圆弧和样条曲线、曲面和实体等。下面以图 7.5.46 所示的模型为例，讲解动态分析的一般过程。

Step1. 打开文件 D:\mcx8\work\ch07.05.08\ANALYZE_DYNAMIC.MCX-7。

Step2. 选择命令。选择下拉菜单 分析(A) ➜ 🗝 动态(Y)... 命令。

Step3. 定义分析对象。选取图 7.5.47 所示的曲面为分析对象，此时会在绘图区定义的曲面上显示出图 7.5.48 所示的分析箭头，同时系统弹出图 7.5.49 所示的"动态分析"对话框。

图 7.5.46  模型

选取此曲面

图 7.5.47  定义分析对象

图 7.5.48  分析箭头　　　　　　　图 7.5.49  "动态分析"对话框

图 7.5.49 所示的"动态分析"对话框中的部分选项的说明如下。

-  按钮：用于调整分析箭头的方向。

- 文本框：用于设置分析箭头的长度值。

Step4. 查看分析信息。此时用户可以移动鼠标，分析箭头会跟随鼠标移动，同时在"动态分析"对话框中显示出对应点的相关信息。

Step5. 单击 ✓ 按钮关闭"动态分析"对话框，退出分析状态。

## 7.5.9　编号/数据库

使用"编号/数据库"子菜单 编号/数据库(U) 中的 123 编号(N) 命令和 数据库(D) 命令，可以通过指定编号来分析图素属性，或者通过指定图素来分析数据。下面将分别进行介绍。

### 1. 图素编号

使用 123 编号(N) 命令可以分析指定编号的图素属性信息。下面以图 7.5.50 所示的模型为例，讲解图素编号分析的一般过程。

Step1. 打开文件 D:\mcx8\work\ch07.05.09\ANALYZE_NUMBER.MCX。

Step2. 选择命令。选择下拉菜单 分析(A) ➡ 编号/数据库(U) ➡ 123 编号(N) 命令，系统弹出图 7.5.51 所示的"编号分析"对话框。

Step3. 定义要分析的图素编号。在"编号分析"对话框的 图素编号: 文本框中输入值 2，单击 ✓ 按钮完成图素编号的定义，系统弹出图 7.5.52 所示的"圆弧属性"对话框，并且将对应编号的图素以高亮方式显示。

图 7.5.50　模型

图 7.5.51　"编号分析"对话框

图 7.5.52　"圆弧属性"对话框

说明：在创建图素的时候，系统会自动给所创建的图素添加编号。如图 7.5.50 所示，直线是第一个创建的图素，圆弧是第二个创建的图素，样条曲线是第三个创建的图素，因此，直线的编号为 1，圆弧的编号为 2，样条曲线的编号为 3。

Step4. 单击 按钮，关闭"圆弧属性"对话框。

### 2. 图素数据

使用 数据库(D) 命令可以分析指定编号的图素属性信息。下面以图 7.5.53 所示的模型为例，讲解图素编号分析的一般过程。

Step1. 打开文件 D:\mcx8\work\ch07.05.09\DATABASE_PROPERTIES.MCX。

Step2. 选择命令。选择下拉菜单 分析(A) ➡ 编号/数据库(U) ➡ 数据库(D) 命令。

Step3. 定义要分析的对象。在绘图区选取图 7.5.53 所示的样条曲线为分析对象，此时系统弹出图 7.5.54 所示的"数据库属性"对话框。

说明：在"数据库属性"对话框中显示了样条曲线的相关信息，用户可以在该对话框中获取样条曲线的一些信息。

Step4. 单击 按钮，关闭"数据库属性"对话框。

图 7.5.53　定义分析对象

图 7.5.54　"数据库属性"对话框

## 7.5.10　测试曲面和实体

使用"测试曲面和实体"子菜单中的 测试曲面和实体(T) 命令可以检测曲面或实体的一些错误，它们分别为 检测曲面(T)... 、 检测实体(C)... 、 曲率(U) 和 拔模角度(D) 命令。下面将分别对它们进行介绍。

### 1. 检测曲面

使用 检测曲面(T)... 命令可以检测曲面中的自相交、尖脊、小曲面、法向，以及基础曲面的一些信息。下面以图 7.5.55 所示的模型为例，讲解检测曲面的一般过程。

Step1. 打开文件 D:\mcx8\work\ch07.05.10\TEST_SURFACES.MCX。

Step2. 选择命令。选择下拉菜单 分析(A) ➡ 测试曲面和实体(T) ➡ 检测曲面(T)... 命令，系统弹出图 7.5.56 所示的"曲面检测"对话框。

图 7.5.55　模型

图 7.5.56　"曲面检测"对话框

图 7.5.56 所示的"曲面检测"对话框中的部分选项的说明如下。

- 　 按钮：用于选取要分析的曲面。单击此按钮，用户可以在绘图区选取要分析的曲面。

- ☑ 过切检测 复选框：用于设置检查在定义的公差中的自相交、尖脊等区域。

- 文本框：用于设置检查的公差值。

- 复选框：用于设置检查小曲面。

- 面积大 文本框：用于定义最小曲面的最大值。

- ☑ 法向 复选框：用于设置检查与所选曲面法向相反的曲面，系统会自动显示其编号来表示与所选曲面法向相反的曲面。

- ☑ 基础曲面 复选框：用于检测基本曲面。

- ⊙ 消隐 单选项：用于检测隐藏了的基础曲面。

- ⊙ 取消消隐 单选项：用于检测没隐藏的基础曲面。

说明：基本曲面为裁剪曲面的原始曲面。

Step3. 定义分析曲面。在"曲面检测"对话框中单击 按钮，选取图 7.5.57 所示的曲面为分析曲面，然后按 Enter 键完成分析曲面的定义。

Step4. 设置检查参数。在"曲面检测"对话框中选中 ☑ 过切检测 复选框和 ☑ 小曲面 复选框。

Step5. 单击 ✓ 按钮应用设置参数，系统弹出图 7.5.58 所示的"小曲面"对话框。

Step6. 单击 确定 按钮关闭"小曲面"对话框，同时系统弹出图 7.5.59 所示的"过切检测"对话框。

选取该曲面

| 图 7.5.57 定义分析曲面 | 图 7.5.58 "小曲面"对话框 | 图 7.5.59 "过切检测"对话框 |

Step7. 单击 确定 按钮关闭"过切检测"对话框，完成曲面的检查。

## 2．检测实体

使用 检测实体(C)... 命令可以分析实体可能出现的错误情况，这个命令具有识别和描述具体错误的功能，并以高亮的形式显示错误的位置。这个功能可以完整地分析由其他软件输入文件的实体，并确定实体。

分析实体只需选择下拉菜单命令 分析(A) ➡ 测试曲面和实体(T) ➡ 检测实体(C)... 即可，系统会弹出分析结果对话框，显示分析的结果。

## 3．检测曲面曲率

使用 曲率(U) 命令可以检测曲面中的曲率分布信息。下面以图 7.5.60 所示的模型为例讲解检查曲面曲率的一般过程。

Step1. 打开文件 D:\mcx8\work\ch07.05.10\TEST_ CURVATURE.MCX。

Step2. 选择命令。选择下拉菜单 分析(A) ➡ 测试曲面和实体(T) ➡ 曲率(U) 命令，系统弹出图7.5.61所示的"曲率分析"对话框。

Step3. 设置检查参数。在"曲率分析"对话框中设置图7.5.61所示的参数，单击 按钮，结果如图7.5.62所示。

Step4. 单击 按钮，完成曲面曲率的分析。

图 7.5.60　模型

图 7.5.61　"曲率分析"对话框

图 7.5.62　分析结果

图7.5.61所示的"曲率分析"对话框中的部分选项的说明如下。

- 速度 <---> 精度 区域：用于设置分析的速度和精度。

  ☑ 滑块条：用于调节速度和精度的关系，拖动滑块向左则速度增加，精度降低，反之，则速度降低，精度增加。

  ☑ 按钮：用于重新显示分析结果，仅在滑动条发生改变后被激活。

- ☑半径小于 复选框：用于设置检查小于指定曲率半径的区域。勾选该选项后，在其下的文本框中输入半径值，并设定必要的显示颜色。

- ☑仅显示内部半径 文本框：用于设置检查沿参考平面分布的内部半径符合指定数值的区域。勾选该选项后，参考平面 下拉列表被激活。

- 参考平面 下拉列表：用于设置内部半径的测量平面。

- ☑最小值 复选框：勾选该项，系统以设定的颜色显示最小半径值区域。用户可在其后的文本框中输入对应的颜色编号，或者单击 按钮来定义显示颜色。

- ☑ **平面** 复选框：勾选该项，系统以设定的颜色显示平面区域。其颜色设置方法参考 ☑ **最小值** 复选框，以下不再赘述。

- ☑ **剩余** 复选框：勾选该项，系统以设定的颜色显示其余的曲面部分。

- **检测到的最小值** 文本框：显示最小的测量数值。

- **检测到的最大值** 文本框：显示最大的测量数值。

### 4．拔模角度

使用 ⟋ **拔模角度(D)** 命令可以检测模型中各曲面的拔模角度信息。下面以图 7.5.63 所示的模型为例讲解分析拔模角度的一般过程。

Step1．打开文件 D:\mcx8\work\ch07.05.10\TEST_DRAFT_ANGLE.MCX-7。

Step2．选择命令。选择下拉菜单 **分析(A)** ➡ **测试曲面和实体(T)** ➡ ⟋ **拔模角度(D)** 命令，系统弹出图 7.5.64 所示的"拔模角度分析"对话框。

图 7.5.64 所示的"拔模角度分析"对话框中的部分选项的说明如下。

- **参考平面** 区域：用于设置拔模方向的参考平面。

    - ☑ **俯视图** ▼ 下拉列表：用于设置检查在定义的公差中的自相交、尖脊等区域。

    - ☑ ◉ **使用曲面法线** 单选项：用于设置使用曲面的法线方向进行拔模角度的检查。

    - ☑ ◉ **所有曲面指向参考平面** 单选项：用于设置使用曲面的点到参考平面的方向进行拔模角度的检查。选中此单选项时不区分底面。

- **速度 ⟨---⟩ 精度** 区域：用于设置分析的速度和精度。

    - ☑ ⊢──────⊣ 滑块条：用于调节速度和精度的关系，拖动滑块向左则速度增加，精度降低。反之，则速度降低，精度增加。

    - ☑ ↻ 按钮：用于重新显示分析结果，仅在滑动条发生改变后被激活。

- **从以下方向计算拔模角度：** 区域：用于设置计算拔模角度与参考平面的角度关系。其中包括 ◉ **垂直** 单选项和 ◉ **水平** 单选项。

- ☑ **垂直** 复选框：勾选该项，系统以设定的颜色显示垂直于参考平面的曲面。用户可在其后的文本框中输入对应的颜色编号，或者单击 ▦ 按钮来定义显示颜色。

- ☑ **水平** 复选框：勾选该项，系统以设定的颜色显示平行于参考平面的曲面。其颜色设置方法参考 ☑ **垂直** 复选框，以下不再赘述。

- ☑ **负角** 复选框：勾选该项，系统以设定的颜色显示沿拔模方向被其他曲面遮挡的曲面部分。

- ☑ **正角小于** 复选框：勾选该项，在其下的文本框中输入最小角度值，系统以设定的颜色显示拔模角度大于该数值的曲面部分。

- ☑ 剩余 复选框：勾选该项，系统以设定的颜色显示其余的曲面部分。
- 检测到的最小值 文本框：显示最小的测量角度值。
- 检测到的最大值 文本框：显示最大的测量角度值。

Step3. 设置检查参数。在"拔模角度分析"对话框中设置图 7.5.64 所示的参数，单击 按钮，结果如图 7.5.65 所示。

Step4. 单击 按钮，完成拔模角度的分析。

图 7.5.64　"拔模角度分析"对话框

图 7.5.63　模型

图 7.5.65　显示拔模角度曲面

# 7.6　生成工程图

Mastercam X8 为用户提供了生成简单的工程图命令： 布局(A)... ，使用此命令可以将所绘制的三维图形，经过设置纸张的大小、缩放比例和视图放置等参数，将视图中的图形以线框模式自动生成工程图。下面通过图 7.6.1 所示的工程图讲解创建工程图的一般过程。

Step1. 打开文件 D:\mcx8\work\ch07.06\EXAMPLE.MCX。

Step2. 选择命令。选择下拉菜单 实体(S) ➡ 布局(A)... 命令，系统弹出图 7.6.2

所示的"实体绘图布局"对话框（一）。

图 7.6.1　工程图

图 7.6.2　"实体绘图布局"对话框（一）

图 7.6.2 所示的"实体绘图布局"对话框（一）中的各选项的说明如下。

- 纸张大小区域：用于设置图纸纸张的大小以及放置方式。

  ☑ ☑使用模板文件复选框：用于设置是否使用已定义的图纸模板文件。勾选该选项，用户可单击其后的 按钮，选取合适的模板文件，载入图框如图 7.6.3 所示。

  ☑ ◎纵向单选项：用于设置纸张纵向放置，如图 7.6.4 所示。

  ☑ ◎横向单选项：用于设置纸张横向放置，如图 7.6.5 所示。

  ☑ A4下拉列表：用于设置图纸纸张的大小。包括 A 选项、B 选项、C 选项、D 选项、E 选项、A4 选项、A3 选项、A2 选项、A1 选项、A0 选项和自定义选项。

图 7.6.3　载入图框

图 7.6.4　纵向

图 7.6.5　横向

- $X$、$Y$ 文本框：用于设置纸张的大小。仅在 A4 下拉列表中选择 自定义 选项时此文本框可用。

- ☑不显示隐藏线 复选框：用于设置不显示隐藏线，如图 7.6.6 所示。

a）未选中     b）选中后

图 7.6.6 设置不显示隐藏线

- 比例缩放 文本框：用于定义工程图的缩放比例。

- 布局方式 下拉列表：用于设置图纸中视图的配置方式。

- 4 DIN 视图 选项：用于设置创建仰视、前视、左视和正等轴测图四个视图，如图 7.6.7 所示。

- 4 ANSI 视图 选项：用于设置创建俯视、前视、右视和正等轴测图四个视图，如图 7.6.8 所示。

图 7.6.7 "4 DIN 视图"类型     图 7.6.8 "4 ANSI 视图"类型

- 3 DIN 视图 选项：用于设置创建俯视、前视和左视三个视图，如图 7.6.9 所示。

- 3 ANSI 视图 选项：用于设置创建顶视、前视和右视三个视图，如图 7.6.10 所示。

图 7.6.9 "3 DIN 视图"类型     图 7.6.10 "3 ANSI 视图"类型

- 1 个等视图 选项：用于设置创建一个等轴测视图，如图 7.6.11 所示。

Step3. 设置图纸参数。在"实体绘图布局"对话框的 A4 下拉列表中选择 A3 选项；然后选中 ⊙ 纵向 单选项；选中 ☑ 不显示隐藏线 复选框，取消选中 ☐ 径向显示角度 复选框；在 布局方式 下拉列表中选择 4 ANSI 视图 选项，单击 ✓ 按钮应用设置，此时在绘图区显示图7.6.12 所示的四个视图，同时系统弹出图 7.6.13 所示的"实体布局"对话框。

图 7.6.13 所示的"实体布局"对话框中的各选项说明如下。

- 重置 按钮：用于设置"实体布局"对话框的参数。单击此按钮，系统返回至"实体绘图布局"对话框，用户可以对其中的参数进行修改。

- 线 区域：用于设置是否显示隐藏线，其包括 全部显示 按钮、全部隐藏 按钮、全部切换 按钮和 单一视图 按钮。

图 7.6.11 "1 个等视图"类型

图 7.6.12 创建的四个视图

图 7.6.13 "实体布局"对话框

☑ 全部显示 按钮：用于设置显示全部视图的隐藏线。

☑ 全部隐藏 按钮：用于设置隐藏全部视图的隐藏线。

☑ 全部切换 按钮：用于设置切换显示当前视图的隐藏线，即原显示隐藏线的视图不显示隐藏线，原不显示隐藏线的视图显示隐藏线。

☑ 单一视图 按钮：用于设置显示指定视图的隐藏线。单击此按钮，用户可以在绘图区选取需要显示隐藏线的视图。

● ☑ 径向显示角度 复选框：用于设置是否显示按设定角度的曲面径向光顺线条。

● 视图 区域：用于增加或移除视图，其中包括 添加视图 按钮、 移除视图 按钮和 更改视图 按钮。

　　☑ 添加视图 按钮：用于增加指定的视图。

　　☑ 移除视图 按钮：用于移除现有的视图。

　　☑ 更改视图 按钮：用于调整所需视图，比如视图方向。

● 转换 区域：用于对视图进行平移、旋转或者对齐，其中包括 平移 按钮、 对齐 按钮、 旋转 按钮和 角度: 文本框。

　　☑ 平移 按钮：用于将视图从一个点移动至另外一个点。

　　☑ 对齐 按钮：用于将视图沿垂直或水平轴对齐。

　　☑ 旋转 按钮：用于旋转所选视图、截面或详图。

　　☑ 角度: 文本框：用于指定旋转功能的角度。

● 截面 区域：用于添加或者移除截面，其中包括 添加截面 按钮和 移除截面 按钮。

　　☑ 添加截面 按钮：用于显示截面类型对话框，可以在该对话框中创建截面视图。

　　☑ 移除截面 按钮：用于将所选截面从图纸中移除。

● 详图 区域：用于添加或者移除详图，其中包括 添加详图 按钮和 移除详图 按钮。

　　☑ 添加详图 按钮：用于显示详图类型对话框，可以在该对话框中创建详图以放大零件中的一小部分。

　　☑ 移除详图 按钮：用于从图纸中移除所选视图。

Step4. 设置前视图显示隐藏线。在"实体布局"对话框的 线 区域中单击 单一视图 按钮，然后再选取前视图，系统会自动显示隐藏线（图 7.6.14）。

Step5. 旋转俯视图。在 转换 区域的 角度 文本框中输入值 90，单击 旋转 按钮并在绘图区选取图 7.6.15a 所示的视图，系统会自动旋转该视图，如图 7.6.15b 所示。

图 7.6.14　显示隐藏线

a）旋转前

b）旋转后

图 7.6.15　旋转视图

Step6. 移动视图。

① 选择命令。在 转换 区域中单击 平移 按钮。

② 定义移动起始点和终止点。在绘图区选取图 7.6.16 所示点 1（两边线的交点），然后竖直拖动鼠标，将视图移动到点 2 的位置单击。

图 7.6.16　移动视图前

③ 在 转换 区域中单击 对齐 按钮，选取图 7.6.17 所示的点 1 作为对齐位置点。然后选取点 2 作为校正位置点，结果如图 7.6.18 所示。

图 7.6.17　移动视图后

图 7.6.18　排列视图

Step7. 增加详图。

① 选择命令。在 详图 区域中单击 添加详图 按钮，系统弹出图 7.6.19 所示的"详图形式"对话框。

图 7.6.19　"详图形式"对话框

② 设置详图形式。在"详图形式"对话框中选中 圆柱 单选项。

③ 单击 按钮完成详图形式的设置。

④ 定义详图位置。绘制图 7.6.20 所示的圆，系统弹出图 7.6.21 所示的"参数"对话框。

图 7.6.20　绘制圆

图 7.6.21　"参数"对话框

图 7.6.21 所示的"参数"对话框中的选项的说明如下。

● 颜色 文本框：用于设置详图的颜色数值。

● 比例 文本框：用于设置详图的缩放比例值。

⑤ 设置详图参数。在"参数"对话框的 颜色 文本框中输入值 0，按 Enter 键确认；在 比例 文本框中输入值 5.0，单击 按钮完成参数的设置。

⑥ 放置详图。将详图放置在图 7.6.22 所示的位置。

Step8. 增加断面图。

① 选择命令。在 截面 区域中单击 添加截面 按钮，系统弹出图 7.6.23 所示的"断面形式"对话框。

图 7.6.23 所示的"断面形式"对话框中的各选项的说明如下。

● 直线 单选项：用于设置创建直线断面图。

● 水平 单选项：用于设置创建水平直线断面图。

● ⊙垂直 单选项：用于设置创建竖直直线断面图。

图 7.6.22　放置详图

图 7.6.23　"断面形式"对话框

● ⊙2点 单选项：用于设置创建两点斜直线断面图。
● ⊙双向 单选项：用于设置创建折线断面图。
● ⊙水平 单选项：用于设置创建水平折线断面图。
● ⊙垂直 单选项：用于设置创建竖直折线断面图。
● ⊙3D平面 单选项：用于设置创建空间平面断面图。

② 设置断面形式。在"断面形式"对话框中选中⊙直线单选项，然后选中其下的⊙水平单选项。

③ 单击 ✓ 按钮完成断面形式的设置。

④ 定义详图位置。选取图 7.6.24 所示的中点，系统弹出"参数"对话框。

⑤ 设置详图参数。在"参数"对话框的颜色文本框中输入值 0，在比例文本框中输入值 1，单击 ✓ 按钮完成参数的设置。

⑥ 放置断面图。将断面图放置在图 7.6.25 所示的位置。

Step9. 在"实体布局"对话框中单击 ✓ 按钮完成工程图的创建。

Step10. 隐藏实体。

① 选择命令。选择下拉菜单 屏幕(R) ➡ 消隐图素(B) 命令。

② 定义隐藏对象。在"General Selection"工具栏中单击 按钮，系统弹出"仅选择"对话框。

选取此中点

图 7.6.24　定义断面位置

图 7.6.25　放置断面图

③ 在"仅选择"对话框的列表框中选中 ☑实体 复选框。

④ 单击 ✓ 按钮，关闭"仅选择"对话框。

⑤ 框选图纸左下角的实体模型，在"General Selection"工具栏中单击 按钮隐藏图素。

# 7.7　综 合 实 例

本综合实例介绍了基座的设计过程。希望读者在学习本实例后，可以熟练掌握挤出特征和倒圆角特征的创建。零件模型如图 7.7.1 所示。

Step1. 创建实体和草图 1 两个图层。

（1）在状态栏中单击 层别 按钮，系统弹出"层别管理"对话框。

（2）将层别 1 命名为实体。在"层别管理"对话框的 主层别 区域的 名称: 文本框中输入"实体"字样。

（3）创建图层。在 主层别 区域的 编号: 文本框中输入值 2，在 名称: 文本框中输入"草图1"字样。

（4）单击 ✓ 按钮，完成图 7.7.2 所示的图层的创建。

Step2. 绘制图 7.7.3 所示的草图 1。

（1）绘制图 7.7.4 所示的中心线。

① 定义绘图线型。在状态栏的 ▬▬▬▼ 下拉列表中选择 ▬ ▬ ▬ 选项，完成绘图线型

的设置。

图 7.7.1　零件模型　　　　　　　　　图 7.7.2　创建的图层

② 选择命令。选择下拉菜单 绘图(C) ➡ 线(L) ➡ 端点(E)... 命令，系统弹出"直线"工具栏。

此为坐标系原点

图 7.7.3　草图 1　　　　　　　　　　图 7.7.4　绘制中心线

③ 绘制中心线。分别在"AutoCursor"工具栏的 ⊠ 文本框、 Y 文本框和 Z 文本框中输入值-10、0、0，并分别按 Enter 键确认；然后在"直线"工具栏的 文本框中输入值70，按 Enter 键确认；在 文本框中输入值 0，按 Enter 键确认。

④ 单击 按钮，完成中心线的绘制。

（2）绘制图 7.7.5 所示的矩形。

① 定义绘图线型。在状态栏的"线型" ▼下拉列表中选择 选项；在"线宽" ▼下拉列表中选择第二个选项 。

② 选择命令。选择下拉菜单 绘图(C) ➡ 矩形(R)... 命令，系统弹出"矩形"工具栏。

③ 绘制矩形。分别在"AutoCursor"工具栏的 ⊠ 文本框、 Y 文本框和 Z 文本框中输入值 0、40、0，并分别按 Enter 键确认；然后别在"AutoCursor"工具栏的 ⊠ 文本框、 Y 文本框和 Z 文本框中输入值 50、-40、0，并分别按 Enter 键确认。

④ 单击 ☑ 按钮，完成矩形的绘制。

（3）标注尺寸。在"线宽" ▭▾ 下拉列表中选择第一个选项 ▬ 。选择下拉菜单 绘图(C) ➡ 标注(D) ➡ ┃┃ 快速标注(S)... 命令，标注尺寸如图7.7.6所示。

图7.7.5 绘制矩形

图7.7.6 标注尺寸

Step3. 创建图7.7.7所示的挤出特征。

（1）切换图层。在状态栏的 层别 按钮后的文本框中输入值1，并按Enter键确认。

（2）选择命令。选择下拉菜单 实体(S) ➡ ⬆ 挤出(X)... 命令，系统弹出"串连"对话框。

（3）定义轮廓曲线。选取图7.7.8所示的曲线链并调整为与图示相同的串连方向，单击 ☑ 按钮完成轮廓曲线的定义，同时系统弹出"实体挤出"对话框。

图7.7.7 挤出特征

图7.7.8 定选取曲线链

（4）设置拉伸参数。在 距离 区域中选中 ⦿距离 单选项，然后在 ⦿距离 文本框中输入值14。

（5）单击 ☑ 按钮，完成挤出特征的创建。

Step4. 编辑图层2的图素不显示。

（1）在状态栏中单击 层别 按钮，系统弹出"层别管理"对话框。

（2）单击 可见 列表中的"草图1"层的 ⌧ 单元格，使"×"消失。

（3）单击 ☑ 按钮，完成编辑操作。

Step5. 绘制图7.7.9所示的草图2。

（1）创建图层3。

① 在状态栏中单击 层别 按钮，系统弹出"层别管理"对话框。

② 创建图层。在 主层别 区域的 编号: 文本框中输入值3，在 名称: 文本框中输入"草图

2"字样。

③ 单击 按钮，完成图层的创建。

（2）绘制图 7.7.10 所示的两个圆。

图 7.7.9　草图 2

图 7.7.10　绘制圆

① 定义绘图线型。在"线宽" 下拉列表中选择第二个选项 。

② 选择命令。选择下拉菜单 绘图(C) ➡ 弧(A) ➡ 圆心点画圆(C)... 命令，系统弹出"编辑圆心点"工具栏。

③ 定义圆心位置。在"绘图视角"工具栏中单击 屏幕视图 按钮调整构图面为 右视图(WCS)(R)　Alt+5 ；分别在"AutoCursor"工具栏的 X 文本框、 Y 文本框和 Z 文本框中输入值 17，65，0，并分别按 Enter 键确认。

④ 设置圆参数。在"编辑圆心点"工具栏的 文本框中输入值 46，按 Enter 键确认。

⑤ 参照步骤③、步骤④绘制同心圆，同心圆直径为 26。

⑥ 单击 按钮，完成圆的绘制。

（3）标注尺寸。在"线宽" 下拉列表中选择第一个选项 。选择下拉菜单 绘图(C) ➡ 标注(D) ➡ 快速标注(S)... 命令，标注尺寸如图 7.7.11 所示。

Step6. 创建图 7.7.12 所示的挤出特征。

（1）切换图层。在状态栏的 层别 按钮后的文本框中输入值 1，并按 Enter 键确认。

（2）选择命令。选择下拉菜单 实体(S) ➡ 挤出(X)... 命令，系统弹出"串连"对话框。

（3）定义轮廓曲线。选取草图 2 所绘制的两个圆弧并调整为与图 7.7.13 所示的相同的串连方向，单击 按钮完成轮廓曲线的定义，同时系统弹出"实体挤出"对话框。

注意：两个圆弧的串连方向要一致。

图 7.7.11　标注尺寸

图 7.7.12　挤出特征

图 7.7.13　定义串连方向

（4）设置拉伸参数。在 距离 区域中选中 ⦿ 距离 单选项，然后在 ⦿ 距离 文本框中输入值 26。

（5）单击 ✅ 按钮，完成挤出特征的创建。

Step7. 编辑图层 3 的图素不显示。

（1）在状态栏中单击 层别 按钮，系统弹出"层别管理"对话框。

（2）单击 可见 列表中的"草图 2"层前的 X 单元格，使"×"消失。

（3）单击 ✔ 按钮，完成编辑操作。

Step8. 绘制图 7.7.14 所示的草图 3。

（1）创建图层 4。

① 在状态栏中单击 层别 按钮，系统弹出"层别管理"对话框。

② 创建图层。在 主层别 区域的 编号: 文本框中输入值 4，在 名称 文本框中输入"草图 3"字样。

③ 单击 ✔ 按钮，完成图层的创建。

（2）绘制图 7.7.15 所示的圆。

① 定义绘图线型。在"线宽" ▭▾ 下拉列表中选择第二个选项 ▬ 。

② 选择命令。选择下拉菜单 绘图(C) ➡ 弧(A) ➡ ⊕ 圆心点画圆(C)... 命令，系统弹出"编辑圆心点"工具栏。

③ 定义圆心位置。分别在"AutoCursor"工具栏的 X 文本框、 Y 文本框和 Z 文本框中输入值 17，65，0，并分别按 Enter 键确认。

图 7.7.14　草图 3

图 7.7.15　绘制圆

④ 设置圆参数。在"编辑圆心点"工具栏的 ⊕ 文本框中输入值 46，按 Enter 键确认。

⑤ 单击 ✔ 按钮，完成圆的绘制。

（3）绘制图 7.7.16 所示的三条直线。

① 选择命令。选择下拉菜单 绘图(C) ➡ 线(L) ➡ ✓ 端点(E)... 命令，系统弹出"直线"工具栏。

② 绘制第一条直线。在绘图区选取图 7.7.17 所示的两个点作为位置线的两个端点（长方体的两个顶点）。

图 7.7.16　绘制直线

点 1　　　点 2

图 7.7.17　定义两个端点

③ 绘制第二条直线。在"直线"工具栏中单击 ✎ 按钮使其处于按下状态，然后将第二条直线的端点定义到图 7.7.17 所示的点 1 的位置，之后在绘图区选取步骤（2）中所绘制的圆为相切对象。

④ 绘制第三条直线。在"直线"工具栏中单击 ✎ 按钮使其处于按下状态，然后将第三条直线的端点定义到图 7.7.17 所示的点 2 的位置，之后在绘图区选取步骤（2）中所绘制的圆为相切对象。

⑤ 单击 ✔ 按钮，完成直线的绘制。

（4）修剪曲线，如图 7.7.18 所示。

① 选择命令。选择下拉菜单 编辑(E) ➡ 修剪/打断(T) ➡ ✎ 修剪/打断/延伸(T) 命令，系统弹出"修剪/打断/延伸"工具栏。

a）修剪前

b）修剪后

图 7.7.18　修剪曲线

② 设置修剪方式。在"修剪/打断/延伸"工具栏中单击 ┼┼ 按钮使其处于按下状态。

③ 定义修剪曲线。在要修剪的曲线上单击，修剪之后如图 7.7.18b 所示。

④ 单击 ✔ 按钮，完成曲线的修剪。

Step9. 创建图 7.7.19 所示的挤出特征。

（1）在状态栏的 层别 按钮后的文本框中输入值 1，并按 Enter 键确认。

（2）选择命令。选择下拉菜单 实体(S) ➡ ↥ 挤出(X)... 命令，系统弹出"串连"对话框。

（3）定义轮廓曲线。选取草图 3 所绘制的曲线，并调整为与图 7.7.20 所示的相同的串连方向，单击 ✔ 按钮完成轮廓曲线的定义，同时系统弹出"实体挤出"对话框。

（4）设置拉伸参数。在 距离 区域中选中 ⦿ 距离 单选项，然后在 ⦿ 距离 文本框中输入值

15。

图 7.7.19　挤出特征　　　　　　　　　图 7.7.20　定义串连方向

（5）单击  按钮，完成挤出特征的创建。

Step10. 编辑图层 4 的图素不显示。

（1）在状态栏中单击 层别 按钮，系统弹出"层别管理"对话框。

（2）单击 可见 列表中的"草图 3"层前的 X 单元格，使"×"消失。

（3）单击 ✓ 按钮，完成编辑操作。

Step11. 创建布尔运算结合。

（1）选择命令。选择下拉菜单 实体(S) ➡ 布尔运算(B)... 命令。

（2）定义目标主体和工件主体。在绘图区选取图 7.7.21 所示的目标主体和工件主体。

（3）在"布尔"对话框中将 类型: 设置为 ◉ 添加，然后单击 ✓ 按钮，完成结合的创建。

Step12. 创建布尔运算结合。

（1）选择命令。选择下拉菜单 实体(S) ➡ 布尔运算(B)... 命令。

（2）定义目标主体和工件主体。在绘图区选取图 7.7.22 所示的目标主体和工件主体。

图 7.7.21　定义目标主体和工件主体　　　图 7.7.22　定义目标主体和工件主体

（3）在"布尔"对话框中将 类型: 设置为 ◉ 添加，然后单击 ✓ 按钮，完成结合的创建。

Step13. 绘制图 7.7.23 所示的草图 4。

（1）创建图层 5。

① 在状态栏中单击 层别 按钮，系统弹出"层别管理"对话框。

② 创建图层。在 主层别 区域的 编号: 文本框中输入值 5，在 名称: 文本框中输入"草图 4"字样。

③ 单击 ✓ 按钮，完成图层的创建。

（2）绘制图 7.7.24 所示的圆。

① 定义绘图线型。在"线宽"  下拉列表中选择第二个选项█████。

② 选择命令。选择下拉菜单 绘图(C) ➡ 弧(A) ➡ 圆心点画圆(C)... 命令，系统弹出"编辑圆心点"工具栏。

③ 定义圆心位置。在"绘图视角"工具栏中单击 屏幕视图 按钮调整构图面为俯视视角；分别在"AutoCursor"工具栏的 X 文本框、Y 文本框和 Z 文本框中输入值 40，25，0，并分别按 Enter 键确认。

图 7.7.23　草图 4

图 7.7.24　绘制圆

④ 设置圆参数。在"编辑圆心点"工具栏的 ⊙ 文本框中输入值 12，按 Enter 键确认。

⑤ 单击 ✔ 按钮，完成圆的绘制。

（3）标注尺寸。在"线宽" ━━━━▼ 下拉列表中选择第一个选项█████。选择下拉菜单 绘图(C) ➡ 标注(D) ➡ 快速标注(S)... 命令，标注尺寸如图 7.7.25 所示。

（4）创建图 7.7.26 所示的镜像曲线。

图 7.7.25　标注尺寸

图 7.7.26　镜像曲线

① 定义绘图线型。在"线宽" ━━━━▼ 下拉列表中选择第二个选项█████。

② 选择命令。选择下拉菜单 转换(X) ➡ 镜像(M)... 命令。

③ 定义镜像对象。在绘图区选取步骤（2）所绘制的圆为镜像对象，按 Enter 键完成镜像对象的定义，同时系统弹出"镜像"对话框。

④ 定义镜像轴。在 轴 区域中单击 ••••• 按钮，然后分别在"AutoCursor"工具栏的 X 文本框、Y 文本框和 Z 文本框中输入值 0，0，0，并分别按 Enter 键确认定义镜像轴的一个端点；分别在"AutoCursor"工具栏的 X 文本框、Y 文本框和 Z 文本框中输入值 10，0，0，并分别按 Enter 键确认，定义镜像轴的另一个端点。

⑤ 单击 ✔ 按钮，完成镜像曲线的创建。

Step14. 创建图 7.7.27 所示的挤出特征。

（1）切换图层。在状态栏的 层别 按钮后的文本框中输入值 1，并按 Enter 键确认。

（2）选择命令。选择下拉菜单 实体(S) ➡ 挤出(X)... 命令，系统弹出"串连"对话框。

（3）定义轮廓曲线。选取草图 4 所绘制的两个圆弧，并调整与图 7.7.28 所示的相同的串连方向，单击 ✓ 按钮完成轮廓曲线的定义，同时系统弹出"实体挤出"对话框。

（4）设置拉伸参数。在 类型: 区域中选中 ◉切削主体 单选项；在 距离 区域中选中 ◉全部贯穿 单选项。

（5）单击 ✓ 按钮，完成挤出特征的创建。

Step15. 编辑图层 5 的图素不显示。

图 7.7.27　挤出特征

图 7.7.28　定义串连方向

（1）在状态栏中单击 层别 按钮，系统弹出"层别管理"对话框。

（2）单击 可见 列表中的"草图 4"层前的 ☒ 单元格，使"×"消失。

（3）单击 ✓ 按钮，完成编辑操作。

Step16. 绘制图 7.7.29 所示的草图 5。

（1）创建图层 6。

① 在状态栏中单击 层别 按钮，系统弹出"层别管理"对话框。

② 创建图层。在 主层别 区域的 编号: 文本框中输入值 6，在 名称: 文本框中输入"草图 5"字样。

③ 单击 ✓ 按钮，完成图层的创建。

（2）绘制图 7.7.30 所示的中心线。

图 7.7.29　草图 5

图 7.7.30　绘制中心线

① 定义绘图线型。在状态栏的"线型" ━━━ ▾ 下拉列表中选择 ━ ━ ･ ━ 选项，在"线宽" ━━━━ ▾ 下拉列表中选择第一个选项 ▬▬ 。

② 选择命令。选择下拉菜单 绘图(C) ➡ 线(L) ➡ ╱ 端点(E)... 命令，系统弹出"直线"工具栏。

③ 绘制中心线。在"绘图视角"工具栏中单击 屏幕视图 按钮调整构图面为右视视角；分别在"AutoCursor"工具栏的 ⊠ 文本框、 ⊻ 文本框和 ⊡ 文本框中输入值 17，65，0，并分别按 Enter 键确认；然后在"直线"工具栏的 ⊞ 文本框中输入值 40，按 Enter 键确认；在 ⊿ 文本框中输入值 90，按 Enter 键确认。

④ 单击 ✓ 按钮，完成中心线的绘制。

（3）绘制图 7.7.31 所示的圆。

① 定义绘图线型。在状态栏的"线型" ━━━ ▾ 下拉列表中选择 ▬▬ 选项；在"线宽" ━━━━ ▾ 下拉列表中选择第二个选项 ▬▬ 。

② 选择命令。选择下拉菜单 绘图(C) ➡ 弧(A) ➡ ⊕ 圆心点画圆(C)... 命令，系统弹出"编辑圆心点"工具栏。

③ 定义圆心位置。分别在"AutoCursor"工具栏的 ⊠ 文本框、 ⊻ 文本框和 ⊡ 文本框中输入值 17，65，0，并分别按 Enter 键确认。

④ 设置圆参数。在"编辑圆心点"工具栏的 ⊕ 文本框中输入值 46，按 Enter 键确认。

⑤ 单击 ✓ 按钮，完成圆的绘制。

（4）绘制图 7.7.32 所示的两条平行线。

图 7.7.31　绘制圆

图 7.7.32　绘制平行线

① 选择命令。选择下拉菜单 绘图(C) ➡ 线(L) ➡ ╱╱ 平行线(A)... 命令，系统弹出"平行线"工具栏。

② 定义平行对象。在绘图区选取步骤（2）所绘制的中心线为平行对象。

③ 定义平行距离及位置。在"平行线"工具栏的 ⊞ 文本框中输入值 1.5，然后在中间的竖直中心线以左的任意位置单击定义平行位置，然后单击两次 ⟺╱ 按钮，使其处于 ⟺╱ 状态。

④ 单击 ✓ 按钮完成两条直线的绘制。

（5）修剪曲线，如图 7.7.33 所示。

① 选择命令。选择下拉菜单 编辑(E) ➡ 修剪/打断(T) ➡ 修剪/打断/延伸(T) 命令，系统弹出"修剪/打断/延伸"工具栏。

② 设置修剪方式。在"修剪/打断/延伸"工具栏中单击 按钮使其处于按下状态。

③ 定义修剪曲线。在要修剪的曲线上单击，修剪之后如图 7.7.33b 所示。

④ 单击 按钮，完成曲线的修剪。

图 7.7.33　修剪曲线

（6）编辑直线长度，如图 7.7.34 所示。

图 7.7.34　编辑直线长度

① 选择命令。选择下拉菜单 分析(A) ➡ 图素属性(E)... 命令。

② 定义编辑对象。选取图 7.7.34a 所示的直线 1 为编辑对象，同时系统弹出"线的属性"对话框。

③ 修改直线长度。将 3D 文本框中的值改为 1.5，按 Enter 键确认。

④ 选取图 7.7.34a 所示的直线 2 为编辑对象，将直线 2 的长度值改为 1.5。

⑤ 单击 按钮，完成直线的编辑操作。

（7）绘制图 7.7.35 所示的直线。

① 选择命令。选择下拉菜单 绘图(C) ➡ 线(L) ➡ 端点(E)... 命令，系统弹出"直线"工具栏。

② 绘制直线。绘制图 7.7.35 所示的直线，单击 按钮，完成直线的绘制。

（8）标注尺寸。在"线宽" 下拉列表中选择第一个选项 。选择下拉菜单 绘图(C) ➡ 标注(D) ➡ 快速标注(S)... 命令，标注尺寸如图 7.7.36 所示。

图 7.7.35　绘制直线

图 7.7.36　标注尺寸

Step17. 创建图 7.7.37 所示的挤出特征。

（1）在状态栏 层别 按钮后的文本框中输入值 1，并按 Enter 键确认。

（2）选择命令。选择下拉菜单 实体(S) ➡ ↑ 挤出(X)... 命令，系统弹出"串连"对话框。

（3）定义轮廓曲线。选取草图 5 所绘制的曲线，并调整为与图 7.7.38 所示的相同串连方向，单击 ✓ 按钮完成轮廓曲线的定义，同时系统弹出"实体挤出"对话框。

（4）设置拉伸参数。在 类型: 区域中选中 ⦿ 切削主体 单选项；在 距离 区域中选中 ⦿ 全部贯穿 单选项。

图 7.7.37　挤出特征

图 7.7.38　定义串连方向

（5）单击 ✓ 按钮，完成挤出特征的创建。

Step18. 编辑图层 6 的图素不显示。

（1）在状态栏中单击 层别 按钮，系统弹出"层别管理"对话框。

（2）单击 可见 列表中的"草图 5"层前的 ☒ 单元格，使"×"消失。

（3）单击 ✓ 按钮，完成编辑操作。

Step19. 绘制图 7.7.39 所示的草图 6。

（1）创建图层 7。

① 在状态栏中单击 层别 按钮，系统弹出"层别管理"对话框。

② 创建图层。在 主层别 区域的 编号: 文本框中输入值 7，在 名称: 文本框中输入"草图 6"字样。

③ 单击 ⬜ 按钮，完成图层的创建。

（2）绘制图 7.7.40 所示的直线。

图 7.7.39　草图 6

图 7.7.40　绘制直线

① 选择命令。选择下拉菜单  命令，系统弹出"直线"工具栏。

② 绘制第一条直线。在"线宽" ⬜▾ 下拉列表中选择第二个选项 ▬▬。在绘图区选取图 7.7.41 所示的两个点。

③ 单击 ✓ 按钮，完成直线的绘制。

（3）绘制图 7.7.42 所示的平行线。

图 7.7.41　定义直线的两个端点

图 7.7.42　绘制平行线

① 选择命令。选择下拉菜单 绘图(C) ➡ 线(L) ➡ ⫽ 平行线(A)... 命令，系统弹出"平行线"工具栏。

② 定义平行对象。在绘图区选取步骤（2）所绘制的直线为平行对象。

③ 定义平行距离及位置。在"平行线"工具栏的 ⬚ 文本框中输入值 3，然后在直线以右的任意位置单击定义平行位置。

④ 单击 ✓ 按钮完成平行直线的绘制。

（4）绘制图 7.7.43 所示的辅助线。

① 定义绘图线型。在"线宽" ⬜▾ 下拉列表中选择第一个选项 ▬▬。

② 选择命令。选择下拉菜单 绘图(C) ➡ 线(L) ➡ ⁄ 端点(E)... 命令，系统弹出"直线"工具栏。

③ 绘制中心线。在"绘图视角"工具栏中单击 ⬚ 按钮调整构图面为右视视角；分别

在"AutoCursor"工具栏的 ⊠ 文本框、 ⊻ 文本框和 ⊿ 文本框中输入值-40，40，0，并分别按 Enter 键确认；然后在"直线"工具栏的 🔜 文本框中输入值 40，按 Enter 键确认；在 ⊿ 文本框中输入值 0，按 Enter 键确认。

④ 单击 ✔ 按钮，完成辅助线的绘制。

（5）绘制图 7.7.44 所示的垂线。

图 7.7.43　绘制辅助线　　　　　　　　　图 7.7.44　绘制垂线

① 定义绘图线型。在"线宽" [_____▼] 下拉列表中选择第二个选项 [███████]。

② 选择命令。选择下拉菜单 绘图(C) ➡ 线(L) ➡ ⊥ 法线(P)... 命令，系统弹出"垂直正交线"工具栏。

③ 定义垂直对象。在绘图区选取步骤（3）所绘制的平行直线为垂直对象，然后选取步骤（4）所绘制的辅助线与步骤（2）所绘制的直线的交点为垂直线的通过点。

④ 在"直线"工具栏的 🔜 文本框中输入值 3，按 Enter 键确认。

⑤ 单击 ✔ 按钮，完成垂直线的绘制。

（6）绘制图 7.7.45 所示的平行线。

① 选择命令。选择下拉菜单 绘图(C) ➡ 线(L) ➡ ∥ 平行线(A)... 命令，系统弹出"平行线"工具栏。

② 定义平行对象。在绘图区选取上一步骤所绘制的垂直线为平行对象。

③ 定义平行距离及位置。在"平行线"工具栏的 ➡ 文本框中输入值 6，然后在垂直线以上的任意位置单击定义平行位置。

④ 单击 ✔ 按钮完成平行线的绘制。

图 7.7.45　绘制平行线

（7）修剪曲线，如图 7.7.46 所示（隐藏辅助线）。

① 选择命令。选择下拉菜单 编辑(E) → 修剪/打断(T) →  修剪/打断/延伸(T) 命令，系统弹出"修剪/打断/延伸"工具栏。

② 设置修剪方式。在"修剪/打断/延伸"工具栏中单击 ⊢⊣ 按钮使其处于按下状态。

a) 修剪前

b) 修剪后

图 7.7.46　修剪曲线

③ 定义修剪曲线。在要修剪的曲线上单击，修剪之后如图 7.7.46b 所示。

④ 单击 ✓ 按钮，完成曲线的修剪。

（8）标注尺寸。在"线宽" ▭▼ 下拉列表中选择第一个选项 ▬▬▬。选择下拉菜单 绘图(C) → 标注(D) → ⬍ 快速标注(S)... 命令，标注尺寸如图 7.7.47 所示。

Step20. 创建图 7.7.48 所示的挤出特征。

（1）在状态栏的 层别 按钮后的文本框中输入值 1，并按 Enter 键确认。

（2）选择命令。选择下拉菜单 实体(S) → ↑ 挤出(X)... 命令，系统弹出"串连"对话框。

（3）定义轮廓曲线。选取草图 6 所绘制的曲线，并调整与图 7.7.49 所示的相同串连方向，单击 ✓ 按钮完成轮廓曲线的定义，同时系统弹出"实体挤出"对话框。

（4）设置拉伸参数。在 类型: 区域中选中 ⊙切削主体 单选项；在 距离 区域中选中 ⊙全部贯穿 单选项。

（5）单击 ✓ 按钮，完成挤出特征的创建。

Step21. 编辑图层 7 的图素不显示。

（1）在状态栏中单击 层别 按钮，系统弹出"层别管理"对话框。

（2）单击 可见 列表中的"草图 6"层前的 ⎵✗⎵ 单元格，使"✗"消失。

（3）单击 ✓ 按钮，完成编辑操作。

图 7.7.47　标注尺寸

图 7.7.48　挤出特征

图 7.7.49　定义串连方向

Step22. 绘制图 7.7.50 所示的草图 7。

（1）创建图层 8。

① 在状态栏中单击 层别 按钮，系统弹出"层别管理"对话框。

② 创建图层。在 主层别 区域的 编号: 文本框中输入值 8，在 名称: 文本框中输入"草图7"字样。

③ 单击 ✓ 按钮，完成图层的创建。

（2）绘制图 7.7.51 所示的中心线。

图 7.7.50　草图 7

图 7.7.51　绘制中心线

① 定义绘图线型。在状态栏的 ▬▬▬ 下拉列表中选择 ▬▬▬ 选项。

② 选择命令。选择下拉菜单 绘图(C) ➡ 线(L) ➡ ✏ 端点(E)... 命令，系统弹出"直线"工具栏。

③ 绘制中心线。分别在"AutoCursor"工具栏的 ⊠ 文本框、 ⊻ 文本框和 ⊿ 文本框中输入值 17，65，0，并分别按 Enter 键确认；然后在"直线"工具栏的 ⬚ 文本框中输入值 40，按 Enter 键确认；在 ◿ 文本框中输入值 90，按 Enter 键确认。

④ 单击 ✓ 按钮，完成中心线的绘制。

（3）绘制图 7.7.52 所示的圆。

① 定义绘图线型。在状态栏的"线型" ▬▬▬ 下拉列表中选择 ▬▬▬ 选项；在"线宽" ▬▬▬ 下拉列表中选择第二个选项 ▬▬▬。

② 选择命令。选择下拉菜单 绘图(C) ➡ 弧(A) ➡ ⊕ 圆心点画圆(C)... 命令，系统弹出"编辑圆心点"工具栏。

③ 定义圆心位置。在绘图区选取图 7.7.53 所示的边线中点为圆心。

图 7.7.52　绘制圆

选取此边线中点

图 7.7.53　定义圆心位置

④ 设置圆参数。在"编辑圆心点"工具栏的 ⊙ 文本框中输入值 4,按 Enter 键确认。

⑤ 单击 ✓ 按钮,完成圆的绘制。

(4)平移圆。

① 选择命令。选择下拉菜单 转换(X) ➡ 平移(T)... 命令。

② 定义平移对象。在绘图区选取步骤(3)所绘制的圆为平移对象,然后按 Enter 键完成平移对象的定义,同时系统弹出"平移"对话框。

③ 定义平移距离。在"平移"对话框中选中 ⊙ 移动 单选项;在 增量坐标 区域的 Y 文本框中输入值-4.5,按 Enter 键确认。

④ 单击 ✓ 按钮完成圆的平移操作,如图 7.7.54 所示。

(5)标注尺寸。在"线宽" ──── 下拉列表中选择第一个选项 ████。选择下拉菜单 绘图(C) ➡ 标注(D) ➡ ! 快速标注(S)... 命令,标注尺寸如图 7.7.55 所示。

Step23. 创建图 7.7.56 所示的挤出特征。

(1)在状态栏的 层别 按钮后的文本框中输入值 1,并按 Enter 键确认。

(2)选择命令。选择下拉菜单 实体(S) ➡ 挤出(X)... 命令,系统弹出"串连"对话框。

图 7.7.54 平移圆

图 7.7.55 标注尺寸

(3)定义轮廓曲线。选取草图 7 所绘制的圆,并调整与图 7.7.57 所示的相同串连方向,单击 ✓ 按钮完成轮廓曲线的定义,同时系统弹出"实体挤出"对话框。

(4)设置拉伸参数。在 类型: 区域中选中 ⊙ 切削主体 单选项;在 距离 区域中选中 ⊙ 全部贯穿 单选项。

(5)单击 ✓ 按钮,完成挤出特征的创建。

图 7.7.56 挤出特征

图 7.7.57 定义串连方向

Step24. 编辑图层 8 的图素不显示。

（1）在状态栏中单击 层别 按钮，系统弹出"层别管理"对话框。

（2）单击 可见 列表中的"草图 7"层前的 ╳ 单元格，使"×"消失。

（3）单击 ✓ 按钮，完成编辑操作。

Step25. 创建图 7.7.58b 所示的倒圆角。

a）创建前         b）创建后

图 7.7.58   倒圆角

（1）选择命令。选择下拉菜单 实体(S) ➡ 圆角(F) ➡ 等半径倒圆角(C)... 命令，系统弹出"实体选择"对话框。

（2）定义倒圆角边。在绘图区选取图 7.7.58a 所示的两条边线为倒圆角边，在"实体选择"对话框中单击 ✓ 按钮，完成倒圆角边的定义，同时系统弹出"固定圆角半径"对话框。

（3）设置倒圆角参数。在 半径: 文本框中输入值 5。

（4）单击 ✓ 按钮，完成倒圆角的创建。

Step26. 保存文件。

（1）选择命令。选择下拉菜单 文件(F) ➡ 🖫 保存(S) 命令，系统弹出"另存为"对话框。

（2）定义文件名。在 文件名(N): 文本框中输入文件名"BASE"。

（3）单击 ✓ 按钮完成文件的保存。

# 第8章　Mastercam X8 数控加工入门

## 8.1　Mastercam X8 数控加工流程

随着科学技术的不断进步与深化，数控技术已成为制造业逐步实现自动化、柔性化和集成化的基础技术。在学习数控加工之前，先介绍一下数控加工的特点和加工流程，以便进一步了解数控加工的应用。

数控加工具有两个特点：一是可以极大地提高加工精度；二是可以稳定加工质量，保持加工零件的一致性，即加工零件的质量和时间由数控程序决定而不是由人为因素决定。概括起来它具有以下优点。

（1）提高生产率。

（2）提高加工精度且保证加工质量。

（3）不需要熟练的机床操作人员。

（4）便于设计加工的变更，同时加工设定柔性强。

（5）操作过程自动化，一人可以同时操作多台机床。

（6）操作容易方便，降低了劳动强度。

（7）可以减少工装夹具。

（8）降低检查工作量。

在国内，Mastercam X8 加工软件因其操作便捷且比较容易掌握，所以应用较为广泛。Mastercam X8 能够模拟数控加工的全过程，其一般流程如图 8.1.1 所示。

（1）创建制造模型，包括创建或获取设计模型以及工件规划。

（2）进入加工环境。

（3）设置工件。

（4）对加工区域进行设置。

（5）选择刀具，并对刀具的参数进行设置。

（6）设置加工参数，包括共性参数及不同的加工方式的特有参数的设置。

（7）进行加工仿真。

（8）利用后处理器生成 NC 程序。

图 8.1.1　Mastercam X8 数控加工流程图

# 8.2　Mastercam X8 加工模块的进入

在进行数控加工操作之前首先需要进入 Mastercam X8 数控加工环境，其操作如下。

Step1. 打开原始模型。选择下拉菜单 文件(F) ➡ 📂 打开(O)... 命令，系统弹出"打开"对话框；在"查找范围"下拉列表中选择文件目录 D:\mcx8\work\ch08，然后在中间的列表框中选择文件 MILLING.MCX；单击 打开(O) 按钮，系统打开模型并进入 Mastercam X8 的建模环境。

Step2. 进 入 加 工 环 境 。 选 择 下 拉 菜 单 机床类型(M) ➡ 铣削(M) ➡ 默认(D) 命令，系统进入加工环境，此时零件模型如图 8.2.1 所示。

关 于 Mastercam X8 中 原 始 模 型 的 说 明 ： 因 为 Mastercam X8 在 CAD 方面的功能较为薄弱，所以在使

图 8.2.1　零件模型

用 Mastercam X8 进行数控加工前，经常使用其他 CAD 软件完成原始模型的创建，然后另存为 Mastercam 可以读取的文件格式，再通过 Mastercam X8 进行数控加工。

# 8.3 设 置 工 件

工件也称毛坯，它是加工零件的坯料。为了使模拟加工时的仿真效果更加真实，我们需要在模型中设置工件；另外，当需要系统自动运算进给速度等参数时，设置工件也是非常重要的。下面还是以前面的模型 MILLING.MCX 为例，紧接着 8.2 节的操作来继续说明设置工件的一般步骤。

Step1. 在"操作管理器"中单击山 属性 – Mill Default MM 节点前的"+"号，将该节点展开，然后单击◆ 毛坯设置 节点，系统弹出图 8.3.1 所示的"机床群组属性"对话框（一）。

图 8.3.1 "机床群组属性"对话框（一）

图 8.3.1 所示的"机床群组属性"对话框（一）中毛坯设置选项卡的各选项的说明如下。

- ▦ 按钮：用于设置素材视角。单击该按钮可以选择被排列的素材样式的视角。例如：如果加工一个系统坐标（WCS）不同于 Top 视角的机件，则可以通过该按钮来选择一个适当的视角。Mastercam 可以根据存储的基于 WCS 或者刀具平面的个别视角创建操作，甚至可以改变组间刀路的 WCS 或者刀具平面。

- ⊙ 矩形 单选项：用于创建一个矩形的工件。

- ⊙ 实体 单选项：用于选取一个实体工件。当选中此单选项时，其后的 ⬚ 按钮被激活，单击该按钮可以在绘图区域选取一个实体为工件。

- ⊙ 圆柱体 单选项：用于创建一个圆柱体工件。当选中此单选项时，其下的 ⊙ X 单选项、⊙ Y 单选项和 ⊙ Z 单选项被激活，选中这三个单选项分别可以定义圆柱体的轴线在相对应的坐标轴上。

- ⊙ 文件 单选项：用于设置选取一个来自文件的实体模型（文件类型为 STL）为工件。当选中此单选项时，其后的 ⬚ 按钮被激活，单击该按钮可以在任意的目录下选取工件。

- ☑ 显示 复选框：用于设置工件在绘图区域显示。当选中该复选框时，其下的 ☑ 适配屏幕 复选框、⊙ 线框 单选项和 ⊙ 实体 单选项被激活。

  - ☑ ☑ 适配屏幕 复选框：用于创建一个恰好包含模型的工件。

  - ☑ ⊙ 线框 构单选项：用于设置以线框的形式显示工件。

  - ☑ ⊙ 实体 单选项：用于设置以实体的形式显示工件。

- ⬚ 按钮：用于选取模型原点，同时也可以在 毛坯原点 区域的 X 文本框、Y 文本框和 Z 文本框中输入值来定义工件的原点。

  - ☑ X 文本框：用于设置在 X 轴方向的工件长度。此文本框将根据定义的工件类型进行相应的调整。

  - ☑ Y 文本框：用于设置在 Y 轴方向的工件长度。此文本框将根据定义的工件类型进行相应的调整。

  - ☑ Z 文本框：用于设置在 Z 轴方向的工件长度。此文本框将根据定义的工件类型进行相应的调整。

- 选择对角(E)... 按钮：用于以选取模型对角点的方式定义工件的尺寸。当通过此种方式定义工件的尺寸后，模型的原点也会根据选取的对角点进行相应的调整。

- 边界框(B) 按钮：用于根据用户所选取的几何体来创建一个最小的工件。

- NCI范围(N) 按钮：用于对限定刀路的模型边界进行计算创建工件尺寸，此功能仅基于进给速率进行计算，不根据快速移动进行计算。

- <u>所有曲面</u>按钮：用于以所有可见的表面来创建工件尺寸。
- <u>所有实体</u>按钮：用于以所有可见的实体来创建工件尺寸。
- <u>所有图素</u>按钮：用于以所有可见的图素来创建工件尺寸。
- <u>取消全选</u>按钮：用于移除创建的工件尺寸。

Step2. 设置工件的形状。在"机床群组属性"对话框的 <u>形状</u> 区域中选中 ⊙ <u>矩形</u> 单选项。

Step3. 设置工件的尺寸。在"机床群组属性"对话框中单击 <u>边界框(B)</u> 按钮，系统弹出图 8.3.2 所示的"边界框"对话框，采用系统默认的选项设置，单击 ✔ 按钮，系统再次弹出"机床群组属性"对话框，此时该对话框如图 8.3.3 所示。

图 8.3.2　"边界框"对话框　　　　图 8.3.3　"机床群组属性"对话框（二）

**图 8.3.2 所示的"边界框"对话框中各选项说明如下。**

- ⬚按钮：用于选取创建工件尺寸所需的图素。
- ☑ 所有图素 复选框：用于选取创建工件尺寸所需的所有图素。
- <u>创建</u> 区域：该区域包括 ☑ 毛坯 复选框、☑ 直线/圆弧 复选框、☑ 点复选框、☑ 中心点 复选框和 ☑ 实体 复选框。

  ☑ 　☑ 毛坯 复选框：用于创建一个与模型相近的工件坯。

  ☑ 　☑ 直线/圆弧 复选框：用于创建线或者圆弧。当定义的图形为矩形时，则会创建接近边界的直线；当定义的图形为圆柱形时，则会创建圆弧和线。

- ☑ ☑ **点** 复选框：用于在边界盒的角或者长宽处创建点。
- ☑ ☑ **中心点** 复选框：用于创建一个中心点。
- ☑ ☑ **实体** 复选框：用于创建一个与模型相近的实体。
- **展开** 区域：该区域包括 $X$ 文本框、$Y$ 文本框和 $Z$ 文本框。此区域根据 **形状** 区域的不同而有所差异。
  - ☑ $X$ 文本框：用于设置 X 方向的工件延伸量。
  - ☑ $Y$ 文本框：用于设置 Y 方向的工件延伸量。
  - ☑ $Z$ 文本框：用于设置 Z 方向的工件延伸量。
- **形状** 区域：该区域包括 ⊙ **矩形** 单选项、⊙ **圆柱体** 单选项、⊙ **Z** 单选项、⊙ **Y** 单选项、⊙ **X** 单选项和 ☑ **中心轴** 复选框。
  - ☑ ⊙ **矩形** 单选项：用于设置工件形状为立方体。
  - ☑ ⊙ **圆柱体** 单选项：用于设置工件形状为圆柱体。
  - ☑ ⊙ **Z** 单选项：用于设置圆柱体的轴线在 Z 轴上。此单选项只有在工件形状为圆柱体时方可使用。
  - ☑ ⊙ **Y** 单选项：用于设置圆柱体的轴线在 Y 轴上。此单选项只有在工件形状为圆柱体时方可使用。
  - ☑ ⊙ **X** 单选项：用于设置圆柱体的轴线在 X 轴上。此单选项只有在工件形状为圆柱体时方可使用。
  - ☑ ☑ **以轴线为中心** 复选框：用于设置圆柱体工件的轴心，当选中此复选框时，圆柱体工件的轴心在构图原点上；反之，圆柱体工件的轴心在模型的中心点上。

Step4. 单击"机床群组属性"对话框中的 ___✓ 按钮，完成工件的设置，此时零件如图 8.3.4 所示，从图中可以观察到零件的边缘多了红色的双点画线，双点画线围成的图形即为工件。

图 8.3.4　显示工件

## 8.4　选择加工方法

Mastercam X8 为用户提供了很多种加工方法，根据加工的零件不同，只有选择合适的加工方式，才能提高加工效率和加工质量，并通过 CNC 加工刀具路径获取控制机床自动加工的 NC 程序。在零件数控加工程序编制的同时，还要仔细考虑成型零件公差、形状特点、材料性质以及技术要求等因素，进行合理的加工参数设置，才能保证编制的数控程序高效、准确地加工出质量合格的零件。因此，加工方法的选择非常重要。

下面还是以前面的模型 MILLING.MCX 为例，紧接着 8.3 节的操作来继续说明选择加工方法的一般步骤。

Step1. 选择下拉菜单 刀路(T) ➡ 曲面粗加工(R) ➡ 🟦 挖槽(K)... 命令，系统弹出图 8.4.1 所示的"输入新 NC 名称"对话框，采用系统默认的 NC 名称，单击 ✔ 按钮。

Step2. 设置加工面。在图形区选择图 8.4.2 所示的曲面（共 10 个小曲面），然后按 Enter 键，系统弹出图 8.4.3 所示的"刀路/曲面选择"对话框。

图 8.4.1 "输入新 NC 名称"对话框

图 8.4.2 选取加工面

图 8.4.3 "刀路/曲面选择"对话框

**图 8.4.3 所示的"刀路/曲面选择"对话框中各按钮的说明如下。**

- **驱动面** 区域：该区域用于设置各种加工方法的加工曲面。
  - ☑ 🔘 按钮：单击该按钮后，系统返回视图区，用于选取加工曲面。
  - ☑ 🔘 按钮：用于取消所有已选取的加工曲面。
  - ☑ CAD 文件 按钮：单击该按钮后，选取一个 STL 文件，从而指定加工曲面。
  - ☑ 🔘 按钮：用于取消所有通过 STL 文件指定的加工曲面。
  - ☑ 显示... 按钮：单击该按钮后，系统将在视图区中单独显示已选取的加工曲面。
- **检查面** 区域：用于干涉面的设置。
  - ☑ 🔘 按钮：单击该按钮后，系统返回视图区，用于选取干涉面。
  - ☑ 🔘 按钮：用于取消所有已选取的干涉面。

☑ **显示...** 按钮: 单击该按钮后, 系统将在视图区中单独显示已选取的干涉面。

● **边界范围** 区域: 该区域可以对切削范围进行设置。

☑ **⟨⟩** 按钮: 单击该按钮后, 可以通过 "串连选项" 对话框选取切削范围。

☑ **⟨⟩** 按钮: 用于取消所有已选取的切削范围。

● **进刀点** 区域: 该区域可以对进刀点进行设置。

☑ **⟨⟩** 按钮: 单击该按钮后, 系统返回视图区, 用于选取进刀点。

☑ **⟨⟩** 按钮: 用于取消已选取的进刀点。

# 8.5 选 择 刀 具

在 Mastercam X8 生成刀具路径之前, 需选择在加工过程中所使用的刀具。一个零件从粗加工到精加工可能要分成若干步骤, 需要使用若干把刀具, 而刀具的选择直接影响到加工的成败和效率。所以, 在选择刀具之前, 要先了解加工零件的特征、机床的加工能力、工件材料的性能、加工工序、切削量以及其他相关的因素, 然后再选用合适的刀具。

下面还是以前面的模型 MILLING.MCX 为例, 紧接着 8.4 节的操作来继续说明选择刀具的一般步骤。

Step1. 在 "刀路/曲面选择" 对话框中单击 **✓** 按钮, 系统弹出 "曲面粗车-挖槽" 对话框。

Step2. 确定刀具类型。在 "曲面粗车-挖槽" 对话框中单击 **刀具过滤** 按钮, 系统弹出图 8.5.1 所示的 "刀具列表过滤" 对话框, 单击该对话框 **刀具类型** 中的 **无 (N)** 按钮后, 在刀具类型按钮中单击 **⊔** (圆鼻刀) 按钮, 单击 **✓** 按钮, 关闭 "刀具列表过滤" 对话框, 系统返回到 "曲面粗车-挖槽" 对话框。

图 8.5.1 "刀具列表过滤" 对话框

图 8.5.1 所示的"刀具列表过滤"对话框的主要功能是可以按照用户的要求对刀具进行检索，其中各选项的说明如下。

- **刀具类型**区域：该区域将根据不同的加工方法列出不同的刀具类型，便于用户进行检索。单击任何一种刀具类型的按钮，则该按钮处于按下状态，即选中状态，再次单击，按钮弹起，即非选中状态。图 8.5.1 所示的**刀具类型**区域中共提供了 22 种刀具类型，依次为平底刀、球刀、圆鼻刀、面铣刀、圆角成型刀、倒角刀、槽刀、锥度刀、鸠尾铣刀、糖球型铣刀、钻头、绞刀、搪刀、右牙刀、左牙刀、中心钻、点钻、沉头孔钻、鱼眼孔钻、未定义、雕刻刀具和平头钻。

  - ☑ **全部(A)** 按钮：单击该按钮可以使所有刀具类型处于选中状态。
  - ☑ **无(N)** 按钮：单击该按钮可以使所有刀具类型处于非选中状态。
  - ☑ **操作限定** 下拉列表：提供了**已用于操作**、**未用于操作**和**无操作限定**三种限定方式。
  - ☑ **单位限定** 下拉列表：提供了**英制**、**公制**和**无单位限定**三种限制方式。

- **刀具直径** 区域：该区域中包含一个下拉列表，通过该下拉列表中的选项可以快速地检索到满足用户所需要的刀具直径。

- **半径类型**区域：用户可以通过该区域提供的☑**无**、☑**转角**（圆角）和☑**全部**（全圆角）三个复选框，进行刀具圆角类型的检索。

- **刀具材料**区域：用户可通过该区域所提供的六种刀具材料对刀具进行索引。

Step3. 选择刀具。在"曲面粗车-挖槽"对话框中单击 **选择库刀具...** 按钮，系统弹出图 8.5.2 所示的"刀具选择"对话框，在该对话框的列表区域中选择图 8.5.2 所示的刀具。单击 ✓ 按钮，关闭"刀具选择"对话框，系统返回"曲面粗车-挖槽"对话框。

图 8.5.2　"刀具选择"对话框

Step4. 设置刀具参数。

（1）在"曲面粗车-挖槽"对话框的 **刀路参数** 选项卡的列表框中显示出上步选取的刀具，双击该刀具，系统弹出图 8.5.3 所示的"定义刀具"对话框。

Mastercam X8

宝典

图 8.5.3    "定义刀具"对话框

（2）设置刀具号。单击 **最终化属性** 按钮，在 **刀具编号:** 文本框中，将原有的数值改为 1。

（3）设置刀具的加工参数。设置图 8.5.4 所示的参数。

（4）设置冷却方式。单击 **冷却液** 按钮，系统弹出"冷却液"对话框，在 **Flood**（切削液）下拉列表中选择 **On** 选项，单击该对话框中的 **确定** 按钮，关闭"冷却液"对话框。

Step5. 单击"定义刀具"对话框中的 **精加工** 按钮，完成刀具的设置。

图 8.5.4    设置参数

# 8.6 设置加工参数

在 Mastercam X8 中需要设置的加工参数包括共性参数及在不同的加工方式中所特有的参数。这些参数的设置直接影响数控程序编写的好坏，程序加工效率的高低取决于加工参数设置的是否合理。

下面还是以前面的模型 MILLING.MCX 为例，紧接着 8.5 节的操作来继续说明设置加工参数的一般步骤。

### Stage1. 设置共性参数

Step1. 设置曲面加工参数。在"曲面粗车-挖槽"对话框中单击 曲面参数 选项卡，设置图 8.6.1 所示的参数。

图 8.6.1 "曲面参数"选项卡

Step2. 设置粗加工参数。

（1）在"曲面粗车-挖槽"对话框中单击 粗加工参数 选项卡。

（2）设置进给量。在 最大轴向切削间距: 文本框中输入值 0.3，其他参数采用系统默认的设置值，如图 8.6.2 所示。

### Stage2. 设置挖槽加工特有参数

Step1. 在"曲面粗车-挖槽"对话框中单击 挖槽参数 选项卡，设置图 8.6.3 所示的参数。

Step2. 选中 ☑ 粗加工 复选框，并在 切削方式 列表框中选择 高速加工 方式。

图 8.6.2 "粗加工参数" 选项卡

Step3. 在 "曲面粗车-挖槽" 对话框中单击 按钮，完成加工参数的设置，此时系统将自动生成图 8.6.4 所示的刀具路径。

图 8.6.3 "挖槽参数" 选项卡

放大图

图 8.6.4 刀具路径

# 8.7　加工仿真

加工仿真是用实体切削的方式来模拟刀具路径。对于已生成刀具路径的操作，可在图形窗口中以线框形式或实体形式模拟刀具路径，让用户在图形方式下很直接地观察到刀具切削工件的实际过程，以验证各操作定义的合理性。下面还是以前面的模型 MILLING.MCX 为例，紧接着 8.6 节的操作来继续说明加工仿真的一般步骤。

Step1. 路径模拟。

（1）在"操作管理"中单击 **☰ 刀路 - 601.9K - MILLING.NC - 程序号 0** 节点，系统弹出图 8.7.1 所示的"刀路模拟"对话框及图 8.7.2 所示的"刀路模拟控制"操控板。

**图 8.7.1 所示的"刀路模拟"对话框中部分按钮的说明如下。**

● **▼**按钮：用于显示"刀路"对话框的其他信息。

**说明**："刀路模拟"对话框的其他信息包括刀具路径群组、刀具的详细资料，以及刀具路径的具体信息。

图 8.7.1　"刀路模拟"对话框

● 按钮：用于以不同的颜色来显示各种刀具路径。
● 按钮：用于显示刀具。
● 按钮：用于显示刀具和刀具卡头。
● 按钮：用于显示快速移动。如果取消选中此按钮，将不显示刀路的快速移动和刀具运动。
● 按钮：用于显示刀路中的实体端点。
● 按钮：用于显示刀具的阴影。
● 按钮：用于设置刀具路径模拟选项的参数。
● 按钮：用于移除屏幕上所有刀路。
● 按钮：用于显示刀路。当 按钮处于选中状态时，单击此按钮才有效。
● 按钮：用于将当前状态的刀具和刀具卡头拍摄成静态图像。
● 按钮：用于将可见的刀路存入指定的层。

图 8.7.2　"刀路模拟控制"操控板

图 8.7.2 所示的"刀路模拟控制"操控板中各选项的说明如下。

- ▶按钮: 用于播放刀具路径。
- ■按钮: 用于暂停播放刀具路径。
- ◄◄◄按钮: 用于将刀路模拟返回起始点。
- ◄◄按钮: 用于将刀路模拟返回一段。
- ►►按钮: 用于将刀路模拟前进一段。
- ►►►按钮: 用于将刀路模拟移动到终点。
- 按钮: 用于显示刀具的所有轨迹。
- 按钮: 用于设置逐渐显示刀具的轨迹。
- 滑块: 用于设置刀路模拟速度。
- 按钮: 用于设置暂停设定的相关参数。

（2）在"刀路模拟控制"操控板中单击▶按钮，系统将开始对刀具路径进行模拟，结果与 8.6 节的刀具路径相同。在"刀路模拟"对话框中单击 ✓ 按钮，关闭该对话框。

Step2. 实体切削验证。

（1）在"操作管理"中确认 1 - 曲面粗车 - 挖槽 - [WCS: 俯视图] - [刀具平面: 俯视图] 节点被选中，然后单击"验证选定操作"按钮 ，系统弹出图 8.7.3 所示的"Mastercam 模拟器"对话框。

（2）在"Mastercam 模拟器"对话框中单击●按钮，系统将开始进行实体切削仿真，结果如图 8.7.4 所示。单击 × 按钮，关闭该对话框。

图 8.7.3　"Mastercam 模拟器"对话框

图 8.7.4　仿真结果

## 8.8　利用后处理生成 NC 程序

刀具路径生成并确定其检验无误后，就可以进行后处理操作了。后处理是由 NCI 刀具路径文件转换成 NC 文件，而 NC 文件是可以在机床上实现自动加工的一种途径。

下面还是以前面的模型 MILLING.MCX 为例，紧接着 8.7 节的操作来继续说明利用后处理器生成 NC 程序的一般步骤。

Step1. 在"操作管理器"中单击 **G1** 按钮，系统弹出图 8.8.1 所示的"后处理程序"对话框。

Step2. 设置图 8.8.1 所示的参数，在"后处理程序"对话框中单击 ✔ 按钮，系统弹出"另存为"对话框，选择合适的存放位置，单击 **保存(S)** 按钮。

Step3. 完成上步操作后，系统弹出图 8.8.2 所示的"Mastercam Code Expert"窗口。从中可以观察到，系统已经生成了 NC 程序，然后关闭该窗口。

Step4. 保存模型。选择下拉菜单 **文件(F)** ➡ **保存(S)** 命令，保存模型。

图 8.8.1　"后处理程序"对话框

图 8.8.2　"Mastercam Code Expert"窗口

**学习拓展**：扫码学习更多视频讲解。

**讲解内容**：本部分主要对"操作管理"做了详细的讲解，并对其中的各个参数选项及应用做了说明。

# 第 **9** 章  铣削 2D 加工

## 9.1  概　　述

在 Mastercam X8 中，把零件只需二维图就可以完成的加工，称为二维铣削加工。二维刀路是利用二维平面轮廓，通过二维刀路模组功能产生零件加工路径程序。二维刀具的加工路径包括外形铣削、挖槽加工、面铣削、雕刻加工和钻孔等。

## 9.2  外形铣加工

外形铣加工是沿选择的边界轮廓进行铣削，常用于外形粗加工或者外形精加工。下面以图 9.2.1 所示的模型为例来说明外形铣的加工过程，其操作如下。

a）2D 图形　　　　　　　　　b）加工工件　　　　　　　　c）加工结果

图 9.2.1　外形铣加工

### Stage1. 进入加工环境

Step1. 打开原始模型。选择下拉菜单 文件(F) ➡️ 打开(O)... 命令，系统弹出图 9.2.2 所示的"打开"对话框。在"查找范围"下拉列表中选择文件目录 D:\mcx8\work\ch09.02，选择文件 CONTOUR.mcx-8。单击 打开(O) 按钮，系统打开模型并进入 Mastercam X8 的建模环境。

Step2. 进入加工环境。选择下拉菜单 机床类型(M) ➡️ 铣削(M) ➡️ 默认(D) 命令，系统进入加工环境，此时零件模型如图 9.2.3 所示。

### Stage2. 设置工件

Step1. 在"操作管理"中单击 山 属性 - Mill Default 节点前的"+"号，将该节点展开，然后单击 ◆ 毛坯设置 节点，系统弹出图 9.2.4 所示的"机床群组属性"对话框。

图 9.2.2　"打开"对话框

图 9.2.3　零件模型二维图

图 9.2.4　"机床群组属性"对话框

Step2. 设置工件的形状。在"机床群组属性"对话框的 **形状** 区域中选中 ⊙ **矩形** 单选项。

Step3. 设置工件的尺寸。在"机床群组属性"对话框中单击 **边界框(B)** 按钮，系统弹出图 9.2.5 所示的"边界框"对话框，接受系统默认的设置，单击 ✔ 按钮，系统返回至"机床群组属性"对话框，此时该对话框如图 9.2.6 所示。

Step4. 设置工件参数。在"机床群组属性"对话框的 **Z** 文本框中输入值 2.0，如图 9.2.6 所示。

Step5. 单击"机床群组属性"对话框中的 ✔ 按钮，完成工件的设置，结果如图 9.2.7 所示。从图中可以观察到零件的边缘多了红色的双点画线，双点画线围成的图形即为工件。

图 9.2.6 "机床群组属性"对话框

图 9.2.5 "边界框"对话框

图 9.2.7 显示工件

### Stage3. 选择加工类型

Step1. 选择下拉菜单 刀路(T) ➡️ 🔲 外形铣削(C)... 命令，系统弹出图 9.2.8 所示的"输入新 NC 名称"对话框，采用系统默认的 NC 名称，单击 ✔ 按钮，完成 NC 名称的设置，同时系统弹出图 9.2.9 所示的"串连"对话框。

说明：用户也可以在"输入新 NC 名称"对话框中输入具体的名称，如"减速箱下箱体的加工程序"。在生成加工程序时，系统会自动以"减速箱下箱体的加工程序.NC"命名程序名，这样就不需要再修改程序的名称。

Step2. 设置加工区域。采用对话框的默认参数设置，在图形区中选取图 9.2.10 所示的边线，系统自动选取图 9.2.11 所示的边链，单击 ✔ 按钮，完成加工区域的设置，同时系统弹出图 9.2.12 所示的"2D 刀路-外形"对话框。

第 ⑨ 章 铣削2D加工

图 9.2.9　"串连"对话框

图 9.2.8　"输入新 NC 名称"对话框

图 9.2.10　选取区域

图 9.2.11　定义区域

**图 9.2.9 所示的"串连"对话框中各按钮的说明如下。**

- 按钮：用于选择线架中的链。当模型中出现线架时，此按钮会自动处于激活状态；当模型中没有出现线架，此按钮会自动处于不可用状态。

- 按钮：用于选取实体的边链。当模型中既出现了线架又出现了实体时，此按钮处于可用状态，当该按钮处于按下状态时，与其相关的功能才处于可用状态。当模型中没有出现实体，此按钮会自动处于不可用状态。

- 绘图平í 单选项：用于选取平行于当前平面中的链。

- 3D 单选项：用于同时选取 X、Y 和 Z 方向的链。

- 按钮：用于直接选取与定义链相连的链，但遇到分支点时选择结束。在选取时基于选择类型单选项的不同而有所差异。

- 按钮：该按钮既可以用于设置从起始点到终点的快速移动，又可以设置链的

403

起始点的自动化，也可以控制刀具从一个特殊的点进入。

图 9.2.12 "2D 刀路–外形" 对话框

- ⬜ 按钮：用于选取定义矩形框内的图素。
- ⬜ 按钮：用于通过单击一点的方式选取封闭区域中的所有图素。
- ⬜ 按钮：用于选取单独的链。
- ⬜ 按钮：用于选取多边形区域内的所有链。
- ⬜ 按钮：用于选取与定义的折线相交叉的所有链。
- ⬜ 按钮：用于选取第一条链与第二条链之间的所有链。当定义的第一条链与第二条链之间存在分支点时，停止自动选取，用户可选择分支继续选取链。在选取时基于选择类型单选项的不同而有所差异。
- 内 ▼ 下拉列表：该下拉列表包括 内 选项、内+相交 选项、相交 选项、外+相交 选项和 外 选项。此下拉列表中的选项只有在 ⬜ 按钮或 ⬜ 按钮处于被激活的状态下，方可使用。
  - ☑ 内 选项：用于选取定义区域内的所有链。
  - ☑ 内+相交 选项：用于选取定义区域内以及与定义区域相交的所有链。
  - ☑ 相交 选项：用于选取与定义区域相交的所有链。
  - ☑ 外+相交 选项：用于选取定义区域外以及与定义区域相交的所有链。
  - ☑ 外 选项：用于选取定义区域外的所有链。
- ☑ 等待 复选框：用于选取有折回的链。
- ⬆ 按钮：用于恢复至上一次选取的链。

- 按钮：用于结束链的选取。常常用于选中☑等待复选框的状态。
- 按钮：用于上一次选取的链。
- 按钮：用于所有已经选取的链。
- 按钮：用于改变链的方向。
- 按钮：用于设置串连特征方式的相关选项。
- 按钮：用于设置串连特征方式选取图形。
- 按钮：用于设置选取链时的相关选项。
- 按钮：用于确定链的选取。

**Stage4. 选择刀具**

Step1. 确定刀具类型。在"2D 刀路-外形"对话框的左侧节点列表中单击刀具节点，切换到刀具参数界面；单击 过滤(F)... 按钮，系统弹出图 9.2.13 所示的"刀具列表过滤"对话框，单击刀具类型区域中的 无(N) 按钮后，在刀具类型按钮群中单击 （平底刀）按钮，单击 按钮，关闭"刀具列表过滤"对话框，系统返回至"2D 刀路-外形"对话框。

图 9.2.13 "刀具列表过滤"对话框

Step2. 选择刀具。在"2D 刀路-外形"对话框中单击 选择库刀具... 按钮，系统弹出图 9.2.14 所示的"刀具选择"对话框，在该对话框的列表框中选择图 9.2.14 所示的刀具，单击 按钮，关闭"刀具选择"对话框，系统返回至"2D 刀路-外形"对话框。

Step3. 设置刀具参数。

（1）完成上步操作后，在"2D 刀路-外形"对话框的刀具列表中双击该刀具，系统弹出图 9.2.15 所示的"定义刀具"对话框。

（2）设置刀具号。单击最终化属性节点，在"定义刀具"对话框的刀具编号:文本框中，将原有的数值改为1。

（3）设置刀具的加工参数。设置图 9.2.16 所示的参数。

图 9.2.14　"刀具选择"对话框

图 9.2.15　"定义刀具"对话框

图 9.2.16　设置参数

（4）设置冷却方式。单击 冷却液 按钮，系统弹出"冷却液"对话框，在 Flood （切削液）下拉列表中选择 On 选项，单击该对话框中的 确定 按钮，系统返回至"定义刀具"对话框。

Step4. 单击"定义刀具"对话框中的 精加工 按钮，完成刀具的设置，系统返回至"2D 刀路-外形"对话框。

图 9.2.16 所示的"参数"选项卡中部分选项的说明如下。

- XY 粗加工步进量(%)：文本框：用于定义粗加工时，XY 方向的步进量为刀具直径的百分比。

- Z 粗加工步进量(%)：文本框：用于定义粗加工时，Z 方向的步进量。

- XY 精修步进量(%)：文本框：用于定义精加工时 XY 方向的步进量。

- Z 精修步进量(%)：文本框：用于定义精加工时 Z 方向的步进量。

- 进给率 文本框：用于定义进给速度。

- 下切速率：文本框：用于定义下刀速度。

- 提刀速率 文本框：用于定义提刀速度。

- 主轴转速 文本框：用于定义主轴旋转速度。

- 刀齿数：文本框：用于定义刀具切削刃的数量。

- 材料：下拉列表：用于设置刀具的材料，其包括 Carbide 选项、Ceramic 选项、HSS 选项、Ti Coated 选项、User Def 1 选项和 User Def 2 选项。

- 冷却液 按钮：用于定义加工时的冷却方式。单击此按钮，系统会弹出"冷却液"对话框，用户可以在该对话框中设置冷却方式。

- ☑公制 复选框：用于定义刀具的规格。当选中此复选框时，为米制；反之，则为英制。

- 名称：文本框：用于设置刀具文件的名称。

- 说明：文本框：用于添加刀具说明。

- 制造商名称：文本框：用于设置制造商名称。

- 制造商刀具代码：文本框：用于显示制造商刀具的代码。。

### Stage5. 设置加工参数

Step1. 设置切削参数。在"2D 刀路-外形"对话框的左侧节点列表中单击 切削参数 节点，设置图 9.2.17 所示的参数。

图 9.2.17 所示的"切削参数"界面中部分选项的说明如下。

- 补正类型 下拉列表：由于刀具都存在各自的直径，如果刀具的中心点与加工的轮廓外形线重合，则加工后的结果将会比正确的结果小，此时就需要对刀具进行补正。刀具的补正是将刀具中心从轮廓外形线上按指定的方向偏移一定的距离。Mastercam X8 为用户提供了如下五种刀具补正的形式。

图 9.2.17 "切削参数"界面

☑ **计算机**选项：该选项表示系统将自动进行刀具补偿，但不进行输出控制的代码补偿。

☑ **控制器**选项：该选项表示系统将自动进行输出控制的代码补偿，但不进行刀具补偿。

☑ **磨损**选项：该选项表示系统将自动对刀具和输出控制代码进行相同的补偿。

☑ **反向磨损**选项：该选项表示系统将自动对刀具和输出控制代码进行相对立的补偿。

☑ **关**选项：该选项表示系统将不对刀具和输出控制代码进行补偿。

● **补正方向**下拉列表：该下拉列表用于设置刀具补正的方向，当选择**左**选项时，刀具将沿着加工方向向左偏移一个刀具半径的距离；当选择**右**选项时，刀具将沿着加工方向向右偏移一个刀具半径的距离。

● **刀尖补正**下拉列表：该下拉列表用于设置刀具在 Z 轴方向的补偿方式。

☑ **中心**选项：当选择此选项时，系统将自动从刀具中心位置开始计算刀长。

☑ **刀尖**选项：当选择此选项时，系统将自动从刀尖位置开始计算刀长。

● **刀具在转角处走圆角**下拉列表：该下拉列表用于设置刀具在转角处铣削时是否有圆角过渡。

☑ **无**选项：该选项表示刀具在转角处铣削时不采用圆角过渡。

- ☑ **尖角**选项：该选项表示刀具在小于或等于135°的转角处铣削时采用圆角过渡。

- ☑ **全部**选项：该选项表示刀具在任何转角处铣削时均采用圆角过渡。

- ☑ **寻找自相交**复选框：用于防止刀具路径相交而产生过切。

- **最大深度偏差**文本框：在3D铣削时该选项有效。

- **壁边毛坯预留量**文本框：用于设置沿XY轴方向的侧壁加工预留量。

- **底面毛坯预留量**文本框：用于设置沿Z轴方向的底面加工预留量。

- **外形类型**下拉列表：该下拉列表用于设置外形铣削的类型，Mastercam X8为用户提供了如下五种类型。

  - ☑ **2D**选项：当选择此选项时，则表示整个刀具路径的切削深度相同，都为之前设置的切削深度值。

  - ☑ **2D 倒角**选项：当选择此选项时，则表示需要使用倒角铣刀对工件的外形进行铣削，其倒角角度需要在刀具中进行设置。用户选择该选项后，其下会出现图9.2.18所示的参数设置区域，可对相应的参数进行设置。

  - ☑ **斜降**选项：该选项一般用于铣削深度较大的外形，它表示在给定的角度或高度后，以斜向进刀的方式对外形进行加工。用户选择该选项后，其下会出现图9.2.19所示的参数设置区域，可对相应的参数进行设置。

  - ☑ **残料加工**选项：该选项一般用于铣削上一次外形加工后留下的残料。用户选择该选项后，其下会出现图9.2.20所示的参数设置区域，可对相应的参数进行设置。

  - ☑ **摆线式**选项：该选项一般用于沿轨迹轮廓线进行铣削。用户选择该选项后，其下会出现图9.2.21所示的参数设置区域，可对相应的参数进行设置。

图9.2.18 "2D倒角"参数设置

图9.2.19 "斜降"参数设置

图 9.2.20 "残料加工"参数设置

图 9.2.21 "摆线式"参数设置

**Step2.** 设置深度参数。在"2D 刀路-外形"对话框的左侧节点列表中单击<sup> ⊘ </sup>深度切削节点,设置图 9.2.22 所示的参数。

图 9.2.22 "深度切削"参数设置

**Step3.** 设置进退/刀参数。在"2D 刀路-外形"对话框的左侧节点列表中单击 切入/切出 节点,设置图 9.2.23 所示的参数。

图 9.2.23 所示的"切入/切出"参数设置的各选项说明如下。

- ☑ 在封闭外形的中点位置进/退刀 复选框:当选中该复选框时,将自动从第一个串连的实体的中点处执行进/退刀。

- ☑ 过切检测 复选框:当选中该复选框时,将进行过切的检查。如果在进/退刀过程中产生了过切,系统将自动移除刀具路径。

- 重叠量 文本框:用于设置与上一把刀具的重叠量,以消除接刀痕。重叠量为相邻刀具路径的刀具重合值。

- ☑ 进刀 区域:用于设置进刀的相关参数,其包括 直线 区域、圆弧 区域、☑ 使用进刀点

复选框、 ☑ 使用点深度 复选框、 ☑ 只在第一个切削深度进刀 复选框、
☑ 第一个移动后垂直下刀 复选框和 ☑ 覆盖进给率 复选框。当选中 ☑ 进刀 区域前的复选
框时，此区域的相关设置方可使用。

图 9.2.23　"切入/切出"参数设置

- ☑ 直线 区域：用于设置直线进刀方式的参数，其包括 ⊙ 垂直 单选项、⊙ 相切 单选
  项、长度 文本框和 斜插高度 文本框。⊙ 垂直 单选项：该单选项用于设置进刀路
  径垂直于切削方向。⊙ 相切 单选项：该单选项用于设置进刀路径相切于切削
  方向。长度 文本框：用于设置进刀路径的长度。斜插高度 文本框：该文本框用
  于添加一个斜向高度到进刀路径。

- ☑ 圆弧 区域：用于设置圆弧进刀方式的参数，其中包括 半径 文本框、扫描 文本
  框和 螺旋高度 文本框。半径 文本框：该文本框用于设置进刀圆弧的半径，进
  刀圆弧总是正切于刀具路径。扫描 文本框：该文本框用于设置进刀圆弧的扫
  描角度。螺旋高度 文本框：该文本框用于添加一个螺旋进刀的高度。

- ☑ ☑ 使用进刀点 复选框：用于设置最后链的点为进刀点。

- ☑ ☑ 使用点深度 复选框：用于设置在指定点的深度处开始进刀。

- ☑ ☑ 只在第一个切削深度进刀 复选框：用于设置仅第一次切削深度添加进刀移动。

- ☑ ☑ 第一个移动后垂直下刀 复选框：用于设置在第一个位移后开启刀具补偿。

- ☑ ☑ 覆盖进给率 复选框：用于定义一个指定的进刀进给率。

- ● 调整外形起始位置 区域：用于调整轮廓线的起始位置，其中包括 长度 文本框、⊙ 延伸
  单选项和 ⊙ 缩短 单选项。当选中 调整外形的起始位置 区域前的复选框时，此区域的相

关设置方可使用。

☑ 长度 文本框：用于设置调整轮廓起始位置的刀具路径长度。

☑ ⊙ 延伸 单选项：用于在刀具路径轮廓的起始处添加一个指定的长度。

☑ ⊙ 缩短 单选项：用于在刀具路径轮廓的起始处去除一个指定的长度。

● 退刀 区域：用于设置退刀的相关参数，其包括 直线 区域、圆弧 区域、☑ 使用退刀点 复选框、☑ 使用点深度 复选框、☑ 只在最后一个切削深度退刀 复选框、☑ 最后移动前提刀 复选框和 ☑ 覆盖进给率 复选框。当选中 ☑ 退刀 区域前的复选框时，此区域的相关设置方可使用。

☑ 直线 区域：用于设置直线退刀方式的参数，其包括 ⊙ 垂直 单选项、⊙ 相切 单选项、长度 文本框和 斜插高度 文本框。⊙ 垂直 单选项：该单选项用于设置退刀路径垂直于切削方向。⊙ 相切 单选项：该单选项用于设置退刀路径相切于切削方向。长度 文本框：该文本框用于设置退刀路径的长度。斜插高度 文本框：该文本框用于添加一个斜向高度到退刀路径。

☑ 圆弧 区域：用于设置圆弧退刀方式的参数，其中包括 半径 文本框、扫描 文本框和 螺旋高度 文本框。半径 文本框：该文本框用于设置退刀圆弧的半径，退刀圆弧总是正切于刀具路径。扫描 文本框：该文本框用于设置退刀圆弧的扫描角度。螺旋高度 文本框：该文本框用于添加一个螺旋退刀的高度。

☑ ☑ 使用退刀点 复选框：用于设置最后链的点为退刀点。

☑ ☑ 使用点深度 复选框：用于设置在指定点的深度处开始退刀。

☑ ☑ 只在最后一个切削深度退刀 复选框：用于设置仅最后一次切削深度添加退刀移动。

☑ ☑ 最后移动前提刀 复选框：用于设置在最后的位移处后关闭刀具补偿。

☑ ☑ 覆盖进给率 复选框：用于定义一个指定的退刀进给率。

● 调整外形的终止位置 区域：用于调整轮廓线的终止位置，其中包括 长度 文本框、⊙ 延伸 单选项和 ⊙ 缩短 单选项。当选中 调整外形的终止位置 区域前的复选框时，此区域的相关设置方可使用。

☑ 长度 文本框：用于设置调整轮廓终止位置的刀具路径长度。

☑ ⊙ 延伸 单选项：用于在刀具路径轮廓的终止处添加一个指定的长度。

☑ ⊙ 缩短 单选项：用于在刀具路径轮廓的终止处去除一个指定的长度。

Step4. 设置贯穿参数。在"2D 刀路-外形"对话框的左侧节点列表中单击 ◇ 贯穿 节点，设置图 9.2.24 所示的参数。

说明：设置贯穿距离需要在 ☑ 贯穿 复选框被选中时方可使用。

图 9.2.24　"贯穿"参数设置

Step5. 设置分层切削参数。在"2D 刀路–外形"对话框的左侧节点列表中单击⊘ 分层铣削 节点，设置图 9.2.25 所示的参数。

图 9.2.25　"分层铣削"参数设置

Step6. 设置连接参数。在"2D 刀路–外形"对话框的左侧节点列表中单击 连接参数 节点，设置图 9.2.26 所示的参数。

图 9.2.26 所示的"连接参数"参数设置中部分选项的说明如下。

- 安全高度... 按钮：当该按钮前的复选框处于选中状态时，该按钮可用。单击该按钮后，用户可以直接在图形区中选取一点来确定加工体的最高面与刀尖之间的距离；也可以在其后的文本框中直接输入数值来定义安全高度。

- ⊙ 绝对坐标 单选项：当选中该单选项时，将自动从原点开始计算。

- ⊙ 增量坐标 单选项：当选中该单选项时，将根据关联的几何体或者其他的参数开始计算。

- 参考高度(A)... 按钮：当该按钮前的复选框处于选中状态时，该按钮可用。单击该按钮后，用户可以直接在图形区中选取一点来确定下次走刀的高度，用户也可以在其后的文本框中直接输入数值来定义参考高度。

图 9.2.26　"连接参数"参数设置

**说明**：参考高度应在进给下刀位置前进行设置，如果没有设置安全高度，则在走刀过程中，刀具的起始和返回值将为参考高度所定义的距离。

- 进给下刀位置(F)... 按钮：单击该按钮后，用户可以直接在图形区中选取一点来确定从刀具快速运动转变为刀具切削运动的平面高度，用户也可以在其后的文本框中直接输入数值来定义参考高度。

**说明**：如果没有设置安全高度和参考高度，则在走刀过程中，刀具的起始值和返回值将为进给下刀位置所定义的距离。

- 毛坯表面(T)... 按钮：单击该按钮后，用户可以直接在图形区中选取一点来确定工件在 Z 轴方向上的高度，刀具在此平面将根据定义的刀具加工参数生成相应的加工增量。用户也可以在其后的文本框中直接输入数值来定义参考高度。

- 深度(D)... 按钮：单击该按钮后，可以直接在图形区中选取一点来确定最后的加工深度，也可以在其后的文本框中直接输入数值来定义加工深度，但在 2D 加工中此处的数值一般为负数。

Step7. 单击"2D 刀路-外形"对话框中的 ✓ 按钮，完成参数设置，此时系统将自动生成图 9.2.27 所示的刀具路径。

### Stage6．加工仿真

Step1. 刀路模拟。

（1）在"操作管理"中单击 ≋ 刀路 - 10.9K - CONTOUR.NC - 程序号 0 节点，系统弹出图 9.2.28 所示的"刀路模拟"对话框及图 9.2.29 所示"刀路模拟控制"操控板。

图 9.2.27 刀具路径

图 9.2.28 "刀路模拟"对话框

图 9.2.29 "刀路模拟控制"操控板

（2）在"刀路模拟控制"操控板中单击 ▶ 按钮，系统将开始对刀具路径进行模拟，结果与图 9.2.27 所示的刀具路径相同，单击"刀路模拟"对话框中的 ✓ 按钮。

Step2. 实体切削验证。

（1）在"操作管理"中确认 1 - 外形 (2D) - [WCS: 俯视图] - [刀具平面: 俯视图] 节点被选中，然后单击"验证选定操作"按钮 🗎，系统弹出图 9.2.30 所示的"Mastercam 模拟器"对话框。

（2）在"Mastercam 模拟器"对话框中单击 ▶ 按钮，系统将开始进行实体切削仿真，结果如图 9.2.31 所示，单击 × 按钮。

图 9.2.30 "Mastercam 模拟器"对话框

图 9.2.31 仿真结果

Step3. 保存模型。选择下拉菜单 文件(F) ➡ 保存(S) 命令，保存模型。

# 9.3 挖槽加工

挖槽加工是在定义的加工边界范围内进行铣削加工。下面通过两个实例来说明挖槽加工在 Mastercam X8 的 2D 模块中创建的一般操作过程。

## 9.3.1 实例 1

挖槽加工中的标准挖槽主要用来切削沟槽形状或切除封闭外形所包围的材料，常常用于对凹槽特征的精加工以及对平面的精加工。下面的一个实例（图 9.3.1）主要说明了标准挖槽的一般操作过程。

a）2D 图形　　　　b）加工工件　　　　c）加工结果

图 9.3.1 挖槽加工

### Stage1. 进入加工环境

Step1. 打开文件 D:\mcx8\work\ch09.03\POCKET.mcx。

Step2. 进入加工环境。选择下拉菜单 机床类型(M) ➡ 铣削(M) ➡ 默认(D) 命令，系统进入加工环境，此时零件模型如图 9.3.2 所示。

### Stage2. 设置工件

Step1. 在"操作管理"中单击 山 属性 - Mill Default 节点前的"+"号，将该节点展开，然后单击 ◆ 毛坯设置 节点，系统弹出图 9.3.3 所示的"机床群组属性"对话框。

Step2. 设置工件的形状。在"机床群组属性"对话框的 形状 区域中选中 ⊙ 矩形 单选项。

Step3. 设置工件的尺寸。在"机床群组属性"对话框中单击 边界框(B) 按钮，系统弹出图 9.3.4 所示的"边界框"对话框，接受系统默认的设置，单击 ✓ 按钮，返回至"机床群组属性"对话框，此时该对话框如图 9.3.5 所示。

Step4. 设置工件参数。在"机床群组属性"对话框的 Z 文本框中输入值 10.0，如图 9.3.5 所示。

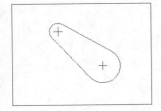

图 9.3.2　零件模型二维图

图 9.3.3　"机床群组属性"对话框

Step5. 单击"机床群组属性"对话框中的　 按钮，完成工件的设置。此时，零件如图 9.3.6 所示，从图中可以观察到零件的边缘多了红色的双点画线，双点画线围成的图形即为工件。

图 9.3.5　"机床群组属性"对话框

图 9.3.4　"边界框"对话框

图 9.3.6　显示工件

### Stage3. 选择加工类型

Step1. 选择下拉菜单 刀路(T) ➡ 回 挖槽(P)... 命令，系统弹出图 9.3.7 所示的"输入新 NC 名称"对话框，采用系统默认的 NC 名称，单击 ✓ 按钮，完成 NC 名称的设置，同时系统弹出图 9.3.8 所示的"串连"对话框。

Step2. 设置加工区域。在图形区中选取图 9.3.9 所示的边线，系统自动选择图 9.3.10 所示的边链，单击 ✓ 按钮，完成加工区域的设置，同时系统弹出图 9.3.11 所示的"2D 刀路-挖槽"对话框。

图 9.3.7 "输入新 NC 名称"对话框

图 9.3.8 "串连"对话框

图 9.3.9 选取区域

图 9.3.10 定义区域

### Stage4. 选择刀具

Step1. 确定刀具类型。在"2D 刀路-挖槽"对话框的左侧节点列表中单击 刀具 节点，切换到刀具参数界面；单击 过滤(F)... 按钮，系统弹出图 9.3.12 所示的"刀具列表过滤"对话框，单击 刀具类型 区域中的 无(N) 按钮后，在刀具类型按钮群中单击 ▮（圆鼻刀）按钮，单击 ✓ 按钮，关闭"刀具列表过滤"对话框，系统返回至"2D 刀路-挖槽"对话框。

Step2. 选择刀具。在"2D 刀路-挖槽"对话框中单击 选择库刀具... 按钮，系统弹出图 9.3.13 所示的"刀具选择"对话框，在该对话框的列表框中选择图 9.3.13 所示的刀具。单击 ✓ 按钮，关闭"刀具选择"对话框，系统返回至"2D 刀路-挖槽"对话框。

图 9.3.11　"2D 刀路-挖槽"对话框

图 9.3.12　"刀具列表过滤"对话框

419

图 9.3.13  "刀具选择"对话框

**Step3.** 设置刀具参数。

（1）完成上步操作后，在"2D 刀路-挖槽"对话框刀具列表中双击该刀具，系统弹出图 9.3.14 所示的"定义刀具"对话框。

图 9.3.14  "定义刀具"对话框

（2）设置刀具号。单击 **最终化属性** 按钮，在 **刀具编号:** 文本框中将原有的数值改为 1。

（3）设置刀具的加工参数。设置图 9.3.15 所示的参数。

（4）设置冷却方式。单击 冷却液 按钮，系统弹出"冷却液"对话框，在 Flood （切削液）下拉列表中选择 On 选项，单击该对话框中的 确定 按钮，关闭"冷却液"对话框。

**Step4.** 单击"定义刀具"对话框中的 精加工 按钮，完成刀具的设置，系统返回至"2D 刀路-挖槽"对话框。

图 9.3.15　设置刀具参数

### Stage5. 设置加工参数

Step1. 设置切削参数。在"2D 刀路-挖槽"对话框的左侧节点列表中单击 切削参数 节点，设置图 9.3.16 所示的参数。

图 9.3.16　"切削参数"参数设置

图 9.3.16 所示的"切削参数"参数设置界面部分选项的说明如下。

- 挖槽类型 下拉列表：用于设置挖槽加工的类型，其中包括 标准 选项、平面铣 选项、使用岛屿深度 选项、残料加工 选项和 开放式挖槽 选项。

  - ☑ 标准 选项：该选项为标准的挖槽方式，此种挖槽方式仅对定义的边界内部的

☑ 平面铣 选项：该选项为平面挖槽的加工方式，此种挖槽方式是对定义的边界所围成的平面的材料进行铣削。

☑ 使用岛屿深度 选项：该选项为对岛屿进行加工的方式，此种加工方式能自动地调整铣削深度。

☑ 残料加工 选项：该选项为残料挖槽的加工方式，此种加工方式可以对先前的加工自动进行残料计算并对剩余的材料进行切削。当使用这种加工方式时，其下会激活相关选项，可以对残料加工的参数进行设置。

☑ 开放式挖槽 选项：该选项为对未封闭串连进行铣削的加工方式。当使用这种加工方式时，其下会激活相关选项，可以对残料加工的参数进行设置。

Step2. 设置粗加工参数。在"2D 刀路-挖槽"对话框的左侧节点列表中单击 粗加工 节点，设置图 9.3.17 所示的参数。

图 9.3.17 "粗加工"参数设置

图 9.3.17 所示的"粗加工"参数设置界面中部分选项的说明如下。

● ☑ 粗加工 复选框：用于创建粗加工。

● 切削方式: 列表框：该列表框包括 双向 、 等距环切 、 平行环切 、 平行环切清角 、 依外形环切 、 高速加工 、 单向 和 螺旋切削 八种切削方式。

☑ 双向 选项：该选项表示根据粗加工的角采用 Z 形走刀，其加工速度快，但刀具容易磨损，采用此种切削方式的刀具路线如图 9.3.18 所示。

☑ 等距环切 选项：该选项表示根据剩余的部分重新计算出新的剩余部分，直到加工完成，刀具路线如图 9.3.19 所示。此种加工方法的切削范围比"平行环切"方法的切削范围大，比较适合加工规则的单型腔，加工后型腔的底部和侧壁的质量较好。

☑ 平行环切 选项：该选项是根据每次切削边界产生一定偏移量，直到加工完成，刀具路线如图 9.3.20 所示。由于刀具进刀方向一致，使刀具切削稳定，但不能保证清除切削残料。

图 9.3.18　双向

图 9.3.19　等距环切

☑ `平行环切清角` 选项：该选项与"平行环切"类似，但加入了清除角处的残量刀路，刀具路线如图 9.3.21 所示。

图 9.3.20　平行环切

图 9.3.21　平行环切清角

☑ `依外形环切` 选项：该选项是根据凸台或凹槽间的形状，从某一个点逐渐地递进进行切削，刀具路线如图 9.3.22 所示。此种切削方法适合于加工型腔内部存在的一个或多个岛屿。

☑ `高速加工` 选项：该选项是在圆弧处生成平稳的切削，且不易使刀具受损的一种加工方式，但加工时间较长，刀具路线如图 9.3.23 所示。

图 9.3.22　依外形环切

图 9.3.23　高速加工

☑ `单向` 选项：该选项是始终沿一个方向切削，适合切削深度较大时选用，但加工时间较长，刀具路线如图 9.3.24 所示。

☑ `螺旋切削` 选项：该选项是从某一点开始，沿螺旋线切削，刀具路线如图 9.3.25 所示。此种切削方式在切削时比较平稳，适合切削非规则型腔时选用，有较好的切削效果且生成的程序较短。

说明：读者可以打开 D:\mcx8\work\ch09.03\EXMPLE.MCX 文件，通过更改不同的切削方式，仔细观察它们的特点。

图 9.3.24　单向

图 9.3.25　螺旋切削

- 径向切削比例 文本框：用于设置切削间距为刀具直径的定义百分比。

- 径向切削间距 文本框：用于设置 XY 方向上的切削间距，XY 方向上的切削间距为距离值。

- 粗切角度 文本框：用于设置粗加工时刀具加工角的角度限制。此文本框仅在切削方式：为 双向 和 单向 时可用。

- ☑ 最小化刀具负载 复选框：用于防止在切削凸台或凹槽周围区域时因切削量过大而产生的刀具损坏。此选项仅在 切削方式：为 双向、等距环切、平行环切 和 平行环切清角 时可用。

- ☑ 由内而外螺旋式切削 复选框：用于设置切削方向。选中此复选框，则切削方向为由内向外切削；反之，则由外向内切削。此选项在 切削方式：为 双向 和 单向 时不可用。

- 残料加工及等距环切的公差 文本框：设置粗加工的加工公差，可在第一个文本框中输入刀具直径的百分比或在第二个文本框中输入具体值。

Step3. 设置粗加工进刀模式。在"2D 刀路-挖槽"对话框的左侧节点列表中单击 粗加工 节点下的 进刀移动 节点，设置图 9.3.26 所示的参数。

图 9.3.26　"进刀移动"参数设置

图 9.3.26 所示的"进刀移动"参数设置界面中部分选项的说明如下。

- **螺旋** 单选项：用于设置螺旋方式下刀。
  - ☑ **最小半径** 文本框：用于设置螺旋的最小半径。可在第一个文本框中输入刀具直径的百分比或在第二个文本框中输入具体值。
  - ☑ **最大半径** 文本框：用于设置螺旋的最大半径。可在第一个文本框中输入刀具直径的百分比或在第二个文本框中输入具体值。
  - ☑ **Z 安全高度** 文本框：用于设置刀具在工件表面的某个高度开始螺旋下刀。
  - ☑ **XY 预留量** 文本框：用于设置刀具螺旋下刀时距离边界的距离。
  - ☑ **下刀角度** 文本框：用于设置刀具螺旋下刀时的螺旋角度。

Step4. 设置精加工参数。在"2D 刀路-挖槽"对话框的左侧节点列表中单击 **精加工** 节点，设置图 9.3.27 所示的参数。

图 9.3.27 "精加工"参数设置

图 9.3.27 所示的"精加工"参数设置界面中部分选项的说明如下。

- ☑ **精加工** 复选框：用于创建精加工。
- **次** 文本框：用于设置精加工的次数。
- **间距** 文本框：用于设置每次精加工的切削间距。
- **跳刀路径** 文本框：用于设置在同一路径精加工的精修次数。
- **刀具补正** 文本框：用于设置刀具的补正方式。
- **覆盖进给速度** 区域：用于设置精加工进给参数，该区域包括 **进给率** 文本框和 **主轴转速** 文本框。

☑ **进给率**文本框：用于设置加工时的进给率。

☑ **主轴转速**文本框：用于设置加工时的主轴转速。

- ☑ **精修外边界**复选框：用于设置精加工内/外边界。当选中此复选框，则精加工外部边界；反之，则精加工内部边界。

- ☑ **从最近图素形开始精修**复选框：用于设置粗加工后精加工的起始位置为最近的端点。当选中此复选框，则将最近的端点作为精加工的起始位置；反之，则将按照原先定义的顺序进行精加工。

- ☑ **不提刀**复选框：用于设置在精加工时是否返回到预先定义的进给下刀位置。

- ☑ **优化控制器中刀具补正**复选框：用于设置控制器补正的优化。

- ☑ **仅在最终深度时精修**复选框：用于设置只在最后一次切削时进行精加工。当选中此复选框，则只在最后一次切削时进行精加工；反之，则将对每次切削进行精加工。

- ☑ **粗切所有挖槽后精修**复选框：用于设置完成所有粗加工后才进行多层的精加工。

Step5. 设置连接参数。在"2D刀路-挖槽"对话框的左侧节点列表中单击**连接参数**节点，设置图9.3.28所示的参数。

图9.3.28 "连接参数"参数设置

Step6. 单击"2D刀路-挖槽"对话框中的 ✓ 按钮，完成挖槽加工参数的设置，此时系统将自动生成图9.3.29所示的刀具路径。

### Stage6. 加工仿真

Step1. 刀路模拟。

图 9.3.29　刀具路径

（1）在"操作管理"中单击 刀路 - 159.6K - POCKET.NC - 程序号 0 节点，系统弹出"刀路模拟"对话框及"刀路模拟控制"操控板。

（2）在"刀路模拟控制"操控板中单击 ▶ 按钮，系统将开始对刀具路径进行模拟，结果与图 9.3.29 所示的刀具路径相同，在"刀路模拟"对话框中单击 ✓ 按钮。

Step2. 切削实体验证。

（1）在"操作管理"中确认 1 - 挖槽 (标准) - [WCS: 俯视图] - [刀具平面: 俯视图] 节点被选中，然后单击"验证选定操作"按钮 ，系统弹出图 9.3.30 所示的"Mastercam 模拟器"对话框。

（2）在"Mastercam 模拟器"对话框中单击 ▶ 按钮，系统将开始进行实体切削仿真，结果如图 9.3.31 所示，单击 × 按钮。

Step3. 保存模型。选择下拉菜单 文件(F) ➡ 🖫 保存(S) 命令，保存模型。

图 9.3.30　"Mastercam 模拟器"对话框

图 9.3.31　仿真结果

## 9.3.2 实例 2

加工凸台的方法不同于上一小节中的标准挖槽加工，它是直接加工出平面从而得到所需要加工的凸台。下面通过一个实例（图 9.3.32）来说明加工凸台的一般操作过程。

a）2D 图形　　　　　　b）加工工件　　　　　　c）加工结果

图 9.3.32　加工凸台

### Stage1. 进入加工环境

Step1. 打开文件 D:\mcx8\work\ch09.03\POCKET_2.MCX。

Step2. 进入加工环境。选择下拉菜单 机床类型(M) ➡ 铣削(M) ➡ 默认(D) 命令，系统进入加工环境，此时零件模型如图 9.3.33 所示。

图 9.3.33　零件模型二维图

### Stage2. 设置工件

Step1. 在"操作管理"中单击 山 属性 - Mill Default 节点前的"+"号，将该节点展开，然后单击 ◆ 毛坯设置 节点，系统弹出"机床群组属性"对话框。

Step2. 设置工件的形状。在"机床群组属性"对话框的 形状 区域中选中 ⊙ 矩形 单选项。

Step3. 设置工件的尺寸。在"机床群组属性"对话框中单击 边界框(B) 按钮，系统弹出"边界框"对话框，接受系统默认的设置，单击 ✔ 按钮，返回至"机床群组属性"对话框，此时该对话框如图 9.3.34 所示。

Step4. 设置工件参数。在"机床群组属性"对话框的 Z 文本框中输入值 10.0，如图 9.3.34所示。

Step5. 单击"机床群组属性"对话框中的 ✔ 按钮，完成工件的设置。此时工件如图9.3.35 所示，从图中可以观察到零件的边缘多了红色的双点画线，双点画线围成的图形即为工件。

图 9.3.34　"机床群组属性"对话框

图 9.3.35　显示工件

### Stage3. 选择加工类型

Step1. 选择下拉菜单 刀路(T) ➡ 挖槽(K)... 命令，系统弹出 "输入新 NC 名称"对话框，采用系统默认的 NC 名称，单击 ✓ 按钮，完成 NC 名称的设置，同时系统弹出"串连"对话框。

Step2. 设置加工区域。在图形区中选取图 9.3.36 所示的边线，系统自动选取图 9.3.37 所示的边链；在图形区中选取图 9.3.38 所示的边线，系统自动选取图 9.3.39 所示的边链，单击 ✓ 按钮，完成加工区域的设置，同时系统弹出 "2D 刀路-挖槽"对话框。

图 9.3.36　选取区域

图 9.3.37　定义区域

图 9.3.38　选取区域

图 9.3.39　定义区域

### Stage4. 选择刀具

Step1. 确定刀具类型。在"2D 刀路–挖槽"对话框的左侧节点列表中单击 刀具 节点，切换到刀具参数界面；单击 过滤(F)... 按钮，系统弹出图 9.3.40 所示的"刀具列表过滤"对话框，单击 刀具类型 区域中的 无(N) 按钮后，在刀具类型按钮群中单击 ▋（平底刀）按钮，单击 ✓ 按钮，关闭"刀具列表过滤"对话框，系统返回至"2D 刀路–挖槽"对话框。

图 9.3.40　"刀具列表过滤"对话框

Step2. 选择刀具。在"2D 刀路–挖槽"对话框中单击 选择库刀具... 按钮，系统弹出"刀具选择"对话框，在该对话框的列表框中选择图 9.3.41 所示的刀具。单击 ✓ 按钮，关闭"刀具选择"对话框，系统返回至"2D 刀路–挖槽"对话框。

图 9.3.41　"刀具选择"对话框

Step3. 设置刀具参数。

（1）完成上步操作后，在"2D 刀路–挖槽"对话框的刀具列表中双击该刀具，系统弹出"定义刀具"对话框。

（2）设置刀具号。在 **刀具编号：**文本框中，将原有的数值改为1。

（3）设置刀具的加工参数。设置图9.3.42 所示的参数。

图9.3.42 "参数"选项卡

（4）设置冷却方式。单击 冷却液 按钮，系统弹出"冷却液"对话框，在 Flood （切削液）下拉列表中选择 On 选项，单击该对话框中的 确定 按钮，关闭"冷却液"对话框。

Step4. 单击"定义刀具"对话框中的 精加工 按钮，完成刀具的设置，系统返回至"2D 刀路–挖槽"对话框。

## Stage5. 设置加工参数

Step1. 设置切削参数。在"2D 刀路–挖槽"对话框的左侧节点列表中单击 切削参数 节点，设置图9.3.43 所示的参数。

Step2. 设置粗加工参数。在"2D 刀路–挖槽"对话框的左侧节点列表中单击 粗加工 节点，设置图9.3.44 所示的参数。

Step3. 设置精加工参数。在"2D 刀路–挖槽"对话框的左侧节点列表中单击 精加工 节点，设置图9.3.45 所示的参数。

图 9.3.43 "切削参数"参数设置

图 9.3.44 "粗加工"参数设置

图 9.3.45 "精加工"参数设置

Step4. 设置连接参数。在"2D 刀路-挖槽"对话框的左侧节点列表中单击 连接参数 节点，设置图 9.3.46 所示的参数。

Step5. 单击"2D 刀路-挖槽"对话框中的 ✓ 按钮，完成加工参数的设置，此时系统将自动生成图 9.3.47 所示的刀具路径。

Stage6. 加工仿真

Step1. 刀路模拟。

（1）在"操作管理"中单击 ☰ 刀路 - 113.6K - POCKET_2.NC - 程序号 0 节点，系统弹出"刀路模拟"对话框及"刀路模拟控制"操控板。

图 9.3.46　"连接参数"参数设置

图 9.3.47　刀具路径

（2）在"刀路模拟控制"操控板中单击 ▶ 按钮，系统将开始对刀具路径进行模拟，结果与图 9.3.47 所示的刀具路径相同，在"刀路模拟"对话框中单击 ✔ 按钮。

Step2. 实体切削验证。

（1）在"操作管理"中确认 ▧ 1 - 挖槽 (平面铣削) - [WCS: 俯视图] - [刀具平面: 俯视图] 节点被选中，然后单击"验证选定操作"按钮 ▣，系统弹出"Mastercam 模拟器"对话框。

（2）在"Mastercam 模拟器"对话框中单击 ▶ 按钮，系统将开始进行实体切削仿真，结果如图 9.3.48 所示，单击 ✕ 按钮。

图 9.3.48　仿真结果

Step3. 保存模型。选择下拉菜单 文件(F) ➡ 🖫 保存(S) 命令，保存模型。

# 9.4 面铣加工

面铣加工是通过定义加工边界对平面进行铣削，常常用于工件顶面和台阶面的加工。下面通过一个实例（图9.4.1）来说明 Mastercam X8 面铣加工的一般过程，其操作步骤如下。

a) 2D 图形　　　　　　　b) 加工工件　　　　　　　c) 加工结果

图 9.4.1 面铣加工

### Stage1. 进入加工环境

Step1. 打开文件 D:\mcx8\work\ch09.04\FACE.MCX。

Step2. 进入加工环境。选择下拉菜单 机床类型(M) ➡ 铣削(M) ➡ 默认(D) 命令，系统进入加工环境，此时零件模型如图9.4.2所示。

图 9.4.2 零件模型二维图

### Stage2. 设置工件

Step1. 在"操作管理"中单击 山 属性 - Mill Default 节点前的"+"号，将该节点展开，然后单击 ◆ 毛坯设置 节点，系统弹出"机床群组属性"对话框。

Step2. 设置工件的形状。在"机床群组属性"对话框的 形状 区域中选中 ⊙ 矩形 单选项。

Step3. 设置工件的尺寸。在"机床群组属性"对话框中单击 边界框(B) 按钮，系统弹出"边界框"对话框，接受系统默认的设置，单击 ✓ 按钮，返回至"机床群组属性"对话框，如图9.4.3所示。

Step4. 设置工件参数。在"机床群组属性"对话框的 Z 文本框中输入值 10.0，如图9.4.3所示。

Step5. 单击"机床群组属性"对话框中的 ✓ 按钮，完成工件的设置。此时，零件如

图 9.4.4 所示，从图中可以观察到零件的边缘多了红色的双点画线，双点画线围成的图形即为工件。

图 9.4.3 "机床群组属性"对话框

图 9.4.4 显示工件

### Stage3. 选择加工类型

Step1. 选择下拉菜单 刀路(T) ➡ ⬛ 平面铣(A)... 命令，系统弹出"输入新 NC 名称"对话框，采用系统默认的 NC 名称，单击 ✓ 按钮，完成 NC 名称的设置，同时系统弹出"串连"对话框。

Step2. 设置加工区域。在图形区中选取图 9.4.5 所示的边线，系统自动选择图 9.4.6 所示的边链，单击 ✓ 按钮，完成加工区域的设置，同时系统弹出图 9.4.7 所示的"2D 刀路—平面铣削"对话框。

图 9.4.5 选取区域

图 9.4.6 定义区域

图 9.4.7 "2D 刀路–平面铣削"对话框

### Stage4. 选择刀具

Step1. 确定刀具类型。在"2D 刀路–平面铣削"对话框的左侧节点列表中单击 刀具 节点，切换到刀具参数界面；单击 过滤(F)... 按钮，系统弹出图 9.4.8 所示的"刀具列表过滤"对话框，单击 刀具类型 区域中的 无(N) 按钮后，在刀具类型按钮群中单击 （平底刀）按钮，单击 按钮，关闭"刀具列表过滤"对话框，系统返回至"2D 刀路–平面铣削"对话框。

图 9.4.8 "刀具列表过滤"对话框

Step2. 选择刀具。在"2D 刀路-平面铣削"对话框中单击 选择库刀具... 按钮，系统弹出图 9.4.9 所示的"刀具选择"对话框，在该对话框的列表框中选择图 9.4.9 所示的刀具。单击 ✓ 按钮，关闭"刀具选择"对话框，系统返回至"2D 刀路-平面铣削"对话框。

图 9.4.9 "刀具选择"对话框

Step3. 设置刀具参数。

（1）完成上步操作后，在"2D 刀路-平面铣削"对话框的刀具列表中双击该刀具，系统弹出"定义刀具"对话框。

（2）设置刀具号。单击 最终化属性 节点，在 刀具编号: 文本框中，将原有的数值改为1。

（3）设置刀具的加工参数。在 进给率 文本框中输入值 500.0，在 下切速率: 文本框中输入值 200.0，在 提刀速率 文本框中输入值 800.0，在 主轴转速 文本框中输入值 600.0。

（4）设置冷却方式。单击 冷却液 按钮，系统弹出"冷却液"对话框，在 Flood （切削液）下拉列表中选择 On 选项，单击该对话框中的 确定 按钮，关闭"冷却液"对话框。

Step4. 单击"定义刀具"对话框中的 精加工 按钮，完成刀具的设置，系统返回至"2D 刀路-平面铣削"对话框。

Stage5. 设置加工参数

Step1. 设置加工参数。在"2D 刀路-平面铣削"对话框的左侧节点列表中单击 切削参数 节点，设置图 9.4.10 所示的参数。

图 9.4.10 所示的"切削参数"参数设置界面中部分选项的说明如下。

● 型式 下拉列表：用于选择切削类型，包括 双向 、 单向 、 一次铣削 和 动态 四种切削类型。

☑ 双向 选项：该选项为切削方向往复变换的铣削方式。

☑ 单向 选项：该选项为切削方向固定是某个方向的铣削方式

☑ 一次铣削 选项：该选项为在工件中心进行单向一次性的铣削加工。

☑ **动态** 选项：该选项为切削方向动态调整的铣削方式。

图 9.4.10 "切削参数"参数设置

- **两切削间移动** 下拉列表：用于定义两切削间的运动方式，其包括 **高速回圈**、**线性** 和 **快速** 三种运动方式。

  ☑ **高速回圈** 选项：该选项为在两切削间自动创建 180° 圆弧的运动方式。

  ☑ **线性** 选项：该选项为在两切削间自动创建一条直线的运动方式。

  ☑ **快速** 选项：该选项为在两切削间采用快速移动的运动方式。

- **截断方向重叠量** 文本框：用于设置平面加工时垂直于切削方向的刀具重叠量。用户可在第一个文本框中输入刀具直径的百分比，或在第二个文本框中直接输入距离值来定义重叠量。在 **一次铣削** 切削类型时，此文本框不可用。

- **引导方向重叠量** 文本框：用于设置平面加工时平行于切削方向的刀具重叠量。用户可在第一个文本框中输入刀具直径的百分比，或在第二个文本框中直接输入距离值来定义重叠量。

- **进刀引线长度** 文本框：用于在第一次切削前添加额外的距离。用户可在第一个文本框中输入刀具直径的百分比，或在第二个文本框中直接输入距离值来定义该长度。

- **退刀引线距离** 文本框：用于在最后一次切削后添加额外的距离。用户可在第一个文本框中输入刀具直径的百分比，或在第二个文本框中直接输入距离值定义该长度。

Step2. 设置连接参数。在"2D 刀路-平面铣削"对话框的左侧节点列表中单击 **连接参数** 节点，设置图 9.4.11 所示的参数。

Step3. 单击"2D 刀路-平面铣削"对话框中的 ✓ 按钮，完成加工参数的设置，此时系统将自动生成图 9.4.12 所示的刀具路径。

图 9.4.11　"连接参数"设置界面

图 9.4.12　刀具路径

**Stage6. 加工仿真**

Step1. 刀路模拟。

（1）在"操作管理"中单击 ≋ 刀路 - 5.5K - FACE.NC - 程序号 0 节点，系统弹出"刀路模拟"对话框及"刀路模拟控制"操控板。

（2）在"刀路模拟控制"操控板中单击 ▶ 按钮，系统将开始对刀具路径进行模拟，结果与图 9.4.12 所示的刀具路径相同，在"刀路模拟"对话框中单击 ✓ 按钮。

Step2. 切削实体验证。

（1）在"操作管理"中确认 🗔 1 - 平面铣削 - [WCS: 俯视图] - [刀具平面: 俯视图] 节点被选中，然后单击"验证选定操作"按钮 🗔，系统弹出"Mastercam 模拟器"对话框。

（2）在"Mastercam 模拟器"对话框中单击 ▶ 按钮，系统将开始进行实体切削仿真，结果如图 9.4.13 所示，单击 ✕ 按钮。

图 9.4.13　仿真结果

Step3. 保存模型。选择下拉菜单 文件(F) ➡ 🖫 保存(S) 命令，保存模型文件。

# 9.5 雕 刻 加 工

雕刻加工属于铣削加工的一个特例，它被包含在铣削加工范围，其加工图形一般是平面上的各种文字和图案。下面通过图 9.5.1 所示的实例，讲解一个雕刻加工的操作，其操作如下。

a）2D 图形

c）加工结果

b）加工工件

图 9.5.1　雕刻加工

## Stage1. 进入加工环境

Step1. 打开文件 D:\mcx8\work\ch09.05\TEXT.MCX。

Step2. 进入加工环境。选择下拉菜单 机床类型(M) ➡ 铣削(M) ➡ 默认(D) 命令，系统进入加工环境，此时零件模型如图 9.5.2 所示。

图 9.5.2　零件模型二维图

## Stage2. 设置工件

Step1. 在"操作管理"中单击 山 属性 - Mill Default 节点前的"+"号，将该节点展开，然后单击 ◆ 毛坯设置 节点，系统弹出"机床群组属性"对话框。

Step2. 设置工件的形状。在"机床群组属性"对话框的 形状 区域中选中 ⊙ 矩形 单选项。

Step3. 设置工件的尺寸。在"机床群组属性"对话框中单击 边界框(B) 按钮，系统弹出"边界框"对话框，接受系统默认的参数设置，单击 ✔ 按钮，系统返回至"机床群组属性"对话框。

Step4. 设置工件参数。在"机床群组属性"对话框的 X 文本框中输入值 260.0，在 Y 文本框中输入值 65.0，在 Z 文本框中输入值 10.0，如图 9.5.3 所示。

图 9.5.3 "机床群组属性"对话框

Step5. 单击"机床群组属性"对话框中的 ✓ 按钮，完成工件的设置。此时，零件如图 9.5.4 所示，从图中可以观察到零件的边缘多了红色的双点画线，双点画线围成的图形即为工件。

图 9.5.4 显示工件

### Stage3. 选择加工类型

Step1. 选择下拉菜单 刀路(T) ➝ ▣ 雕刻 命令，系统弹出"输入新 NC 名称"对话框，采用系统默认的 NC 名称，单击 ✓ 按钮，完成 NC 名称的设置，同时系统弹出"串连"对话框。

Step2. 设置加工区域。在"串连"对话框中单击 ▭ 按钮，在图形区中框选图 9.5.5 所示的模型零件，在空白处单击，系统自动选取图 9.5.6 所示的边链，单击 ✓ 按钮，完成加工区域的设置，同时系统弹出图 9.5.7 所示的"雕刻"对话框。

441

图 9.5.5　选取区域

beijing

图 9.5.6　定义区域

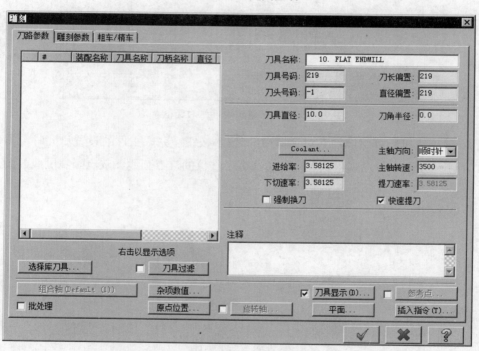

图 9.5.7　"雕刻"对话框

### Stage4. 选择刀具

Step1. 确定刀具类型。在"雕刻"对话框中单击 刀具过滤 按钮，系统弹出"刀具列表过滤"对话框，单击 刀具类型 区域中的 无(N) 按钮后，在刀具类型按钮群中单击 （平底刀）按钮，单击 按钮，关闭"刀具列表过滤"对话框，系统返回至"雕刻"对话框。

Step2. 选择刀具。在"雕刻"对话框中单击 选择库刀具... 按钮，系统弹出图 9.5.8 所示的"刀具选择"对话框，在该对话框的列表框中选择图 9.5.8 所示的刀具。单击 按钮，关闭"刀具选择"对话框，系统返回至"雕刻"对话框。

图 9.5.8　"刀具选择"对话框

Step3. 设置刀具参数。

（1）完成上步操作后，在"雕刻"对话框的 刀路参数 选项卡的列表框中显示出上步选取的刀具，双击该刀具，系统弹出"定义刀具"对话框。

（2）设置刀具号。在"定义刀具"对话框的 刀具编号: 文本框中，将原有的数值改为1。

（3）设置刀具的加工参数。在 进给率 文本框中输入值 300.0，在 下切速率: 文本框中输入值 500.0，在 提刀速率 文本框中输入值 1000.0，在 主轴转速 文本框中输入值 1200.0。

（4）设置冷却方式。单击 冷却液 按钮，系统弹出"冷却液"对话框，在 Flood（切削液）下拉列表中选择 On 选项，单击该对话框中的 确定 按钮，关闭"冷却液"对话框。

Step4. 单击"定义刀具"对话框中的 精加工 按钮，完成刀具的设置，系统返回至"雕刻"对话框。

### Stage5. 设置加工参数

Step1. 设置加工参数。在"雕刻"对话框中单击 雕刻参数 选项卡，设置图 9.5.9 所示的参数。

图 9.5.9　"雕刻参数"选项卡

图 9.5.9 所示的"雕刻参数"选项卡中部分选项的说明如下。

- 加工方向 区域：该区域包括 ⦿ 顺铣 单选项和 ⦿ 逆铣 单选项。
  - ☑ ⦿ 顺铣 单选项：切削方向与刀具运动方向相反。
  - ☑ ⦿ 逆铣 单选项：切削方向与刀具运动方向相同。
- 扭曲 按钮：用于设置两条曲线之间或在曲面上扭曲刀具路径的参数。这种加工方法在 4 轴或 5 轴加工时比较常用。当该按钮前的复选框被选中时方可使用，否则此按钮为不可用状态。

Step2. 设置加工参数。在"雕刻"对话框中单击 粗车/精车 选项卡，设置图 9.5.10 所示的参数。

图 9.5.10 "粗车/精车"选项卡

图 9.5.10 所示的"粗车/精车"选项卡的部分选项说明如下。

- "粗加工"：包括 双向 、单向 、平行环切 和 环切并清角 四种切削方式。
  - ☑ 双向 选项：刀具往复的切削方式，刀具路径如图 9.5.11 所示。
  - ☑ 单向 选项：刀具始终沿一个方向进行切削，刀具路径如图 9.5.12 所示。

图 9.5.11　双向

图 9.5.12　单向

☑ 平行环切 选项：该选项是根据每次切削边界产生一定偏移量，直到加工完成，
刀具路径如图 9.5.13 所示。此种加工方法不保证清除每次的切削残量。

☑ 环切并清角 选项：该选项与 平行环切 类似，但加入了清除拐角处的残量刀路，刀
具路径如图 9.5.14 所示。

图 9.5.13　平行环切　　　　　　　　　　图 9.5.14　环切并清角

- ☑ 先粗切后精修 复选框：用于设置精加工之前进行粗加工，同时可以减少换刀次数。
- ☑ 平滑外形 复选框：用于设置平滑轮廓而不需要较小的公差。
- 排序 下拉列表：用于设置加工顺序，包括 选取顺序 、 由上而下 和 由左至右 选项。
  - ☑ 选取顺序 选项：按选取的顺序进行加工。
  - ☑ 由上而下 选项：按从上往下的顺序进行加工。
  - ☑ 由左至右 选项：按从左往右的顺序进行加工。
- 斜插下刀 按钮：用于设置以一个特殊的角度下刀。当此按钮前的复选框被选中时
方可使用，否则此按钮为不可用状态。
- 公差 文本框：用于调整走刀路径的精度。
- 切削图形 区域：该区域包括 ⊙ 在深度 单选项和 ⊙ 在顶部 单选项。
  - ☑ ⊙ 在深度 单选项：用于设置以 Z 轴方向上的深度值来设计加工深度。
  - ☑ ⊙ 在顶部 单选项：用于设置在 Z 轴方向上从工件顶部开始计算加工深度，以至
  于不会达到定义的加工深度。

Step3. 单击"雕刻"对话框中的 ✔ 按钮，完成加工参数的设置，此时系统将自动生
成图 9.5.15 所示的刀具路径。

图 9.5.15　刀具路径

### Stage6. 加工仿真

Step1. 刀路模拟。

（1）在"操作管理"中单击刀路 - 128.5K - TEXT.NC - 程序号 0 节点，系统弹出"刀路模拟"对话框及"刀路模拟控制"操控板。

（2）在"刀路模拟控制"操控板中单击▶按钮，系统将开始对刀具路径进行模拟，结果与图 9.5.15 所示的刀具路径相同，在"刀路模拟"对话框中单击 ✓ 按钮。

Step2. 实体切削验证。

（1）在"操作管理"中确认 1 - 雕刻操作 - [WCS: 俯视图] - [刀具平面: 俯视图] 节点被选中，然后单击"验证选定操作"按钮 ，系统弹出"Mastercam 模拟器"对话框。

（2）在"Mastercam S 模拟器"对话框中单击 ▶ 按钮，系统将开始进行实体切削仿真，结果如图 9.5.16 所示，单击 × 按钮。

图 9.5.16　仿真结果

Step3. 保存模型。选择下拉菜单 文件(F) ➡ 保存(S) 命令，保存模型。

## 9.6　钻 孔 加 工

钻孔加工是以点或圆弧中心确定加工位置来加工孔或者螺纹，其加工方式有钻孔、攻螺纹和镗孔等。下面通过图 9.6.1 所示的实例说明钻孔的加工过程，其操作如下。

a）2D 图形　　　　　b）加工工件　　　　　c）加工结果

图 9.6.1　钻孔加工

### Stage1. 进入加工环境

打开文件 D:\mcx8\work\ch09.06\POXKET_DRILLING.MCX，零件模型如图 9.6.2 所示。

图 9.6.2　零件模型

### Stage2. 选择加工类型

Step1. 选择下拉菜单 刀路(T) ➡ 钻孔(D)... 命令，系统弹出图 9.6.3 所示的"钻孔点选择"对话框，选取图 9.6.4 所示的两个圆的中心点为钻孔点。

Step2. 单击 ✓ 按钮，完成选取钻孔点的操作，同时系统弹出"2D 刀路–钻孔/全圆铣削 深孔钻–无啄孔"对话框。

图 9.6.3 所示的"钻孔点选择"对话框中各按钮的说明如下。

- 按钮：用于选取个别点。
- 自动 按钮：用于自动选取定义的第一点、第二点和第三点之间的点，并自动排序。其中定义的第一点为自动选取的起始点，第二点为自动选取的选取方向，第三点为自动选取的结束点。

图 9.6.3　"钻孔点选择"对话框

图 9.6.4　定义钻孔点

- 图素 按钮：用于自动选取图素中的点，如果选取的图素为圆弧，则系统会自动选取它的中心点作为钻孔中心点；如果选取的图素为其他的图素，则系统会自动选取它的端点作为钻孔中心点；并且点的顺序与图素的创建顺序保持一致。
- 窗选 按钮：用于选取定义的矩形区域中的点，选取的点定义为钻孔中心点。

- **限定圆弧** 按钮：用于选取符合定义范围的所有圆心。
- ☑ **直径** 文本框：用于设置定义圆的直径。
- ☑ **公差:** 文本框：用于设置定义圆直径的公差，在定义圆直径公差范围内的圆心均被选取。
- **子程序...** 按钮：用于将先前操作中选取的点定义为本次的加工点，此种选择方式仅适合于以前有钻孔、扩孔、铰孔操作的加工。
- **最后一个** 按钮：用于选择上一次选取的所有点，并能在上次选取点的基础上加入新的定义点。
- **排序...** 按钮：用于设置加工点位的顺序，单击此按钮，系统弹出"排序"窗口，其中图 9.6.5a 所示"2D 排序"选项卡适合平面孔位的矩形排序，图 9.6.5b 所示"旋转排序"选项卡适合平面孔位的圆周排序，图 9.6.5c 所示"交叉断面排序"选项卡适合旋转面上的孔位排序。
- **编辑...** 按钮：用于编辑定义点的相关参数，如在某点时的跳跃高度、深度等。
- **取消选择** 按钮：用于撤消上一步中所选择的加工点。
- **取消全选** 按钮：用于撤消所有已经选择的加工点。

a）"2D 排序"选项卡

图 9.6.5 "排序"窗口

b）　"旋转排序"选项卡　　　　　　　c）　"交叉断面排序"选项卡

图 9.6.5　"排序"窗口（续）

### Stage3. 选择刀具

Step1. 确定刀具类型。在"2D 刀路–钻孔/全圆铣削 深孔钻–无啄孔"对话框中，单击 **刀具** 节点，切换到刀具参数界面；单击 过滤(F)... 按钮，系统弹出"刀具列表过滤"对话框，单击 **刀具类型** 区域中的 无(N) 按钮后，在刀具类型按钮群中单击 （钻头）按钮，单击 按钮，关闭"刀具列表过滤"对话框，系统返回至"2D 刀路–钻孔/全圆铣削 深孔钻–无啄孔"对话框。

Step2. 选择刀具。在"2D 刀路–钻孔/全圆铣削 深孔钻–无啄孔"对话框中单击 选择库刀具... 按钮，系统弹出图 9.6.6 所示的"刀具选择"对话框，在该对话框的列表框中选择图 9.6.6 所示的刀具。单击 按钮，关闭"刀具选择"对话框，系统返回至"2D 刀路–钻孔/全圆铣削 深孔钻–无啄孔"对话框。

图 9.6.6　"刀具选择"对话框

Step3. 设置刀具参数。

（1）在"2D 刀路–钻孔/全圆铣削 深孔钻-无啄孔"对话框的刀具列表中双击该刀具，系统弹出"定义刀具"对话框。

（2）设置刀具号。在 刀具编号: 文本框中，将原有的数值改为 2。

（3）设置刀具的加工参数。在 进给率 文本框中输入值 300.0，在 下切速率: 文本框中输入值 200.0，在 提刀速率 文本框中输入值 1000.0，在 主轴转速 文本框中输入值 1200.0。

（4）设置冷却方式。单击 冷却液 按钮，系统弹出"冷却液"对话框，在 Flood （切削液）下拉列表中选择 On 选项，单击该对话框中的 确定 按钮，关闭"冷却液"对话框。

Step4. 单击"定义刀具"对话框中的 精加工 按钮，完成刀具的设置，系统返回至"2D 刀路–钻孔/全圆铣削 深孔钻-无啄孔"对话框。

### Stage4. 设置加工参数

Step1. 设置切削参数。在"2D 刀路–钻孔/全圆铣削 深孔钻-无啄孔"对话框的左侧节点列表中单击 切削参数 节点，设置图 9.6.7 所示的参数。

图 9.6.7 "切削参数"设置界面

说明：当选中 ☑ 应用自设钻孔参数 复选框时，可对 1~10 个钻孔参数进行设置。

Step2. 设置连接参数。在"2D 刀路–钻孔/全圆铣削 深孔钻-无啄孔"对话框左侧节点列表中单击 连接参数 节点，设置图 9.6.8 所示的参数。

Step3. 单击"2D 刀路–钻孔/全圆铣削 深孔钻-无啄孔"对话框中的 ✓ 按钮，完成加工参数的设置，此时系统将自动生成图 9.6.9 所示的刀具路径。

图 9.6.8　"连接参数"参数设置

图 9.6.9　刀具路径

### Stage5. 加工仿真

Step1. 刀路模拟。

（1）在"操作管理"中单击  刀路 - 4.9K - POXKET_2.NC - 程序号 0 节点，系统弹出"刀路模拟"对话框及"刀路模拟控制"操控板。

（2）在"刀路模拟控制"操控板中单击  按钮，系统将开始对刀具路径进行模拟，结果与图 9.6.9 所示的刀具路径相同，在"刀路模拟"对话框中单击  按钮。

Step2. 实体切削验证。

（1）在 刀路 选项卡中单击  按钮，然后单击"验证选定操作"按钮 ，系统弹出"Mastercam 模拟器"对话框。

（2）在"Mastercam 模拟器"对话框中单击  按钮，系统将开始进行实体切削仿真，结果如图 9.6.10 所示，单击  按钮。

图 9.6.10　仿真结果

Step3. 保存模型。选择下拉菜单 文件(F) ➡  保存(S) 命令，保存模型。

# 9.7 全圆铣削路径

全圆铣削路径加工是针对圆形轮廓的 2D 铣削加工，可以通过指定点进行孔的螺旋铣削等。下面介绍创建常用的全圆铣削路径的操作方法。

## 9.7.1 全圆铣削

全圆铣削主要是用较小直径的刀具加工较大直径的圆孔，可对孔壁和底面进行粗精加工。下面以图 9.7.1 所示例子介绍全圆铣削的一般操作过程。

a）2D 图形　　　　　　b）加工工件　　　　　　c）加工结果

图 9.7.1　全圆铣削加工

**Stage1. 进入加工环境**

打开文件 D:\mcx8\work\ch09.07.01\CIRCLE_MILL.MCX，系统默认进入铣削加工环境。

**Stage2. 设置工件**

Step1. 在"操作管理"中单击 山 属性 - Mill Default MM 节点前的"+"号，将该节点展开，然后单击 ◇ 毛坯设置 节点，系统弹出"机床群组属性"对话框。

Step2. 设置工件的形状。在"机床群组属性"对话框的 形状 区域中选中 ⊙ 矩形 单选项。在"机床群组属性"对话框的 X 文本框中输入值 150.0，在 Y 文本框中输入值 150.0，在 Z 文本框中输入值 50.0。

Step3. 单击"机床群组属性"对话框中的 ✓ 按钮，完成工件的设置，从图中可以观察到零件的边缘多了红色的双点画线，双点画线围成的图形即为工件。

**Stage3. 选择加工类型**

Step1. 选择下拉菜单 刀路(T) ➡ 全圆铣削路径(L) ➡ ◎ 全圆铣削(C)... 命令，系统弹出"输入新 NC 名称"对话框，采用系统默认的 NC 名称，单击 ✓ 按钮，完成 NC 名称的设置，同时系统弹出"钻孔点选择"对话框。

Step2. 设置加工区域。在图形区中选取图 9.7.2 所示的点，单击 按钮，完成加工点的设置，同时系统弹出图 9.7.3 所示的"2D 刀路–全圆铣削"对话框。

图 9.7.2　选取钻孔点

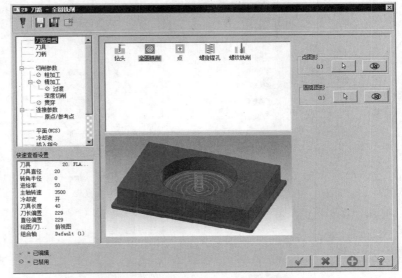

图 9.7.3　"2D 刀路–全圆铣削"对话框

### Stage4. 选择刀具

Step1. 确定刀具类型。在"2D 刀路–全圆铣削"对话框的左侧节点列表中单击 刀具 节点，切换到刀具参数界面；单击 过滤(F)... 按钮，系统弹出"刀具列表过滤"对话框，单击 刀具类型 区域中的 无(N) 按钮后，在刀具类型按钮群中单击 （平底刀）按钮，单击 按钮，关闭"刀具列表过滤"对话框，系统返回至"2D 刀路–全圆铣削"对话框。

Step2. 选择刀具。在"2D 刀路–全圆铣削"对话框中单击 选择库刀具... 按钮，系统弹出"刀具选择"对话框，在该对话框的列表框中选择 20. F... -- 20.0 0.0 50.0 平.. 4 无 刀具。单击 按钮，关闭"刀具选择"对话框，系统返回至"2D 刀路–全圆铣削"对话框。

Step3. 设置刀具参数。

（1）完成上步操作后，在"2D 刀路–全圆铣削"对话框刀具列表中双击该刀具，系统弹出"定义刀具"对话框。

（2）设置刀具号。在 刀具编号: 文本框中，将原有的数值改为 1。

（3）设置刀具的加工参数。设置图 9.7.4 所示的参数。

（4）设置冷却方式。单击 冷却液 按钮，系统弹出"冷却液"对话框，在 Flood （切削液）下拉列表中选择 On 选项，单击该对话框中的 确定 按钮，关闭"冷却液"对话框。

图 9.7.4　设置刀具加工参数

**Step4.** 单击"定义刀具-机床群组-1"对话框中的 精加工 按钮，完成刀具的设置，系统返回至"2D 刀路–全圆铣削"对话框。

### Stage5．设置加工参数

**Step1.** 设置切削参数。在"2D 刀路–全圆铣削"对话框的左侧节点列表中单击 切削参数 节点，设置图 9.7.5 所示的参数。

图 9.7.5　"切削参数"参数设置

**Step2.** 设置粗加工参数。在"2D 刀路–全圆铣削"对话框的左侧节点列表中单击 粗加工 节点，设置图 9.7.6 所示的参数。

**Step3.** 设置精加工参数。在"2D 刀路–全圆铣削"对话框的左侧节点列表中单击 精加工 节点，设置图 9.7.7 所示的参数。

图 9.7.7 所示的"精加工"参数设置界面中部分选项的说明如下。

● ☑ 精加工 复选框：选中该选项，将创建精加工刀具路径。

图 9.7.6 "粗加工"参数设置

-  局部精修复选框：选中该选项，将创建局部精加工刀具路径。

  - ☑ 次数文本框：用于设置精加工的次数。

  - ☑ 间距文本框：用于设置每次精加工的切削间距。

  - ☑ 覆盖进给速度区域：用于设置精加工进给参数。

  - ☑ 进给率文本框：用于设置加工时的进给率。

  - ☑ 主轴转速文本框：用于设置加工时的主轴转速。

- 精铣削位置区域：用于设置精加工的深度位置。

  - ☑ ⊙ 所有深度单选项：用于设置在每层切削时进行精加工。

  - ☑ ⊙ 最终深度单选项：用于设置只在最后一次切削时进行精加工。

- ☑ 不提刀复选框：用于设置在精加工时是否返回到预先定义的进给下刀位置。

图 9.7.7 "精加工"参数设置

Step4. 设置精加工进刀模式。在"2D 刀路–全圆铣削"对话框的左侧节点列表中单击 精加工 节点下的 过渡 节点，设置图 9.7.8 所示的参数。

图 9.7.8　"过渡"参数设置

Step5. 设置深度参数。在"2D 刀路–全圆铣削"对话框的左侧节点列表中单击 深度切削 节点，设置图 9.7.9 所示的参数。

图 9.7.9　"深度切削"参数设置

Step6. 设置连接参数。在"2D 刀路–全圆铣削"对话框的左侧节点列表中单击 连接参数 节点，在 深度 文本框中输入值-50，其余采用默认参数。

Step7. 单击"2D 刀路–全圆铣削"对话框中的 按钮，完成钻孔加工参数的设置，此时系统将自动生成图 9.7.10 所示的刀具路径。

放大图

图 9.7.10　刀具路径

#### Stage6. 加工仿真

Step1. 刀路模拟。

（1）在"操作管理"中单击 ≋ 刀路 - 25.0K - CIRCLE_MILL.NC - 程序号 0 节点，系统弹出"刀路模拟"对话框及"刀路模拟控制"操控板。

（2）在"刀路模拟控制"操控板中单击 ▶ 按钮，系统将开始对刀具路径进行模拟，结果与图 9.7.10 所示的刀具路径相同，在"刀路模拟"对话框中单击 ✓ 按钮。

Step2. 保存模型。选择下拉菜单 文件(F) ➡ 🖫 保存(S) 命令，保存模型。

## 9.7.2 螺旋钻孔

螺旋钻孔是以螺旋线的走刀方式加工较大直径的圆孔，可对孔壁和底面进行粗精加工。下面以图 9.7.11 所示例子说明螺旋钻孔的一般操作过程。

a）2D 图形     b）加工工件     c）加工结果

图 9.7.11　螺旋钻孔加工

#### Stage1. 进入加工环境

打开文件 D:\mcx8\work\ch09.07.02\HELIX_MILL.MCX，系统默认进入铣削加工环境。

#### Stage2. 选择加工类型

Step1. 选择下拉菜单 刀路(T) ➡ 全圆铣削路径(L) ➡ ≋ 螺旋镗孔(H)... 命令，系统弹出"钻孔点选择"对话框。

Step2. 设置加工区域。在图形区中选取图 9.7.12 所示的点，单击 ✓ 按钮，完成加工点的设置，同时系统弹出"2D 刀路–螺旋铣孔"对话框。

选取此点

图 9.7.12　选取钻孔点

### Stage3. 选择刀具

Step1. 选择刀具。在"2D 刀路–螺旋铣孔"对话框的左侧节点列表中单击 刀具 节点，切换到刀具参数界面；在该对话框的列表框中选择已有的刀具。

Step2. 其余参数采用上次设定的默认参数。

### Stage4. 设置加工参数

Step1. 设置切削参数。在"2D 刀路–螺旋铣孔"对话框的左侧节点列表中单击 切削参数 节点，设置图 9.7.13 所示的参数。

图 9.7.13 "切削参数"参数设置

Step2. 设置粗加工参数。在"2D 刀路–螺旋铣孔"对话框的左侧节点列表中单击 粗/精加工 节点，设置图 9.7.14 所示的参数。

图 9.7.14 "粗/精加工"参数设置

Step3. 设置连接参数。在"2D 刀路–螺旋铣孔"对话框的左侧节点列表中单击 连接参数 节点，在 深度(D)... 文本框中输入值-50，其余采用默认参数。

Step4. 单击"2D 刀路–螺旋铣孔"对话框中的 ✔️ 按钮，完成钻孔加工参数的设置，此时系统将自动生成图 9.7.15 所示的刀具路径。

图 9.7.15 刀具路径

### Stage5. 加工仿真

Step1. 刀路模拟。

（1）在"操作管理"中单击 ≋ 刀路 - 13.0K - CIRCLE_MILL.NC - 程序号 0 节点，系统弹出"刀路模拟"对话框及"刀路模拟控制"操控板。

（2）在"刀路模拟控制"操控板中单击 ▶️ 按钮，系统将开始对刀具路径进行模拟，结果与图 9.7.15 所示的刀具路径相同，在"刀路模拟"对话框中单击 ✔️ 按钮。

Step2. 保存模型。选择下拉菜单 文件(F) ➡️ 🖫 保存(S) 命令，保存模型。

## 9.7.3 铣键槽

铣键槽加工是常用的铣削加工，这种加工方式只能加工两端半圆形的矩形键槽。下面以图 9.7.16 所示例子说明铣键槽的一般操作过程。

a）2D 图形　　　　b）加工工件　　　　c）加工结果

图 9.7.16 铣键槽加工

### Stage1. 进入加工环境

打开文件 D:\mcx8\work\ch09.07.03\SLOT_MILL.MCX，系统默认进入铣削加工环境。

### Stage2. 设置工件

Step1. 在"操作管理"中单击 ⛰ 属性 - Mill Default MM 节点前的"+"号，将该节点展开，

然后单击 **毛坯设置** 节点，系统弹出"机床群组属性"对话框。

**Step2.** 设置工件的形状。在"机床群组属性"对话框的 **形状** 区域中选中 **⊙矩形** 单选项。在"机床群组属性"对话框的 **X** 文本框中输入值 150.0，在 **Y** 文本框中输入值 100.0，在 **Z** 文本框中输入值 20.0。

**Step3.** 单击"机床群组属性"对话框中的 **✓** 按钮，完成工件的设置，从图中可以观察到零件的边缘多了红色的双点画线，双点画线围成的图形即为工件。

### Stage3. 选择加工类型

**Step1.** 选择下拉菜单 **刀路(T)** ➡ **全圆铣削路径(L)** ➡ **◎ 铣槽(L)...** 命令，系统弹出"输入新 NC 名称"对话框，采用系统默认的 NC 名称，单击 **✓** 按钮，完成 NC 名称的设置，同时系统弹出"串连"对话框。

**Step2.** 设置加工区域。在图形区中选取图 9.7.17 所示的 2 条曲线链，单击 **✓** 按钮，完成加工点的设置，同时系统弹出"2D 刀路–槽铣刀"对话框。

图 9.7.17　选取曲线链

### Stage4. 选择刀具

**Step1.** 选择刀具。在"2D 刀路–槽铣刀"对话框的左侧节点列表中单击 **刀具** 节点，切换到刀具参数界面；单击 **过滤(F)...** 按钮，系统弹出"刀具列表过滤"对话框，单击 **刀具类型** 区域中的 **无(N)** 按钮后，在刀具类型按钮群中单击 **↓↓**（平底刀）按钮，单击 **✓** 按钮，关闭"刀具列表过滤"对话框，系统返回至"2D 刀路–槽铣刀"对话框。

**Step2.** 选择刀具。在"2D 刀路–槽铣刀"对话框中单击 **选择库刀具...** 按钮，系统弹出 " 刀 具 选 择 " 对 话 框 ， 在 该 对 话 框 的 列 表 框 中 选 择 `10. F...　　 --　　　 10.0　0.0　　　　 50.0　4　　　　 平底刀 1　　 无` 刀具。单击 **✓** 按钮，关闭"刀具选择"对话框，系统返回至"2D 刀路–槽铣刀"对话框。

**Step3.** 设置刀具参数。

（1）完成上步操作后，在"2D 刀路–槽铣刀"对话框刀具列表中双击该刀具，系统弹出"定义刀具"对话框。

（2）设置刀具号。在 **刀具编号:** 文本框中，将原有的数值改为 1。

（3）设置刀具的加工参数。设置图 9.7.18 所示的参数。

（4）设置冷却方式。单击 冷却液 按钮，系统弹出"冷却液"对话框，在 Flood （切削液）下拉列表中选择 On 选项，单击该对话框中的 确定 按钮，关闭"冷却液"对话框。

Step4. 单击"定义刀具-机床群组-1"对话框中的 精加工 按钮，完成刀具的设置，系统返回至"2D 刀路–槽铣刀"对话框。

### Stage5. 设置加工参数

Step1. 设置切削参数。在"2D 刀路–槽铣刀"对话框的左侧节点列表中单击 切削参数 节点，设置图 9.7.19 所示的参数。

图 9.7.18　设置刀具加工参数

图 9.7.19　"切削参数"参数设置

Step2. 设置粗加工参数。在"2D 刀路–槽铣刀"对话框的左侧节点列表中单击 粗/精加工 节点，设置图 9.7.20 所示的参数。

图 9.7.20 "粗/精加工"参数设置

Step3. 设置深度参数。在"2D 刀路–槽铣刀"对话框的左侧节点列表中单击 深度切削 节点，设置图 9.7.21 所示的参数。

图 9.7.21 "深度切削"参数设置

Step4. 设置连接参数。在"2D 刀路–槽铣刀"对话框的左侧节点列表中单击 连接参数 节点，在 深度(D)... 文本框中输入值-10，其余采用默认参数。

Step5. 单击"2D 刀路–槽铣刀"对话框中的 ✓ 按钮，完成铣键槽加工参数的设置，此时系统将自动生成图 9.7.22 所示的刀具路径。

图 9.7.22 刀具路径

## Stage6. 加工仿真

Step1. 刀路模拟。

（1）在"操作管理"中单击 刀具路径 - 29.6K - SLOT_MILL.NC - 程序号码 0 节点，系统弹出"刀路模拟"对话框及"刀路模拟控制"操控板。

（2）在"刀路模拟控制"操控板中单击 ▶ 按钮，系统将开始对刀具路径进行模拟，结果与图 9.7.22 所示的刀具路径相同，在"刀路模拟"对话框中单击 ✓ 按钮。

Step2. 保存模型。选择下拉菜单 文件(F) ➡ 保存(S) 命令，保存模型。

# 9.8 综 合 实 例

通过对前面二维加工刀具路径的参数设置和操作方法的学习，用户能掌握面铣削加工、挖槽加工、钻孔加工和外形铣削加工等二维数控加工方法。下面结合二维加工的各种方法来加工一个综合实例（图 9.8.1），其操作如下。

## Stage1. 进入加工环境

打开文件 D:\mcx8\work\ch09.08\EXAMPLE.MCX，系统进入加工环境，此时零件模型如图 9.8.2 所示。

## Stage2. 设置工件

Step1. 在"操作管理"中单击 属性 - Generic Mill 节点前的"+"号，将该节点展开，然后单击 毛坯设置 节点，系统弹出"机床群组属性"对话框。

Step2. 设置工件的形状。在"机床群组属性"对话框的 形状 区域中选中 ⦿ 矩形 单选项。

Step3. 设置工件的尺寸。在"机床群组属性"对话框中单击 边界框(B) 按钮，系统弹出"边界框"对话框，接受系统默认的选项，单击 ✓ 按钮，返回至"机床群组属性"对话框。

Step4. 设置工件参数。在"机床群组属性"对话框的 Y 文本框中输入值 140.0，在 X 文本框中输入值 165.0，在 Z 文本框中输入值 50.0，如图 9.8.3 所示。

Step5. 单击"机床群组属性"对话框中的 ✓ 按钮，完成工件的设置。此时零件如图 9.8.4 所示，从图中可以观察到零件的边缘多了红色的双点画线，点画线围成的图形即为工件。

## Stage3. 挖槽加工

Step1. 选择下拉菜单 刀路(T) ➡ 挖槽(K)... 命令，系统弹出"输入新 NC 名称"对话框，采用系统默认的 NC 名称，单击 ✓ 按钮，完成 NC 名称的设置，同时系统弹出

"串连"对话框。

a）2D 图形　　　　　　　　　　　　　b）加工工件

d）外形加工　　　　　　　　　　　　c）挖槽加工

e）挖槽加工　　　　　　　　　　　　f）面铣加工

h）钻孔加工　　　　　　　　　　　　g）钻孔加工

i）2D 倒角加工

图 9.8.1　加工流程图

图 9.8.2　零件模型

图 9.8.3　"机床群组属性"对话框

图 9.8.4　显示工件

Step2. 设置加工区域。在图形区中选取图 9.8.5 所示的边线，系统自动选取图 9.8.6 所示的边链；在图形区中选取图 9.8.7 所示的边线，系统自动选取图 9.8.8 所示的边线。单击  按钮，完成加工区域的设置，系统弹出图 9.8.9 所示的"2D 刀路-挖槽"对话框。

图 9.8.5　选取区域

图 9.8.6　定义区域

图 9.8.7　选取区域

图 9.8.8　定义区域

Step3. 确定刀具类型。在图 9.8.9 所示的对话框左侧节点列表中单击 刀具 节点，切换到刀具参数界面；单击 过滤(F)... 按钮，系统弹出图 9.8.10 所示的"刀具列表过滤"对话框，单击 刀具类型 区域的 无(N) 按钮后，在刀具类型按钮群中单击 ▌（平底刀）按钮，单击  按钮，关闭"刀具列表过滤"对话框，系统返回至"2D 刀路-挖槽"对话框。

图 9.8.9　"2D 刀路-挖槽"对话框

图 9.8.10　"刀具列表过滤"对话框

Step4. 选择刀具。在"2D 刀路-挖槽"对话框中单击 选择库刀具... 按钮，系统弹出"刀具选择"对话框，在该对话框的列表框中选择图 9.8.11 所示的刀具。单击 ✓ 按钮，关闭"刀具选择"对话框，系统返回至"2D 刀路-挖槽"对话框。

图 9.8.11　"刀具选择"对话框

Step5. 设置刀具参数。

（1）完成上步操作后，在"2D 刀路-挖槽"对话框刀具列表中双击该刀具，系统弹出"定义刀具"对话框。

（2）设置刀具号。在 刀具编号: 文本框中，将原有的数值改为1。

（3）设置刀具的加工参数。设置图 9.8.12 所示的参数。

（4）设置冷却方式。单击 冷却液 按钮，系统弹出"冷却液"对话框，在 Flood （切削液）下拉列表中选择 On 选项，单击该对话框中的 确定 按钮，关闭"冷却液"对话框。

图 9.8.12　设置刀具参数

Step6. 单击"定义刀具"对话框中的 精加工 按钮，完成刀具的设置，系统返回至"2D 刀路-挖槽"对话框。

Step7. 设置挖槽切削参数。在"2D 刀路-挖槽"对话框的左侧节点列表中单击 切削参数 节点，在系统弹出的切削参数设置界面的 挖槽类型 下拉列表中选择 平面铣 选项；在 壁边毛坯预留量 文本框中输入数值 1.0，在 底面毛坯预留量 文本框中输入数值 0。

Step8. 设置粗加工参数。单击 粗加工 节点，显示粗加工参数设置界面，设置图 9.8.13 所示的参数。

Step9. 设置粗加工进刀模式。单击 粗加工 节点下的 进刀移动 节点，显示粗加工进刀模式设置界面，选中 ⊙ 螺旋 单选项。

Step10. 设置精加工参数。单击 精加工 节点，显示精加工参数设置界面，设置图 9.8.14 所示的参数。

图 9.8.13 "粗加工"设置界面

图 9.8.14 "精加工"设置界面

Step11. 设置深度切削参数。单击 ⊘ 深度切削 节点,显示深度切削参数设置界面,设置图 9.8.15 所示的参数。

图 9.8.15 "深度切削"设置界面

Step12. 设置连接参数。单击 连接参数 节点,切换到连接参数设置界面,设置图 9.8.16 所示的参数。

Step13. 单击 "2D 刀路-挖槽"对话框中的 ✔ 按钮,完成加工参数的设置,此时系统将自动生成图 9.8.17 所示的刀具路径。

### Stage4. 外形加工

Step1. 选择下拉菜单 刀路(T) ➡ 外形铣削(C)... 命令,系统弹出"串连"对话框。

Step2. 设置加工区域。在图形区中选取图 9.8.18 所示的边线,系统自动选取图 9.8.19 所示的边链,单击 ✔ 按钮,完成加工区域的设置,同时系统弹出 "2D 刀路-外形"对话框。

图 9.8.16　"连接参数"设置界面

放大图

图 9.8.17　刀具路径

Step3. 选择刀具。在"2D 刀路–外形"对话框的左侧节点列表中单击 **刀具** 节点，切换到刀具参数界面；在刀具列表中选择前面所创建的平底刀为外形加工的刀具。

选取此边线

图 9.8.18　选取区域

图 9.8.19　定义区域

Step4. 设置深度切削参数。单击 **深度切削** 节点，切换到深度切削参数界面，设置图 9.8.20 所示的参数。

图 9.8.20　"深度切削"设置界面

Step5. 设置连接参数。单击 连接参数 节点，切换到连接参数界面，设置图 9.8.21 所示的参数。

Step6. 单击"2D 刀路-外形"对话框中的 ✓ 按钮，完成加工参数的设置，此时系统将自动生成图 9.8.22 所示的刀具路径。

图 9.8.21　"连接参数"设置界面

放大图

图 9.8.22　刀具路径

### Stage5. 挖槽加工

Step1. 选择下拉菜单 刀路(T) ➡ 🔊 挖槽(K)... 命令，系统弹出"串连"对话框。

Step2. 设置加工区域。在图形区中依次选择图 9.8.23 所示的三条边链，单击 ✓ 按钮，完成加工区域的设置，同时系统弹出"2D 刀路-挖槽"对话框。

边链 3　　边链 1　　边链 2

图 9.8.23　定义区域

Step3. 确定刀具类型。在"2D 刀路-挖槽"对话框左侧节点列表中单击 刀具 节点，切换到刀具参数界面；单击 过滤(F)... 按钮，系统弹出"刀具列表过滤"对话框，单击 刀具类型 区域中的 无(N) 按钮后，在刀具类型按钮群中单击 🔩 （平底刀）按钮，单击 ✓ 按钮，关闭"刀具列表过滤"对话框，系统返回至"2D 刀路-挖槽"对话框。

Step4. 选择刀具。单击 选择库刀具... 按钮，系统弹出"刀具选择"对话框，在该对话框的列表框中选择图 9.8.24 所示的刀具。单击 按钮，关闭"刀具选择"对话框，系统返回至"2D 刀路-挖槽"对话框。

图 9.8.24　"刀具选择"对话框

Step5. 设置刀具参数。

（1）完成上步操作后，在"2D 刀路-挖槽"对话框的刀具列表中双击上步选取的刀具，系统弹出"定义刀具"对话框。

（2）设置刀具号。在 **刀具编号:** 文本框中，将原有的数值改为 2。

（3）设置刀具的加工参数。设置图 9.8.25 所示的参数。

图 9.8.25　设置刀具参数

（4）设置冷却方式。单击 冷却液 按钮，系统弹出"冷却液"对话框，在 Flood （切削液）下拉列表中选择 On 选项，单击该对话框中的 确定 按钮，关闭"冷却液"对话框。

Step6. 单击"定义刀具"对话框中的 精加工 按钮，完成刀具的设置，系统返回至
"2D 刀路-挖槽"对话框。

Step7. 设置挖槽切削参数。在"2D 刀路-挖槽"对话框的左侧节点列表中单击 切削参数
节点，切换到切削参数界面，在 挖槽类型 下拉列表中选取 平面铣 选项。

Step8. 设置粗加工参数。单击 粗加工 节点，显示粗加工参数设置界面，设置图 9.8.26
所示的参数。

图 9.8.26　"粗加工"设置界面

Step9. 设置粗加工进刀模式。单击 粗加工 节点下的 进刀移动 节点，显示粗加工进刀模式
设置界面，选中 螺旋 单选项。

Step10. 设置深度切削参数。单击 深度切削 节点，切换到深度切削参数设置界面，设
置图 9.8.27 所示的参数。

图 9.8.27　"深度切削"设置界面

Step11. 设置连接参数。单击 连接参数 节点，切换到连接参数设置界面，设置图 9.8.28
所示的参数。

Step12. 单击"2D 刀路-挖槽"对话框中的 ✓ 按钮，完成加工参数的设置，此时系
统将自动生成图 9.8.29 所示的刀具路径。

图 9.8.28　"连接参数"设置界面

## Stage6. 面铣加工

**Step1.** 选择下拉菜单 刀路(T) ➡ ⊟ 平面铣(A)... 命令，系统弹出"串连"对话框。

**Step2.** 设置加工区域。在图形区中依次选择图 9.8.30 所示的两条边链，单击 ✓ 按钮，完成加工区域的设置，系统弹出"2D 刀路-平面铣削"对话框。

图 9.8.29　刀具路径　　　　　　　　图 9.8.30　定义区域

**Step3.** 选择刀具。在"2D 刀路-平面铣削"对话框左侧节点列表中单击 刀具 节点，切换到刀具参数界面；在刀具列表中单击刀具号为 1 的平底刀为加工刀具。

**Step4.** 设置平面加工切削参数。在"2D 刀路-平面铣削"对话框中单击 切削参数 节点，切换到切削参数设置界面；设置图 9.8.31 所示的参数。

**Step5.** 设置连接参数。单击 连接参数 节点，切换到连接参数设置界面，设置图 9.8.32 所示的参数。

**Step6.** 单击"2D 刀路-平面铣削"对话框中的 ✓ 按钮，完成加工参数的设置，此时系统将自动生成图 9.8.33 所示的刀具路径。

图 9.8.31 "切削参数"设置界面

图 9.8.32 "连接参数"设置界面

图 9.8.33 刀具路径

## Stage7. 钻孔加工

Step1. 钻孔加工 1。

（1）选择下拉菜单 刀路(T) ➡ 钻孔(D)... 命令，系统弹出"钻孔点选择"对话框。

（2）设置加工区域。在图形区中选取图 9.8.34 所示的圆弧的中心点，单击 ✓ 按钮，完成选取钻孔点的操作，同时系统弹出"2D 刀路–钻孔/全圆铣削 深孔钻-无啄孔"对话框。

（3）确定刀具类型。在"2D 刀路–钻孔/全圆铣削 深孔钻-无啄孔"对话框左侧节点列

表中单击 刀具 节点，切换到刀具参数界面；单击 过滤(F)... 按钮，系统弹出"刀具列表过滤"对话框，单击 刀具类型 区域中的 无(N) 按钮后，在刀具类型按钮群中单击 ▯ （钻头）按钮，单击 ✓ 按钮，关闭"刀具列表过滤"对话框，系统返回至"2D 刀路–钻孔/全圆铣削 深孔钻-无啄孔"对话框。

图 9.8.34　定义区域

（4）选择刀具。单击 选择库刀具... 按钮，系统弹出图 9.8.35 所示的"刀具选择"对话框，在该对话框的列表框中选择图 9.8.35 所示的刀具。单击 ✓ 按钮，关闭"刀具选择"对话框，系统返回至"2D 刀路–钻孔/全圆铣削 深孔钻-无啄孔"对话框。

图 9.8.35　"刀具选择"对话框

（5）设置刀具参数。

① 完成上步操作后，在"2D 刀路–钻孔/全圆铣削 深孔钻-无啄孔"对话框刀具列表中双击该刀具，系统弹出"定义刀具"对话框。

② 设置刀具号。在 刀具编号: 文本框中，将原有的数值改为3。

③ 设置刀具的加工参数。在 进给率 文本框中输入值 300.0，在 下切速率: 文本框中输入值 200.0，在 提刀速率 文本框中输入值 800.0，在 主轴转速 文本框中输入值 1000.0。

④ 设置冷却方式。单击 冷却液 按钮，系统弹出"冷却液"对话框，在 Flood （切削液）下拉列表中选择 On 选项，单击该对话框中的 确定 按钮，关闭"冷却液"对话框。

（6）单击"定义刀具"对话框中的 精加工 按钮，完成刀具的设置，系统返回至"2D 刀路–钻孔/全圆铣削 深孔钻-无啄孔"对话框。

（7）设置连接参数。单击 连接参数 节点，切换到连接参数设置界面；设置图 9.8.36 所示的参数。

图 9.8.36　"连接参数"设置界面

（8）单击"2D 刀具路径 – 钻孔/全圆铣削 深孔钻-无啄孔"对话框中的 ✓ 按钮，完成加工参数的设置，此时系统将自动生成图 9.8.37 所示的刀具路径。

图 9.8.37　刀具路径

Step2. 钻孔加工 2。

（1）选择下拉菜单 刀路(T) ➡ ┌ 钻孔(D)... 命令，系统弹出"钻孔点选择"对话框。

（2）设置钻孔点。在图形区中选取图 9.8.38 所示的圆弧的中心点，单击 ✓ 按钮，完成钻孔点的设置，同时系统弹出"2D 刀路–钻孔/全圆铣削 深孔钻-无啄孔"对话框。

图 9.8.38　定义区域

（3）选择刀具。在"2D 刀路–钻孔/全圆铣削　深孔钻–无啄孔"对话框左侧节点列表中单击 刀具 节点，切换到刀具参数界面；单击 选择库刀具… 按钮，系统弹出图 9.8.39 所示的"刀具选择"对话框，在该对话框的列表框中选择图 9.8.39 所示的刀具。单击 ✓ 按钮，关闭"刀具选择"对话框，系统返回至"2D 刀路–钻孔/全圆铣削　深孔钻–无啄孔"对话框。

图 9.8.39　"刀具选择"对话框

（4）设置刀具参数。

① 在"2D 刀路–钻孔/全圆铣削　深孔钻–无啄孔"对话框刀具列表中双击上一步选取的刀具，系统弹出"定义刀具"对话框。

② 设置刀具号。在 刀具编号: 文本框中，将原有的数值改为 4。

③ 设置刀具的加工参数。在 进给率 文本框中输入值 300.0，在 下切速率: 文本框中输入值 200.0，在 提刀速率 文本框中输入值 800.0，在 主轴转速 文本框中输入值 1000.0。

④ 设置冷却方式。单击 冷却液 按钮，系统弹出"冷却液"对话框，在 Flood （切削液）下拉列表中选择 On 选项，单击该对话框中的 确定 按钮，关闭"冷却液"对话框。

（5）单击"定义刀具"对话框中的 精加工 按钮，完成刀具的设置，系统返回至"2D 刀路–钻孔/全圆铣削　深孔钻–无啄孔"对话框。

（6）设置连接参数。在"2D 刀路–钻孔/全圆铣削　深孔钻–无啄孔"对话框左侧节点列表中单击 连接参数 节点，切换到连接参数设置界面；设置图 9.8.40 所示的参数。

（7）单击"2D 刀路–钻孔/全圆铣削　深孔钻–无啄孔"对话框中的 ✓ 按钮，完成加工参数的设置，此时系统将自动生成图 9.8.41 所示的刀具路径。

### Stage8. 外形倒角加工

Step1.　选择下拉菜单 刀路(T) ➡ 外形铣削(C)… 命令，系统弹出"串连"对话框。

Step2.　设置加工区域。在图形区中选取图 9.8.42 所示的 2 条边线，并单击 ⟷ 按钮调整其方向，如图 9.8.43 所示；单击 ✓ 按钮，完成加工区域的设置，同时系统弹出"2D 刀路–外形"对话框。

图 9.8.40　"连接参数"设置界面

图 9.8.41　刀具路径

图 9.8.42　选取边线

图 9.8.43　定义方向

Step3. 选择刀具。

（1）在"2D 刀路–外形"对话框的左侧节点列表中单击 刀具 节点，切换到刀具参数界面；单击 过滤(F)... 按钮，系统弹出"刀具列表过滤"对话框，单击 刀具类型 区域中的 无(N) 按钮后，在刀具类型按钮群中单击 ▽ （倒角刀）按钮，单击 ✓ 按钮，关闭"刀具列表过滤"对话框，系统返回至"2D 刀路–外形"对话框。

（2）在"2D 刀路–外形"对话框中单击 选择库刀具... 按钮，系统弹出"刀具选择"对话框，在该对话框的列表框中选择 10 / 45 CHAMFER... -- 1... 0.0 25.0 4 无 倒角刀 刀具。单击 ✓ 按钮，关闭"刀具选择"对话框，系统返回至"2D 刀路–外形"对话框。

Step4. 设置切削参数。在"2D 刀路–外形"对话框的左侧节点列表中单击 切削参数 节点，在 补正方向 下拉列表中选择 左 选项，在 外形类型 下拉列表中选择 2D 倒角 选项，其余参数采用系统默认设置值。

Step5. 设置切削参数。在"2D 刀路–外形"对话框的左侧节点列表中单击 切削参数 节点

下的 深度切削 节点，取消选中 □ 深度切削 复选框。

Step6. 设置连接参数。在"2D 刀路–外形"对话框左侧节点列表中单击 连接参数 节点，切换到连接参数设置界面；设置图 9.8.44 所示的参数。

Step7. 单击"2D 刀路–外形"对话框中的 ✓ 按钮，完成加工参数的设置，此时系统将自动生成图 9.8.45 所示的刀具路径。

Step8. 保存模型。选择下拉菜单 文件(F) ➜ 🖬 保存(S) 命令，保存模型文件。

图 9.8.44 "连接参数"设置界面

图 9.8.45 刀具路径

# 第 10 章   曲面粗加工

## 10.1   概　述

粗加工阶段，从计算时间和加工效率方面考虑，以曲面挖槽加工为主。对于外形余量均匀的零件使用等高外形加工，可快速完成计算和加工。平坦的顶部曲面直接使用平行粗加工，采用较大的吃刀量，然后再使用平行精加工改善加工表面。

## 10.2   粗加工平行铣削加工

平行铣削加工（Parallel）通常用来加工陡斜面或圆弧过渡曲面的零件，是一种分层切削加工的方法，加工后零件（工件）的表面刀路呈平行条纹状。此加工方法刀路计算时间长，提刀次数多，加工效率不高，故实际加工中不常采用。下面以图 10.2.1 所示的模型为例讲解粗加工平行铣削加工的一般过程。

a）加工模型　　　　　　　b）加工工件　　　　　　　c）加工结果

图 10.2.1　粗加工平行铣削加工

### Stage1. 进入加工环境

打开文件 D:\mcx8\work\ch10.02\ROUGH_PARALL.MCX，系统进入加工环境。

### Stage2. 设置工件

Step1. 在"操作管理"中单击 ⛰ 属性 - Generic Mill 节点前的"+"号，将该节点展开，然后单击 ◈ 毛坯设置 节点，系统弹出图 10.2.2 所示的"机床群组属性"对话框。

Step2. 设置工件的形状。在"机床群组属性"对话框的 形状 区域中选中 ⦿ 矩形 单选项。

Step3. 设置工件的尺寸。在"机床群组属性"对话框中单击 边界框(B) 按钮，系统弹出图 10.2.3 所示的"边界框"对话框，接受系统默认的选项，单击 ✓ 按钮，返回至"机床群组属性"对话框。在 毛坯原点 区域的 Z 文本框中输入值 73，然后在右侧的预览区 Z 下面的文本框中输入值 73。

图 10.2.2 "机床群组属性"对话框

图 10.2.3 "边界框"
对话框

Step4. 单击"机床群组属性"对话框中的 ✓ 按钮，完成工件的设置。此时工件如图 10.2.4 所示，从图中可以观察到零件的边缘出现了红色的双点画线，点画线围成的图形即为工件。

### Stage3. 选择加工类型

Step1. 选择加工方法。选择下拉菜单 刀路(T) ➡ 曲面粗加工(R) ➡ 平行(P)... 命令，系统弹出"选择凸缘/凹口"对话框，采用系统默认的设置，单击 ✓ 按钮，系统弹出"输入新 NC 名称"对话框，采用系统默认的名称，单击 ✓ 按钮。

Step2. 选取加工面。在图形区中选取图 10.2.5 所示的曲面，然后按 Enter 键，系统弹出"刀具/曲面选择"对话框，采用系统默认的设置，单击 ✓ 按钮，系统弹出"曲面粗车–平行"对话框。

图 10.2.4  显示工件

选取此面为加工面

图 10.2.5  选取加工面

## Stage4. 选择刀具

Step1. 选择刀具。

（1）确定刀具类型。在"曲面粗车-平行"对话框中单击 刀具过滤 按钮，系统弹出图"刀具列表过滤"对话框，单击 刀具类型 区域中的 无(N) 按钮后，在刀具类型按钮群中单击 （圆鼻刀）按钮，单击 ✓ 按钮，关闭"刀具列表过滤"对话框，系统返回至"曲面粗车-平行"对话框。

（2）选择刀具。在"曲面粗车-平行"对话框中单击 选择库刀具... 按钮，系统弹出图 10.2.6 所示的"刀具选择"对话框，在该对话框的列表中选择图 10.2.6 所示的刀具。单击 ✓ 按钮，关闭"刀具选择"对话框，系统返回至"曲面粗车-平行"对话框。

图 10.2.6  "刀具选择"对话框

Step2. 设置刀具相关参数。

（1）在"曲面粗车-平行"对话框 刀路参数 选项卡的列表框中双击上一步选择的刀具，系统弹出"定义刀具"对话框。

（2）设置刀具号。在 刀具编号: 文本框中，将原有的数值改为 1。

（3）设置刀具参数。设置图 10.2.7 所示的参数。

（4）设置冷却方式。单击 冷却液 按钮，系统弹出"冷却液"对话框，在 Flood （切削液）下拉列表中选择 On 选项，单击该对话框中的 确定 按钮，关闭"冷却液"对话框。

（5）单击"定义刀具"对话框中的 精加工 按钮，完成刀具的设置。

图 10.2.7　设置刀具参数

### Stage5.　设置加工参数

Step1. 设置曲面参数。在"曲面粗车-平行"对话框中单击 曲面参数 选项卡，设置图 10.2.8 所示的参数。

图 10.2.8　"曲面参数"选项卡

说明：此处设置的"曲面参数"在粗加工中属于共性参数，在进行粗加工时都要进行类似设置。

图 10.2.8 所示的"曲面参数"选项卡中部分选项的说明如下。

- 方向(D)... 按钮：在加工过程中如需设置进/退刀向量时选中其复选框。单击此按钮系统弹出"方向"对话框，如图 10.2.9 所示。在此对话框中可以对进刀和退刀向量进行详细设置。

- 按钮：单击此按钮，系统弹出"刀具路径的曲面选取"对话框，可以对加工面及干涉面等进行相应设置。

- 毛坯预留量 驱动面上 文本框：此文本框用于设置加工面的预留量。

- 毛坯预留量 检查面上 文本框：此文本框用于设置干涉面的预留量。

- 刀具边界范围 区域：主要是在加工过程中控制刀具与边界的位置关系。

  - ☑ ⦿内单选项：设置刀具中心在加工曲面的边界内进行加工。
  - ☑ ⦿中心单选项：设置刀具中心在加工曲面的边界上进行加工。
  - ☑ ⦿外单选项：设置刀具中心在加工曲面的边界外进行加工。
  - ☑ □附加偏置复选框：此选项用于设置对刀具的补偿值。只有在刀具的切削范围选中⦿内或⦿外单选项时，□附加偏置复选框才被激活。

图 10.2.9　"方向"对话框

图 10.2.9 所示的"方向"对话框中部分选项的说明如下。

- 下刀方向 区域：用于设置进刀向量的相关参数，其包括 向量(V)... 按钮、线(L)... 按钮、下刀角度 文本框、XY 角度 文本框、下刀长度 文本框和 相对于 下拉列表。

  - ☑ 向量(V)... 按钮：用于设置进刀向量在坐标系的分向量值。单击此按钮，系统弹出图 10.2.10 所示的"向量"对话框，用户可以在相应的坐标系方向上定义分向量的值。
  - ☑ 线(L)... 按钮：可在绘图区域直接选取直线作为进刀向量。
  - ☑ 下刀角度 文本框：用于定义进刀向量与水平面的角度。
  - ☑ XY 角度 文本框：用于定义进刀运动的水平角度。
  - ☑ 下刀长度 文本框：用于定义进刀向量沿进刀角度方向的长度。

图 10.2.10　"向量"对话框

☑ 相对于 下拉列表：用于定义进刀向量的参照对象，其包括 刀具平面×轴 选项和 切削方向 选项。

● 提刀方向 区域：用于设置退刀向量的相关参数，其包括 向里(V)... 按钮、线(L)... 按钮、提刀角度 文本框、XY角度 文本框、提刀长度 文本框和 相对于 下拉列表。

　　☑ 向里(V)... 按钮：用于设置退刀向量在坐标系的分向量值。单击此按钮，系统弹出"向量"对话框，用户可以在相应的坐标系方向上定义分向量的值。

　　☑ 线(L)... 按钮：用于在绘图区域直接选取直线作为退刀向量。

　　☑ 提刀角度 文本框：用于定义退刀向量与水平面的角度。

　　☑ XY角度 文本框：用于定义退刀向量的水平角度。

　　☑ 提刀长度 文本框：用于定义退刀向量沿退刀角度方向的长度。

　　☑ 相对于 下拉列表：用于定义退刀向量的参照对象，其包括 刀具平面×轴 选项和 切削方向 选项。

Step2. 设置粗加工平行铣削参数。

(1) 在"曲面粗车–平行"对话框中单击 平行粗加工参数 选项卡，如图 10.2.11 所示。

图 10.2.11　"平行粗加工参数"选项卡

（2）设置切削间距。在 最大径向切削间距(M)... 文本框中输入值 3.0。

（3）设置切削方式。在"曲面粗车–平行"选项卡的 切削方式 下拉列表中选择 双向 选项。

（4）完成参数设置。其他参数设置保持系统默认设置值，单击"曲面粗车–平行"对话框中的 ✓ 按钮，同时在图形区生成图 10.2.12 所示的刀路轨迹。

放大图

图 10.2.12　工件加工刀路

**图 10.2.11** 所示的"平行粗加工参数"选项卡中部分选项的说明如下。

● 整体公差(T)... 按钮：单击该按钮，系统弹出"圆弧过滤/公差"对话框，如图 10.2.13 所示。在"圆弧过滤/公差"对话框中可以对加工误差进行详细设置。

**说明**：如果安装了"HSM Performance Pack for Mastercam"软件包，并激活高级 3D 优化刀具路径功能，此处系统弹出"优化刀具路径"对话框；否则系统弹出的是"圆弧过滤/公差"对话框。

图 10.2.13　"圆弧过滤/公差"对话框

- **切削方式** 下拉列表：此下拉列表用于控制加工时的切削方式，包括 **单向** 和 **双向** 两个选项。

  - ☑ **单向** 选项：选择此选项，则设定在加工过程中刀具在加工曲面上做单一方向的运动。

  - ☑ **双向** 选项：选择此选项，则设定在加工过程中刀具在加工曲面上做往复运动。

- **最大轴向切削间距** 文本框：此文本框用于设置加工过程中相邻两刀之间的切削深度，深度越大，生成的刀路层越少。

- **下刀的控制** 区域：此区域用于定义在加工过程中系统对提刀及退刀的控制，包括 ○ **切削路径允许连续下刀**、○ **单侧切削** 和 ◉ **双侧切削** 三个单选项。

  - ☑ ○ **切削路径允许连续下刀** 单选项：选中此单选项，则加工过程中允许刀具沿曲面的起伏连续下刀和提刀。

  - ☑ ○ **单侧切削** 单选项：选中此单选项，则加工过程中只允许刀具沿曲面的一侧下刀和提刀。

  - ☑ ◉ **双侧切削** 单选项：选中此单选项，则加工过程中只允许刀具沿曲面的两侧下刀和提刀。

- ☑ **使用接近起始点** 复选框：选中此复选项，可以设置刀具在定义的下刀点附近开始加工。

- ☑ **允许沿面下降切削(-Z)** 复选框：选中此复选框，表示在进刀的过程中让刀具沿曲面进行切削。

- ☑ **允许沿面上升切削(+Z)** 复选框：选中此选项，表示在退刀的过程中允许刀具沿曲面进行切削。

- **最大径向切削间距(M)...** 按钮：单击此按钮，系统弹出图 10.2.14 所示的"最大径向切削间距"对话框，通过此对话框可以设置铣刀在刀具平面的步进距离。

图 10.2.14　"最大径向切削间距"对话框

- **加工角度** 文本框：用于设置刀具路径的加工角度，范围在 0°～360°，相对于加工平面的 X 轴，逆时针方向为正。

- **切削深度(D)...** 按钮：单击此按钮，系统弹出图 10.2.15 所示的"切削深度"对话框，在此对话框中对切削深度进行具体设置，一般有"绝对坐标"和"增量坐标"两种方式，推荐使用"增量坐标"方式进行设定（设定过程比较直观）。

- 间隙设置(G)... 按钮：单击此按钮，系统弹出图 10.2.16 所示的"间隙设置"对话框。此对话框用于设置当刀具路径中出现开口或不连续面时的相关选项。
- 高级设置(E)... 按钮：单击此按钮，系统弹出图 10.2.17 所示的"高级设置"对话框，此对话框主要用于当加工面中有叠加或破孔时的刀路设置。

图 10.2.15　"切削深度"对话框

图 10.2.16　"间隙设置"对话框

图 10.2.17　"高级设置"对话框

**Stage6. 加工仿真**

Step1. 刀路模拟。

（1）在"操作管理"中单击 刀路 - 713.3K - ROUGH_PARALL.NC - 程序号 0 节点，系统弹出图 10.2.18 所示的"刀路模拟"对话框及图 10.2.19 所示的"刀路模拟控制"操控板。

图 10.2.18 "刀路模拟"对话框

图 10.2.19 "刀径模拟控制"操控板

（2）在"刀路模拟控制"操控板中单击 ▶ 按钮，系统将开始对刀具路径进行模拟，结果与图 10.2.12 所示的刀具路径相同，在"刀路模拟"对话框中单击 ✓ 按钮。

Step2. 实体切削验证。

（1）在"操作管理"中确认 1 - 曲面粗车 - 平行 - [WCS: 俯视图] - [刀具平面: 俯视图] 节点被选中，然后单击"验证选择操作"按钮 📄，系统弹出"Mastercam 模拟器"对话框。

（2）在"Mastercam 模拟器"对话框中单击 ▶ 按钮，系统将开始进行实体切削仿真，结果如图 10.2.20 所示，单击 × 按钮。

图 10.2.20 仿真结果

Step3. 保存文件。选择下拉菜单 文件(F) ➡ 保存(S) 命令，即可保存文件。

# 10.3 粗加工放射状加工

放射状加工是一种适合圆形、边界等值或对称性工件的加工方式，可以较好地完成各种圆形工件等模具结构的加工，所产生的刀具路径呈放射状。下面以图 10.3.1 所示的模型为例讲解粗加工放射状加工的一般过程。

### Stage1. 进入加工环境

Step1. 打开文件 D:\mcx8\work\ch10.03\ROUGH_RADIAL.MCX。

Step2. 进入加工环境。选择下拉菜单 机床类型(M) ➡ 铣削(M) ➡ 默认(D) 命令，系统进入加工环境。

a）加工模型　　　　　　　b）加工工件　　　　　　　c）加工结果

图 10.3.1　粗加工放射状加工

### Stage2. 设置工件

Step1. 在"操作管理"中单击 山 属性 - Mill Default MM 节点前的"+"号，将该节点展开，然后单击 ◇ 毛坯设置 节点，系统弹出"机床群组属性"对话框。

Step2. 设置工件的形状。在"机床群组属性"对话框 形状 区域中选中 ⊙ 矩形 单选项。

Step3. 设置工件的尺寸。在"机床群组属性"对话框中单击 边界框(B) 按钮，系统弹出"边界框"对话框，接受系统默认的参数设置，单击 ✓ 按钮，系统返回至"机床群组属性"对话框。

Step4. 修改边界框尺寸。在 X 文本框中输入值 220，在 Y 文本框中输入值 120.0，在 Z 文本框中输入值 10.0，在"机床群组属性"对话框 毛坯原点 区域的 Y 文本框中输入值-15.0，在 Z 文本框中输入值 5.0，单击"机床群组属性"对话框中的 ✓ 按钮，完成工件的设置。此时零件如图 10.3.2 所示，从图中可以观察到零件的边缘出现了红色的双点画线，点画线围成的图形即为工件。

图 10.3.2　显示工件

### Stage3. 选择加工类型

Step1. 选择加工方法。选择下拉菜单 刀路(T) ➡ 曲面粗加工(R) ➡ 放射(R)... 命令，系统弹出"选择凸缘/凹口"对话框，采用系统默认的设置，单击 ✓ 按钮，系统弹出"输入新 NC 名称"对话框，采用系统默认的名称，单击 ✓ 按钮。

Step2. 选择加工面及放射中心。在图形区中选取图 10.3.3 所示的曲面，然后按 Enter 键，系统弹出"刀路/曲面选择"对话框，在对话框的放射点区域中单击 按钮，选取图 10.3.4 所示的圆弧的中心为加工的放射中心，对话框中的其他参数设置保持系统默认设置值，单击 按钮，系统弹出"放射状曲面粗车"对话框。

图 10.3.3 选取加工面

图 10.3.4 定义放射中心

### Stage4. 选择刀具

Step1. 选择刀具。

（1）确定刀具类型。在"放射状曲面粗车"对话框中单击 刀具过滤 按钮，系统弹出"刀具列表过滤"对话框，单击 刀具类型 区域中的 无(N) 按钮后，在刀具类型按钮群中单击 （平底刀）按钮，单击 按钮，关闭"刀具列表过滤"对话框，系统返回至"放射状曲面粗车"对话框。

（2）选择刀具。在"放射状曲面粗车"对话框中单击 选择库刀具... 按钮，系统弹出"刀具选择"对话框，在该对话框的列表框中选择图 10.3.5 所示的刀具。单击 按钮，关闭"刀具选择"对话框，系统返回至"放射状曲面粗车"对话框。

图 10.3.5 "刀具选择"对话框

Step2. 设置刀具相关参数。

（1）在"放射状曲面粗车"对话框的 刀路参数 选项卡的列表框中显示出上一步选择的刀具，双击该刀具，系统弹出"定义刀具"对话框。

（2）设置刀具号。在 刀具编号：文本框中，将原有的数值改为 1。

（3）设置刀具参数。设置图 10.3.6 所示的参数。

图 10.3.6　设置刀具参数

（4）设置冷却方式。单击 冷却液 按钮，系统弹出"冷却液"对话框，在 Flood （切削液）下拉列表中选择 On 选项，单击该对话框中的 确定 按钮，关闭"冷却液"对话框。

（5）单击"定义刀具"对话框中的 精加工 按钮，完成刀具的设置。

### Stage5. 设置加工参数

Step1. 设置共性加工参数。

（1）在"放射状曲面粗车"对话框中单击 曲面参数 选项卡，在 毛坯预留量 驱动面上 文本框中输入值 0.5。

（2）在"放射状曲面粗车"对话框中选中 方向(D)... 前面的 ☑ 复选框，单击 方向(D)... 按钮，系统弹出"方向"对话框。

（3）在"方向"对话框 下刀方向 区域的 下刀长度 文本框中输入值 10.0，对话框中的其他参数设置保持系统默认设置，单击 ✓ 按钮，系统返回至"放射状曲面粗车"对话框。

Step2. 设置粗加工放射状参数。

（1）在"放射状曲面粗车"对话框中单击 放射状粗加工参数 选项卡，设置参数如图 10.3.7 所示。

**图 10.3.7 所示的"放射状粗加工参数"选项卡中部分选项的说明如下。**

● 起始点 区域：此区域可以设置刀具路径的起始下刀点。

☑ ⊙ 由内而外 单选项：此选项表示起始下刀点在刀具路径中心开始由内向外加工。

图 10.3.7 "放射状粗加工参数"选项卡

☑ ⊙ 由外而内 单选项：此选项表示起始下刀点在刀具路径边界开始由外向内加工。

● 最大角度增量 文本框：用于设置角度增量值（每两刀路之间的角度值）。

● 起始偏置距离 文本框：用于设置以刀具路径中心补正一个圆为不加工范围。此文本框中输入的值是此圆的半径值。

● 起始角度 文本框：用于设置刀具路径的起始角度。

● 扫描角度 文本框：用于设置刀具路径的扫描终止角度。

说明：图 10.3.7 所示"放射状粗加工参数"选项卡中的其他选项可参见图 10.2.11 的说明。

（2）单击"放射状曲面粗车"对话框中的 ✔ 按钮，同时在图形区生成图 10.3.8 所示的刀路轨迹。

图 10.3.8 工件加工刀路

## Stage6. 加工仿真

Step1. 刀路模拟。

（1）在"操作管理"中单击  刀路 - 26.5K - ROUGH_RADIAL.NC - 程序号0 节点，系统弹出"刀路模拟"对话框及"刀路模拟控制"操控板。

（2）在"刀路模拟控制"操控板中单击 ▶ 按钮，系统将开始对刀具路径进行模拟，结果与图10.3.8所示的刀具路径相同，在"刀路模拟"对话框中单击 ✓ 按钮。

Step2. 实体切削验证。

（1）在"操作管理"中确认 🗹 1 - 放射状曲面粗车 - [WCS: 俯视图] - [刀具平面: 俯视图] 节点被选中，然后单击"验证选择操作"按钮 🔳，系统弹出"Mastercam 模拟器"对话框。

（2）在"Mastercam 模拟器"对话框中单击 ▶ 按钮，系统将开始进行实体切削仿真，结果如图10.3.9所示，单击 × 按钮。

图 10.3.9 仿真结果

Step3. 保存文件。选择下拉菜单 文件(F) ➡ 🖫 保存(S) 命令，即可保存文件。

# 10.4 粗加工投影加工

投影加工是将已有的刀具路径文件（NCI）或几何图素（点或曲线）投影到指定曲面模型上并生成刀具路径来进行切削加工的方法。下面以图10.4.1所示的模型为例讲解粗加工投影加工的一般操作过程（本例是将已有刀具路径投影到曲面进行加工的）。

a）加工模型    b）加工工件    c）加工结果

图 10.4.1 粗加工投影加工

### Stage1. 进入加工环境

Step1. 打开文件 D:\mcx8\work\ch10.04\ROUGH_PROJECT.MCX。

Step2. 隐藏刀具路径。在"操作管理"中单击 🗹 1 - 平面铣削 - [WCS: TOP] - [刀具平面: TOP]

节点，单击按钮，将已存的刀具路径隐藏，结果如图 10.4.2b 所示。

### Stage2. 选择加工类型

Step1. 选择加工方法。选择下拉菜单 刀路(T) ➡ 曲面粗加工(R) ➡ 投影(J)... 命令，系统弹出"选择凸缘/凹口"对话框，采用系统默认的设置，单击 ✓ 按钮。

Step2. 选取加工面。在图形区中选取图 10.4.3 所示的曲面，然后按 Enter 键，系统弹出"刀具/曲面选择"对话框，对话框的参数设置保持系统默认设置值，单击 ✓ 按钮，系统弹出"曲面粗车-投影"对话框。

a）隐藏前    b）隐藏后

图 10.4.2 隐藏刀具路径

选取此面为加工面

图 10.4.3 选取加工面

### Stage3. 选择刀具

Step1. 选择刀具。

（1）确定刀具类型。在"曲面粗车-投影"对话框中单击 刀具过滤 按钮，系统弹出"刀具列表过滤"对话框，单击 刀具类型 区域中的 无(N) 按钮后，在刀具类型按钮群中单击 （球刀）按钮，单击 ✓ 按钮，关闭"刀具列表过滤"对话框，系统返回至"曲面粗车-投影"对话框。

（2）选择刀具。在"曲面粗车-投影"对话框中单击 选择库刀具... 按钮，系统弹出"刀具选择"对话框，在该对话框的列表框中选择图 10.4.4 所示的刀具。单击 ✓ 按钮，关闭"刀具选择"对话框，系统返回至"曲面粗车-投影"对话框。

图 10.4.4 "刀具选择"对话框

Step2. 设置刀具相关参数。

（1）在"曲面粗车-投影"对话框的 刀路参数 选项卡的列表框中显示出上一步选择的刀具，双击该刀具，系统弹出"定义刀具"对话框。

（2）设置刀具号。在 刀具编号: 文本框中，将原有的数值改为1。

（3）设置刀具参数。设置图 10.4.5 所示的参数。

图 10.4.5　设置刀具参数

（4）设置冷却方式。单击 冷却液 按钮，系统弹出"冷却液"对话框，在 Flood （切削液）下拉列表中选择 On 选项，单击该对话框中的 确定 按钮，关闭"冷却液"对话框。

（5）单击"定义刀具"对话框中的 精加工 按钮，完成刀具的设置。

### Stage4. 设置加工参数

Step1. 设置曲面参数。在"曲面粗车-投影"对话框中单击 曲面参数 选项卡，在驱动面上 毛坯预留量 (此处翻译有误，应为"加工面预留量")文本框中输入值 0.5，其他参数设置保持系统默认设置值。

Step2. 设置投影粗加工参数。

（1）在"曲面粗车-投影"对话框中单击 投影粗加工参数 选项卡，设置参数如图 10.4.6 所示。

（2）对话框中的其他参数设置保持系统默认设置值，单击"曲面粗车-投影"对话框中的 ✓ 按钮，图形区生成图 10.4.7 所示的刀路轨迹。

第10章 曲面粗加工

图 10.4.6 "投影粗加工参数"选项卡

图 10.4.6 所示"投影粗加工参数"选项卡中部分选项的说明如下。

- 投影类型区域：此区域用于设置得到刀路的投影方式，包括 ⊙ NCI 、⊙ 曲线 和 ⊙ 点

  三个单选项。

  - ☑ ⊙ NCI 单选项：选择此单选项，表示利用已存在的 NCI 文件进行投影加工。
  - ☑ ⊙ 曲线 单选项：选择此单选项，表示选取一条或多条曲线进行投影加工。
  - ☑ ⊙ 点 单选项：选择此单选项，表示可以通过一组点来进行投影加工。

- ☑ 两切削间提刀 复选框：如果选中此复选框，则在加工过程中强迫在两切削之间提刀。

说明：图 10.4.6 所示"投影粗加工参数"选项卡中的其他选项可参见图 10.2.11 的说明。

Stage5. 加工仿真

Step1. 刀路模拟。

（1）在"操作管理"中单击上一步创建好的刀路节点，系统弹出"刀路模拟"对话框及"刀路模拟控制"操控板。

说明：单击的节点是在曲面粗加工下的刀具路径，显示数据的大小有可能与读者做的结果不同，它是不影响结果的。

（2）在"刀路模拟控制"操控板中单击 ▶ 按钮，系统将开始对刀具路径进行模拟，结果与图 10.4.7 所示的刀具路径相同，在"刀路模拟"对话框中单击 ✓ 按钮。

Step2. 实体切削验证。

（1）在"操作管理"中确认 2 - 曲面粗车 - 投影 - [WCS: TOP] - [刀具平面: TOP] 节点被选中，然

后单击"验证选定操作"按钮 ，系统弹出"Mastercam 模拟器"对话框。

（2）在"Mastercam 模拟器"对话框中单击 按钮。系统将开始进行实体切削仿真，结果如图 10.4.8 所示，单击 × 按钮。

图 10.4.7 工件加工刀路

图 10.4.8 仿真结果

Step3. 生成 NC 程序。

（1）在"操作管理"中单击 G1 按钮，系统弹出"后处理程序"对话框。

（2）接受系统默认的设置，单击"后处理程序"对话框中的 ✓ 按钮，系统弹出"另存为"对话框，选择合适存放位置，单击 保存(S) 按钮。

（3）完成上步操作后，系统弹出"Mastercam Code Expert"对话框，从中可以观察到系统已经生成的 NC 程序。

（4）关闭"Mastercam Code Expert"对话框。

Step4. 保存文件。选择下拉菜单 文件(F) ➡ 🖫 保存(S) 命令，即可保存文件。

# 10.5　粗加工流线加工

流线加工可以设定曲面切削方向是沿着截断方向加工或者是沿切削方向加工，同时也可以控制曲面的"残余高度"来产生一个平滑的加工曲面。下面通过图 10.5.1 所示的实例来讲解粗加工流线加工的操作过程。

### Stage1. 进入加工环境

Step1. 打开文件 D:\mcx8\work\ch10.05\ROUGH_FLOWLINE.MCX，

Step2. 进入加工环境。选择下拉菜单 机床类型(M) ➡ 铣削(M) ➡ 默认(D) 命令，系统进入加工环境。

a）加工模型　　　　　　　　b）加工工件　　　　　　　　c）加工结果

图 10.5.1 粗加工流线加工

## Stage2. 设置工件

Step1. 在"操作管理"中单击 ┚ 属性 - Mill Default 节点前的"+"号，将该节点展开，然后单击 ◈ 毛坯设置 节点，系统弹出"机床群组属性"对话框。

Step2. 设置工件的形状。在"机床群组属性"对话框的 形状 区域选中 ◉ 矩形 单选项。

Step3. 设置工件的尺寸。在"机床群组属性"对话框中单击 边界框(B) 按钮，系统弹出"边界框"对话框，接受系统默认的参数设置，单击 ✓ 按钮，返回至"机床群组属性"对话框。在 毛坯原点 区域的 Z 文本框中输入值 83，然后在右侧的预览区 Z 下面的文本框中输入值 39。

Step4. 单击"机床群组属性"对话框中的 ✓ 按钮，完成工件的设置，如图 10.5.2 所示。

## Stage3. 选择加工类型

Step1. 选择加工方法。选择下拉菜单 刀路(T) ➡ 曲面粗加工(R) ➡ 流线(F)... 命令，系统弹出"选择凸缘/凹口"对话框，采用系统默认的参数设置，单击 ✓ 按钮，系统弹出"输入新 NC 名称"对话框，采用系统默认的名称，单击 ✓ 按钮。

Step2. 选取加工面。在图形区中选取图 10.5.3 所示的曲面，然后按 Enter 键，系统弹出"刀具/曲面选择"对话框。

图 10.5.2　设置加工工件

选取此面为加工面

图 10.5.3　选取加工面

Step3. 设置曲面流线形式。单击"刀具/曲面选择"对话框 流线 区域的 ∿ 按钮，系统弹出"流线数据"对话框，如图 10.5.4 所示。同时图形区出现流线形式线框，如图 10.5.5 所示。在"流线数据"对话框中单击 偏置 按钮，改变曲面流线的方向，结果如图 10.5.6 所示。单击 ✓ 按钮，系统重新弹出"刀具/曲面选择"对话框，单击 ✓ 按钮，系统弹出"曲面粗车-流线"对话框。

图 10.5.4 所示的"流线数据"对话框中部分选项的说明如下。

● 切换 区域：用于调整流线加工的各个方向。

☑ 偏置 按钮：用于调整补正方向。

☑ 切削方向 按钮：用于调整切削的方向（平行或垂直流线的方向）。

图 10.5.4 "流线数据"对话框

图 10.5.5 曲面流线线框

图 10.5.6 设置曲面流线形式

☑ 步进方向 按钮: 用于调整步进方向。

☑ 起始 按钮: 用于调整起始点。

● 边界公差: 文本框: 用于定义创建流线网格的边界过滤误差。

● 绘制边缘 按钮: 用于显示边界的颜色。

### Stage4. 选择刀具

Step1. 选择刀具。

(1)确定刀具类型。在"曲面粗车-流线"对话框中单击 刀具过滤 按钮,系统弹出 "刀具列表过滤"对话框,单击 刀具类型 区域中的 无(N) 按钮后,在刀具类型按钮群中单击 (球刀)按钮, 单击 ✓ 按钮, 关闭"刀具列表过滤"对话框,系统返回至"曲面粗车-流线"对话框。

(2)选择刀具。在"曲面粗车-流线"对话框中单击 选择库刀具... 按钮,系统弹出"刀具选择"对话框,在该对话框的列表框中选择图 10.5.7 所示的刀具,单击 ✓ 按钮,关闭"刀具选择"对话框,系统返回至"曲面粗车-流线"对话框。

图 10.5.7 "刀具选择"对话框

Step2. 设置刀具相关参数。

（1）在"曲面粗车-流线"对话框的 刀路参数 选项卡的列表框中显示出上一步选择的刀具，双击该刀具，系统弹出"定义刀具"对话框。

（2）设置刀具号。在 刀具编号: 文本框中，将原有的数值改为1。

（3）设置刀具参数。在其中的 进给率 文本框中输入值 200，在 下切速率: 文本框中输入值 200.0，在 提刀速率 文本框中输入值 1000.0，在 主轴转速 文本框中输入值 1600.0。

（4）设置冷却方式。单击 冷却液 按钮，系统弹出"冷却液"对话框，在 Flood （切削液）下拉列表中选择 On 选项，单击该对话框中的 确定 按钮，关闭"冷却液"对话框。

（5）单击"定义刀具"对话框中的 精加工 按钮，完成刀具的设置。

### Stage5. 设置加工参数

Step1. 设置曲面参数。在"曲面粗车-流线"对话框中单击 曲面参数 选项卡，在驱动面上（此处翻译有误，应为"加工面预留量"）文本框中输入值 0.5，其他参数设置保持系统默认设置。

Step2. 设置曲面流线粗加工参数。

（1）在"曲面粗车-流线"对话框中单击 流线粗加工参数 选项卡，参数设置如图 10.5.8 所示。

图 10.5.8　"流线粗加工参数"选项卡

（2）对话框中的其他参数设置保持系统默认设置，单击"曲面粗车-流线"对话框中的
按钮，同时在图形区生成图 10.5.9 所示的刀路轨迹。

图 10.5.8 所示的"流线粗加工参数"选项卡中部分选项的说明如下。

- 切削控制 区域：此区域用于控制切削的步进距离值及误差值。
  - ☑ ☑ 距离 复选框：选中此复选框，可以通过设置一个具体数值来控制刀具沿曲面切削方向的增量。
  - ☑ ☑ 检查流线移动时的过切情形 复选框：选中此复选框，则表示在进行刀具路径计算时，将执行过切检查。
- ☐ 带状切削 复选框：该复选框用于在所选曲面的中部创建一条单一的流线刀具路径。
  - ☑ 解析度(刀具直径 %) 文本框：用于设置垂直于切削方向的刀具路径间隔为刀具直径的定义百分比。
- 径向切削间距控制 区域：用于设置控制切削方向的相关参数。
  - ☑ ⊙ 距离 单选项：选中此单选项，可以通过设置一个具体数值来控制刀具沿曲面截面方向的步进增量。
  - ☑ ⊙ 环绕高度 选项：选中此单选项，可以设置刀具路径间的剩余材料高度，系统会根据设定的数值对切削增量进行调整。
- ☑ 仅单行 复选框：用于创建一行越过邻近表面的刀具路径。

说明：图 10.5.8 所示"流线粗加工参数"选项卡的其他选项可参见图 10.2.11 的说明。

Step3. 刀路模拟。

（1）在"操作管理"中单击上一步创建好的刀路节点，系统弹出"刀路模拟"对话框及"刀路模拟控制"操控板。

（2）在"刀路模拟控制"操控板中单击▶按钮，系统将开始对刀具路径进行模拟，结果与图 10.5.9 所示的刀具路径相同，在"刀路模拟"对话框中单击 ☑ 按钮。

Stage6. 加工仿真

Step1. 实体切削验证。

（1）在"操作管理"中确认 📷 1 - 曲面粗车 - 流线 - [WCS: 俯视图] - [刀具平面: 俯视图] 节点被选中，然后单击"验证选定操作"按钮 🔲，系统弹出"Mastercam 模拟器"对话框。

（2）在"Mastercam 模拟器"对话框中单击 ▶ 按钮。系统将开始进行实体切削仿真，结果如图 10.5.10 所示，单击 ✕ 按钮。

放大图

图 10.5.9 工件加工刀路

图 10.5.10 仿真结果

Step2. 保存文件。选择下拉菜单 文件(F) ➡ 📄 保存(S) 命令，即可保存文件。

# 10.6 粗加工挖槽加工

粗加工挖槽加工是分层清除加工面与加工边界之间所有材料的一种加工方法，采用曲面挖槽加工可以进行大量切削加工，以减少工件中的多余余量，同时提高加工效率。下面通过图 10.6.1 所示的实例讲解粗加工挖槽加工的一般操作过程。

a）加工模型       b）加工工件       c）加工结果

图 10.6.1 粗加工挖槽加工

### Stage1. 进入加工环境

打开文件 D:\mcx8\work\ch10.06\ROUGH_POCKET.MCX，系统进入加工环境。

### Stage2. 设置工件

Step1. 在"操作管理"中单击 ⛰ 属性 - Generic Mill 节点前的"+"号，将该节点展开，然后单击 ◇ 毛坯设置 节点，系统弹出"机床群组属性"对话框。

Step2. 设置工件的形状。在"机床群组属性"对话框的 形状 区域中选中 ⊙ 矩形 单选项。

Step3. 设置工件的尺寸。在"机床群组属性"对话框中单击 边界框(B) 按钮，系统弹出"边界框"对话框，接受系统默认的选项设置，单击 ✓ 按钮，返回至"机床群组属性"对话框。在 毛坯原点 区域的 Z 文本框中输入值 73，然后在右侧的预览区 Z 下面的文本框输入值 73。

Step4. 单击"机床群组属性"对话框中的 ✓ 按钮，完成工件的设置，如图 10.6.2 所示。

### Stage3. 选择加工类型

Step1. 选择加工方法。选择下拉菜单 刀路(T) ➡ 曲面粗加工(R) ➡ 🔷 挖槽(K)... 命令，系统弹出"输入新 NC 名称"对话框，采用系统默认的名称，单击 ✓ 按钮。

Step2. 选取加工面及加工范围。

（1）在图形区中选取图 10.6.3 所示的曲面，然后按 Enter 键，系统弹出"刀路/曲面选择"对话框。

图 10.6.2　设置工件

图 10.6.3　选取加工面

（2）在"刀具/曲面选择"对话框的 边界范围 区域单击 ▢ 按钮，系统弹出"串连"对话框，选取图 10.6.3 所示的边线 1，单击 ✓ 按钮，系统重新弹出"刀路/曲面选择"对话框，单击 ✓ 按钮，系统弹出"曲面粗车-挖槽"对话框。

**Stage4. 选择刀具**

Step1. 选择刀具。

（1）确定刀具类型。在"曲面粗车-挖槽"对话框中单击 刀具过滤 按钮，系统弹出"刀具列表过滤"对话框，单击 刀具类型 区域中的 无(N) 按钮后，在刀具类型按钮群中单击 ▮（圆鼻刀）按钮，单击 ✓ 按钮，关闭"刀具列表过滤"对话框，系统返回至"曲面粗车-挖槽"对话框。

（2）选择刀具。在"曲面粗车-挖槽"对话框中单击 选择库刀具... 按钮，系统弹出图 10.6.4 所示的"刀具选择"对话框，在该对话框的列表框中选择图 10.6.4 所示的刀具。单击 ✓ 按钮，关闭"刀具选择"对话框，系统返回至"曲面粗车-挖槽"对话框。

图 10.6.4　"刀具选择"对话框

Step2. 设置刀具相关参数。

（1）在"曲面粗车-挖槽"对话框的 刀路参数 选项卡的列表框中显示出上一步选择的刀具，双击该刀具，系统弹出"定义刀具"对话框。

（2）设置刀具号。在 刀具编号: 文本框中，将原有的数值改为 1。

（3）设置刀具参数。在其中的 进给率 文本框中输入值 400.0，在 下切速率: 文本框中输入值 500.0，在 提刀速率 文本框中输入值 1200.0，在 主轴转速 文本框中输入值 1600.0。

（4）设置冷却方式。单击 冷却液 按钮，系统弹出"冷却液"对话框，在 Flood （切削液）下拉列表中选择 On 选项，单击该对话框中的 确定 按钮，关闭"冷却液"对话框。

（5）单击"定义刀具"对话框中的 精加工 按钮，完成刀具的设置。

### Stage5. 设置加工参数

Step1. 设置曲面参数。在"曲面粗车–挖槽"对话框中单击 曲面参数 选项卡，在 驱动面上 毛坯预留量 （此处翻译有误，应为"加工面预留量"）文本框中输入值 1.0， 曲面参数 选项卡中的其他参数设置保持系统默认设置。

Step2. 设置曲面粗加工参数。在"曲面粗车–挖槽"对话框中单击 粗加工参数 选项卡，如图 10.6.5 所示，在 最大轴向切削间距: 文本框中输入值 3.0。

图 10.6.5　"粗加工参数"选项卡

Step3. 设置曲面粗加工挖槽参数。

（1）在"曲面粗车–挖槽"对话框中单击 挖槽参数 选项卡，如图 10.6.6 所示。

（2）设置切削方式。在 挖槽参数 选项卡的"切削方式"列表中选择 （双向）选项。

（3）设置其他参数。在对话框中选中 ☑ 最小化刀具负载 选项，其他参数设置保持系统默认设置，单击"曲面粗车–挖槽"对话框中的 ✓ 按钮，同时在图形区生成图 10.6.7 所示的刀路轨迹。

### Stage6. 加工仿真

Step1. 刀路模拟。

（1）在"操作管理"中单击 ≋ 刀路 - 111.8K - ROUGH_POCKET.NC - 程序号 0 节点，系统弹出"刀路模拟"对话框及"刀路模拟控制"操控板。

图 10.6.6　"挖槽参数"选项卡

（2）在"刀路模拟控制"操控板中单击 ▶ 按钮，系统将开始对刀具路径进行模拟，结果与图 10.6.7 所示的刀具路径相同，在"刀路模拟"对话框中单击 ✔ 按钮。

Step2. 实体切削验证。

（1）在"操作管理"中确认 📁 1 - 曲面粗车 - 挖槽 - [WCS: 俯视图] - [刀具平面: 俯视图] 节点被选中，然后单击"验证选定操作"按钮 ▣，系统弹出"Mastercam 模拟器"对话框。

（2）在"Mastercam 模拟器"对话框中单击 ▶ 按钮，系统开始进行实体切削仿真，结果如图 10.6.8 所示，单击 ✕ 按钮。

图 10.6.7　工件加工刀路　　　　　　　　图 10.6.8　仿真结果

Step3. 保存文件。选择下拉菜单 文件(F) ➡ 📄 保存(S) 命令，即可保存文件。

## 10.7　粗加工等高外形加工

等高外形加工（CONTOUR）是刀具沿曲面等高曲线加工的方法，并且加工时工件余量不可大于刀具直径，以免造成切削不完整，此方法在半精加工过程中也经常被采用。下面通过图 10.7.1 所示的模型讲解其操作过程。

### Stage1. 进入加工环境

Step1. 打开文件 D:\ mcx8\work\ch10.07\ROUGH_CONTOUR.MCX。

Step2. 隐 藏 刀 具 路 径 。 在 " 操 作 管 理 " 中 单 击
📁 1 - 曲面粗车 - 挖槽 - [WCS: 俯视图] - [刀具平面: 俯视图] 节点，单击 ≋ 按钮，将已存在的刀具路径隐藏。

　　a）加工模型　　　　　　　　　　b）加工工件　　　　　　　　　　c）加工结果

图 10.7.1　粗加工等高外形加工

### Stage2. 选择加工类型

Step1. 选 择 加 工 方 法 。 选 择 下 拉 菜 单 刀路(T) ➡ 曲面粗加工(R) ➡
🗀 外形(C)... 命令。

Step2. 选取加工面。在图形区中选取图 10.7.2 所示的曲面，然后按 Enter 键，系统弹出"刀具/曲面选择"对话框，采用系统默认的设置，单击 ✓ 按钮，系统弹出"曲面粗车–外形"对话框。

选取这些面为加工面

图 10.7.2　选择加工面

### Stage3. 选择刀具

Step1. 选择刀具。

（1）确定刀具类型。在"曲面粗车–外形"对话框中单击 刀具过滤 按钮，系统弹出"刀具列表过滤"对话框，单击 刀具类型 区域中的 无(N) 按钮后，在刀具类型按钮群中单击 🖊（球刀）按钮，单击 ✓ 按钮，关闭"刀具列表过滤"对话框，系统返回至"曲面粗车–外形"对话框。

（2）选择刀具。在"曲面粗车–外形"对话框中单击 选择库刀具... 按钮，系统弹出 10.7.3

所示的"刀具选择"对话框，在该对话框的列表框中选择图 10.7.3 所示的刀具。单击 ✓ 按钮，关闭"刀具选择"对话框，系统返回至"曲面粗车-外形"对话框。

图 10.7.3    "刀具选择"对话框

Step2. 设置刀具相关参数。

（1）在"曲面粗车-外形"对话框的 刀路参数 选项卡的列表框中显示出上一步选择的刀具，双击该刀具，系统弹出"定义刀具"对话框。

（2）设置刀具号。在 刀具编号: 文本框中，将原有的数值改为 2。

（3）设置刀具参数。在其中的 进给率 文本框中输入值 200.0，在 下切速率: 文本框中输入值 800.0，在 提刀速率 文本框中输入值 1300.0，在 主轴转速 文本框中输入值 1600.0。

（4）设置冷却方式。单击 冷却液 按钮，系统弹出"冷却液"对话框，在 Flood （切削液）下拉列表中选择 On 选项，单击该对话框中的 确定 按钮，关闭"冷却液"对话框。

（5）单击"定义刀具"对话框中的 精加工 按钮，完成刀具的设置。

## Stage4. 设置加工参数

Step1. 设置曲面参数。在"曲面粗车-外形"对话框中单击 曲面参数 选项卡，在 毛坯预留量 （此处翻译有误，应为"加工面预留量"）文本框中输入值 0.5，曲面参数 选项卡中的其他参数设置保持系统默认设置。

Step2. 设置粗加工等高外形参数。

（1）在"曲面粗车-外形"对话框中单击 外形粗加工参数 选项卡，如图 10.7.4 所示。

（2）设置切削方式。在 外形粗加工参数 选项卡的 封闭外形的方向: 区域中选中 ⊙ 顺铣 单选项，在 开放外形的方向 区域中选中 ⊙ 双向 单选项。

（3）完成图 10.7.4 所示的参数设置。单击"曲面粗车-外形"对话框中的 ✓ 按钮，同时在图形区生成图 10.7.5 所示的刀路轨迹。

# 第10章 曲面粗加工

图 10.7.4　"外形粗加工参数"选项卡

图 10.7.5　工件加工刀路

图 10.7.4 所示的"外形粗加工参数"选项卡中部分选项的说明如下。

- **转角走圆的半径**文本框：刀具在高速切削时才有效，其作用是当拐角处于小于 135° 时，刀具走圆角。

- **圆弧/线进/退刀**区域：此区域用于设置加工过程中的进刀及退刀形式。

  ☑ **圆弧半径**文本框：此文本框中的数值控制加工时进/退刀的圆弧半径。

  ☑ **圆弧的扫掠角度**文本框：此文本框中的数值控制加工时进/退刀的圆弧扫描角度。

  ☑ **直线长度**文本框：此文本框中的数值控制加工时进/退刀的直线长度。

  ☑ **☑ 允许圆弧/线超出边界**复选框：选中此复选框，表示加工过程中允许进/退刀时超出加工边界。

- **☑ 优化切削顺序**复选框：选中此复选框，则表示加工时将刀具路径顺序优化，从而提高加工效率。

509

- ☑ 最小化负载 复选框：选中此复选框，则表示加工时将插刀路径优化，以减少插刀情形，避免损坏刀具或工件。

- ☐ 由下而上切削 复选框：选中此复选框，表示加工时刀具将由下而上进行切削。

- 封闭外形的方向 区域：此区域用于设置封闭区域刀具的运动形式，其包括 ⊙ 顺铣 单选项、⊙ 逆铣 单选项和 起始长度: 文本框。

  - ☑ 起始长度 文本框：用于设置相邻层之间的起始点间距。

- 开放外形的方向 区域：用于设置开放区域刀具的运动形式，其包括 ⊙ 单向 单选项和 ⊙ 双向 单选项。

  - ☑ ⊙ 单向 单选项：选中此选项，则加工过程中刀具只做单向运动。

  - ☑ ⊙ 双向 单选项：选中此选项，则加工过程中刀具只做往返运动。

- 过渡 区域：用于设置两区段间刀具路径的过渡方式，其包括 ⊙ 高速加工 单选项、⊙ 打断 单选项、⊙ 斜降 单选项、⊙ 沿着曲面 单选项、回圈长度: 文本框和 斜插长度: 文本框。

  - ☑ ⊙ 高速加工 单选项：用于在两区段间插入一段回圈的刀具路径。

  - ☑ ⊙ 打断 单选项：用于在两区段间小于定义间隙值的位置插入成直角的刀具路径。用户可以通过单击 间隙设置(G)... 按钮对间隙设置的相关参数进行设置。

  - ☑ ⊙ 斜降 单选项：用于在两区段间小于定义间隙值的位置插入与 Z 轴成定义角度的直线刀具路径。用户可以通过单击 间隙设置(G)... 按钮对间隙设置的相关参数进行设置。

  - ☑ ⊙ 沿着曲面 单选项：用于在两区段间小于定义间隙值的位置插入与曲面在 Z 轴方向上相匹配的刀具路径。用户可以通过单击 间隙设置(G)... 按钮对间隙设置的相关参数进行设置。

  - ☑ 回圈长度: 文本框：用于定义高速回圈的长度。如果切削间距小于定义的环的长度，则插入回圈的切削量在 Z 轴方向为恒量；如果切削间距大于定义的环的长度，则将插入一段平滑移动的螺旋线。

  - ☑ 斜插长度: 文本框：用于定义斜插直线的长度。此文本框仅在选中 ⊙ 高速加工 单选项或 ⊙ 斜降 单选项时可以使用。

- 螺旋(H)... 按钮：用于设置螺旋下刀的相关参数。螺旋下刀的相关设置在该按钮前的复选框被选中时方可使用，否则此按钮为不可用状态。单击此按钮，系统弹出图 10.7.6 所示的"螺旋参数"对话框，用户可以通过此对话框对螺旋下刀的参数进行设置。

图 10.7.6 "螺旋参数"对话框

- <u>浅平面(S)...</u>按钮：如选中此按钮前面的复选框，则表示在等高外形加工过程中同时加工浅平面。单击此按钮，系统弹出图 10.7.7 所示的"浅平面外形"对话框，通过该对话框，用户可以对加工浅平面时的相关参数进行设置。

- <u>平面(F)...</u>按钮：如选中此按钮前面的复选框，则表示在等高外形加工过程中同时加工平面。单击此按钮，系统弹出图 10.7.8 所示的"平面外形"对话框，通过该对话框，用户可以对加工平面时的相关参数进行设置。

- 螺旋式限制文本框：用于设置将 Z 轴方向上切削量不变的刀具路径转变为螺旋式的刀具路径。当此文本框前的复选框处于选中状态时可用，用户可以在该文本框中输入值来定义螺旋限制的最大距离。

图 10.7.7 "浅平面外形"对话框

图 10.7.8 "平面外形"对话框

### Stage5. 加工仿真

Step1. 刀路模拟。

（1）在"操作管理"中单击 ≋ 刀路 - 2696.9K - ROUGH_POCKET.NC - 程序号 0 节点，系统弹出"刀路模拟"对话框及"刀路模拟控制"操控板。

（2）在"刀路模拟控制"操控板中单击 ▶ 按钮，系统将开始对刀具路径进行模拟，结果与图 10.7.5 所示的刀具路径相同，在"刀路模拟"对话框中单击 ✔ 按钮。

Step2. 实体切削验证。

（1）在刀路选项卡中单击 按钮，然后单击"验证选定操作"按钮 ，系统弹出"Mastercam 模拟器"对话框。

（2）在"Mastercam 模拟器"对话框中单击 按钮，系统将开始进行实体切削仿真，结果如图 10.7.9 所示，单击 ✕ 按钮。

图 10.7.9　仿真结果

Step3. 保存文件。选择下拉菜单 文件(F) ➡ 💾 保存(S) 命令，即可保存文件。

# 10.8　粗加工残料加工

粗加工残料加工是依据已有的加工刀路数据进一步加工以清除残料的加工方法，该加工方法选择的刀具要比已有粗加工的刀具小，否则达不到预期效果。并且此种方法生成刀路的时间较长，抬刀次数较多。下面以图 10.8.1 所示的模型为例讲解粗加工残料加工的一般操作过程。

a）加工模型　　　　　　b）加工工件　　　　　　c）加工结果

图 10.8.1　粗加工残料加工

### Stage1. 进入加工环境

Step1. 打开文件 D:\mcx8\work\ch10.08\ROUGH_RESTMILL.MCX。

Step2. 隐藏刀具路径。在刀路选项卡中单击 按钮，再单击 ≈ 按钮，将已存的刀具路径隐藏。

### Stage2. 选择加工类型

Step1. 选择加工方法。选择下拉菜单 刀路(T) ➡ 曲面粗加工(R) ➡

命令。

Step2. 选取加工面及加工范围。

（1）在图形区中选取图 10.8.2 所示的曲面，然后按 Enter 键，系统弹出"刀具/曲面选择"对话框。

（2）单击"刀具/曲面选择"对话框 边界范围 区域的 按钮，系统弹出"串连"对话框，采用"串连"选取图 10.8.2 所示的边线，单击 按钮，系统重新弹出"刀具/曲面选择"对话框，单击 按钮，系统弹出"曲面残料加工"对话框。

选取这些面为加工面

边线

图 10.8.2　选取加工面

### Stage3. 选择刀具

Step1. 选择刀具。

（1）确定刀具类型。在"曲面残料加工"对话框中单击 刀具过滤 按钮，系统弹出"刀具列表过滤"对话框，单击 刀具类型 区域中的 无(N) 按钮后，在刀具类型按钮群中单击 （球刀）按钮，单击 按钮，关闭"刀具列表过滤"对话框，系统返回至"曲面残料加工"对话框。

（2）选择刀具。在"曲面残料加工"对话框中单击 选择库刀具... 按钮，系统弹出图 10.8.3 所示的"刀具选择"对话框，在该对话框的列表框中选择图 10.8.3 所示的刀具，单击 按钮，关闭"刀具选择"对话框，系统返回至"曲面残料加工"对话框。

图 10.8.3　"刀具选择"对话框

Step2. 设置刀具相关参数。

（1）在"曲面残料加工"对话框的 刀路参数 选项卡的列表框中显示出上一步选择的刀具，

双击该刀具，系统弹出"定义刀具"对话框。

（2）设置刀具号。在 刀具编号: 文本框中，将原有的数值改为3。

（3）设置刀具参数。在其中的 进给率 文本框中输入值 300.0，在 下切速率: 文本框中输入值 300.0，在 提刀速率 文本框中输入值 1200.0，在 主轴转速 文本框中输入值 1500.0。

（4）设置冷却方式。单击 冷却液 按钮，系统弹出"冷却液"对话框，在 Flood （切削液）下拉列表中选择 On 选项，单击该对话框中的 确定 按钮，关闭"冷却液"对话框。

（5）单击"定义刀具"对话框中的 精加工 按钮，完成刀具的设置。

### Stage4. 设置加工参数

Step1. 设置曲面参数。在"曲面残料加工"对话框中单击 曲面参数 选项卡，在驱动面上 毛坯预留量 （此处翻译有误，应为"加工面预留量"）文本框中输入值 0.2，曲面参数 选项卡中的其他参数设置保持系统默认设置。

Step2. 设置残料加工参数。在"曲面残料加工"对话框中单击 残料加工参数 选项卡，如图 10.8.4 所示，在 残料加工参数 选项卡的 封闭外形的方向: 区域中选中 ⊙ 顺铣 单选项，在 开放外形的方向 区域中选中 ⊙ 双向 单选项。

图 10.8.4　"残料加工参数"选项卡

Step3. 设置剩余材料参数。在"曲面残料加工"对话框中单击 剩余材料参数 选项卡，如图 10.8.5 所示，在 剩余毛坯的计算依据: 区域选中 ⊙ 所有先前的操作 单选项。其他参数设置接受系统的默认设置，单击"曲面残料加工"对话框中的 ✓ 按钮，同时在图形区生成图 10.8.6 所示的刀路轨迹。

图 10.8.5 所示的"剩余材料参数"选项卡中部分选项的说明如下。

- **剩余毛坯的计算依据**：区域：用于设置残料加工时残料的计算来源，有以下几种形式。
  - ☑ **所有先前的操作** 单选项：选中此单选项，则表示以之前的所有加工来计算残料。
  - ☑ **其他操作** 单选项：选中此单选项，则表示在之前的加工中选择一个需要的加工来计算残料。
  - ☑ **使用更新文件** 复选框：此选项表示用已经保存的记录为残料的计算依据。
  - ☑ **粗加工刀具** 单选项：选择此选项表示可以通过输入刀具的直径和刀角半径来计算残料。
  - ☑ **STL 文件** 单选项：当工件模型为不规则形状时选用此单选项，比如铸件。
  - ☑ **毛坯解析度**：文本框：用于定义刀具路径的质量。材料的解析度值越小，则创建的刀具路径越平滑；材料的解析度值越大，则创建的刀具路径越粗糙。
- **调整剩余毛坯**：区域：此区域可以对加工残料的范围进行设定。
  - ☑ **应用当前剩余毛坯计算** 单选项：选中此单选项，表示直接利用先前的加工余量进行加工。
  - ☑ **调整剩余毛坯以忽略小尖点** 单选项：选择此单选项，可以在已有的加工余量上减少一定范围的残料进行加工。
  - ☑ **调整剩余毛坯以铣削小尖点** 单选项：选择此单选项，可以通过调整切削间距，在已有的加工余量上增加一定范围的残料进行加工。

图 10.8.5 "剩余材料参数"选项卡

## Stage5. 加工仿真

**Step1. 刀路模拟。**

（1）在"操作管理"中单击 ⚙ 刀路 - 617.0K - ROUGH_POCKET.NC - 程序号 0 节点，系统弹出"刀

路模拟"对话框及"刀路模拟控制"操控板。

（2）在"刀路模拟控制"操控板中单击 ▶ 按钮，系统将开始对刀具路径进行模拟，结果与图 10.8.6 所示的刀具路径相同，在"刀路模拟"对话框中单击 ✓ 按钮。

Step2. 实体切削验证。

（1）在 刀路 选项卡中单击 ▶ 按钮，然后单击"验证选定操作"按钮 ，系统弹出"Mastercam 模拟器"对话框。

（2）在"Mastercam 模拟器"对话框中单击 ▶ 按钮，系统将开始进行实体切削仿真，结果如图 10.8.7 所示，单击 × 按钮。

放大图

图 10.8.6　工件加工刀路

图 10.8.7　仿真结果

Step3. 保存文件。选择下拉菜单 文件(F) ➡ 保存(S) 命令，即可保存文件。

# 10.9　粗加工钻削式加工

粗加工钻削式加工是将铣刀像钻头一样沿曲面的形状进行快速钻削加工，快速地移除工件的材料。该加工方法要求机床有较高的稳定性和整体刚性。此种加工方法比普通曲面加工方法的加工效率高。下面通过图 10.9.1 所示的实例讲解粗加工钻削式加工的一般操作过程。

a）加工模型

b）加工工件

c）加工结果

图 10.9.1　粗加工钻削式加工

## Stage1. 进入加工环境

打开文件 D:\mcx8\work\ch10.09\PARALL_STEEP.MCX，系统进入加工环境。

## Stage2. 设置工件

Step1. 在"操作管理"中单击 山 属性 - Generic Mill 节点前的"+"号，将该节点展开，

然后单击 ◆ 毛坯设置 节点，系统弹出"机床群组属性"对话框。

Step2. 设置工件的形状。在"机床群组属性"对话框的 形状 区域中选中 ⊙ 矩形 单选项。

Step3. 设置工件的尺寸。在"机床群组属性"对话框中单击 所有曲面 按钮，在 毛坯原点 区域的 Z 文本框中输入值 73，然后在右侧的预览区 Z 下面的文本框输入值 73。

Step4. 单击"机床群组属性"对话框中的 ✓ 按钮，完成工件的设置，如图 10.9.2 所示。

### Stage3. 选择加工类型

Step1. 选择加工方法。选择下拉菜单 刀路(T) ➡ 曲面粗加工(R) ➡ ᴗᴗ 钻削(L)... 命令，系统弹出"输入新 NC 名称"对话框，采用系统默认的名称，单击 ✓ 按钮。

Step2. 选择加工面及加工范围。

（1）在图形区中选取图 10.9.3 所示的曲面，然后按 Enter 键，系统弹出"刀具/曲面选择"对话框。

（2）单击"刀具/曲面选择"对话框 网格 区域的 ▷ 按钮，选取图 10.9.4 所示的点 1 和点 2（点 1 和点 2 为棱线交点）为加工栅格点。系统重新弹出"刀具/曲面选择"对话框，单击 ✓ 按钮，系统弹出"曲面粗车-钻削"对话框。

选取这些面为加工面

点 1 点 2

图 10.9.2 设置工件　　　图 10.9.3 选取加工面　　　图 10.9.4 定义栅格点

### Stage4. 选择刀具

Step1. 选择刀具。

（1）确定刀具类型。在"曲面粗车-钻削"对话框中单击 刀具过滤 按钮，系统弹出"刀具列表过滤"对话框，单击 刀具类型 区域中的 无(N) 按钮后，在刀具类型按钮群中单击 ▯ （圆鼻刀）按钮，单击 ✓ 按钮，关闭"刀具列表过滤"对话框，系统返回至"曲面粗车-钻削"对话框。

（2）选择刀具。在"曲面粗车-钻削"对话框中单击 选择库刀具... 按钮，系统弹出图 10.9.5 所示的"刀具选择"对话框，在该对话框的列表框中选择图 10.9.5 所示的刀具。单击 ✓ 按钮，关闭"刀具选择"对话框，系统返回至"曲面粗车-钻削"对话框。

图 10.9.5　"刀具选择"对话框

Step2. 设置刀具相关参数。

（1）在"曲面粗车-钻削"对话框的 刀路参数 选项卡的列表框中显示出上一步选择的刀具，双击该刀具，系统弹出"定义刀具"对话框。

（2）设置刀具号。在 刀具编号: 文本框中，将原有的数值改为 1。

（3）设置刀具参数。在其中的 进给率 文本框中输入值 400.0，在 下切速率: 文本框中输入值 200.0，在 提刀速率 文本框中输入值 1200.0，在 主轴转速 文本框中输入值 1000.0。

（4）单击"定义刀具"对话框中的 精加工 按钮，完成刀具的设置。

## Stage5. 设置加工参数

Step1. 设置曲面参数。在"曲面粗车-钻削"对话框中单击 曲面参数 选项卡，选中 安全高度 前面的 ☑ 复选框，并在 安全高度 (L) 后的文本框中输入值 50.0，在 参考高度 (A)…… 的文本框中输入值 20.0，在 进给下刀位置 (F)… 文本框中输入值 10.0，在 毛坯预留量 驱动面上 (此处翻译有误，应为"加工面预留量")文本框中输入值 0.5，曲面参数 选项卡中的其他参数设置保持系统默认设置值。

Step2. 设置曲面钻销式粗加工参数。

（1）在"曲面粗车-钻削"对话框中单击 钻削粗加工参数 选项卡，如图 10.9.6 所示。

（2）在 钻削粗加工参数 选项卡的 最大轴向切削间距: 文本框中输入值 6.0，在 最大径向切削间距 文本框中输入值 3.0。

（3）完成参数设置。对话框中的其他参数设置保持系统默认设置值，单击"曲面粗车-钻削"对话框中的 ☑ 按钮，同时在图形区生成图 10.9.7 所示的刀路轨迹。

## Stage6. 加工仿真

Step1. 刀路模拟。

（1）在"操作管理"中单击 ≋ 刀路 - 6950.1K - PARALL_STEEP.NC - 程序号 0 节点，系统弹出"刀

路模拟"对话框及"刀路模拟控制"操控板。

图 10.9.6 "钻削粗加工参数"选项卡

（2）在"刀路模拟控制"操控板中单击 ▶ 按钮，系统将开始对刀具路径进行模拟，结果与图 10.9.7 所示的刀具路径相同，在"刀路模拟"对话框中单击 ✓ 按钮。

Step2. 实体切削验证。

（1）在"操作管理"中确认 1 - 曲面粗车 - 钻削 - [WCS: 俯视图] - [刀具平面: 俯视图] 节点被选中，然后单击"验证选定操作"按钮 ，系统弹出"Mastercam 模拟器"对话框。

（2）在"Mastercam 模拟器"对话框中单击 ▶ 按钮，系统将开始进行实体切削仿真，结果如图 10.9.8 所示，单击 ✕ 按钮。

Step3. 保存文件。选择下拉菜单 文件(F) ➡ 🖫 保存(S) 命令，即可保存文件。

图 10.9.7 工件加工刀路

图 10.9.8 仿真结果

学习拓展：扫码学习更多视频讲解。

讲解内容：本部分主要对"粗加工残料加工"做了详细的讲解，并对其中的各个参数选项及应用做了说明。

# 第 **11** 章　曲面精加工

## 11.1　概　　述

精加工就是把粗加工或半精加工后的工件进一步加工到工件的几何形状，并达到尺寸精度，其切削方式是通过加工工件的结构，及选用的加工类型进行工件表面或外围单层单次切削加工。

Mastercam X8 提供了 11 种曲面精加工加工方式，分别为"精加工平行铣削加工""精加工平行陡斜面加工""精加工放射状加工""精加工投影加工""精加工流线加工""精加工等高外形加工""精加工浅平面加工""精加工交线清角加工""精加工残料加工""精加工环绕等距加工"和"精加工熔接加工"。

## 11.2　精加工平行铣削加工

精加工平行铣削方式与粗加工平行铣削方式基本相同，加工时生成沿某一指定角度方向的刀具路径。此种方法加工出的工件较光滑，主要用于圆弧过渡及陡斜面的模型加工。下面以图 11.2.1 所示的模型为例讲解精加工平行铣削加工的一般操作过程。

a）加工模型

b）加工工件

c）加工结果

图 11.2.1　精加工平行铣削加工

### Stage1. 进入加工环境

Step1. 打开文件 D:\mcx8\work\ch11.02\FINISH_PARALL.MCX。

Step2. 隐藏刀具路径。在 刀路 选项卡中单击 按钮，再单击 按钮，将已存的刀具路径隐藏。

### Stage2. 选择加工类型

Step1. 选择加工方法。选择下拉菜单 刀路(T) ➡ 曲面精加工(F) ➡ 平行(P)...。

命令。

Step2. 选取加工面。在图形区中选取图 11.2.2 所示的曲面，然后按 Enter 键，系统弹出 "刀路/曲面选择"对话框，采用系统默认的参数设置，单击 ✓ 按钮，系统弹出"曲面精车-平行"对话框。

图 11.2.2　选取加工面

### Stage3. 选择刀具

Step1. 选择刀具。

（1）确定刀具类型。在"曲面精车-平行"对话框中单击 刀具过滤 按钮，系统弹出"刀具列表过滤"对话框，单击 刀具类型 区域中的 无(N) 按钮后，在刀具类型按钮群中单击 ⊌ （球刀）按钮，单击 ✓ 按钮，关闭"刀具列表过滤"对话框，系统返回至"曲面精车-平行"对话框。

（2）选择刀具。在"曲面精车-平行"对话框中单击 选择库刀具... 按钮，系统弹出图 11.2.3 所示的"刀具选择"对话框，在该对话框的列表框中选择图 11.2.3 所示的刀具。单击 ✓ 按钮，关闭"刀具选择"对话框，系统返回至"曲面精车-平行"对话框。

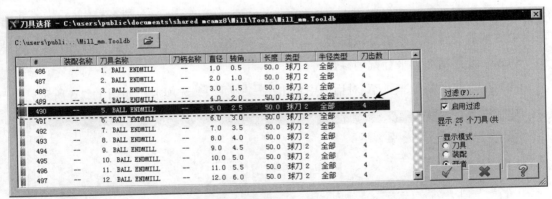

图 11.2.3　"刀具选择"对话框

Step2. 设置刀具相关参数。

（1）在"曲面精车-平行"对话框的 刀路参数 选项卡的列表框中显示出上一步选择的刀具，双击该刀具，系统弹出"定义刀具"对话框。

（2）设置刀具号。在 刀具编号: 文本框中，将原有的数值改为 2。

（3）设置刀具参数。设置图 11.2.4 所示的参数。

图 11.2.4　设置刀具参数

（4）设置冷却方式。单击 冷却液 按钮，系统弹出"冷却液"对话框，在 Flood （切削液）下拉列表中选择 On 选项，单击该对话框中的 确定 按钮，关闭"冷却液"对话框。

（5）单击"定义刀具"对话框中的 精加工 按钮，完成刀具的设置。

### Stage4. 设置加工参数

Step1. 设置曲面加工参数。在"曲面精车-平行"对话框中单击 曲面参数 选项卡，此选项卡中的参数设置保持系统默认设置。

Step2. 设置精加工平行铣削参数。

（1）在"曲面精车-平行"对话框中单击 平行精加工参数 选项卡，如图 11.2.5 所示。

图 11.2.5　"平行精加工参数"选项卡

（2）设置切削方式。在 平行精加工参数 选项卡的 切削方式 下拉列表中选择 双向 选项。

（3）设置切削间距。在 平行精加工参数 选项卡 最大径向切削间距(M)... 的文本框中输入值 0.6。

（4）完成参数设置。对话框中的其他参数设置保持系统默认设置，单击"曲面精车-平行"对话框中的 ✓ 按钮，同时在图形区生成图 11.2.6 所示的刀路轨迹。

图 11.2.6　工件加工刀路

### Stage5．加工仿真

Step1．刀路模拟。

（1）在"操作管理"中单击上一步创建好的刀路节点，系统弹出"刀路模拟"对话框及"刀路模拟控制"操控板。

（2）在"刀路模拟控制"操控板中单击 ▶ 按钮，系统将开始对刀具路径进行模拟，结果与图 11.2.6 所示的刀具路径相同，在"刀路模拟"对话框中单击 ✓ 按钮。

Step2．实体切削验证。

（1）在 刀路 选项卡中单击 ▶ 按钮，然后单击"验证选定操作"按钮 🗔，系统弹出"Mastercam 模拟器"对话框。

（2）在"Mastercam 模拟器"对话框中单击 ▶ 按钮，系统将开始进行实体切削仿真，结果如图 11.2.7 所示，单击 × 按钮。

图 11.2.7　仿真结果

Step3．保存文件。选择下拉菜单 文件(F) ➡ 📁 保存(S) 命令，即可保存文件。

## 11.3　精加工平行陡斜面加工

精加工平行陡斜面（PAR.STEEP）加工是指从陡斜区域切削残余材料的加工方法，陡斜面取决于两个斜坡角度。下面以图 11.3.1 所示的模型为例讲解精加工平行陡斜面加工的一般操作过程。

a）加工模型　　　　　　b）加工工件　　　　　　c）加工结果

图 11.3.1　精加工平行陡斜面加工

### Stage1. 进入加工环境

Step1. 打开文件 D:\mcx8\work\ch11.03\FINISH_PAR.STEEP.MCX。

Step2. 隐藏刀具路径。在 刀路 选项卡中单击 ▶ 按钮，再单击 ≋ 按钮，将已存的刀具路径隐藏。

### Stage2. 选择加工类型

Step1. 选择加工方法。选择下拉菜单 刀路(T) ➡ 曲面精加工(F) ➡ 平行陡斜面(A)... 命令。

Step2. 选取加工面。在图形区中选取图 11.3.2 所示的曲面，然后按 Enter 键，系统弹出"刀路/曲面选择"对话框，对话框的其他参数设置保持系统默认设置值，单击 ✓ 按钮，系统弹出"曲面精车-平行陡斜面"对话框。

选取此面为加工面

图 11.3.2　选取加工面

### Stage3. 选择刀具

Step1. 选择刀具。

（1）确定刀具类型。在"曲面精车-平行陡斜面"对话框中单击 刀具过滤 按钮，系统弹出"刀具列表过滤"对话框，单击 刀具类型 区域中的 无(N) 按钮后，在刀具类型按钮群中单击 ▮（圆鼻刀）按钮，单击 ✓ 按钮，关闭"刀具列表过滤"对话框，系统返回至"曲面精车-平行陡斜面"对话框。

（2）选择刀具。在"曲面精车-平行陡斜面"对话框中单击 选择库刀具... 按钮，系统弹出"刀具选择"对话框，在该对话框的列表框中选择图 11.3.3 所示的刀具。单击 ✓ 按钮，关闭"刀具选择"对话框，系统返回至"曲面精车-平行陡斜面"对话框。

图 11.3.3 "刀具选择"对话框

Step2. 设置刀具相关参数。

（1）在"曲面精车-平行陡斜面"对话框的 刀路参数 选项卡的列表框中显示出上一步选择的刀具，双击该刀具，系统弹出"定义刀具"对话框。

（2）设置刀具号。在 刀具编号: 文本框中，将原有的数值改为 2。

（3）设置刀具参数。在其中的 进给率: 文本框中输入值 200.0，在 下切速率: 文本框中输入值 400.0，在 提刀速率 文本框中输入值 800.0，在 主轴转速 文本框中输入值 1200.0。

（4）设置冷却方式。单击 冷却液 按钮，系统弹出"冷却液"对话框，在 Flood （切削液）下拉列表中选择 On 选项，单击该对话框中的 确定 按钮，关闭"冷却液"对话框。

（5）单击"定义刀具"对话框中的 精加工 按钮，完成刀具的设置。

### Stage4. 设置加工参数

Step1. 设置曲面加工参数。在"曲面精车-平行陡斜面"对话框中单击 曲面参数 选项卡，选中 安全高度(L) 前面的 ☑ 复选框，并在 安全高度(L) 的文本框中输入值 50.0，在 参考高度(A)... 的文本框中输入值 20.0，在 进给下刀位置(F)... 的文本框中输入值 10.0，在 毛坯预留量 驱动面上 (此处翻译有误，应为"加工面预留量")文本框中输入值 0.0，曲面参数 选项卡中的其他参数设置保持系统默认设置。

Step2. 设置陡斜面平行精加工参数。

（1）在"曲面精车-平行陡斜面"对话框中单击 陡斜面平行精加工参数 选项卡，如图 11.3.4 所示。

（2）设置切削方式。在 陡斜面平行精加工参数 选项卡的 切削方式 下拉列表中选择 双向 选项。

图 11.3.4 "陡斜面平行精加工参数"选项卡

（3）完成参数设置。对话框中的其他参数设置保持系统默认设置，单击"曲面精车-平行陡斜面"对话框中的 ✓ 按钮，同时在图形区生成图 11.3.5 所示的刀路轨迹。

放大图

图 11.3.5 工件加工刀路

图 11.3.4 所示的"陡斜面平行精加工参数"选项卡中部分选项的说明如下。

● 加工角度文本框：用于定义陡斜面的刀具路径与 X 轴的角度。

● 切削延伸量文本框：用于定义刀具从前面切削区域下刀切削，消除不同刀具路径间产生的加工间隙，其延伸距离为两个刀具路径的公共部分，延伸刀具路径沿着曲面曲率变化。此文本框仅在切削方式为单向和双向时可用。

● 陡斜面范围区域：此区域可以人为设置加工的陡斜面的范围，此范围是起始倾斜角度文本框中的数值与终止倾斜角度文本框中的数值之间的区域。

  ☑ 起始倾斜角度文本框：设置陡斜面的起始加工角度。

  ☑ 终止倾斜角度文本框：设置陡斜面的终止加工角度。

  ☑ ☑包含外部的切削复选框：用于设置加工在陡斜的范围角度外面的区域。选中此复选框时，系统会自动加工与加工角度成正交的区域和浅的区域，不加工与加工角度平行的区域，使用此复选框可以避免重复切削同一个区域。

第**11**章 曲面精加工

### Stage5. 加工仿真

Step1. 刀路模拟。

（1）在"操作管理"中单击 刀路 - 67.6K - PARALL_STEEP.NC - 程序号 0 节点，系统弹出"刀路模拟"对话框及"刀路模拟控制"操控板。

（2）在"刀路模拟控制"操控板中单击 ▶ 按钮，系统将开始对刀具路径进行模拟，结果与图 11.3.5 所示的刀具路径相同，在"刀路模拟"对话框中单击 ✓ 按钮。

Step2. 实体切削验证。

（1）在 刀路 选项卡中单击 ▶ 按钮，然后单击"验证选定操作"按钮 ，系统弹出"Mastercam 模拟器"对话框。

（2）在"Mastercam 模拟器"对话框中单击 ▶ 按钮，系统将开始进行实体切削仿真，结果如图 11.3.6 所示，单击 × 按钮。

Step3. 保存文件。选择下拉菜单 文件(F) ➡ 保存(S) 命令，即可保存文件。

图 11.3.6 仿真结果

## 11.4 精加工放射状加工

放射状（RADIAL）精加工是指刀具绕一个旋转中心点对工件某一范围内的材料进行加工的方法，其刀具路径呈放射状。此种加工方法适合于圆形、边界等值或对称性模型的加工。下面通过图 11.4.1 所示的模型讲解精加工放射状加工的一般操作过程。

a）加工模型　　　　b）加工工件　　　　c）加工结果

图 11.4.1 精加工放射状加工

### Stage1. 进入加工环境

Step1. 打开文件 D:\mcx8\work\ch11.04\FINISH_RADIAL.MCX。

Step2. 隐藏刀具路径。在 刀路 选项卡中单击 ↖ 按钮，再单击 ≈ 按钮，将已存的刀具路径隐藏。

### Stage2. 选择加工类型

Step1. 选择加工方法。选择下拉菜单 刀路(T) ➡ 曲面精加工(F) ➡ 放射(R)... 命令。

Step2. 选取加工面及放射中心。在图形区中选取图 11.4.2 所示的曲面，然后按 Enter 键，系统弹出"刀路/曲面选择"对话框，在对话框的 放射点 区域中单击 ⟍ 按钮，选取图 11.4.3 所示的圆弧的中心为加工的放射中心，对话框的其他参数设置保持系统默认设置，单击 ✓ 按钮，系统弹出"放射状曲面精车"对话框。

图 11.4.2 选取加工面

图 11.4.3 定义放射中心

### Stage3. 选择刀具

Step1. 选择刀具。

（1）确定刀具类型。在"放射状曲面精车"对话框中单击 刀具过滤 按钮，系统弹出"刀具列表过滤"对话框，单击 刀具类型 区域中的 无(N) 按钮后，在刀具类型按钮群中单击 ▯（平底刀）按钮，单击 ✓ 按钮，关闭"刀具列表过滤"对话框，系统返回至"放射状曲面精车"对话框。

（2）选择刀具。在"放射状曲面精车"对话框中单击 选择库刀具... 按钮，系统弹出"刀具选择"对话框，在该对话框的列表框中选择图 11.4.4 所示的刀具。单击 ✓ 按钮，关闭"刀具选择"对话框，系统返回至"放射状曲面精车"对话框。

| 刀具选择 – C:\users\public\documents\shared mcamx8\Mill\Tools\Mill_mm.Tooldb |||||||||||

C:\users\publi...\Mill_mm.Tooldb 📂

| # | 装配名称 | 刀具名称 | 刀柄名称 | 直径 | 转角 | 长度 | 刀齿数 | 半径 | 类型 |
|---|---|---|---|---|---|---|---|---|---|
| 461 | -- | 1. FLAT ENDMILL | -- | 1.0 | 0.0 | 50.0 | 4 | 无 | 平底... |
| 462 | -- | 2. FLAT ENDMILL | -- | 2.0 | 0.0 | 50.0 | 4 | 无 | 平底... |
| 463 | -- | 3. FLAT ENDMILL | -- | 3.0 | 0.0 | 50.0 | 4 | 无 | 平底... |
| 464 | -- | 4. FLAT ENDMILL | -- | 4.0 | 0.0 | 50.0 | 4 | 无 | 平底... |
| 465 | -- | 5. FLAT ENDMILL | -- | 5.0 | 0.0 | 50.0 | 4 | 无 | 平底... |
| 466 | -- | 6. FLAT ENDMILL | -- | 6.0 | 0.0 | 50.0 | 4 | 无 | 平底... |
| 467 | -- | 7. FLAT ENDMILL | -- | 7.0 | 0.0 | 50.0 | 4 | 无 | 平底... |
| 468 | -- | 8. FLAT ENDMILL | -- | 8.0 | 0.0 | 50.0 | 4 | 无 | 平底... |
| 469 | -- | 9. FLAT ENDMILL | -- | 9.0 | 0.0 | 50.0 | 4 | 无 | 平底... |
| 470 | -- | 10. FLAT ENDMILL | -- | 10.0 | 0.0 | 50.0 | 4 | 无 | 平底... |
| 471 | -- | 11. FLAT ENDMILL | -- | 11.0 | 0.0 | 50.0 | 4 | 无 | 平底... |
| 472 | -- | 12. FLAT ENDMILL | -- | 12.0 | 0.0 | 50.0 | 4 | 无 | 平底... |

过滤(F)...
☑ 启用过滤
显示 25 个刀具(共
显示模式
○ 刀具
○ 装配
○ 两者

图 11.4.4 "刀具选择"对话框

Step2. 设置刀具相关参数。

（1）在"放射状曲面精车"对话框的 刀路参数 选项卡的列表框中显示出上一步选择的刀具，双击该刀具，系统弹出"定义刀具"对话框。

（2）设置刀具号。在 刀具编号: 文本框中，将原有的数值改为2。

（3）设置刀具参数。设置图 11.4.5 所示的参数。

（4）设置冷却方式。单击 冷却液 按钮，系统弹出"冷却液"对话框，在 Flood （切削液）下拉列表中选择 On 选项，单击该对话框中的 确定 按钮，关闭"冷却液"对话框。

（5）单击"定义刀具"对话框中的 精加工 按钮，完成刀具的设置。

图 11.4.5　设置刀具参数

### Stage4. 设置加工参数

Step1. 设置曲面加工参数。

（1）在"放射状曲面精车"对话框中单击 曲面参数 选项卡，在驱动面上 毛坯预留量 （此处翻译有误，应为"加工面预留量"）文本框中输入值 0.2。

（2）在"放射状曲面精车"对话框中选中 方向(D)... 前面的 ☑ 复选框，并单击 方向(D)... 按钮，系统弹出"方向"对话框。

（3）在"方向"对话框 下刀方向 区域的 下刀长度 文本框中输入值 5.0，对话框中的其他参数设置保持系统默认设置值，单击 ✓ 按钮，系统返回至"放射状曲面精车"对话框。

Step2. 设置精加工放射状参数。

（1）在"放射状曲面精车"对话框中单击 放射状精加工参数 选项卡，如图 11.4.6 所示。

（2）在 放射状精加工参数 选项卡 整体公差(T)... 的文本框中输入值 0.025。

（3）设置切削方式。在 放射状精加工参数 选项卡的 切削方式 下拉列表中选择 双向 选项。

图 11.4.6 "放射状精加工参数"选项卡

图 11.4.6 所示 "放射状精加工参数"选项卡中部分选项的说明如下。

● 深度限制(D)... 按钮：要激活此按钮，先要选中此按钮前面的 ☑ 复选框。单击此按钮，系统弹出"深度限制"对话框，如图 11.4.7 所示。通过此对话框可以对切削深度进行具体设置。

图 11.4.7 "深度限制"对话框

说明：图 11.4.6 所示"放射状精加工参数"选项卡中的部分选项与粗加工相同，此处不再赘述。

（4）完成参数设置。对话框中的其他参数设置保持系统默认设置，单击"放射状曲面精车"对话框中的 ✓ 按钮，同时在图形区生成图 11.4.8 所示的刀路轨迹。

### Stage5. 加工仿真

Step1. 刀路模拟。

（1）在"操作管理"中单击上一步创建好的刀路节点，系统弹出"刀路模拟"对话框及"刀路模拟控制"操控板。

（2）在"刀路模拟控制"操控板中单击 ▶ 按钮，系统将开始对刀具路径进行模拟，结果与图 11.4.8 所示的刀具路径相同，在"刀路模拟"对话框中单击 ✓ 按钮。

Step2. 实体切削验证。

（1）在"操作管理"刀路选项卡中单击 按钮，然后单击"验证选定操作"按钮，系统弹出"Mastercam 模拟器"对话框。

（2）在"Mastercam 模拟器"对话框中单击 按钮，系统将开始进行实体切削仿真，结果如图 11.4.9 所示，单击 × 按钮。

放大图

图 11.4.8　工件加工刀路　　　　　　图 11.4.9　仿真结果

Step3. 保存文件。选择下拉菜单 文件(F) ➡ 🖫 保存(S) 命令，即可保存文件。

## 11.5　精加工投影加工

投影精加工是将已有的刀具路径文件（NCI）或几何图素（点或曲线）投影到指定曲面模型上并生成刀具路径来进行切削加工的方法。用来做投影图素的 NCI 所生成的刀具路径跟工件形状越接近，几何图素越紧凑，加工出来的效果就越平滑。下面以图 11.5.1 所示的模型为例讲解精加工投影加工的一般操作过程（本例是将已有刀具路径投影到曲面进行加工的）。

a) 加工模型　　　　　　b) 加工工件　　　　　　c) 加工结果

图 11.5.1　精加工投影加工

### Stage1. 进入加工环境

Step1. 打开文件 D:\mcx8\work\ch11.05\FINISH_PROJECT.MCX。

Step2. 隐藏刀具路径。在刀路选项卡中单击 按钮，再单击 ≋ 按钮，将已保存的刀具路径隐藏。

### Stage2. 选择加工类型

Step1. 选择加工方法。选择下拉菜单 刀路(T) ➡ 曲面精加工(F) ➡ 📄 投影(J)... 命令。

Step2. 选择加工面及投影曲线。

（1）在图形区中选取图 11.5.2 所示的曲面，然后按 Enter 键，系统弹出"刀路/曲面选择"对话框。

（2）单击"刀路/曲面选择"对话框 曲线 区域的 按钮，系统弹出"串连"对话框，单击其中的 按钮，然后框选图 11.5.3 所示的所有曲线（字体曲线），此时系统提示"输入搜索点"，选取图 11.5.3 所示的点 1（点 1 为直线的端点），在"串连"对话框中单击 ✓ 按钮，系统重新弹出"刀路/曲面选择"对话框。

（3）"刀路/曲面选择"对话框的其他参数设置保持系统默认设置值，单击 ✓ 按钮，系统弹出"曲面精车-投影"对话框。

图 11.5.2　定义投影曲面

图 11.5.3　选取投影曲线和搜寻点

### Stage3. 选择刀具

Step1. 选择刀具。

（1）确定刀具类型。在"曲面精车-投影"对话框中单击 刀具过滤 按钮，系统弹出"刀具列表过滤"对话框，单击 刀具类型 区域中的 无(N) 按钮后，在刀具类型按钮群中单击 🔻（球刀）按钮，单击 ✓ 按钮，关闭"刀具列表过滤"对话框，系统返回至"曲面精车-投影"对话框。

（2）选择刀具。在"曲面精车-投影"对话框中单击 选择库刀具... 按钮，系统弹出"刀具选择"对话框，在该对话框的列表框中选择图 11.5.4 所示的刀具。单击 ✓ 按钮，关闭"刀具选择"对话框，系统返回至"曲面精车-投影"对话框。

Step2. 设置刀具相关参数。

（1）在"曲面精车-投影"对话框的 刀路参数 选项卡的列表框中显示出上一步选择的刀具，双击该刀具，系统弹出"定义刀具"对话框。

（2）设置刀具号。在 刀具编号: 文本框中，将原有的数值改为 3。

图 11.5.4 "刀具选择"对话框

（3）设置刀具参数。在其中的 进给速率 文本框中输入值 200.0，在 下切速率: 文本框中输入值 1600.0，在 提刀速率 文本框中输入值 1600.0，在 主轴转速 文本框中输入值 2200.0。

（4）设置冷却方式。单击 冷却液 按钮，系统弹出"冷却液"对话框，在 Flood （切削液）下拉列表中选择 On 选项，单击该对话框中的 确定 按钮，关闭"冷却液"对话框。

（5）单击"定义刀具"对话框中的 精加工 按钮，完成刀具的设置。

（6）系统返回至"曲面精车-投影"对话框，取消选中 参考点 按钮前的复选框。

### Stage4．设置加工参数

Step1．设置曲面加工参数。在"曲面精车-投影"对话框中单击 曲面参数 选项卡，在驱动面上 毛坯预留量 (此处翻译有误，应为"加工面预留量")文本框中输入值 0.0，其他参数设置保持系统默认设置值。

Step2．设置精加工投影参数。

（1）在"曲面精车-投影"对话框中单击 投影精加工参数 选项卡，如图 11.5.5 所示。

图 11.5.5 "投影精加工参数"选项卡

（2）确认 投影精加工参数 选项卡的 投影类型 区域的 ⊙曲线 选项处于选中状态，并选中
☑两切削间提刀 选项，其他参数设置保持系统默认设置值，单击"曲面精车-投影"对话框中
的 ✓ 按钮，同时在图形区生成图 11.5.6 所示的刀路轨迹。

图 11.5.5 所示的"投影精加工参数"选项卡中部分选项的说明如下。

- ☑增加深度 复选框：该复选框用于设置在所选操作中获取加工深度并应用于曲面精
  加工投影中。
- 原始操作 区域：此区域列出了之前的所有操作程序供选择。
- 深度限制(D)... 按钮：要激活此按钮，需选中其前面的 ☑ 复选框。单击此按钮，系
  统弹出"深度限制"对话框，如图 11.5.7 所示。

图 11.5.6　加工工件刀路　　　　　图 11.5.7　"深度限制"对话框

**Stage5. 加工仿真**

Step1. 刀路模拟。

（1）在"操作管理"中单击上一步创建好的刀路节点，系统弹出"刀路模拟"对话框
及"刀路模拟控制"操控板。

（2）在"刀路模拟控制"操控板中单击▶按钮，系统将开始对刀具路径进行模拟，结
果与图 11.5.6 所示的刀具路径相同，在"刀路模拟"对话框中单击 ✓ 按钮。

Step2. 实体切削验证。

（1）在 刀路 选项卡中单击 按钮，然后单击"验证选定操作"按钮，系统弹出
"Mastercam 模拟器"对话框。

（2）在"Mastercam 模拟器"对话框中单击 按钮，系统将开始进行实体切削仿真，
结果如图 11.5.8 所示，单击 × 按钮。

图 11.5.8　仿真结果

Step3. 保存文件。选择下拉菜单 文件(F) ➡ 🖫 保存(S) 命令，即可保存文件。

# 11.6 精加工流线加工

曲面流线精加工可以将曲面切削方向设定为沿着截断方向加工或沿切削方向加工，同时还可以控制曲面的"残脊高度"来生成一个平滑的加工曲面。下面通过图 11.6.1 所示的实例来讲解精加工流线加工的操作过程。

a）加工模型

b）加工工件

c）加工结果

图 11.6.1 精加工流线加工

### Stage1. 进入加工环境

Step1. 打开文件 D:\mcx8\work\ch11.06\FINISH_FLOWLINE.MCX。

Step2. 隐藏刀具路径。在 刀路 选项卡中单击 ▶ 按钮，再单击 ≈ 按钮，将已存的刀具路径隐藏。

### Stage2. 选择加工类型

Step1. 选择加工方法。选择下拉菜单 刀路(T) ➡ 曲面精加工(F) ➡ ✎ 流线(F)... 命令。

Step2. 选取加工面。在图形区中选取图 11.6.2 所示的曲面，然后按 Enter 键，系统弹出"刀路/曲面选择"对话框。

选取此面为加工面

图 11.6.2 选择加工面

Step3. 设置曲面流线形式。单击"刀路/曲面选择"对话框 流线 区域的 〰 按钮，系统弹出"流线数据"对话框，同时图形区出现流线形式线框，如图 11.6.3 所示。在"流线数据"对话框中单击 偏置 按钮和 切削方向 按钮，改变曲面流线的方向，结果如图 11.6.4

所示，单击  按钮，系统重新弹出"刀路/曲面选择"对话框，单击 按钮，系统弹出"曲面精车-流线"对话框。

图 11.6.3　曲面流线线框　　　　　　　　　　图 11.6.4　设置曲面流线形式

### Stage3. 选择刀具

Step1. 选择刀具。

（1）确定刀具类型。在"曲面精车-流线"对话框中单击 刀具过滤 按钮，系统弹出 "刀具列表过滤"对话框，单击 刀具类型 区域中的 无(N) 按钮后，在刀具类型按钮群中单击 （球刀）按钮，单击 按钮，关闭"刀具列表过滤"对话框，系统返回至"曲面精车-流线"对话框。

（2）选择刀具。在"曲面精车-流线"对话框中单击 选择库刀具... 按钮，系统弹出 "刀具选择"对话框，在该对话框的列表框中选择图 11.6.5 所示的刀具。单击 按钮，关闭 "刀具选择"对话框，系统返回至"曲面精车-流线"对话框。

图 11.6.5　"刀具选择"对话框

Step2. 设置刀具相关参数。

（1）在"曲面精车-流线"对话框的 刀路参数 选项卡的列表框中显示出上一步选择的刀具，双击该刀具，系统弹出"定义刀具"对话框。

（2）设置刀具号。在 刀具编号: 文本框中，将原有的数值改为 2。

（3）设置刀具参数。在其中的 进给率: 文本框中输入值 300.0，在 下切速率: 文本框中输入值 1000.0，在 提刀速率 文本框中输入值 1000.0，在 主轴转速 文本框中输入值 2400.0。

（4）设置冷却方式。单击 冷却液 按钮，系统弹出"冷却液"对话框，在 Flood （切削液）下拉列表中选择 On 选项，单击该对话框中的 确定 按钮，关闭"冷却液"对话框。

（5）单击"定义刀具"对话框中的 精加工 按钮，完成刀具的设置。

（6）单击 平面... 按钮，系统弹出"刀路坐标系"对话框，单击 刀具平面 区域中的 田 按钮，选择 BACK，然后连续单击两次 ✓ 按钮。

### Stage4. 设置加工参数

Step1. 设置曲面加工参数。在"曲面精车-流线"对话框中单击 曲面参数 选项卡，在 驱动面上 (此处翻译有误，应为"加工面预留量")文本框中输入值 0.0，其他参数设置保持系统默认设置值。

Step2. 设置曲面流线精加工参数。

（1）在"曲面精车-流线"对话框中单击 流线精加工参数 选项卡，如图 11.6.6 所示。

图 11.6.6 "流线精加工参数"选项卡

（2）设置切削方式。在 流线精加工参数 选项卡的 切削方式 下拉列表中选择 双向 选项。

（3）在 截断方向的控制 区域的 ⊙环绕高度 文本框中输入值 0.1，对话框中的其他参数设置保持系统默认设置，单击"曲面精车-流线"对话框中的 ✓ 按钮，同时在图形区生成图 11.6.7 所示的刀路轨迹。

### Stage5. 加工仿真

Step1. 刀路模拟。

（1）在"操作管理"中单击上一步创建好的刀路节点，系统弹出"路刀路模拟"对话框及"刀路模拟控制"操控板。

（2）在"刀路模拟控制"操控板中单击 ▶ 按钮，系统将开始对刀具路径进行模拟，结果与图 11.6.7 所示的刀具路径相同，在"刀路模拟"对话框中单击 ![✓] 按钮。

Step2. 实体切削验证。

（1）在 刀具路径管理器 选项卡中单击 ![✓] 按钮，然后单击"验证已选择的操作"按钮 ![⬚]，系统弹出"Mastercam 模拟器"对话框。

（2）在"Mastercam 模拟器"对话框中单击 ![▶] 按钮，系统将开始进行实体切削仿真，结果如图 11.6.8 所示，单击 ![X] 按钮。

图 11.6.7　工件加工刀路　　　　　　　　　图 11.6.8　仿真结果

Step3. 保存文件。选择下拉菜单 文件(F) ➡ ![💾 保存(S)] 命令，即可保存文件。

## 11.7　精加工等高外形加工

精加工中的等高外形加工和粗加工中的等高外形加工大致相同，加工时生成沿加工工件曲面外形的刀具路径。此方法在实际生产中常用于具有一定陡峭角的曲面加工，对平缓曲面进行加工效果不很理想。下面通过图 11.7.1 所示的模型讲解其操作过程。

a）加工模型　　　　　　　　b）加工工件　　　　　　　c）加工结果

图 11.7.1　精加工等高外形加工

### Stage1. 进入加工环境

Step1. 打开文件 D:\mcx8\work\ch11.07\FINISH_CONTOUR.MCX。

Step2. 隐藏刀具路径。在 刀路 选项卡中单击 ![▶] 按钮，再单击 ![≈] 按钮，将已保存的刀具路径隐藏。

### Stage2. 选择加工类型

Step1. 选择加工方法。选择下拉菜单 刀路(T) ➡ 曲面精加工(F) ➡

等高外形(C)... 命令。

Step2. 选取加工面。在图形区中选取图 11.7.2 所示的曲面，然后按 Enter 键，系统弹出"刀路/曲面选择"对话框，采用系统默认的参数设置，单击 ✓ 按钮，系统弹出"曲面精车-外形"对话框。

选取这些面为加工面

图 11.7.2　选取加工面

### Stage3. 选择刀具

Step1. 选择刀具。

（1）确定刀具类型。在"曲面精车-外形"对话框中单击 刀具过滤 按钮，系统弹出"刀具列表过滤"对话框，单击 刀具类型 区域中的 无(N) 按钮后，在刀具类型按钮群中单击 （球刀）按钮，单击 ✓ 按钮，关闭"刀具列表过滤"对话框，系统返回至"曲面精车-外形"对话框。

（2）选择刀具。在"曲面精车-外形"对话框中单击 选择库刀具... 按钮，系统弹出图 11.7.3 所示的"刀具选择"对话框，在该对话框的列表框中选择图 11.7.3 所示的刀具。单击 ✓ 按钮，关闭"刀具选择"对话框，系统返回至"曲面精车-外形"对话框。

图 11.7.3　"刀具选择"对话框

Step2. 设置刀具相关参数。

（1）在"曲面精车-外形"对话框的 刀路参数 选项卡的列表框中显示出上一步选择的刀具，双击该刀具，系统弹出"定义刀具"对话框。

（2）设置刀具号。在"定义刀具"对话框的 刀具编号: 文本框中，将原有的数值改为3。

（3）设置刀具参数。在其中的 进给速率 文本框中输入值 200.0，在 下切速率: 文本框中输入值 1300.0, 在 提刀速率 文本框中输入值 1300.0, 在 主轴转速 文本框中输入值 1600.0。

（4）设置冷却方式。单击 冷却液 按钮, 系统弹出 "冷却液" 对话框, 在 Flood （切削液）下拉列表中选择 On 选项, 单击该对话框中的 确定 按钮, 关闭 "冷却液" 对话框。

（5）单击 "定义刀具" 对话框中的 ✓ 按钮, 完成刀具的设置。

### Stage4. 设置加工参数

Step1. 设置曲面加工参数。在 "曲面精车-外形" 对话框中单击 曲面参数 选项卡, 保持系统默认参数设置值。

Step2. 设置精加工等高外形参数。

（1）在 "曲面精车-外形" 对话框中单击 外形精加工参数 选项卡, 如图 11.7.4 所示。

图 11.7.4 "外形精加工参数" 选项卡

（2）设置进给量。在 外形精加工参数 选项卡的 最大轴向切削间距 文本框中输入值 0.5。

（3）设置切削方式。在 外形精加工参数 选项卡中选中 ☑ 优化切削顺序 复选框, 在 封闭式轮廓的方向 区域中选中 ⊙ 顺铣 单选项, 在 开放式轮廓的方向 区域中选中 ⊙ 双向 单选项。

（4）完成参数设置。对话框中的其他参数设置保持系统默认设置值, 单击 "曲面精车-外形" 对话框中的 ✓ 按钮, 同时在图形区生成图 11.7.5 所示的刀路轨迹。

### Stage5. 加工仿真

Step1. 刀路模拟。

（1）在 "操作管理" 中单击上一步创建好的刀路节点, 系统弹出 "刀路模拟" 对话框及"刀路模拟控制"操控板。

图 11.7.5 工件加工刀路

（2）在"刀路模拟控制"操控板中单击 ▶ 按钮，系统将开始对刀具路径进行模拟，结果与图 11.7.5 所示的刀具路径相同，在"刀路模拟"对话框中单击 ✔ 按钮。

Step2. 实体切削验证。

（1）在 刀路 选项卡中单击 ⬆ 按钮，然后单击"验证选定操作"按钮 🖥，系统弹出"Mastercam 模拟器"对话框。

（2）在"Mastercam 模拟器"对话框中单击 ▶ 按钮，系统将开始进行实体切削仿真，结果如图 11.7.6 所示，单击 ✕ 按钮。

图 11.7.6 仿真结果

Step3. 保存文件。选择下拉菜单 文件(F) ➡ 💾 保存(S) 命令，即可保存文件。

# 11.8 精加工残料加工

精加工残料加工是依据已有加工刀路数据进一步加工以清除残料的加工方法，该加工方法选择的刀具要比已有粗加工的刀具小，否则达不到预期效果。并且此方法生成刀路的时间较长，抬刀次数较多。下面以图 11.8.1 所示的模型为例讲解精加工残料加工的一般操作过程。

### Stage1. 进入加工环境

Step1. 打开文件 D:\mcx8\work\ch11.08\FINISH_RESTMILL.MCX。

a）加工模型

b）加工工件

c）加工结果

图 11.8.1　精加工残料加工

Step2. 隐藏刀具路径。在 刀路 选项卡中单击 ▶ 按钮，再单击 ≈ 按钮，将已保存的刀具路径隐藏。

### Stage2. 选择加工类型

Step1. 选择加工方法。选择下拉菜单 刀路(T) ➡ 曲面精加工(F) ➡ 残料(L)... 命令。

Step2. 选取加工面。在图形区中选取图 11.8.2 所示的曲面，然后按 Enter 键，系统弹出"刀路/曲面选择"对话框，采用系统默认的设置，单击 ✓ 按钮，系统弹出"曲面精车-残料清角"对话框。

选取这些面为加工面

图 11.8.2　选取加工面

### Stage3. 选择刀具

Step1. 选择刀具。

（1）确定刀具类型。在"曲面精车-残料清角"对话框中单击 刀具过滤 按钮，系统弹出"刀具列表过滤"对话框，单击 刀具类型 区域中的 无(N) 按钮后，在刀具类型按钮群中单击 ▌（圆鼻刀）按钮，单击 ✓ 按钮，关闭"刀具列表过滤"对话框，系统返回至"曲面精车-残料清角"对话框。

（2）选择刀具。在"曲面精车-残料清角"对话框中单击 选择库刀具... 按钮，系统弹出图 11.8.3 所示的"刀具选择"对话框，在该对话框的列表框中选择图 11.8.3 所示的刀具。单击 ✓ 按钮，关闭"刀具选择"对话框，系统返回至"曲面精车-残料清角"对话框。

Step2. 设置刀具相关参数。

（1）在"曲面精车-残料清角"对话框的 刀路参数 选项卡的列表框中显示出上一步选择

的刀具，双击该刀具，系统弹出"定义刀具"对话框。

图 11.8.3 "刀具选择"对话框

（2）设置刀具号。在 刀具编号: 文本框中，将原有的数值改为 4。

（3）设置刀具参数。在其中的 进给率: 文本框中输入值 200.0，在 下切速率: 文本框中输入值 1300.0，在 提刀速率 文本框中输入值 1300.0，在 主轴转速 文本框中输入值 1600.0。

（4）设置冷却方式。单击 冷却液 按钮，系统弹出"冷却液"对话框，在 Flood （切削液）下拉列表中选择 On 选项，单击该对话框中的 确定 按钮，关闭"冷却液"对话框。

（5）单击"定义刀具"对话框中的 精加工 按钮，完成刀具的设置。

### Stage4. 设置加工参数

Step1. 设置曲面加工参数。在"曲面精车-残料清角"对话框中单击 曲面参数 选项卡，保持系统默认的参数设置。

Step2. 设置残料清角精加工参数。

（1）在"曲面精车-残料清角"对话框中单击 残料清角精加工参数 选项卡，如图 11.8.4 所示。

图 11.8.4 "残料清角精加工参数"选项卡

Mastercam X8 宝典

（2）设置切削间距。在 残料清角精加工参数 选项卡的 最大径向切削间距(M)... 文本框中输入值 0.5。

（3）设置切削方式。在 残料清角精加工参数 选项卡的 切削方式 下拉列表中选择 双向 选项。

（4）完成参数设置。对话框中的其他参数设置保持系统默认设置值，单击"曲面精车-残料清角"对话框中的 ✓ 按钮，同时在图形区生成图 11.8.5 所示的刀路轨迹。

图 11.8.5　工件加工刀路

图 11.8.4 所示的"残料清角精加工参数"选项卡中部分选项的说明如下。

- 起始 倾斜角度文本框：此文本框可以设置开始加工曲面斜率角度。
- 终止 倾斜角度文本框：此文本框可以设置终止加工曲面斜率角度。
- 切削方式 下拉列表：用于定义切削方式，其包括 双向 选项、单向 选项和 3D环绕 选项。
  - ☑ 3D环绕 选项：该选项表示采用螺旋切削方式。当选择此选项时，加工方向 文本框、☑ 由内而外环切 复选框和 环绕(L)... 按钮被激活。
  - ☑ ☑ 混合路径(在中断角度上方用等高切削,下方则用环切) 复选框：用于创建 2D 和 3D 混合的切削路径。当选中此复选框时，系统在中断角度以上采用 2D 和 3D 混合的切削路径，在中断角度以下采用 3D 的切削路径。当 切削方式 为 3D环绕 时，此复选框不可用。
  - ☑ 中断角度 文本框：用于定义混合区域，中断角度常常被定义为 45°。当 切削方式 为 3D环绕 时，此文本框不可用。
  - ☑ 延伸长度 文本框：用于定义混合区域的 2D 加工刀具路径的延伸距离。当 切削方式 为 3D环绕 时，此文本框不可用。
- ☑ 保持切削方向与残料区域垂直 复选框：用于设置切削方向始终与残料区域垂直。选中此复选框，系统会自动改良精加工刀具路径，减小刀具磨损。当 切削方式 为 3D环绕 时，此复选框不可用。
- 环绕(L)... 按钮：用于设置环绕设置的相关参数。单击此按钮，系统弹出"环绕设置"对话框，如图 11.8.6 所示。用户可以在此对话框中对环绕设置进行定义。该按钮仅当 切削方式 为 3D环绕 时可用。

图 11.8.6　"环绕设置"对话框

图 11.8.6 所示的"环绕设置"对话框中各选项的说明如下。

- **环绕精度** 区域：用于定义 3D 环绕的加工精度，包括 ☑ **覆盖自动精度计算** 复选框和 **径向切削间距 %** 文本框。

    - ☑ ☑ **覆盖自动精度计算** 复选框：用于自动根据刀具、步进量和切削公差计算加工精度。

    - ☑ **径向切削间距 %** 文本框：用于定义允许改变的 3D 环绕精度为步进量的指定百分比。此值越小，加工精度越高，但是生成刀具路径时间长，并且 NC 程序较大。

- ☑ **将限定区域边界绘制为图形** 复选框：用于将 3D 环绕最外面的边界转换成实体图形。

**Stage5. 加工仿真**

Step1. 刀路模拟。

（1）在"操作管理"中单击上一步创建好的刀路节点，系统弹出"刀路模拟"对话框及"刀路模拟控制"操控板。

（2）在"刀路模拟控制"操控板中单击 ▶ 按钮，系统将开始对刀具路径进行模拟，结果与图 11.8.5 所示的刀具路径相同，在"刀路模拟"对话框中单击 ☑ 按钮。

Step2. 实体切削验证。

（1）在 **刀路** 选项卡中单击 按钮，然后单击"验证已选择的操作"按钮 ，系统弹出"Mastercam 模拟器"对话框。

（2）在"Mastercam 模拟器"对话框中单击 ▶ 按钮，系统将开始进行实体切削仿真，结果如图 11.8.7 所示，单击 ✕ 按钮。

图 11.8.7　仿真结果

Step3. 保存文件。选择下拉菜单 文件(F) ➡ 保存(S) 命令，即可保存文件。

# 11.9　精加工浅平面加工

浅平面精加工是对加工后余留下来的浅薄材料进行加工的方法，加工的浅薄区域由曲面斜面确定。该加工方法还可以通过两角度间的斜率来定义加工范围。下面通过图 11.9.1 所示的实例讲解精加工浅平面加工的一般操作过程。

a)　加工模型　　　　　b)　加工工件　　　　　c)　加工结果

图 11.9.1　精加工浅平面加工

### Stage1. 进入加工环境

Step1. 打开文件 D:\mcx8\work\ch11.09\FINISH_SHALLOW.MCX。

Step2. 隐藏刀具路径。在 刀路 选项卡中单击 按钮，再单击 按钮，将已存的刀具路径隐藏。

### Stage2. 选择加工类型

Step1. 选择加工方法。选择下拉菜单 刀路(T) ➡ 曲面精加工(F) ➡ 浅平面(S)... 命令。

Step2. 选取加工面。在图形区中选取图 11.9.2 所示的曲面，然后按 Enter 键，系统弹出"刀路/曲面选择"对话框。单击 按钮，完成加工面的选择，同时系统弹出"曲面精车–浅铣削"对话框。

选取这些面为加工面

图 11.9.2　选取加工面

### Stage3. 选择刀具

Step1. 选择刀具。

（1）确定刀具类型。在"曲面精车-浅铣削"对话框中单击 刀具过滤 按钮，系统弹出 "刀具列表过滤"对话框，单击 刀具类型 区域中的 无(N) 按钮后，在刀具类型按钮群中单击 （圆鼻刀）按钮，单击 ✓ 按钮，关闭"刀具列表过滤"对话框，系统返回至"曲面精车-浅铣削"对话框。

（2）选择刀具。在"曲面精车-浅铣削"对话框中单击 选择库刀具… 按钮，系统弹出图 11.9.3 所示的"刀具选择"对话框，在该对话框的列表框中选择图 11.9.3 所示的刀具。单击 ✓ 按钮，关闭"刀具选择"对话框，系统返回至"曲面精车-浅铣削"对话框。

图 11.9.3 "刀具选择"对话框

Step2. 设置刀具相关参数。

（1）在"曲面精车-浅铣削"对话框的 刀路参数 选项卡的列表框中显示出上一步选择的刀具，双击该刀具，系统弹出"定义刀具"对话框。

（2）设置刀具号。在 刀具编号 文本框中，将原有的数值改为 2。

（3）设置刀具参数。在其中的 进给率 文本框中输入值 200.0，在 下切速率 文本框中输入值 1600.0，在 提刀速率 文本框中输入值 1600.0，在 主轴转速 文本框中输入值 2000.0。

（4）设置冷却方式。单击 冷却液 按钮，系统弹出"冷却液"对话框，在 Flood （切削液）下拉列表中选择 On 选项，单击该对话框中的 确定 按钮，关闭"冷却液"对话框。

（5）单击"定义刀具"对话框中的 精加工 按钮，完成刀具的设置。

### Stage4. 设置加工参数

Step1. 设置曲面加工参数。在"曲面精车-浅铣削"对话框中单击 曲面参数 选项卡，保持系统默认设置值。

Step2. 设置浅平面精加工参数。

（1）在"曲面精车-浅铣削"对话框中单击 浅平面精加工参数 选项卡，如图 11.9.4 所示。

图 11.9.4 "浅平面精加工参数"选项卡

（2）设置切削方式。在 浅平面精加工参数 选项卡的 最大径向切削间距(M)... 文本框中输入值 1.0，在 切削方式 下拉列表中选择 双向 选项。

（3）完成参数设置。对话框中的其他参数设置保持系统默认设置，单击"曲面精车-浅铣削"对话框中的 ✓ 按钮，同时在图形区生成图 11.9.5 所示的刀路轨迹。

Stage5．加工仿真

Step1．刀路模拟。

（1）在"操作管理"中单击上一步创建好的刀路节点，系统弹出"刀路模拟"对话框及"刀路模拟控制"操控板。

（2）在"刀路模拟控制"操控板中单击 ▶ 按钮，系统将开始对刀具路径进行模拟，结果与图 11.9.5 所示的刀具路径相同，在"刀路模拟"对话框中单击 ✓ 按钮。

图 11.9.5 工件加工刀路

Step2．实体切削验证。

（1）在 刀路 选项卡中单击 ↖ 按钮，然后单击"验证选定操作"按钮 ，系统弹出"Mastercam 模拟器"对话框。

（2）在"Mastercam 模拟器"对话框中单击 ▶ 按钮，系统将开始进行实体切削仿真，结果如图 11.9.6 所示，单击 × 按钮。

图 11.9.6　仿真结果

Step3. 保存文件。选择下拉菜单 文件(F) ➡ 🖫 保存(S) 命令，即可保存文件。

# 11.10　精加工环绕等距加工

精加工环绕等距（SCALLOP）加工是在所选加工面上生成等距离环绕刀路的一种加工方法。此方法既有等高外形又有平面铣削的效果，刀路较均匀、精度较高，但是计算时间长，加工后曲面表面有明显刀痕。下面通过图 11.10.1 所示的实例讲解精加工环绕等距加工的一般操作过程。

a)　加工模型　　　　　b)　加工工件　　　　　c)　加工结果

图 11.10.1　精加工环绕等距加工

### Stage1. 进入加工环境

Step1. 打开文件 D:\mcx8\work\ch11.10\FINISH_SCALLOP.MCX。

Step2. 隐藏刀具路径。在 刀路 选项卡中单击 ↖ 按钮，再单击 ≋ 按钮，将已存的刀具路径隐藏。

### Stage2. 选择加工类型

Step1. 选择加工方法。选择下拉菜单 刀路(T) ➡ 曲面精加工(F) ➡ 环绕(O)... 命令。

Step2. 选取加工面。在图形区中选取图 11.10.2 所示的曲面，然后按 Enter 键，系统弹出"刀路/曲面选择"对话框,单击 ✓ 按钮,系统弹出"曲面精车–等距环绕"对话框。

选取这些面为加工面

图 11.10.2 选取加工面

### Stage3. 选择刀具

Step1. 选择刀具。

(1)确定刀具类型。在"曲面精车–等距环绕"对话框中单击 刀具过滤 按钮,系统弹出"刀具列表过滤"对话框,单击 刀具类型 区域中的 无(N) 按钮后,在刀具类型按钮群中单击 🔧(球刀)按钮,单击 ✓ 按钮,关闭"刀具列表过滤"对话框,系统返回至"曲面精车–等距环绕"对话框。

(2)选择刀具。在"曲面精车–等距环绕"对话框中单击 选择库刀具... 按钮,系统弹出图 11.10.3 所示的"刀具选择"对话框,在该对话框的列表框中选择图 11.10.3 所示的刀具。单击 ✓ 按钮,关闭"刀具选择"对话框,系统返回至"曲面精车–等距环绕"对话框。

图 11.10.3 "刀具选择"对话框

Step2. 设置刀具相关参数。

(1)在"曲面精车–等距环绕"对话框的 刀路参数 选项卡的列表框中显示出上一步选择的刀具,双击该刀具,系统弹出"定义刀具"对话框。

(2)设置刀具号。在 刀具编号: 文本框中,将原有的数值改为 2。

(3)设置刀具参数。在其中的 进给率 文本框中输入值 200.0,在 下切速率: 文本框中输入值 1500.0,在 提刀速率 文本框中输入值 1500.0,在 主轴转速 文本框中输入值 1200.0。

(4)设置冷却方式。单击 冷却液 按钮,系统弹出"冷却液"对话框,在 Flood (切削液）下拉列表中选择 On 选项，单击该对话框中的 确定 按钮，关闭"冷却液"对话框。

（5）单击"定义刀具"对话框中的 精加工 按钮，完成刀具的设置。

Step3. 设置加工参数。

（1）设置曲面加工参数。在"曲面精车–等距环绕"对话框中单击 曲面参数 选项卡，在 毛坯预留量 驱动面上 (此处翻译有误，应为"加工面预留量")文本框中输入值 0.0， 曲面参数 选项卡中的 其他参数设置保持系统默认设置值。

（2）设置环绕等距精加工参数。

① 在"曲面精车–等距环绕"对话框中单击 环绕精加工参数 选项卡，如图 11.10.4 所示。

② 设置切削方式。在 环绕精加工参数 选项卡的 最大径向切削间距 (M)... 文本框中输入值 0.5，并确认 加工方向 区域的 ● 顺时针 单选项处于选中状态，取消选中 深度限制 (D)... 按钮前的复选框。

图 11.10.4　"环绕精加工参数"选项卡

③ 完成参数设置。对话框中的其他参数设置保持系统默认设置值，单击"曲面精车–等距环绕"对话框中的 ✓ 按钮，同时在图形区生成图 11.10.5 所示的刀路轨迹。

图 11.10.5　工件加工刀路

图 11.10.4 所示的"环绕精加工参数"选项卡中部分选项的说明如下。

● 斜线角度 文本框：该文本框用于定义刀具路径中斜线的角度，斜线的角度常常在 0°~45° 之间。

● ☑ 锐角平滑走刀 区域：此区域可以通过设置偏转角度从而避免重要区域的切削。

551

☑ **角度:** 文本框：设置转角角度。较大的转角角度会使转角处更为光滑，但是会增加切削的时间。

☑ **最大环绕:** 文本框：用于定义最初计算的位置的刀具路径与平滑的刀具路径间的最大距离（图11.10.6），此值一般为最大切削间距的25%。

### Stage4. 加工仿真

Step1. 刀路模拟。

（1）在"操作管理"中单击上一步创建好的刀路节点，系统弹出"刀路模拟"对话框及"刀路模拟控制"操控板。

（2）在"刀路模拟控制"操控板中单击 ▶ 按钮，系统将开始对刀具路径进行模拟，结果与图11.10.5所示的刀具路径相同，在"刀路模拟"对话框中单击 ✓ 按钮。

Step2. 实体切削验证。

（1）在 **刀路** 选项卡中单击 ▶ 按钮，然后单击"验证已选择的操作"按钮 📷，系统弹出"Mastercam 模拟器"对话框。

（2）在"Mastercam 模拟器"对话框中单击 ▶ 按钮，系统将开始进行实体切削仿真，结果如图11.10.7所示，单击 ✕ 按钮。

图11.10.6 最大环绕距离　　　　图11.10.7 仿真结果

Step3. 保存文件。选择下拉菜单 文件(F) ➡ 🖫 保存(S) 命令，即可保存文件。

## 11.11　精加工交线清角加工

精加工交线清角（LEFTOVER）加工是对粗加工时的刀具路径进行计算，用小直径刀具清除粗加工时留下的残料。下面通过图11.11.1所示的实例讲解精加工交线清角加工的一般操作过程。

### Stage1. 进入加工环境

Step1. 打开文件 D:\mcx8\work\ch11.11\FINISH_LEFTOVER.MCX。

a)　加工模型　　　　b)　加工工件　　　　c)　加工结果

图 11.11.1　精加工交线清角加工

Step2. 隐藏刀具路径。在 **刀路** 选项卡中单击 ▶️ 按钮，再单击 ≋ 按钮，将已存的刀具路径隐藏。

### Stage2. 选择加工类型

Step1. 选择加工方法。选择下拉菜单 **刀路(T)** ➡️ **曲面精加工(F)** ➡️ **交线清角(E)...** 命令。

Step2. 选取加工面。在图形区中选取图 11.11.2 所示的曲面，然后按 Enter 键，系统弹出"刀路/曲面选择"对话框。单击 ✔️ 按钮，系统弹出"曲面精车-交线清角"对话框。

选取这些面为加工面

图 11.11.2　选取加工面

### Stage3. 选择刀具

Step1. 选择刀具。

（1）确定刀具类型。在"曲面精车-交线清角"对话框中单击 **刀具过滤** 按钮，系统弹出"刀具列表过滤"对话框，单击 **刀具类型** 区域中的 **无(N)** 按钮后，在刀具类型按钮群中单击 🖊️（球刀）按钮，单击 ✔️ 按钮，关闭"刀具列表过滤"对话框，系统返回至"曲面精车-交线清角"对话框。

（2）选择刀具。在"曲面精车-交线清角"对话框中单击 **选择库刀具...** 按钮，系统弹出图 11.11.3 所示的"刀具选择"对话框，在该对话框的列表框中选择图 11.11.3 所示的刀具。

单击 ✓ 按钮，关闭"刀具选择"对话框，系统返回至"曲面精车-交线清角"对话框。

Step2. 设置刀具相关参数。

（1）在"曲面精车-交线清角"对话框的 刀路参数 选项卡的列表框中显示出上步选取的刀具，双击该刀具，系统弹出"定义刀具"对话框。

（2）设置刀具号。在 刀具编号: 文本框中，将原有的数值改为 3。

| # | 装配名称 | 刀具名称 | 刀柄名称 | 直径 | 转角... | 长度 | 类型 | 刀齿数 | 半径... |
|---|---|---|---|---|---|---|---|---|---|
| 486 | -- | 1. BALL ENDMILL | -- | 1.0 | 0.5 | 50.0 | 球刀 2 | 4 | 全部 |
| 487 | -- | 2. BALL ENDMILL | -- | 2.0 | 1.0 | 50.0 | 球刀 2 | 4 | 全部 |
| 488 | -- | 3. BALL ENDMILL | -- | 3.0 | 1.5 | 50.0 | 球刀 2 | 4 | 全部 |
| 489 | -- | 4. BALL ENDMILL | -- | 4.0 | 2.0 | 50.0 | 球刀 2 | 4 | 全部 |
| 490 | -- | 5. BALL ENDMILL | -- | 5.0 | 2.5 | 50.0 | 球刀 2 | 4 | 全部 |
| 491 | -- | 6. BALL ENDMILL | -- | 6.0 | 3.0 | 50.0 | 球刀 2 | 4 | 全部 |
| 492 | -- | 7. BALL ENDMILL | -- | 7.0 | 3.5 | 50.0 | 球刀 2 | 4 | 全部 |
| 493 | -- | 8. BALL ENDMILL | -- | 8.0 | 4.0 | 50.0 | 球刀 2 | 4 | 全部 |
| 494 | -- | 9. BALL ENDMILL | -- | 9.0 | 4.5 | 50.0 | 球刀 2 | 4 | 全部 |
| 495 | -- | 10. BALL ENDMILL | -- | 10.0 | 5.0 | 50.0 | 球刀 2 | 4 | 全部 |
| 496 | -- | 11. BALL ENDMILL | -- | 11.0 | 5.5 | 50.0 | 球刀 2 | 4 | 全部 |
| 497 | -- | 12. BALL ENDMILL | -- | 12.0 | 6.0 | 50.0 | 球刀 2 | 4 | 全部 |

过滤(F)...
☑ 启用过滤
显示 25 个刀具(共
显示模式
○ 刀具
○ 装配
○ 两者

图 11.11.3 "刀具选择"对话框

（3）设置刀具参数。在其中的 进给率 文本框中输入值 300.0，在 下切速率: 文本框中输入值 800.0，在 提刀速率 文本框中输入值 800.0，在 主轴转速 文本框中输入值 1000.0。

（4）设置冷却方式。单击 冷却液 按钮，系统弹出"冷却液"对话框，在 Flood （切削液）下拉列表中选择 On 选项，单击该对话框中的 确定 按钮，关闭"冷却液"对话框。

（5）单击"定义刀具"对话框中的 精加工 按钮，完成刀具的设置。

### Stage4. 设置加工参数

Step1. 设置曲面加工参数。在"曲面精车-交线清角"对话框中单击 曲面参数 选项卡，在 毛坯预留量 驱动面上 （此处翻译有误，应为"加工面预留量"）文本框中输入值 0.0，曲面参数 选项卡中的其他参数设置保持系统默认设置值。

Step2. 设置交线清角精加工参数。

（1）在"曲面精车-交线清角"对话框中单击 交线清角精加工参数 选项卡，如图 11.11.4 所示。

（2）设置切削方式。在 整体公差(T)... 的文本框中输入值 0.02。

（3）设置间隙参数。单击 间隙设置(G)... 按钮，系统弹出"间隙设置"对话框，在 切弧半径: 文本框中输入值 5.0，在 切弧角度: 文本框中输入值 90.0，其他参数设置保持系统默认设置值，单击 ✓ 按钮，返回到"曲面精车-交线清角"对话框中，取消选中 深度限制(D)... 复选框。

图 11.11.4 所示的"交线清角精加工参数"选项卡中部分选项的说明如下。

- 平行路径 区域：用于设置加工过程中平行加工的次数，有 ○ 无 、○ 单侧加工次数 和 ○ 无限制(U) 三个单选项。

- ☑ ◉ 无 单选项：选中此单选项，即表示加工没有平行加工，一次加工到位。

- ☑ ◉ 单侧加工次数 单选项：选择此单选项，在其后的文本框中可以输入交线中心线一侧的平行轨迹数目。

- ☑ ◉ 无限制(U) 单选项：选中此单选项，即表示加工过程中依据几何图素从交线中心按切削距离向外延伸，直到加工边界。

- ☑ 径向切削间距：文本框：在此文本框中输入加工轨迹之间的切削距离。

（4）单击 ✓ 按钮，同时在图形区生成图 11.11.5 所示的刀路轨迹。

图 11.11.4　"交线清角精加工参数"选项卡

### Stage5. 加工仿真

Step1. 刀路模拟。

（1）在"操作管理"中单击上一步创建好的刀路节点，系统弹出"刀路模拟"对话框及"刀路模拟控制"操控板。

（2）在"刀路模拟控制"操控板中单击 ▶ 按钮，系统将开始对刀具路径进行模拟，结果与图 11.11.5 所示的刀具路径相同，在"刀路模拟"对话框中单击 ✓ 按钮。

Step2. 实体切削验证。

（1）在 刀路 选项卡中单击 ▶ 按钮，然后单击"验证已选择的操作"按钮 ⬚ ，系统弹出"Mastercam 模拟器"对话框。

（2）在"Mastercam 模拟器"对话框中单击 ▶ 按钮，系统将开始进行实体切削仿真，结果如图 11.11.6 所示，单击 ✕ 按钮。

Step3. 保存文件。选择下拉菜单 文件(F) ➡ 🖫 保存(S) 命令，即可保存文件。

放大图

图 11.11.5 工件加工刀路

放大图

图 11.11.6 仿真结果

# 11.12 精加工熔接加工

精加工熔接加工是指刀具路径沿指定的熔接曲线以点对点连接的方式，沿曲面表面生成刀具轨迹的加工方法。下面通过图 11.12.1 所示的实例讲解精加工熔接加工的一般操作过程。

a) 加工模型     b) 加工工件     c) 加工结果

图 11.12.1 精加工熔接加工

### Stage1. 进入加工环境

Step1. 打开文件 D:\ mcx8\work\ch11.12\FINISH_BLEND.MCX。

Step2. 隐藏刀具路径。在 刀路 选项卡中单击 ▶ 按钮，再单击 ≋ 按钮，将已存的刀具路径隐藏。

### Stage2. 选择加工类型

Step1. 选择加工方法。选择下拉菜单 刀路(T) ➡ 曲面精加工(F) ➡ 熔接(B)... 命令。

Step2. 选取加工面及熔接曲线。

（1）在图形区中选取图 11.12.2 所示的曲面，然后按 Enter 键，系统弹出"刀路/曲面选择"对话框。

（2）单击"刀路/曲面选择"对话框 熔接 区域的 ⬚ 按钮，系统弹出"串连"对话框，在该对话框中单击 ⬚ 按钮，在图形区选取图 11.12.3 所示的曲线 1 和曲线 2 为熔接曲线，单击 ⬚ 按钮，系统重新弹出"刀路/曲面选择"对话框，单击 ⬚ 按钮，系统弹出"曲面精车–熔接"对话框。

**注意**：要使两曲线的箭头方向保持一致。

图 11.12.2　选取加工面　　　　图 11.12.3　选取加工面

### Stage3. 选择刀具

Step1. 选择刀具。

（1）确定刀具类型。在"曲面精车–熔接"对话框中单击 刀具过滤 按钮，系统弹出"刀具列表过滤"对话框，单击 刀具类型 区域中的 无(N) 按钮后，在刀具类型按钮群中单击 ⬚（球刀）按钮，单击 ⬚ 按钮，关闭"刀具列表过滤"对话框，系统返回至"曲面精车–熔接"对话框。

（2）选择刀具。在"曲面精车–熔接"对话框中单击 选择库刀具... 按钮，系统弹出图 11.12.4 所示的"刀具选择"对话框，在该对话框的列表框中选择图 11.12.4 所示的刀具。单击 ⬚ 按钮，关闭"刀具选择"对话框，系统返回至"曲面精车–熔接"对话框。

Step2. 设置刀具相关参数。

（1）在"曲面精车–熔接"对话框的 刀路参数 选项卡的列表框中显示出上一步选择的刀具，双击该刀具，系统弹出"定义刀具"对话框。

（2）设置刀具号。在 刀具编号: 文本框中，将原有的数值改为 2。

图 11.12.4　"刀具选择"对话框

（3）设置刀具参数。在其中的 进给率 文本框中输入值 300.0，在 下切速率: 文本框中输入值 800.0，在 提刀速率 文本框中输入值 800.0，在 主轴转速 文本框中输入值 1000.0。

（4）设置冷却方式。单击 冷却液 按钮，系统弹出"冷却液"对话框，在 Flood （切削液）下拉列表中选择 On 选项，单击该对话框中的 确定 按钮，关闭"冷却液"对话框。

（5）单击"定义刀具"对话框中的 精加工 按钮，完成刀具的设置。

### Stage4．设置加工参数

Step1. 设置曲面加工参数。在"曲面精车-熔接"对话框中单击 曲面参数 选项卡，在驱动面上 毛坯预留量 文本框中输入值 0.0， 曲面参数 选项卡中的其他参数设置保持系统默认设置值。

Step2. 设置熔接精加工参数。

（1）在"曲面熔接精加工"对话框中单击 熔接精加工参数 选项卡，如图 11.12.5 所示，在 最大径向切削间距: 的文本框中输入值 0.8。

图 11.12.5 "熔接精加工参数"选项卡

（2）设置切削方式。在 熔接精加工参数 选项卡中选中 ⊙ 引导方向 单选项和 ⊙ 3D 单选项。

图 11.12.5 所示的"熔接精加工参数"选项卡中部分选项的说明如下。

- ⊙ 截断方向 单选项：从一个串联曲线到另一个串联曲线之间创建二维刀具路径，刀具从第一个被选串联曲线的起点开始加工。

- ⊙ 引导方向 单选项：沿串联曲线方向创建二维或三维刀具路径，刀具从第一个被选定串联曲线的起点开始加工。

- ⊙ 2D 单选项：该单选项用于创建一个二维平面的引导方向。

- ⊙ 3D 单选项：该单选项用于创建一个三维空间的引导方向。

注意：只有在"引导方向"单选项被选中的情况下，⊙ 2D 、⊙ 3D 单选项才是有效的。

- 熔接(B)... 按钮：单击此按钮，系统弹出"引导方向熔接切削设置"对话框，如图 11.12.6

所示。

图 11.12.6 "引导方向熔接切削设置"对话框

图 11.12.6 所示的"引导方向熔接切削设置"对话框中部分选项的说明如下。

- 引导方向熔接切削精度 区域：用于定义假想熔接网格的参数，其包括 最大径向切削间距 文本框、距离: 文本框和 径向切削间距 %: 文本框。

  ☑ 距离: 文本框：用于定义假想网格每一小格的长度。

  ☑ 径向切削间距 %: 文本框：用于定义临时交叉的刀具路径间隔，此时定义的刀具路径并不包括在最后的刀具路径中。

- 引导方向熔接切削 3D 投影 区域：用于设置创建引导方向熔接的 3D 投影方式，其包括 ○ 简式加工 单选项和 ⊙ 完全支持垂直面与陡斜面 单选项。此区域仅当 ⊙ 引导方向 选中 ⊙ 3D 单选项时才可用。

  ☑ ○ 简式加工 单选项：该单选项用于减少创建最终熔接刀具路径的时间。

  ☑ ⊙ 完全支持垂直面与陡斜面 单选项：该单选项用于设置确保在垂直面上和陡斜面上切削时有正确的刀具运动，但是创建最终熔接刀具路径的时间将增长。

（3）完成参数设置。对话框中的其他参数设置保持系统默认设置，单击"曲面精车-熔接"对话框中的 ✓ 按钮，同时在图形区生成图 11.12.7 所示的刀路轨迹。

Stage5．加工仿真

Step1．刀路模拟。

（1）在"操作管理"中单击上一步创建好的刀路节点，系统弹出"刀路模拟"对话框及"刀路模拟控制"操控板。

（2）在"刀路模拟控制"操控板中单击 ▶ 按钮，系统将开始对刀具路径进行模拟，结果与图 11.12.7 所示的刀具路径相同，在"刀路模拟"对话框中单击 ✓ 按钮。

Step2. 实体切削验证。

（1）在 刀路 选项卡中单击 按钮，然后单击"验证已选择的操作"按钮，系统弹出"Mastercam 模拟器"对话框。

（2）在"Mastercam 模拟器"对话框中单击 ▶ 按钮，系统将开始进行实体切削仿真，结果如图 11.12.8 所示，单击 × 按钮。

图 11.12.7　工件加工刀路　　　　　　图 11.12.8　仿真结果

Step3. 保存文件。选择下拉菜单 文件(F) ➡ 保存(S) 命令，即可保存文件。

# 11.13　综合实例

本实例通过对一个吹风机型芯的加工，让读者熟悉使用 Mastercam X8 加工模块完成复杂零件的数控编程。下面结合曲面加工的各种方法来加工吹风机型芯（图 11.13.1），其操作如下。

### Stage1. 进入加工环境

Step1. 打开原始模型。选择下拉菜单 文件(F) ➡ 打开(O)... 命令，系统弹出"打开"对话框。选择文件目录 D:\mcx8\work\ch11.13，然后在中间的列表框中选择文件 BLOWER_MOLD.IGS。单击 ✓ 按钮，系统打开模型并进入 Mastercam X8 的建模环境。

说明：若想把文件类型为.IGS 的文件转换成.MCX 文件，则需选择下拉菜单 文件(F) ➡ 保存(S) 命令，在系统弹出的"另存为"对话框的 保存类型(T): 下拉列表中选择 Mastercam X8 Files (*.mcx-8) 选项即可。若想转成.IGS 文件，则需打开.MCX-7 文件，然后选择下拉菜单 文件(F) ➡ 另存为(A)... 命令，在系统弹出的"另存为"对话框的 保存类型(T): 下拉列表中选择 IGES 文件 (*.IGS;*.IGES) 选项即可。

Step2. 转换文件类型。选择下拉菜单 文件(F) ➡ 保存(S) 命令，系统弹出"另存为"对话框。接受系统默认的文件名 BLOWER_MOLD.MCX，单击 ✓ 按钮完成文件类型的转换。

a）加工毛坯

b）曲面挖槽加工

d）曲面残料粗加工

c）曲面粗加工等高外形

e）曲面精加工等高外形

f）曲面精加工浅平面加工

h）曲面精加工交线清角

g）曲面精加工残料清角

图 11.13.1　加工流程图

Step3. 进入加工环境。选择下拉菜单 机床类型(M) ➡ 铣削(M) ➡ 默认(D) 命令，系统进入加工环境，此时零件模型如图 11.13.2 所示。

### Stage2. 设置工件

Step1. 在"操作管理"中单击 山 属性 - Mill Default MM 节点前的"+"号，将该节点展开，然后单击 ◆ 毛坯设置 节点，系统弹出"机床群组属性"对话框。

Step2. 设置工件的形状。在"机床群组属性"对话框的 形状 区域中选中 ⊙ 矩形 单选项。

Step3. 设置工件的尺寸。在"机床群组属性"对话框中单击 边界框(B) 按钮，系统

561

弹出"边界框"对话框,接受系统默认的选项数值,单击 ✓ 按钮,系统返回至"机床群组属性"对话框。

Step4. 单击"机床群组属性"对话框中的 ✓ 按钮,完成工件的设置。此时零件如图 11.13.3 所示,从图中可以观察到零件的边缘多了红色的双点画线,双点画线围成的图形即为工件。

图 11.13.2 零件模型

图 11.13.3 显示零件

### Stage3. 粗加工挖槽加工

Step1. 绘制切削范围。绘制图 11.13.4 所示的切削范围。绘制大致形状即可。

Step2. 选择下拉菜单 刀路(T) ➡ 曲面粗加工(R) ➡ 🔧 挖槽(K)... 命令,系统弹出 "输入新 NC 名称"对话框,采用系统默认的 NC 名称,单击 ✓ 按钮,完成 NC 名称的设置。

Step3. 设置加工区域。

(1)设置加工面。在图形区中选择图 11.13.5 所示的面(共 20 个),然后按 Enter 键,系统弹出"刀路/曲面选择"对话框。

(2)设置加工边界。在 边界范围 区域中单击 按钮,系统弹出"串连"对话框。在图形区中选择图 11.13.4 所绘制的边线,单击 ✓ 按钮,系统返回至"刀路/曲面选择"对话框。

(3)单击 ✓ 按钮,完成加工区域的设置,同时系统弹出"曲面粗车-挖槽"对话框。

图 11.13.4 绘制切削范围

图 11.13.5 设置加工面

Step4. 确定刀具类型。在"曲面粗车-挖槽"对话框中单击 刀具过滤 按钮,系统弹出"刀具列表过滤"对话框,单击该对话框中的 无(N) 按钮后,在刀具类型按钮群中

单击 （圆鼻刀）按钮。然后单击 ✓ 按钮，关闭"刀具列表过滤"对话框，系统返回至"曲面粗车-挖槽"对话框。

Step5. 选择刀具。在"曲面粗车-挖槽"对话框中单击 选择库刀具... 按钮，系统弹出"刀具选择"对话框，在该对话框的列表框中选择

| 10. BULL ENDM... ... 10.0 3.0 50.0 圆鼻刀 3 4 转角 |

刀具。单击 ✓ 按钮，关闭"刀具选择"对话框，系统返回至"曲面粗车-挖槽"对话框。

Step6. 设置刀具参数。

（1）完成上步操作后，在"曲面粗车-挖槽"对话框的 刀路参数 选项卡中双击上一步创建好的刀具，系统弹出"定义刀具"对话框。

（2）设置刀具号。单击 最终化属性 按钮，在 刀具编号: 文本框中，将原有的数值改为 1。

（3）设置刀具的加工参数。在 进给率 文本框中输入值 400，在 下切速率: 文本框中输入值 200，在 提刀速率 文本框中输入值 1200，在 主轴转速 文本框输入值 1200。

（4）设置冷却方式。单击 冷却液 按钮，系统弹出"冷却液"对话框，在 Flood （切削液）下拉列表中选择 On 选项，单击该对话框中的 确定 按钮，关闭"冷却液"对话框。

Step7. 单击"定义刀具"对话框中的 精加工 按钮，完成刀具的设置。

Step8. 设置曲面加工参数。在"曲面粗车-挖槽"对话框中单击 曲面参数 选项卡，设置图 11.13.6 所示的参数。

图 11.13.6 "曲面参数"选项卡

Step9. 设置粗加工参数。在"曲面粗车-挖槽"对话框中单击 粗加工参数 选项卡，设置图 11.13.7 所示的参数。

图 11.13.7  "粗加工参数"选项卡

Step10. 设置挖槽参数。在"曲面粗车-挖槽"对话框中单击 挖槽参数 选项卡，设置图 11.13.8 所示的参数。

图 11.13.8  "挖槽参数"选项卡

Step11. 单击"曲面粗车-挖槽"对话框中的 ✓ 按钮，完成加工参数的设置，此时系统将自动生成图 11.13.9 所示的刀具路径。

说明：在完成"曲面粗加工挖槽"后，应确保俯视图视角为目前的 WCS、刀具面和构图面以及原点，才能保证后面的刀具加工方向的正确性。具体操作为：在屏幕的右下角单击 WCS ，在系统弹出的快捷菜单中选择 平面管理器(P) 命令，此时系统弹出"视图管理器"对话框，在该对话框的 设置当前的平面与原点 区域中单击 ═ 按钮，然后单击 ✓ 按钮。同样在后面的加工中应先确保俯视图视角为目前的 WCS、刀具面和构图面以及原点，同样采用上述的方法。

图 11.13.9 刀具路径

Stage4. 粗加工等高外形加工

说明：先隐藏上面的刀具路径，以便于后面加工面的选取，以下不再赘述。

Step1. 选择下拉菜单 刀路(T) ➡ 曲面粗加工(R) ➡ 外形(C)... 命令。

Step2. 设置加工区域。在图形区中选择图 11.13.10 所示的面（共 19 个），然后按 Enter 键，系统弹出"刀路/曲面选择"对话框。单击 ✓ 按钮，完成加工区域的设置，同时系统弹出"曲面粗车-外形"对话框。

Step3. 确定刀具类型。在"曲面粗车-外形"对话框中单击 刀具过滤 按钮，系统弹出"刀具列表过滤"对话框，单击该对话框中的 无(N) 按钮后，在刀具类型按钮群中单击 (圆鼻刀) 按钮。然后单击 ✓ 按钮，关闭"刀具列表过滤"对话框，系统返回至"曲面粗车-外形"对话框。

图 11.13.10 设置加工区域

Step4. 选择刀具。在"曲面粗车-外形"对话框中单击 选择库刀具... 按钮，系统弹出"刀 具 选 择"对 话 框，在 该 对 话 框 的 列 表 框 中 选 择 8. BULL ENDMI... ... 8.0 3.0 50.0 圆鼻刀3 转角 4 刀具。单击 ✓ 按钮，关闭"刀具选择"对话框，系统返回至"曲面粗车-外形"对话框。

Step5. 设置刀具参数。

（1）完成上步操作后，在"曲面粗车-外形"对话框的 刀路参数 选项卡中双击上一步创建好的刀具，系统弹出"定义刀具"对话框。

（2）设置刀具号。单击 最终化属性 按钮，在 刀具编号: 文本框中，将原有的数值改为2。

（3）设置刀具的加工参数。在 进给率 文本框中输入值300，在 下切速率: 文本框中输入值200，在 提刀速率 文本框中输入值500，在 主轴转速 文本框输入值800。

（4）设置冷却液方式。单击 冷却液 按钮，系统弹出"冷却液"对话框，在 Flood （切削液）下拉列表中选择 On 选项，单击该对话框中的 确定 按钮，关闭"冷却液"对话框。

Step6. 单击"定义刀具"对话框中的 精加工 按钮，完成刀具的设置。

Step7. 设置曲面参数。在"曲面粗车-外形"对话框中单击 曲面参数 选项卡，设置图 11.13.11 所示的参数。

图 11.13.11    "曲面参数"选项卡

Step8. 设置等高外形粗加工参数。在"曲面粗车-外形"对话框中单击 外形粗加工参数 选项卡，设置图 11.13.12 所示的参数。

Step9. 单击"曲面粗车-外形"对话框中的 ✓ 按钮，完成加工参数的设置，此时系统将自动生成图 11.13.13 所示的刀具路径。

### Stage5. 粗加工残料加工

Step1. 选择下拉菜单 刀路(T) ➡ 曲面粗加工(R) ➡ 残料铣削(T)... 命令。

Step2. 设置加工区域。

（1）在图形区中选择图 11.13.14 所示的面（共 19 个），按 Enter 键，系统弹出"刀路/曲面选择"对话框。

（2）设置加工边界。在 边界范围 区域中单击 按钮，系统弹出"串连"对话框。在图形区中选择前面绘制的边线，单击 ✓ 按钮，系统返回至"刀路/曲面选择"对话框。

（3）单击 按钮，完成加工区域的设置，同时系统弹出"曲面残料加工"对话框。

图 11.13.12　"外形粗加工参数"选项卡

图 11.13.13　刀具路径

图 11.13.14　设置加工区域

Step3. 确定刀具类型。在"曲面残料加工"对话框中单击 刀具过滤 按钮，系统弹出 "刀具列表过滤"对话框，单击该对话框中的 无(N) 按钮后，在刀具类型按钮群中单击 （圆鼻刀）按钮，然后单击 按钮，关闭"刀具列表过滤"对话框，系统返回至"曲面残料加工"对话框。

Step4. 选择刀具。在"曲面残料加工"对话框中单击 选择库刀具... 按钮，系统弹出 "刀具选择"对话框，在该对话框的列表框中选择 6. BULL ENDMI... ... 6.0 2.0 50.0 4 圆鼻刀 3 转角 刀具。单击 按钮，关闭"刀具选择"对话框，系统返回至"曲面残料加工"对话框。

Step5. 设置刀具参数。

（1）完成上步操作后，在"曲面残料加工"对话框的 刀路参数 选项卡中双击上一步创建好的刀具，系统弹出"定义刀具"对话框。

（2）设置刀具号码。单击 最终化属性 按钮，在 刀具编号: 文本框中，将原有的数值改为3。

Mastercam X8

宝典

（3）设置刀具的加工参数。在 进给率 文本框中输入值 200，下切速率：文本框中输入值 100，在 提刀速率 文本框中输入值 1200，在 主轴转速 文本框输入值 1000。

（4）设置冷却液方式。单击 冷却液 按钮，系统弹出"冷却液"对话框，在 Flood （切削液）下拉列表中选择 On 选项，单击该对话框中的 确定 按钮，关闭"冷却液"对话框。

Step6. 单击"定义刀具"对话框中的 精加工 按钮，完成刀具的设置。

Step7. 设置曲面加工参数。在"曲面残料加工"对话框中单击 曲面参数 选项卡，设置图 11.13.15 所示的参数。

图 11.13.15 "曲面参数"选项卡

Step8. 设置残料加工参数。在"曲面残料加工"对话框中单击 残料加工参数 选项卡，在 过渡 文本框下选中 高速加工 复选框，其他采用系统默认的参数。

Step9. 设置剩余材料参数。在"曲面残料加工"对话框中单击 剩余材料参数 选项卡，采用系统默认的参数。

Step10. 单击"曲面残料加工"对话框中的 ✓ 按钮，完成加工参数的设置，此时系统将自动生成图 11.13.16 所示的刀具路径。

图 11.13.16 刀具路径

### Stage6. 精加工等高外形

Step1. 选择下拉菜单 刀路(T) ➡ 曲面精加工(F) ➡ 等高外形(C)... 命令。

Step2. 设置加工区域。在图形区中选择图 11.13.17 所示的面（共 19 个），按 Enter 键，系统弹出"刀路/曲面选择"对话框。单击 ✓ 按钮，完成加工区域的设置，同时系统弹出"曲面精车-外形"对话框。

Step3. 确定刀具类型。在"曲面精车-外形"对话框中单击 刀具过滤 按钮，系统弹出"刀具列表过滤"对话框，单击该对话框中的 无(N) 按钮后，在刀具类型按钮群中单击 （球刀）按钮。然后单击 ✓ 按钮，关闭"刀具列表过滤"对话框，系统返回至"曲面精车-外形"对话框。

选取这些面

图 11.13.17　设置加工区域

Step4. 选择刀具。在"曲面精车-外形"对话框中单击 选择库刀具... 按钮，系统弹出"刀具选择"对话框，在该对话框的列表框中选择 5. BALL ENDMILL ... 5.0 2.5 50.0 4 全部 球刀 2 刀具。单击 ✓ 按钮，关闭"刀具选择"对话框，系统返回至"曲面精车-外形"对话框。

Step5. 设置刀具参数。

（1）完成上步操作后，在"曲面精车-外形"对话框的 刀路参数 选项卡的列表框中显示出上步选取的刀具，双击该刀具，系统弹出"定义刀具"对话框。

（2）设置刀具号码。在"定义刀具"对话框的 刀具编号: 文本框中，将原有的数值改为 4。

（3）设置刀具的加工参数。单击"定义刀具"对话框的 进给率 文本框中输入值 200.0，在 下切速率: 文本框中输入值 100.0，在 提刀速率 文本框中输入值 1200.0，在 主轴转速 文本框中输入值 1500.0。

（4）设置冷却液方式。单击 冷却液 按钮，系统弹出"冷却液"对话框，在 Flood （切削液）下拉列表中选择 On 选项，单击该对话框中的 确定 按钮，关闭"冷却液"对话框。

Step6. 单击"定义刀具"对话框中的 精加工 按钮，完成刀具的设置。

Step7. 设置曲面加工参数。在"曲面精车-外形"对话框中单击 曲面参数 选项卡，设置图 11.13.18 所示的参数。

图 11.13.18　"曲面参数"选项卡

Step8. 设置等高外形精加工参数。在"曲面精车-外形"对话框中单击 外形精加工参数 选项卡，在 最大轴向切削间距: 文本框中输入值 0.5，在 过渡 文本框下选中 ⊙ 打断 复选框，其他采用系统默认的参数。

Step9. 单击"曲面精车-外形"对话框中的 ✓ 按钮，完成加工参数的设置，此时系统将自动生成图 11.13.19 所示的刀具路径。

放大图

图 11.13.19　刀具路径

### Stage7. 精加工浅平面加工

Step1. 选择下拉菜单 刀路(T) ➡ 曲面精加工(F) ➡ 浅平面(S)... 命令。

Step2. 设置加工区域。在图形区中选择图 11.13.20 所示的加工面（共 2 个），按 Enter 键，系统弹出"刀路/曲面选择"对话框；单击 检查面 区域的 按钮，然后选取图 11.13.21 所示的检查面（共 17 个），按 Enter 键，完成加工区域的设置，系统返回到"刀路/曲面选择"对话框；单击 ✓ 按钮，完成加工区域的设置，同时系统弹出"曲面精车-浅铣削"对话框。

图 11.13.20 设置加工面　　　　　图 11.13.21 设置干涉面

**Step3.** 选择刀具。在"曲面精车-浅铣削"对话框中，选择图 11.13.22 所示的刀具。

图 11.13.22 "曲面精车-浅铣削"对话框

**Step4.** 设置曲面加工参数。在"曲面精车-浅铣削"对话框中单击 曲面参数 选项卡，在 毛坯预留量检查面上 (此处翻译有误，应为"干涉面预留量")文本框中输入值 0.2，其他采用系统默认的参数。

**Step5.** 设置浅平面精加工参数。在"曲面精车-浅铣削"对话框中单击 浅平面精加工参数 选项卡，在 最大径向切削间距(M)... 文本框中输入值 3，选中 ☑ 切削按最短距离排序 复选框，其他采用系统默认的参数。

**Step6.** 单击"曲面精车-浅铣削"对话框中的 ✔ 按钮，完成加工参数的设置，此时系统将自动生成图 11.13.23 所示的刀具路径。

放大图

图 11.13.23 刀具路径

**Stage8.** 精加工残料加工

**Step1.** 选择下拉菜单 刀路(T) ➡ 曲面精加工(F) ➡ 残料(L)... 命令。

**Step2.** 设置加工区域。在图形区中选择图 11.13.24 所示的面（共 19 个），按 Enter 键，

系统弹出"刀路/曲面选择"对话框。单击 ✓ 按钮，完成加工区域的设置，同时系统弹出"曲面精车-残料清角"对话框。

选取这些面

图 11.13.24　设置加工区域

Step3. 选择刀具。在"曲面精车-残料清角"对话框中，选择图 11.13.25 所示的刀具。

图 11.13.25　"曲面精车-残料清角"对话框

Step4. 设置曲面加工参数。在"曲面精车-残料清角"对话框中单击 曲面参数 选项卡，设置图 11.13.26 所示的参数。

图 11.13.26　"曲面参数"选项卡

Step5. 设置残料清角精加工参数。在"曲面精车-残料清角"对话框中单击

572

第11章 曲面精加工

残料清角精加工参数 选项卡,在 最大径向切削间距(M)... 文本框中输入值 0.5,其他采用系统默认的参数。

Step6. 设置残料清角的参数。在"曲面精车-残料清角"对话框中单击 剩余材料参数 选项卡,采用系统默认的参数。

Step7. 单击"曲面精车-残料清角"对话框中的 ✓ 按钮,完成加工参数的设置,此时系统将自动生成图 11.13.27 所示的刀具路径。

图 11.13.27 刀具路径

### Stage9. 精加工交线清角加工

Step1. 选择下拉菜单 刀路(T) ➡ 曲面精加工(F) ➡ 🔧 交线清角(E)... 命令。

Step2. 设置加工区域。在图形区中选择图 11.13.28 所示的面(共 19 个),按 Enter 键,系统弹出"刀路/曲面选择"对话框。单击 ✓ 按钮,完成加工区域的设置,同时系统弹出"曲面精车-交线清角"对话框。

图 11.13.28 设置加工区域

Step3. 确定刀具类型。在"曲面精车-交线清角"对话框中单击 刀具过滤 按钮,系统弹出"刀具列表过滤"对话框,单击该对话框中的 无(N) 按钮后,在刀具类型按钮群中单击 🔳(圆鼻刀)按钮。然后单击 ✓ 按钮,关闭"刀具列表过滤"对话框,系统返回至"曲面精车-交线清角"对话框。

Step4. 选择刀具。在"曲面精车-交线清角"对话框中单击 选择库刀具... 按钮,系统弹出"刀具选择"对话框,在该对话框的列表框中选择
4. BULL ENDMI...    ...    4.0    0.2    50.0  4    圆鼻刀 3 转角 刀具。单击 ✓ 按

573

钮，关闭"刀具选择"对话框，系统返回至"曲面精车-交线清角"对话框。

Step5. 设置刀具参数。

（1）完成上步操作后，在"曲面精车-交线清角"对话框的 刀路参数 选项卡的列表框中显示出上步选取的刀具，双击该刀具，系统弹出"定义刀具"对话框。

（2）设置刀具号码。单击 最终化属性 按钮，在 刀具编号: 文本框中，将原有的数值改为5。

（3）设置刀具的加工参数。在 进给率 文本框中输入值300，在 下切速率: 文本框中输入值500，在 提刀速率 文本框中输入值500，在 主轴转速 文本框中输入值2000。

（4）设置冷却液方式。单击 冷却液 按钮，系统弹出"冷却液"对话框，在 Flood （切削液）下拉列表中选择 On 选项，单击该对话框中的 确定 按钮，关闭"冷却液"对话框。

Step6. 单击"定义刀具"对话框中的 精加工 按钮，完成刀具的设置。

Step7. 设置曲面加工参数选项卡。在"曲面精车-交线清角"对话框中单击 曲面参数 选项卡，设置图11.13.29所示的参数。

图11.13.29 "曲面参数"选项卡

Step8. 设置交线清角精加工参数。在"曲面精车-交线清角"对话框中单击 交线清角精加工参数 选项卡，取消选中 深度限制(D)... 复选框，其他采用系统默认的参数。

Step9. 单击"曲面精车-交线清角"对话框中的 ✓ 按钮，完成加工参数的设置，此时系统将自动生成图11.13.30所示的刀具路径。

Step10. 实体切削验证。

（1）在 刀路 选项卡中单击 ▶ 按钮，然后单击"验证已选择的操作"按钮 🖳，系统弹出"Mastercam 模拟器"对话框。

放大图

图 11.13.30　刀具路径

（2）在"Mastercam 模拟器"对话框中单击 ▶ 按钮，系统将开始进行实体切削仿真，结果如图 11.13.31 所示。

图 11.13.31　仿真结果图

Step11. 保存模型。选择下拉菜单 文件(F) ➡ 保存(S) 命令，保存模型。

# 第 12 章 多轴铣削加工

## 12.1 概 述

多轴加工是指使用四轴或五轴以上坐标系的机床，加工结构复杂、控制精度高、加工程序复杂的零件。多轴加工适用于加工复杂的曲面、斜轮廓，以及分布在不同平面上的孔系等。在加工过程中，由于刀具与工件的位置可以随时调整，使刀具与工件达到最佳的切削状态，从而可以提高机床的加工效率。多轴加工能够提高复杂机械零件的加工精度，因此，它在制造业中发挥着重要作用。在多轴加工中，五轴加工应用范围最为广泛。所谓五轴加工是指在一台机床上至少有五个坐标轴（三个直线轴和两个旋转轴），而且可在计算机数控系统（CNC）的控制下协调运动进行加工。五轴联动数控技术对工业制造，特别是对航空航天、军事工业有重要影响。由于其地位特殊，国际上把五轴联动数控技术作为衡量一个国家生产设备自动化水平的标志。

## 12.2 曲线五轴加工

曲线五轴加工，主要应用于加工三维（3D）曲线或可变曲面的边界，其刀具定位在一条轮廓线上。采用此种加工方式也可以根据机床刀具轴的不同控制方式，生成四轴或者三轴的曲线加工刀具路径。下面以图 12.2.1 所示的模型为例来说明曲线五轴加工的过程，其操作步骤如下。

### Stage1. 打开原始模型

打开文件 D:\mcx8\work\ch12.02\LINE_5.MCX，系统进入加工环境，此时零件模型如图 12.2.2 所示。

a）加工模型

b）刀具路径

图 12.2.1 曲线五轴加工

图 12.2.2 零件模型

### Stage2. 选择加工类型

选择下拉菜单 刀路(T) ➡ 多轴(M)... 命令，系统弹出"输入新 NC 名称"对话框，采用系统默认的 NC 名称，单击 ✓ 按钮；系统弹出图 12.2.3 所示的"多轴刀路-曲线"对话框。

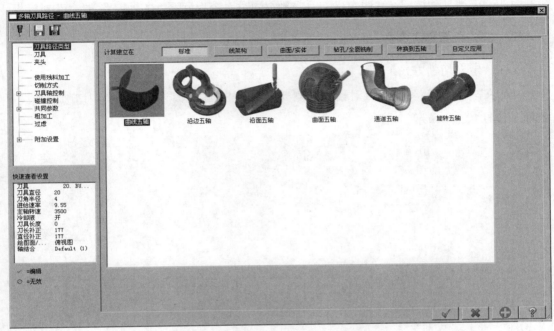

图 12.2.3　"多轴刀路-曲线"对话框

### Stage3. 选择刀具路径类型

在"多轴刀路-曲线"对话框左侧列表中单击 刀路类型 节点，切换到刀具路径类型参数设置界面，然后采用系统默认的 曲线 选项。

### Stage4. 选择刀具

Step1. 选取加工刀具。在"多轴刀路-曲线"对话框左侧列表中单击 刀具 节点，切换到刀具参数界面，然后单击 选择库刀具... 按钮，系统弹出"选择刀具"对话框。在"选择刀具"对话框的列表框中选择 6. BALL ENDMILL ... 6.0 3.0 50.0 4 全部 球刀 2 刀具，单击 ✓ 按钮，完成刀具的选择，同时系统返回至"多轴刀路-曲线"对话框。

Step2. 设置刀具号。在"多轴刀路-曲线"对话框中双击上一步骤所选择的刀具，系统弹出"定义刀具"对话框。在 刀具编号: 文本框中输入值 1，其他参数设置接受系统默认设置，完成刀具号的设置。

Step3. 定义刀具参数。在 进给率: 文本框中输入值 200.0，在 下切速率: 文本框中输入值 200.0，在 提刀速率 文本框中输入值 1000.0，在 主轴转速 文本框中输入值 1500.0；单击 冷却液 按钮，系统弹出"冷却液"对话框，在 Flood （切削液）下拉列表中选择 On 选项，单击该对话框中的 确定 按钮，关闭"冷却液"对话框。单击"定义刀具"对话框中的 精加工 按钮，完成定义刀具参数，同时系统返回至"多轴刀路-曲线"对话框。

Stage5. 设置加工参数

Step1. 定义切削方式。

（1）在"多轴刀路-曲线"对话框左侧列表中单击 切削模式 节点，切换到切削模式设置界面，如图 12.2.4 所示。

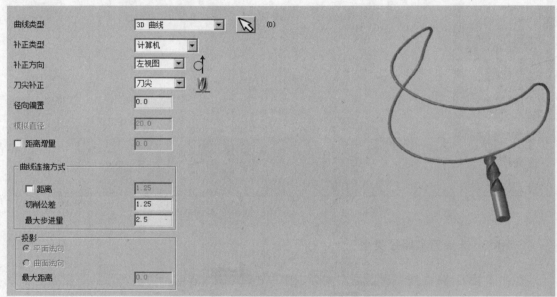

图 12.2.4 "切削模式"设置界面

图 12.2.4 所示的"切削模式"设置界面中部分选项的说明如下。

- 曲线类型 下拉列表：用于定义加工曲线的类型，其包括 3D曲线 、 所有曲面边界 和 单一曲线边界 三个选项。

  ☑ 3D曲线 选项：用于根据选取的 3D 曲线创建刀具路径。选择该选项，单击其后的 ▨ 按钮，在绘图区选取所需要的 3D 曲线。

  ☑ 所有曲面边界 选项：用于根据选取的曲面的全部边界创建刀具路径。选择该选项，单击其后的 ▨ 按钮，在绘图区选取所需要的曲面。

  ☑ 单一曲线边界 选项：用于根据选取的曲面的某条边界创建刀具路径。选择该选项，单击其后的 ▨ 按钮，在绘图区选取所需要的曲面。

- 补正类型 下拉列表：包括 计算机 、 控制器 、 磨损 、 反向磨损 和 关 五个选项。

- 补正方向 下拉列表：包括 左视图 和 右视图 两个选项。
- 刀尖补正 下拉列表：包括 中心 和 刀尖 两个选项。
- 径向偏置 文本框：用于定义刀具中心的补正距离，默认为刀具半径值。
- 模拟直径 文本框：当补正方式选择 控制器 、 磨损 和 反向磨损 选项时，此文本框被激活，用于定义刀具的模拟直径数值。
- ☑ 距离增量 复选框：用于设置刀具沿曲线上测量的刀具路径的距离。
- 曲线连接方式 区域：用于设置拟合刀具路径的曲线计算方式。
  - ☑ ☑ 距离 复选框：用于设置每一刀具位置的间距。当选中此复选框时，其后的文本框被激活，用户可以在此文本框中指定刀具位置的间距。
  - ☑ 切削公差 文本框：用于定义刀具路径的切削误差值。切削的误差值越小，刀具路径越精确。
  - ☑ 最大步进量 文本框：用于指定刀具移动时的最大距离。
- 投影 区域：用于设置投影方向。
  - ◉ 平面法向 单选项：用于设置投影方向为沿当前刀具平面的法线方向进行投影。
  - ◉ 曲面法向 单选项：用于设置投影方向为沿当前曲面的法线方向进行投影。
  - ☑ 最大距离 文本框：用来设置投影的最大距离，仅在 ◉ 法线平面 单选项被选中时有效。

（2）定义 3D 曲线。在 曲线类型 下拉列表中选择 3D曲线 选项，单击其后的 按钮，系统弹出"串连"对话框，在图形区中选取图 12.2.5 所示的曲线，单击"串连"对话框中的 按钮，完成加工曲线的选择，系统返回至 "多轴刀路-曲线" 对话框。

（3）定义切削参数。在 曲线连接方式 区域 切削公差 的文本框中输入值 0.02，在 最大步进量 文本框中输入值 2.0；其他参数设置接受系统默认设置值；完成切削方式的设置。

图 12.2.5　选取加工曲线

Step2. 设置刀具轴控制参数。

（1）在 "多轴刀路-曲线" 对话框左侧列表中单击 刀具轴控制 节点，切换到刀具轴控制参数设置界面，如图 12.2.6 所示。

| 刀具轴控制 | 直线 | ▼ |  (0) |
| 输出格式 | 5 轴 ▼ |
| 刀路模拟旋转轴 | X 轴 ▼ |
| 前/后导角 | 0.0 |
| 侧倾角 | 0.0 |
| □ 角度增量 | 0.0 |
| 刀具向量长度 | 25.0 |

图 12.2.6　"刀具轴控制"参数设置界面

图 12.2.6 所示的"刀具轴控制"参数设置界面中部分选项的说明如下。

- **刀具轴控制** 下拉列表：用于控制刀具轴的方向，其包括 **直线** 、 **曲面** 、 **平面** 、 **起点** 、 **终点** 和 **串连** 选项。

  ☑ **直线** 选项：选择该选项，单击其后的 按钮，在绘图区域选取一条直线来控制刀具轴向的方向。

  ☑ **曲面** 选项：选择该选项，单击其后的 按钮，在绘图区域选取一个曲面，系统会自动设置该曲面的法向方向来控制刀具轴向的方向。

  ☑ **平面** 选项：选择该选项，单击其后的 按钮，在绘图区域选取一平面，系统会自动设置该平面的法向方向来控制刀具轴向的方向。

  ☑ **起点** 选项：用于指定刀具轴线反向延伸通过的定义点。选择该选项，单击其后的 按钮，可在绘图区域选取一个基准点来指定刀具轴线反向延伸通过的定义点。

  ☑ **终点** 选项：用于指定刀具轴线延伸通过的定义点。选择该选项，单击其后的 按钮，可在绘图区域选取一个基准点来指定刀具轴线延伸通过的定义点。

  ☑ **串连** 选项：选择该选项，单击其后的 按钮，用户在绘图区域选取一直线、圆弧或样条曲线来控制刀具轴向的方向。

- **输出格式** 下拉列表：用于定义加工输出的方式。其主要包括 **3轴** 、 **4轴** 和 **5 轴** 三个选项。

  ☑ **3轴** 选项：选择该选项，系统将不会改变刀具的轴向角度。

  ☑ **4轴** 选项：选择该选项，需要在其下的 **刀路模拟旋转轴** 下拉列表中选择 X 轴 、Y 轴、Z 轴其中任意一个轴为第四轴。

- ☑ 5轴选项：选择该选项，系统会以直线段的形式来表示 5 轴刀具路径，其直线方向便是刀具的轴向。

- 刀路模拟旋转轴下拉列表：分别对应5轴和4轴方式下，用来指定旋转轴。

- 前/后导角文本框：用于定义刀具前倾角度或后倾角度。

- 侧倾角文本框：用于定义刀具侧倾角度。

- ☑ 角度增量复选框：用于定义相邻刀具路径间的角度增量。

- 刀具向量长度文本框：用于指定刀具向量的长度，系统会在每一刀的位置通过此长度控制刀具路径的显示。

（2）选取刀轴控制平面。在刀具轴控制下拉列表选中平面选项，单击其后的按钮，然后在系统弹出的"平面选择"对话框中单击Z按钮，完成后如图 12.2.7 所示，单击✓按钮返回到"多轴刀路-曲线"对话框，然后在侧倾角的文本框中输入值 45。

图 12.2.7　选取平面

Step3. 设置轴的限制参数。在"多轴刀路-曲线"对话框左侧列表中单击刀具轴控制节点下的限制节点，切换到轴的限制参数设置界面，如图 12.2.8 所示。在限制操作区域中选中 ⊙ 删除超过限制的移动单选项，完成限制参数的设置。

图 12.2.8　"轴的限制"参数设置界面

图 12.2.8 所示的"轴的限制"参数设置界面中部分选项的说明如下。

- **X轴**区域：用于设置 X 轴的旋转角度限制范围，其包括 **最小** 文本框和 **最大** 文本框。
  - ☑ **最小** 文本框：用于设置 X 轴的最小旋转角度。
  - ☑ **最大** 文本框：用于设置 X 轴的最大旋转角度。

说明：**Y轴**和**Z轴**与**X轴**的设置是完全一致的，这里就不再赘述。

- **限制方式**区域：用于设置刀具的偏置参数。
  - ☑ ⊙ **删除超过限制的位移** 单选项：选中该单选项，系统在计算刀路时会自动将设置角度极限以外的刀具路径删除。
  - ☑ ⊙ **修改超过限制的位移** 单选项：选中该单选项，系统在计算刀路时将以锁定刀具轴线方向的方式修改设置角度极限以外的刀具路径。
  - ☑ ⊙ **警告：刀具方向超出限制** 单选项：选中该单选项，系统在计算刀路时将设置角度极限以外的刀具路径用红色标记出来，以便用户对刀具路径进行编辑。

Step4. 设置碰撞控制参数。在"多轴刀路-曲线"对话框左侧列表中单击 **碰撞控制** 节点，切换到碰撞控制参数设置界面，如图 12.2.9 所示。在 **刀尖控制** 区域中选中 ⊙ **曲面补正** 单选项，单击 按钮，在系统弹出的"刀路/曲面选择"对话框中单击 按钮，选取图 12.2.10 所示的曲面，完成碰撞控制的设置。

图 12.2.9 "碰撞控制"参数设置界面

图 12.2.10　选取补正曲面

图 12.2.9 所示的"碰撞控制"参数设置界面中部分选项的说明如下。

- 刀尖控制 区域：用于设置刀尖顶点的控制位置，其包括 ⦿ 在选定曲线上 单选项、
  ⦿ 在投影曲线上 单选项和 ⦿ 曲面补正 单选项。

  ☑ ⦿ 在选定曲线上 单选项：选中该单选项，刀尖的位置将沿选取曲线进行加工。

  ☑ ⦿ 在投影曲线上 单选项：选中该单选项，刀尖的位置将沿选取曲线的投影进行
  加工。

  ☑ ⦿ 曲面补正 单选项：用于调整刀尖始终与指定的曲面接触。单击其后的 🔖 按
  钮，系统弹出"刀路/曲面选择"对话框，用户可以通过此对话框选择一个曲
  面作为刀尖的补正对象。

- 检查面 区域：用于检测刀具路径的曲面干涉。

  ☑ 检查面：单击其后的 🔖 按钮，系统弹出"刀路/曲面选择"对话框，用户可
  以利用该对话框中的按钮来选取要检测的曲面，并将干涉显示出来。

  ☑ 毛坯预留量 文本框：用来指定刀具与干涉面之间的间隙量。

- 过切处理 区域：用于设置产生过切时的处理方式，其包括 ⦿ 寻找自相交 单选项和
  ⦿ 过滤点数 单选项。

  ☑ ⦿ 寻找自相交 单选项：该单选项表示在整个刀具路径进行过切检查。

  ☑ ⦿ 过滤点数 单选项：该单选项表示在指定的程序节中进行过滤检查，用户可
  以在其后的文本框中指定程序节数。

Step5. 设置连接参数。在"多轴刀路-曲线"对话框左侧列表中单击 连接 节点，切换到
连接参数设置界面。在 安全高度... 文本框中输入值 100.0，在 参考高度... 文本框中输入
值 50.0；在 下刀位置... 文本框中输入值 5.0，其他参数设置接受系统默认设置值；完成连
接参数的设置。

Step6. 设置过滤参数。在"多轴刀路-曲线"对话框左侧列表中单击 过滤 节点，切换到
过滤参数设置界面，如图 12.2.11 所示，参数保持系统默认设置值。

Step7. 单击"多轴刀路-曲线"对话框中的 ✓ 按钮，完成五轴曲线参数的设置，此

时系统将自动生成图 12.2.12 所示的刀具路径。

图 12.2.11    "过滤"参数设置界面

图 12.2.12    刀具路径

### Stage6. 路径模拟

Step1. 在"操作管理"中单击上一步创建好的刀路节点，系统弹出"路径模拟"对话框及"路径模拟控制"操控板。

Step2. 在"路径模拟控制"操控板中单击▶按钮，系统将开始对刀具路径进行模拟，结果与图 12.2.11 所示的刀具路径相同，单击"路径模拟"对话框中的✓按钮，关闭"路径模拟控制"操控板。

Step3. 保存文件模型。选择下拉菜单 文件(F) ➡️ 🖫 保存(S) 命令，保存模型。

## 12.3    曲面五轴加工

曲面五轴加工可以用于曲面的粗精加工，系统以相对曲面的法线方向来设定刀具轴线方向。曲面五轴加工的参数设置与曲线五轴的参数设置相似，下面以图 12.3.1 所示的模型为例来说明曲面五轴加工的过程，其操作步骤如下。

## Stage1. 打开原始模型

打开文件 D:\mcx8\work\ch12.03\5_AXIS_FACE.MCX，系统进入加工环境，此时零件模型如图 12.3.2 所示。

a) 加工模型        b) 刀具路径

图 12.3.1 曲面五轴加工

图 12.3.2 零件模型

## Stage2. 选择加工类型

Step1. 选择加工类型。选择下拉菜单 刀路(T) ➡ 多轴(M)... 命令，系统弹出"输入新 NC 名称"对话框，采用系统默认的 NC 名称，单击 ✓ 按钮；系统弹出"多轴刀路 - 曲面"对话框。

Step2. 选择刀具路径类型。在"多轴刀路 - 曲面"对话框左侧列表中单击 刀路类型 节点，然后选择 曲面 选项。

## Stage3. 选择刀具

Step1. 选择加工刀具。在"多轴刀路 - 曲面"对话框左侧列表中单击 刀具 节点，切换到刀具参数设置界面，单击 选择库刀具... 按钮，系统弹出"刀具选择"对话框。在"刀具选择"对话框的列表框中选择 6. BULL ENDMI... ... 6.0 1.0 50.0 圆鼻刀 3 转角 4 刀具，单击 ✓ 按钮，完成刀具的选择，同时系统返回至"多轴刀路 - 曲面"对话框。

Step2. 设置刀具号。在"多轴刀路 - 曲面"对话框中双击上一步骤所选择的刀具，系统弹出"定义刀具"对话框。在 刀具编号: 文本框中输入值 1。

Step3. 定义刀具参数。在 进给率 文本框中输入值 200.0，在 下切速率: 文本框中输入值 200.0，在 提刀速率 文本框中输入值 200.0，在 主轴转速 文本框中输入值 500.0；单击 冷却液 按钮，系统弹出"冷却液"对话框，在 Flood （切削液）下拉列表中选择 On 选项，单击该对话框中的 确定 按钮，关闭"冷却液"对话框。单击"定义刀具"对话框中的 精加工 按钮，完成刀具的设置。

## Stage4. 设置切削方式

Step1. 设置切削模式。在"多轴刀路 - 曲面"对话框左侧列表中单击 切削模式 节点，切换到切削模式参数界面，如图 12.3.3 所示。

图 12.3.3 所示的"切削模式"参数界面中部分选项的说明如下。

- **模式选项** 区域：用于定义加工区域，其包括**曲面**选项、**圆柱体**选项、**球体**选项和**立方体**选项。

  ☑ **曲面**选项：用于定义加工曲面。选择此选项后单击 按钮，用户可以在绘图区选择要加工的曲面。选择曲面后，系统会自动弹出"流线设置"对话框，用户可进一步设置方向参数。

  ☑ **圆柱体**选项：用于根据指定的位置和尺寸创建简单的圆柱作为加工面。选择此选项后单击 按钮，系统弹出图 12.3.4a 所示的"圆柱体选项"对话框，用户可输入相关参数定义一个图 12.3.4b 所示的圆柱面作为加工区域。

图 12.3.3 "切削模式"参数界面

a)"圆柱体选项"对话框

b) 定义圆柱面

图 12.3.4 圆柱体模式

☑ **球体**选项：用于根据指定的位置和尺寸创建简单的球作为加工面。选择此选项后单击 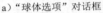 按钮，系统弹出图 12.3.5a 所示的"球体选项"对话框，用户可输入相关参数定义一个图 12.3.5b 所示的球体面作为加工区域。

a)"球体选项"对话框

b)定义球体

图 12.3.5　圆球模式

☑ **立方体**选项：用于根据指定的位置和尺寸创建简单的立方体作为加工面。选择此选项后单击 按钮，系统弹出图 12.3.6a 所示的"立方体选项"对话框，用户可输入相关参数定义一个图 12.3.6b 所示的立方体作为加工区域。

a)"立方体选项"对话框

b)定义立方体

图 12.3.6　立方体模式

☑ **沿面参数**按钮：单击此按钮，系统弹出"流线数据"对话框，用户可以定义刀具运动的切削方向、步进方向、起始位置和补正方向。

Step2. 选取加工区域。在"多轴刀路－曲面"对话框的 模式选项 下拉列表中选择 曲面 选项；单击其后的 ⊠ 按钮，在图形区中选取图 12.3.7 所示的曲面；单击"流线数据"对话框中的 ✓ 按钮，系统返回至"多轴刀路－曲面"对话框。

加工区域面

图 12.3.7　加工区域

Step3. 设置切削方式参数。在 切削方式 下拉列表中选择 双向 选项；在 切削公差 文本框中输入值 0.02；在 断面方向步进量 文本框中输入值 2.0；在 引导方向步进量 文本框中输入值 2.0；其他参数为系统默认设置值。

Step4. 设置刀具轴控制参数。在"多轴刀路－曲面"对话框左侧列表中单击 刀具轴控制 节点，切换到图 12.3.8 所示的刀具轴控制参数设置界面。在 刀具轴控制 的下拉列表中选择 曲面方式 选项，在 刀具向量长度 文本框中输入值 25.0。其他参数为系统默认设置值。

| 刀具轴控制 | 曲面方式 | (8) |
| 输出格式 | 5 轴 | |
| 刀路模拟旋转轴 | X 轴 | |
| 前/后导角 | 0.0 | |
| 侧倾角 | 0.0 | |
| □ 角度增量 | 3.0 | |
| 刀具向量长度 | 25.0 | |
| □ 最小倾斜度 | | |
| 最大角度增量 | 0.0 | |
| 刀杆及刀柄安全高度 | 0.0 | |

图 12.3.8　设置刀具轴参数

Step5. 设置连接参数。在"多轴刀路－曲面"对话框左侧节点树中单击 连接 节点，切换到连接参数设置界面。在 安全高度... 文本框中输入值 100.0，在 参考高度... 文本框中输入值 50.0；在 进给下刀位置... 文本框中输入值 5.0，其他参数设置接受系统默认设置值；完成连接参数的设置。

Step6. 单击"多轴刀路－曲面"对话框中的 ✓ 按钮，完成曲面五轴参数的设置，此时系统生成图 12.3.9 所示的刀具路径。

### Stage5. 路径模拟

Step1. 在"操作管理"中单击上一步创建好的刀路节点,系统弹出"路径模拟"对话框及"路径模拟控制"操控板。

图 12.3.9 刀具路径

Step2. 在"路径模拟控制"操控板中单击 ▶ 按钮,系统将开始对刀具路径进行模拟,结果与图 12.3.9 所示的刀具路径相同,单击"路径模拟"对话框中的 ✓ 按钮,关闭"路径模拟控制"操控板。

Step3. 保存文件模型。选择下拉菜单 文件(F) ➡️ 🔲 保存(S) 命令,保存模型。

## 12.4 钻孔五轴加工

钻孔五轴加工可以以一点或者一个钻孔向量在曲面上产生钻孔的刀具路径,其参数的设置与前面所讲的曲线五轴加工和曲面五轴加工相似。下面以图 12.4.1 所示的模型为例来说明钻孔五轴加工的操作过程。

### Stage1. 打开原始模型

打开文件 D:\mcx8\work\ch12.04\5_AXIS_DRILL.MCX,系统进入加工环境,此时零件模型如图 12.4.2 所示。

a)加工模型　　　　　　　　b)刀具路径
图 12.4.1 钻孔五轴加工　　　　图 12.4.2 零件模型

### Stage2. 选择加工类型

选择下拉菜单 刀路(T) ➡️ 🔑 多轴(M)... 命令,系统弹出"输入新 NC 名称"对话框,采用系统默认的 NC 名称，单击 ✓ 按钮；在系统弹出的对话框中单击 钻孔/全圆铣削 按钮，然后选择 钻孔 选项。

### Stage3. 选择刀具

Step1. 确定刀具类型。在"多轴刀路-钻孔"对话框左侧列表中单击 刀具 节点，切换到刀具参数设置界面，单击 过滤(F)... 按钮，系统弹出"刀具列表过滤"对话框，单击 刀具类型 区域中的 无(N) 按钮后，在刀具类型按钮群中单击 ▮（点钻）按钮，单击 ✓ 按钮，关闭"刀具过滤列表设置"对话框，系统返回至"多轴刀路-钻孔"对话框。

Step2. 选择刀具。在"多轴刀路-钻孔"对话框中单击 选择库刀具... 按钮，系统弹出"刀具选择"对话框。在"刀具选择"对话框的列表框中选择 10. SPOT DRILL    ...    10.0    0.0    50.0 点钻    无    2 刀具；在"刀具选择"对话框中单击 ✓ 按钮，完成刀具的选择，同时系统返回至"多轴刀路-钻孔"对话框。

Step3. 设置刀具号。在"多轴刀路-钻孔"对话框中双击上一步所选择的刀具，系统弹出"定义刀具"对话框。在 刀具编号: 文本框中输入值 1。

Step4. 定义刀具参数。在 进给率: 文本框中输入值 200.0，在 下切速率: 文本框中输入值 200.0，在 提刀速率 文本框中输入值 200.0，在 主轴转速 文本框中输入值 500.0；单击 冷却液 按钮，系统弹出"冷却液"对话框，在 Flood（切削液）下拉列表中选择 On 选项，单击该对话框中的 确定 按钮，关闭"冷却液"对话框。单击"定义刀具"对话框中的 精加工 按钮，完成刀具的设置。

### Stage4. 设置加工参数

Step1. 设置切削模式。在"多轴刀路-钻孔"对话框左侧列表中单击 切削模式 节点，切换到"切削模式"设置界面，如图 12.4.3 所示。

图 12.4.3    "切削模式"设置界面

图 12.4.3 所示的"切削模式"设置界面中部分选项的说明如下。

● 图素类型 下拉列表: 用于定义钻孔点的方式, 其包括 点 选项和 点/线 选项。

☑ 点 选项: 用于选取钻孔点。单击其后的按钮, 可以在绘图区选取现有的点作为刀具路径的钻孔点。

☑ 点/线 选项: 用于选取直线的端点作为生成刀具路径的控制点。当选取直线的端点作为生成刀具路径的控制点时, 系统会自动选取该直线作为刀具轴线方向, 此时不能对 刀具轴控制 进行设置。

Step2. 在 图素类型 的下拉列表中选择 点 选项, 然后单击其后的 按钮, 系统弹出图 12.4.4 所示的"选取钻孔的点"对话框。单击 窗选(W) 按钮, 在图形区窗选图 12.4.5 所示的所有点, 单击"选取钻孔的点"对话框中的 ✓ 按钮, 系统返回至"多轴刀路-钻孔"对话框。在 循环 下拉列表中选择 深孔啄钻 选项, 其他参数采用系统默认设置值。

Step3. 设置刀具轴控制参数。在"多轴刀路-钻孔"对话框左侧列表中单击 刀具轴控制 节点, 切换到刀具轴控制参数设置界面。在 刀具轴控制 的下拉列表中选择 曲面 选项, 然后单击其后的 按钮, 在图形区中选取图 12.4.6 所示的曲面; 系统返回至"多轴刀路-钻孔"对话框。在 输出格式 下拉列表中选择 5 轴 选项, 其他选项为系统默认设置。

Step4. 设置碰撞控制参数。在"多轴刀路-钻孔"对话框左侧列表中单击 碰撞控制 节点, 在 刀尖控制 区域选中 ⊙ 原始点 单选项。

图 12.4.4 "选取钻孔的点"对话框

图 12.4.5 选取钻孔点

图 12.4.6 选取刀轴控制面

Step5. 设置连接参数。在"多轴刀路-钻孔"对话框左侧列表中单击 连接 节点, 切换到连接参数设置界面, 选中 安全高度 按钮前的复选框, 并在其后的文本框中输入值 100.0; 在 参考高度 文本框中输入值 10.0; 在 毛坯表面 文本框中输入值 0.0, 在 深度

591

文本框中输入值-5.0，完成连接参数的设置。

Step6. 单击"多轴刀路-钻孔"对话框中的 ✓ 按钮，完成钻孔五轴加工参数的设置，此时系统将自动生成图 12.4.7 所示的刀具路径。

图 12.4.7　刀具路径

### Stage5．路径模拟

Step1. 在"操作管理"中单击上一步创建好的刀路节点，系统弹出"路径模拟"对话框及"路径模拟控制"操控板。

Step2. 在"路径模拟控制"操控板中单击 ▶ 按钮，系统将开始对刀具路径进行模拟，结果与图 12.4.7 所示的刀具路径相同，单击"路径模拟"对话框中的 ✓ 按钮，关闭"路径模拟控制"操控板。

Step3. 保存文件模型。选择下拉菜单 文件(F) ➡ 🖫 保存(S) 命令，保存模型。

# 12.5　沿面五轴加工

沿面五轴加工可以用来控制球刀所产生的残脊高度，从而产生平滑且精确的精加工刀具路径，系统以相对于曲面法线方向来设定刀具轴向。下面以图 12.5.1 所示的模型为例来说明沿面五轴加工的操作过程。

### Stage1．打开原始模型

打开文件 D:\mcx8\work\ch12.05\5_AXIS_FLOW.MCX，系统进入加工环境，此时零件模型如图 12.5.2 所示。

### Stage2．选择加工类型

选择下拉菜单 刀路(T) ➡ 🔩 多轴(M)... 命令，系统弹出"输入新 NC 名称"对话框，采用系统默认的 NC 名称，单击 ✓ 按钮；在系统弹出的对话框中选择 沿面 选项。

### Stage3．选择刀具

Step1. 选择加工刀具。在"多轴刀路-沿面"对话框左侧列表中单击 刀具 节点，切换

到刀具参数设置界面,在"多轴刀路-沿面"对话框中单击 选择库刀具... 按钮,系统弹出
"刀 具 选 择"对 话 框。在"刀 具 选 择"对 话 框 的 列 表 框 中 选 择
` 4. BALL ENDMILL ... 4.0 2.0 50.0 球刀2 4 全部 ` 刀具;在"刀具选择"
对话框中单击 ✓ 按钮;完成刀具的选择,同时系统返回至"多轴刀路-沿面"对话框。

a)加工模型　　　　　　　　　　b)刀具路径
图 12.5.1　沿面五轴加工　　　　　　　　　　　　图 12.5.2　零件模型

**Step2.** 设置刀具号。在"多轴刀路-沿面"对话框中双击上一步所选择的刀具,系统弹
出"定义刀具"对话框。在 刀具编号: 文本框中输入值 1。

**Step3.** 定义刀具参数。在 进给率 文本框中输入值 1000.0,在 下切速率: 文本框中输入值
500.0,在 提刀速率 文本框中输入值 1500.0,在 主轴转速 文本框中输入值 2200.0;
单击 冷却液 按钮,系统弹出"冷却液"对话框,在 Flood (切削液)下拉列表中选择 On
选项,单击该对话框中的 确定 按钮,关闭"冷却液"对话框。单击"定义刀具"对
话框中的 精加工 按钮,完成刀具的设置。

### Stage4. 设置加工参数

**Step1.** 设置切削方式。在"多轴刀路-沿面"对话框左侧列表中单击 切削模式 节点,切
换到"切削模式"设置界面,如图 12.5.3 所示。

图 12.5.3 所示的"切削模式"设置界面中部分选项的说明如下。

● 断面方向步进 区域:用于设置切削方向的相关参数,其包括 ⊙距离: 单选项和
⊙环绕高度: 单选项。

　☑ ⊙距离: 单选项:用于定义切削间距。当选中此单选项时,其后的文本框被激
活,用户可以在此文本框中指定切削间距。

　☑ ⊙环绕高度: 单选项:用于设置切削路径间残留材料高度。当选中此单选项时,
其后的文本框被激活,用户可以在此文本框中指定残留材料的高度。

**Step2.** 选取加工曲面。在"多轴刀路-沿面"对话框中单击 ⬚ 按钮,在图形区中选取
图 12.5.4 所示的曲面;然后在图形区空白处双击,系统弹出图 12.5.5 所示的"流线数据"
对话框,调整加工方向如图 12.5.6 所示,单击 ✓ 按钮,系统返回至"多轴刀路-沿面"对

话框。

图 12.5.3 "切削模式"设置界面

说明：在该对话框的 切换 区域中单击 切削方向 和 步进方向 按钮可调整加工方向。

图 12.5.5 "流线数据"对话框

图 12.5.4 加工区域

图 12.5.6 加工方向

Step3. 在 切削方式 下拉列表中选择 双向 选项；在 引导方向步进 区域 切削公差 的文本框中输入值 0.001；在 断面方向步进 区域选择 ⊙ 距离 复选框，然后在其后面的文本框中输入值 0.5，其他参数采用系统默认设置值。

Step4. 设置刀具轴控制。在"多轴刀路-沿面"对话框 刀具轴向控制 的下拉列表中选择 曲面方式 选项，在 输出格式 下拉列表中选择 4 轴 选项，其他参数采用系统默认设置值。

Step5. 设置连接参数。在"多轴刀路–沿面"对话框左侧列表中单击 连接 节点，切换到连接参数设置界面，取消 安全高度... 按钮前的复选框；在 参考高度... 文本框中输入值25.0；在 进给下刀位置... 文本框中输入值5.0，完成连接参数的设置。

Step6. 单击"多轴刀路–沿面"对话框中的 ✓ 按钮，完成多轴刀具路径-沿面五轴加工参数的设置，此时系统将自动生成图 12.5.7 所示的刀具路径。

图 12.5.7　刀具路径

### Stage5. 路径模拟

Step1. 在"操作管理"中单击上一步创建好的刀路节点，系统弹出"路径模拟"对话框及"路径模拟控制"操控板。

Step2. 在"路径模拟控制"操控板中单击 ▶ 按钮，系统将开始对刀具路径进行模拟，结果与图 12.5.7 所示的刀具路径相同，单击"路径模拟"对话框中的 ✓ 按钮，关闭"路径模拟控制"操控板。

Step3. 保存文件模型。选择下拉菜单 文件(F) ➡ 🖫 保存(S) 命令，保存模型。

## 12.6　沿边五轴加工

沿边五轴加工可以控制刀具的侧面沿曲面进行切削，从而产生平滑且精确的精加工刀具路径，系统通常以相对于曲面切线方向来设定刀具轴向。下面以图 12.6.1 所示的模型为例来说明沿边五轴加工的操作过程。

### Stage1. 打开原始模型

打开文件 D:\mcx8\work\ch12.06\SWARF_MILL.MCX，系统进入加工环境，此时零件模型如图 12.6.2 所示。

### Stage2. 选择加工类型

选择下拉菜单 刀路(T) ➡ 🖋 多轴(M)... 命令，系统弹出"多轴刀路– 曲线"对话框，选择 沿边 选项。

a）加工模型　　　　　　　　　　　b）刀具路径

图 12.6.1　沿边五轴加工

图 12.6.2　零件模型

### Stage3．选择刀具

**Step1．** 选择加工刀具。在"多轴刀路-沿边"对话框左侧列表中单击 刀具 节点，切换到刀具参数设置界面，单击 选择库刀具... 按钮，系统弹出"刀具选择"对话框。在"刀具选择"对话框的列表框中选择

`6. FLAT ENDMILL    ...  6.0   0.0    50.0 4      无          平底刀 1` 刀具；在"刀具选择"对话框中单击 ✔ 按钮；完成刀具的选择，同时系统返回至"多轴刀路-沿边"对话框。

**Step2．** 设置刀具号。在"多轴刀路-沿边"对话框中双击上一步所选择的刀具，系统弹出"定义刀具"对话框。在 刀具编号： 文本框中输入值 2，其他参数设置接受系统默认设置值，完成刀具号的设置。

**Step3．** 定义刀具参数。在 进给率： 文本框中输入值 200.0，在 下切速率： 文本框中输入值 100.0，在 提刀速率 文本框中输入值 500.0，在 主轴转速 文本框中输入值 1500.0；单击 冷却液 按钮，系统弹出"冷却液"对话框，在 Flood （切削液）下拉列表中选择 On 选项，单击该对话框中的 确定 按钮，关闭"冷却液"对话框。单击"定义刀具"对话框中的 精加工 按钮，完成刀具的设置。

### Stage4．设置加工参数

**Step1．** 设置切削方式。在"多轴刀路-沿边"对话框左侧列表中单击 切削模式 节点，切换到"切削模式"设置界面，如图 12.6.3 所示。

图 12.6.3 所示的"切削模式"设置界面中部分选项的说明如下。

- 壁边 区域：用于设置壁边的定义参数，其包括 ⊙ 曲面 单选项和 ⊙ 串连 单选项。
    - ☑ ⊙ 曲面 单选项：用于设置壁边的曲面。当选中此选项时，单击其后的 ▨ 按钮，用户可以依次选择代表壁边的曲面。
    - ☑ ⊙ 串连 单选项：用于设置壁边的底部和顶部曲线。当选中此选项时，单击其后的 ▨ 按钮，用户可以依次选择代表壁边的底部和顶部曲线。

图 12.6.3  "切削模式"设置界面

- ● <u>壁边连接方式</u>区域：用于设置壁边的计算方式参数。

  - ☑ <u>☑距离</u>复选框：用于定义沿壁边的切削间距。当选中此复选框时，其后的文本框被激活，用户可以在此文本框中指定切削间距。

  - ☑ <u>切削公差</u>文本框：用于设置切削路径的偏离公差。

  - ☑ <u>最大步进量</u>：用于定义沿壁边的最大切削间距。当 <u>☑距离</u>复选框被选中时，此文本框不能被设置。

- ● <u>封闭壁边</u>区域：用于设置切削壁边的进入点。

  - ☑ <u>◉从第一个壁边的中心进刀</u>：从组成壁边的第一个边的中心进刀。

  - ☑ <u>◉由第一个壁边的开始点进刀</u>：从组成壁边的第一个边的一个端点进刀。

Step2. 选取壁边曲线。在"多轴刀路-沿边"对话框中选择 <u>◉串连</u> 单选项，单击其后的 <u>↘</u> 按钮，系统弹出"串连"对话框并提示"沿边 5 轴：定义底部外形"，在图形区中选取图 12.6.4 所示的曲线串；此时系统提示"沿边 5 轴：定义顶部外形"，在图形区中选取图 12.6.5 所示的曲线串；单击 <u>✓</u> 按钮，系统返回至"多轴刀路-沿边"对话框。

Step3. 定义其余参数。在 <u>切削方式</u> 下拉列表中选择 <u>双向</u> 选项；在 <u>壁边连接方式</u> 区域 <u>切削公差</u> 文本框中输入值 0.01；在 <u>最大步进量</u> 文本框中输入值 1，其他参数采用系统默认设置值。

Step4. 设置刀具轴控制。在"多轴刀路-沿边"对话框左侧列表中单击 <u>刀具轴控制</u> 节点，设置图 12.6.6 所示的参数。

图 12.6.4　定义底部外形曲线

图 12.6.5　定义顶部外形曲线

图 12.6.6 所示的"刀具轴控制"参数设置界面中部分选项的说明如下。

● ☑ 扇形展开 区域：用于设置壁边的扇形切削参数。

　　☑ 扇形距离 文本框：用于设置扇形切削时的最小扇形距离。

　　☑ 扇形区域进给率 文本框：用于设置扇形切削时的进给率。

● ☑ 角度增量 文本框：用于设置相邻刀具轴之间的增量角度数值。

● 刀具向量长度 文本框：用于设置刀具切削刃沿刀轴方向的长度数值。

● ☑ 最小化刀路中转角 复选框：选中该复选框，可减少刀具路径的转角动作。

　　Step5. 设置碰撞控制参数。在"多轴刀路-沿边"对话框左侧列表中单击 碰撞控制 节点，切换到碰撞控制参数设置界面。在 刀尖控制 区域选中 ◉ 底部轨迹(L) 单选项，在 底部轨迹上方距离(B) 文本框中输入数值-5，其余选项采用系统默认参数设置值。

图 12.6.6　"刀具轴控制"参数设置

　　Step6. 设置连接参数。在"多轴刀路-沿边"对话框左侧列表中单击 连接 节点，切换到连接参数设置界面，取消 安全高度... 按钮前的复选框；在 参考高度... 文本框中输入值 25.0；在 进给下刀位置... 文本框中输入值 5.0，完成连接参数的设置。

　　Step7. 设置进退刀参数。在"多轴刀路-沿边"对话框左侧列表中单击 连接 节点下的节点，切换到进退刀参数设置界面，设置图 12.6.7 所示的参数。

图 12.6.7 "进退刀"参数设置界面

**Step8.** 设置粗加工参数。在"多轴刀路-沿边"对话框左侧列表中单击 粗加工 节点，切换到粗加工参数设置界面，设置图 12.6.8 所示的深度切削参数。

**Step9.** 单击"多轴刀路-沿边"对话框中的 ✓ 按钮，此时系统将自动生成图 12.6.9 所示的刀具路径。

图 12.6.8 "深度切削"参数设置

图 12.6.9 刀具路径

### Stage5. 路径模拟

**Step1.** 在"操作管理"中单击上一步创建好的刀路节点，系统弹出"路径模拟"对话框及"路径模拟控制"操控板。

**Step2.** 在"路径模拟控制"操控板中单击 ▶ 按钮，系统将开始对刀具路径进行模拟，结果与图 12.6.9 所示的刀具路径相同，单击"路径模拟"对话框中的 ✓ 按钮，关闭"路径模拟控制"操控板。

**Step3.** 保存文件模型。选择下拉菜单 文件(F) ➡ 保存(S) 命令，保存模型。

# 12.7　旋转四轴加工

旋转四轴加工主要用来产生圆柱类工件的旋转四轴精加工的刀具路径，其刀具轴或者工作台可以在垂直于 Z 轴的方向上旋转。下面以图 12.7.1 所示的模型为例来说明旋转四轴加工的过程，其操作步骤如下。

a）加工模型

b）刀具路径

图 12.7.1　多轴刀具路径-旋转四轴加工

### Stage1.　打开原始模型

打开文件 D:\mcx8\work\ch12.07\4_AXIS_ROTARY.MCX，系统进入加工环境，此时零件模型如图 12.7.2 所示。

图 12.7.2　零件模型

### Stage2.　选择加工类型

选择下拉菜单 刀路(T) ➡ ⚙ 多轴(M)... 命令，系统弹出"输入新 NC 名称"对话框，采用系统默认的 NC 名称，单击 ✓ 按钮。在系统弹出的对话框中选择 旋转 选项。

### Stage3.　选择刀具

Step1. 选择加工刀具。在"多轴刀路-旋转"对话框左侧列表中单击 刀具 节点，切换到刀具参数设置界面。在"多轴刀路-旋转"对话框中单击 选择库刀具... 按钮，系统弹出"刀具选择"对话框。在"刀具选择"对话框的列表框中选择

`9. BALL ENDMILL    ...  9.0   4.5   50.0 4    球刀 2    全部` 刀具。单击 ✓ 按钮，完成刀具的选择，系统返回至"多轴刀路-旋转"对话框。

Step2. 定义刀具参数。在"多轴刀路-旋转"对话框中双击上一步所选择的刀具，系统弹出"定义刀具"对话框。在 刀具编号: 文本框中输入值 1。

Step3. 定义刀具参数。在 进给率: 文本框中输入值 300.0，在 下切速率: 文本框中输入值

1200.0，在 提刀速率 文本框中输入值 1200.0，在 主轴转速 文本框中输入值 800.0；单击 冷却液 按钮，系统弹出"冷却液"对话框，在 Flood （切削液）下拉列表中选择 On 选项，单击该对话框中的 确定 按钮，关闭"冷却液"对话框。单击"定义刀具"对话框中的 精加工 按钮，完成刀具的设置。

### Stage4．设置加工参数

Step1．设置切削模式。在"多轴刀路-旋转"对话框左侧列表中单击 切削模式 节点，切换到"切削模式"设置界面，如图 12.7.3 所示。

图 12.7.3 所示的"切削模式"设置界面中部分选项的说明如下。

- 旋转切削 单选项：用于设置绕着旋转轴进行切削。
- 轴向切削 单选项：用于设置沿着旋转轴进行切削。

图 12.7.3　"切削模式"设置界面

Step2．选取加工区域。单击"曲面"后的 按钮，在图形区中选取图 12.7.4 所示的曲面，系统返回"多轴刀路-旋转"对话框。在 切削公差 的文本框中输入值 0.02。其他采用系统默认的参数值。

图 12.7.4　加工区域

Step3. 设置刀具轴控制参数。在"多轴刀路-旋转"对话框左侧列表中单击 刀具轴控制 节点，切换到图 12.7.5 所示的刀具轴控制参数设置界面。单击 ▷ 按钮，选取图 12.7.6 所示的点作为 4 轴点，在 旋转轴 下拉列表中选择 Z 轴 选项，其他参数设置如图 12.7.5 所示。

Step4. 设置连接参数。在"多轴刀路-旋转"对话框左侧列表中单击 连接 节点，切换到连接参数设置界面，选中 安全高度... 按钮前的复选框，并在其后的文本框中输入值 100.0；在 参考高度... 文本框中输入值 10.0；在 进给下刀位置... 文本框中输入值 5.0，完成连接参数的设置。

Step5. 单击"多轴刀路-旋转"对话框中的 ✓ 按钮，完成"多轴刀路-旋转"参数的设置，此时系统将自动生成图 12.7.7 所示的刀具路径。

图 12.7.5　"刀具轴控制"设置界面

图 12.7.6　定义 4 轴点

图 12.7.7　刀具路径

### Stage5. 路径模拟

Step1. 在"操作管理"中单击上一步创建好的刀路节点，系统弹出"路径模拟"对话框及"路径模拟控制"操控板。

Step2. 在"路径模拟控制"操控板中单击 ▶ 按钮，系统将开始对刀具路径进行模拟，结果与图 12.7.7 所示的刀具路径相同，单击"路径模拟"对话框中的 ✓ 按钮，关闭"路径模拟控制"操控板。

Step3. 保存文件模型。选择下拉菜单 文件(F) ➡️ 🖫 保存(S) 命令，保存模型。

# 12.8 两曲线之间形状

两曲线之间形状五轴加工可以对两条曲线之间的模型形状进行切削，通过控制刀具轴向产生平滑且精确的精加工刀具路径。下面以图 12.8.1 所示的模型为例来说明两曲线之间形状五轴加工的操作过程。

## Stage1. 打开原始模型

打开文件 D:\mcx8\work\ch12.08\BETWEEN_2_CURVES.MCX，系统进入加工环境，此时零件模型如图 12.8.2 所示。

a）加工模型
b）刀具路径

图 12.8.1 两曲线之间形状加工

图 12.8.2 零件模型

## Stage2. 选择加工类型

选择下拉菜单 刀路(T) ➡️ 🔧 多轴(M)... 命令，系统弹出"输入新 NC 名称"对话框，采用系统默认的 NC 名称，单击 ✔️ 按钮，系统弹出"多轴刀路–曲线"对话框，单击 线框 按钮，然后选择 两曲线间仿形加工 选项。

## Stage3. 选择刀具

Step1. 选择加工刀具。在"多轴刀路 – 两曲线间仿形加工"对话框左侧列表中单击 刀具 节点，切换到刀具参数设置界面，单击 选择库刀具... 按钮，系统弹出"刀具选择"对话框。在"刀具选择"对话框的列表框中选择 `4. FLAT ENDMILL ... 4.0 0.0 50.0 4 无 平底刀 1` 刀具；在"刀具选择"对话框中单击 ✔️ 按钮；完成刀具的选择，同时系统返回至"多轴刀路 – 两曲线间仿形加工"对话框。

Step2. 设置刀具号。在"多轴刀路 – 两曲线间仿形加工"对话框中双击上一步所选择的刀具，系统弹出"定义刀具"对话框。在 刀具编号: 文本框中输入值 2。

Step3. 定义刀具参数。在 进给率 文本框中输入值 150.0，在 下切速率: 文本框中输入值

100.0，在 提刀速率 文本框中输入值 500.0，在 主轴转速 文本框中输入值 2500.0；单击

冷却液 按钮，系统弹出"冷却液"对话框，在 Flood （切削液）下拉列表中选择 On 选项，

单击该对话框中的 确定 按钮，关闭"冷却液"对话框。单击"定义刀具"对话框中

的 精加工 按钮，完成刀具的设置。

Stage4．设置加工参数

Step1．设置切削方式。在"多轴刀路 - 两曲线间仿形加工"对话框左侧列表中单击
切削模式 节点，切换到"切削模式"设置界面，如图 12.8.3 所示。

图 12.8.3 "切削模式"设置界面

图 12.8.3 所示的"切削模式"设置界面中部分选项的说明如下。

● 图案 区域：用于定义切削模式中的曲线和曲面。

   ☑ 第一条... 按钮：单击此按钮，系统弹出"串连"对话框，用户

可以设置第一条曲线，

   ☑ 第二条... 按钮：单击此按钮，系统弹出"串连"对话框，用户

可以设置第二条曲线，

   ☑ 驱动面... 按钮：单击此按钮，用户可以增加、移除、显示所选择

的加工曲面。

- **区域** 区域：用于设置切削的加工范围。
  - ☑ **类型** 下拉列表：用来定义切削路径在加工曲面边缘和中间范围的多种切削形式，包括图 12.8.4 所示的 4 种形式。

a）完整，避开再精确边缘切削

b）完整，在曲面边缘开始和结束

c）通过切削次数确定

d）通过一个或两个点限制切削

图 12.8.4　切削范围的 4 种形式

- ☑ **圆角** 复选框：用于设置刀具路径在尖角处的额外的圆角路径。勾选该选项后，可单击 **切削模式** 节点下的 **圆角** 节点定义圆角半径的数值。
- ☑ **延伸/修剪** 复选框：用于设置刀具路径在曲线两端的延伸和修整刀路长度。勾选该选项后，可单击 **切削模式** 节点下的 **修整/延伸** 节点定义详细参数数值。
- ☑ **角度范围** 复选框：用于设置刀具路径沿视角方向的加工角度范围。勾选该选项后，可单击 **切削模式** 节点下的 **角度范围** 节点定义详细参数数值。
- ☑ **2D 边界范围** 复选框：用于设置刀具路径通过 2D 曲线投影后的边界范围。勾选该选项后，可单击 **切削模式** 节点下的 **2D 范围** 节点定义详细参数数值。

- **排序** 区域：用于设置切削的顺序和起点等参数。
  - ☑ **切换步进方向** 复选框：选中该复选框，切削的步进方向将进行翻转。
  - ☑ **切削方式** 下拉列表：用来定义切削的走刀方式，包括 **双向**、**单向** 和 **螺旋式** 选项。
  - ☑ **切削顺序** 下拉列表：用来定义切削的走刀顺序，仅在 **双向** 和 **单向** 方式下可用，包括 **标准**、**由内而外** 和 **由外而内** 选项，其示意效果分别如图 12.8.5 所示。
  - ☑ **起始点** 复选框：用于设置刀具路径的起始位置。勾选该选项后，可单击 **切削模式** 节点下的 **起始点参数** 节点定义详细参数数值。

Step2. 选取加工曲线和曲面。

（1）在"多轴刀路 - 两曲线间仿形加工"对话框中单击 **第一条…** 按钮，系统弹出"串连"对话框并提示"添加串连：1"，在图形区中选取图 12.8.6 所示的曲线串

1; 单击 ✓ 按钮，系统返回至"多轴刀路－两曲线间仿形加工"对话框。

a）标准

b）从中心离开

c）从外到中心

图 12.8.5　切削顺序

（2）单击 第二条… 按钮，此时系统提示"添加串连：1"，在图形区中选取图 12.8.6 所示的曲线串 2；单击 ✓ 按钮，系统返回至"多轴刀路－两曲线间仿形加工"对话框。

（3）单击 驱动面… 按钮，系统弹出提示"选择加工曲面（注意你的曲面法向）"，选取图 12.8.7 所示的曲面，系统弹出"选取曲面"对话框，单击 完成⑩ 按钮，系统返回"多轴刀路－两曲线间仿形加工"对话框。

选取曲线串 1

选取曲线串 2

图 12.8.6　定义曲线

选取该面

图 12.8.7　定义加工曲面

（4）在 排序 区域中选中 ☑ 切换步进方向 复选框，其余切削参数采用系统默认设置值。

说明：如果在选取加工曲线时的顺序与前面所述相反，此处就不需要调整步进的方向。

Step3. 设置刀具轴控制。在"多轴刀路－两曲线间仿形加工"对话框左侧列表中单击 刀具轴控制 节点，设置图 12.8.8 所示的参数。

图 12.8.8 所示的"刀具轴控制"设置界面中部分选项的说明如下。

● 刀具轴将… 下拉列表：用于设置刀具轴的控制参数，主要包括以下选项。

　☑ 含前导/后导角曲面 选项：用于设置刀具轴的方向在引导曲面法向基础上进行倾斜。

　☑ 角度 选项：用于设置刀具轴的方向可沿某个轴向倾斜一定角度。

　☑ 轴固定夹角 选项：用于设置刀具轴的方向可沿某个轴向固定倾斜一定角度。

　☑ 围绕轴旋转 选项：用于设置刀具轴的方向可沿某个轴向倾斜一定角度。

　☑ 线 选项：用于设置刀具轴的方向沿倾斜的直线进行分布。

☑ **终止串连**选项：用于设置刀具轴的方向从刀尖延伸后汇聚于某个曲线串。

☑ **叶轮加工层别夹角**选项：用于设置刀具轴的方向按照叶轮加工来进行控制。

**说明：**刀具轴控制的部分选项与前面 5 轴加工的设置含义是完全一致的，此处不再赘述，读者可参考前面小节的介绍。

**Step4.** 设置进退刀参数。在"多轴刀路 – 两曲线间仿形加工"对话框左侧列表中单击**连接**节点下的**默认切入/切出**节点，切换到进刀参数设置界面，设置图 12.8.9 所示的参数。

图 12.8.8　"刀具轴控制"设置界面

图 12.8.9　"进刀参数"设置界面

**Step5.** 设置粗加工参数。在"多轴刀路 – 两曲线间仿形加工"对话框左侧列表中单击**粗加工**节点，切换到粗加工参数设置界面，选中 ☑ **分层切削**复选框，然后单击**粗加工**节

点下的 分层切削 节点，设置图 12.8.10 所示的分层切削参数。

Step6. 单击"多轴刀路 - 两曲线间仿形加工"对话框中的 ✓ 按钮，此时系统将自动生成图 12.8.11 所示的刀具路径。

### Stage5. 路径模拟

Step1. 在"操作管理"中单击上一步创建好的刀路节点，系统弹出"路径模拟"对话框及"路径模拟控制"操控板。

Step2. 在"路径模拟控制"操控板中单击 ▶ 按钮，系统将开始对刀具路径进行模拟，结果与图 12.8.11 所示的刀具路径相同，单击"路径模拟"对话框中的 ✓ 按钮，关闭"路径模拟控制"操控板。

Step3. 保存文件模型。选择下拉菜单 文件(F) ➡ 🔲 保存(S) 命令，保存模型。

图 12.8.10　设置分层切削参数

图 12.8.11　刀具路径

# 第13章 车削加工

## 13.1 概　述

车削加工主要应用于轴类和盘类零件的加工，是工厂中应用最广泛的一种加工方式。车床为二轴联动，相对于铣削加工，车削加工要简单得多。在工厂中多数数控车床都采用手工编程，但随着科学技术的进步，也开始使用软件编程。

使用 Mastercam X8 可以快速生成车削加工刀具路径和 NC 文件，在绘图时，只需绘制零件图形的一半即可用软件进行加工仿真。

## 13.2 粗 车 加 工

粗车加工用于大量切除工件中多余的材料，使工件接近于最终的尺寸和形状，为精车加工做准备。粗车加工一次性去除材料多，加工精度不高。下面以图 13.2.1 所示的模型为例讲解粗车加工的一般过程，其操作步骤如下。

a）2D 图形　　b）加工工件　　c）加工结果

图 13.2.1　粗车加工

### Stage1. 进入加工环境

Step1. 打开文件 D:\mcx8\work\ch13.02\ROUGH_LATHE.MCX。

Step2. 进入加工环境。选择下拉菜单 机床类型(M) → 车削(L) → 默认(D) 命令，系统进入加工环境，此时零件模型如图 13.2.2 所示。

图 13.2.2　零件模型

## Stage2. 设置工件和夹爪

Step1. 在"操作管理"中单击 **山 属性 - Lathe Default** 节点前的"+"号,将该节点展开,然后单击 ◆ **毛坯设置** 节点,系统弹出图 13.2.3 所示的"机床群组属性"对话框。

图 13.2.3 "机床群组属性"对话框

图 13.2.3 所示的"机床群组属性"对话框中部分选项的说明如下。

* **毛坯平面** 区域:用于定义素材的视角方位,单击 按钮,在系统弹出的"平面选择"对话框中可以更改素材的视角。

* **毛坯** 区域:用于定义工件的形状和大小,其包括 ⊙ **左主轴** 单选项、⊙ **右主轴** 单选项、**属性...** 按钮和 **删除** 按钮。

  ☑ ⊙ **左主轴** 单选项:用于定义主轴在机床左侧。

  ☑ ⊙ **右主轴** 单选项:用于定义主轴在机床右侧。

  ☑ **属性...** 按钮:单击此按钮,系统弹出"机床组件管理 – 素材"对话框,此时可以详细定义工件的形状、大小和位置。

  ☑ **删除** 按钮:单击此按钮,系统将删除已经定义的工件等信息。

- 卡爪 区域：用于定义夹爪的形状和大小，其包括 ⊙左主轴 单选项、⊙右主轴 单选项、 属性… 按钮和 删除 按钮。
  - ☑ ⊙左主轴 单选项：用于定义夹爪在机床左侧。
  - ☑ ⊙右主轴 单选项：用于定义夹爪在机床右侧。
  - ☑ 属性… 按钮：单击此按钮，系统弹出"机床组件管理器-卡爪的设置"对话框，此时可以详细定义夹爪的信息。
  - ☑ 删除 按钮：单击此按钮，系统将删除已经定义的夹爪等信息。
- 尾座中心 区域：用于定义尾座的大小，定义方法同夹爪类似。
- 中心架 区域：用于定义中间支撑架的大小，定义方法同夹爪类似。
- 显示选项 区域：通过选中或取消选中不同的复选框来控制各素材的显示或隐藏。

Step2. 设置工件的形状。在"机床群组属性"对话框 毛坯 区域中单击 属性… 按钮，系统弹出"机床组件管理器-毛坯"对话框，如图 13.2.4 所示。

图 13.2.4 "机床组件管理器-毛坯"对话框

图 13.2.4 所示的"机床组件管理器–毛坯"对话框中各选项的说明如下。

- 几何图形: 下拉列表: 用来设置工件的形状。
- 由两点产生(2)... 按钮: 通过选择两个点来定义工件的大小。
- 外径: 文本框: 通过输入数值定义工件的外径大小或通过单击其后的 选择.. 按钮, 在绘图区选取点定义工件的外径大小。
- ☑内径: 文本框: 通过输入数值定义工件的内孔大小或通过单击其后的 选择.. 按钮, 在绘图区选取点定义工件的内孔大小。
- 长度: 文本框: 通过输入数值定义工件的长度或通过单击其后的 选择.. 按钮, 在绘图区选取点定义工件的长度。
- 轴向位置 区域: 可用于设置 Z 坐标或通过单击其后的 选择.. 按钮, 在绘图区选取点定义毛坯一端的位置。
- ☑ 使用边缘 复选框: 选中此复选框, 可以通过输入沿零件各边缘的延伸量来定义工件。

Step3. 设置工件的尺寸。在"机床组件管理器-毛坯"对话框中单击 由两点产生(2)... 按钮, 然后在图形区选取图 13.2.5 所示的两点(点 1 为最右段上边竖直直线的下端点, 点 2 的位置大致如图所示即可), 系统返回到"机床组件管理器-毛坯"对话框, 在 外径: 文本框中输入值 50.0, 在 长度: 文本框中输入值 150.0, 在 轴向位置 区域的 Z: 文本框中输入值 2.0, 其他参数采用系统默认设置值, 单击 预览车床边界 按钮查看工件, 如图 13.2.6 所示。按 Enter 键, 然后在"机床组件管理器-毛坯"对话框中单击 ✓ 按钮, 返回到"机床群组属性"对话框。

图 13.2.5 定义工件位置

图 13.2.6 预览工件形状和位置

Step4. 设置夹爪的形状。在"机床群组属性"对话框的 卡爪 区域中单击 属性... 按钮, 系统弹出"机床组件管理器 – 卡爪"对话框。

Step5. 设置夹爪的尺寸。在"机床组件管理器 – 卡爪"对话框中单击 由两点产生 按钮,然后在图形区选取图 13.2.7 所示的两点(两点的位置大致如图所示即可),系统返回到"机床组件管理器 – 卡爪"对话框。

点 1

点 2

图 13.2.7 定义夹爪位置

Step6. 设置图 13.2.8 所示的参数,单击 预览车床边界 按钮查看夹爪,结果如图 13.2.9 所示。按 Enter 键,然后在"机床组件管理器 – 卡爪"对话框中单击 ✔ 按钮,返回到"机床群组属性"对话框。

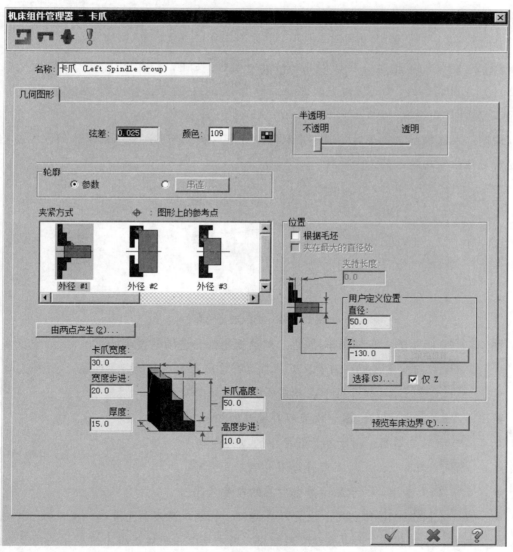

图 13.2.8 "机床组件管理器 – 卡爪"对话框

Step7. 在"机床群组属性"对话框中单击 ✓ 按钮，完成工件和夹爪的设置。

### Stage3. 选择加工类型

Step1. 选择下拉菜单 刀路(T) ➡ 粗车(R)... 命令，系统弹出图 13.2.10 所示的"输入新 NC 名称"对话框，采用系统默认的 NC 名称，单击 ✓ 按钮，系统弹出"串连"对话框。

图 13.2.9　预览夹爪形状和位置

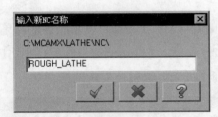

图 13.2.10　"输入新 NC 名称"对话框

Step2. 定义加工轮廓。在该对话框中单击 ⚙ 按钮，然后在图形区中依次选取图 13.2.11 所示的轮廓线（中心线以上的部分），单击 ✓ 按钮，系统弹出图 13.2.12 所示的"车削粗车 属性"对话框。

说明：在选取加工轮廓时建议用串联的方式选取加工轮廓，如果用单体的方式选择加工轮廓应保证所选轮廓的方向一致。

图 13.2.11　选取加工轮廓

图 13.2.12 所示的"车削粗车 属性"对话框中部分选项的说明如下。

- ☑ 显示库刀具 复选框：用于在刀具显示窗口内显示当前的刀具组。
- 选择库刀具... 按钮：用于在刀具库中选取加工刀具。
- 刀具过滤(F)... 按钮：用于设置刀具过滤的相关选项。
- 刀具号码：文本框：用于显示程序中的刀具号码。
- 偏置号：文本框：用于显示每个刀具的补正号码。
- 刀位号：文本框：用于显示每个刀具的刀座号码。
- 刀具角度(G)... 按钮：用于设置刀具进刀、切削以及刀具角度的相关选项。单击此按钮，系统弹出"刀具角度"对话框，用户可以在此对话框中设置相关角度选项。

图 13.2.12　"车削粗车 属性"对话框

- **进给率** 文本框：用于定义刀具在切削过程中的进给率值。
- **下刀进给率** 文本框：用于定义下刀的速率值。当此文本框前的复选框被选中时，下刀速率文本框及其后的单位设置单选项方可使用，否则下刀速率的相关设置为不可用状态。
- **主轴转速** 文本框：用于定义主轴的转速值。
- **最大主轴转速** 文本框：用于定义用户允许的最大主轴转速值。
- **Coolant...** 按钮：用于选择加工过程中的冷却方式。单击此按钮，系统弹出 "Coolant..." 对话框，用户可以在此对话框中选择冷却方式。
- **原点位置** 区域：该区域包括换刀点的坐标 X:125. Z:250.、用户定义 下拉列表和 定义(I) 按钮。
  - ☑ 用户定义 ：用于选取换刀点的位置，其包括 根据机床 选项、用户定义 选项和 根据刀具 选项。 根据机床 选项：用于设置换刀点的位置来自车床，此位置根据定义的轴结合方式的不同而有所差异。 用户定义 选项：用于设置任意的换刀点。 根据刀具 选项：用于设置换刀点的位置来自刀具。
  - ☑ 定义(I) 按钮：用于定义换刀点的位置。当选择 用户定义 选项时，此按钮为激活状态，否则为不可用状态。

- ☑ 强制换刀 复选框：用于设置强制换刀的代码。例如：当使用同一把刀具进行连续的加工时，可将无效的刀具代码（1000）改为1002，并写入NCI，同时建立新的连接。

- 注释 文本框：用于添加刀具路径注释。

- 组合轴(Left/Upper) 按钮：用于选择轴的结合方式。在加工时，车床刀具对同一个轴向具有多重的定义时，即可以选择相应的结合方式。

- 杂项数值... 按钮：用于设置杂项变数的相关选项。

- 毛坯更新(S)... 按钮：用于设置工件更新的相关选项。当此按钮前的复选框被选中时方可使用，否则杂项变数的相关设置为不可用状态。

- 参考点... 按钮：用于设置备刀的相关选项。当此按钮前的复选框被选中时方可使用，否则备刀的相关设置为不可用状态。

- ☑ 批处理 复选框：用于设置刀具成批次处理。当选中此复选框时，刀具路径会自动添加到刀具路径管理器中，直到批次处理运行才能生成NCI程序。

- 刀具显示(T)... 按钮：用于设置刀具显示的相关选项。

- 坐标... 按钮：用于设置机床原点的相关选项。

- 插入指令... 按钮：用于输入有关的指令。

### Stage4. 选择刀具

Step1. 在"车削粗车 属性"对话框中采用系统默认的刀具，在 进给率: 文本框中输入值200.0；在 主轴转速 文本框中输入值800.0，并选中 ⊙ RPM 单选项；在 原点位置 下拉列表中选择 用户定义 选项，单击 定义(D) 按钮，在弹出的"原点位置-用户定义"对话框 X: 文本框中输入值25.0，在 Z: 文本框中输入值25.0。单击该对话框中的 ✓ 按钮，系统返回至"车削粗车 属性"对话框，其他参数采用系统默认设置值。

Step2. 设置冷却方式。单击 Coolant... 按钮，系统弹出"Coolant..."对话框，在 Flood （切削液）下拉列表中选择 On 选项，单击该对话框的 ✓ 按钮，关闭"Coolant..."对话框。

### Stage5. 设置加工参数

Step1. 设置粗车参数。在"车削粗车 属性"对话框中单击 粗加工参数 选项卡，设置图13.2.13所示的参数。

图13.2.13所示的"粗加工参数"选项卡中部分选项的说明如下。

- 重叠量(O) 按钮：当该按钮前的复选框处于选中状态时，该按钮可用。单击此按钮，系统会弹出图13.2.14所示的"粗车重叠量参数"对话框，用户可以通过此对话框设置相邻两次粗车之间的重叠距离。

图 13.2.13　"粗加工参数"选项卡

图 13.2.14　"粗车重叠量参数"对话框

- 切削深度:文本框:用于设置每一次切削的深度,若选中 ☑ 等距 复选框则表示将步进量设置为刀具允许的最大切削深度。

- 最小切削深度:文本框:用于定义最小切削量。

- X方向预留量:文本框:用于定义粗车结束时工件在 X 方向的剩余量。

- Z方向预留量:文本框:用于定义粗车结束时工件在 Z 方向的剩余量。

- 可变深度:文本框:用于定义粗车切削深度为比例值。

- **进刀量**: 文本框: 用于定义开始进刀时刀具与工件之间的距离。
- **退刀量**: 文本框: 用于定义退刀时刀具与工件之间的距离。
- **切削方式**: 区域: 用于定义切削方法，其包括 **单向** 和 **双向笔直**、**双向渐降** 三个选项。
  - ☑ **单向** 选项: 用于设置刀具只在一个方向进行切削。
  - ☑ **双向笔直** 选项: 用于设置刀具在水平方向进行往复切削，但要注意选择可以双向切削的刀具。
  - ☑ **双向渐降** 选项: 用于设置刀具在斜向下方向进行往复切削，但要注意选择可以双向切削的刀具。
- **粗车方向/角度** 下拉列表: 用于定义粗车的方向和角度。其中包括 、 、 和 选项，单击 **角度(A)** 按钮，系统弹出"粗切角度"对话框，用户可以通过此对话框设置粗车角度。
- **半精车...** 按钮: 选中此按钮前的复选项可以激活此按钮，单击此按钮，系统弹出"半精车参数"对话框，通过设置半精车参数可以增加一道半精车工序。
- **切入/切出(L)...** 按钮: 选中此按钮前的复选框可以激活此按钮，单击此按钮，系统弹出图 13.2.15 所示的"切入/切出"对话框，其中"切入"选项卡用于设置进刀刀具路径，"切出"选项卡用于设置退刀刀具路径。

图 13.2.15 "切入/切出"对话框

- **钻削参数(P)...** 按钮: 单击此按钮，系统弹出图 13.2.16 所示的"钻削参数"对话框，用户可以通过此对话框对进刀的切削参数进行设置。
- **过滤...** 按钮: 用于设置除去加工中不必要的刀具路径。当该按钮前的复选框被选中时方可使用，否则此按钮为不可用状态。单击此按钮，系统弹出"过滤设置"对话框，用户可以在此对话框中对过滤设置的相关选项进行设置。

图 13.2.16 "钻削参数"对话框

- 毛坯识别 下拉列表: 用于定义调整工件去除部分的方式, 其包括 剩余毛坯 选项、毛坯用于外边界 选项、仅延伸外形至毛坯 选项和 禁用毛坯识别 选项。

  - ☑ 剩余毛坯 选项: 用于设置工件是上一个加工操作后的剩余部分。
  - ☑ 毛坯用于外边界 选项: 用于定义工件的边界为外边界。
  - ☑ 仅延伸外形至毛坯 选项: 用于把串联的轮廓线性延伸至工件边界。
  - ☑ 禁用毛坯识别 选项: 用于设置不使用上述选项。

- 调整毛坯(D)... 按钮: 用于调整粗加工时的去除部分。

Step2. 单击"车削粗车 属性"对话框中的 ✓ 按钮, 完成参数的设置, 此时系统将自动生成图 13.2.17 所示的刀具路径。

放大图

图 13.2.17 刀具路径

### Stage6. 加工仿真

Step1. 刀路模拟。

（1）在"操作管理"中单击上一步创建好的刀路节点，系统弹出图 13.2.18 所示的"刀路模拟"对话框及"刀路模拟控制"操控板。

图 13.2.18　"刀路模拟"对话框

（2）在"刀路模拟控制"操控板中单击 ▶ 按钮，系统将开始对刀具路径进行模拟，结果与图 13.2.17 所示的刀具路径相同，在"刀路模拟"对话框中单击 ✓ 按钮。

Step2. 实体切削验证。

（1）在"操作管理"的 刀路 选项卡中单击 ▶ 按钮，然后单击"验证选定操作"按钮 ☑，系统弹出图 13.2.19 所示的"Mastercam 模拟器"对话框。

图 13.2.19　"Mastercam 模拟器"对话框

（2）在"Mastercam 模拟器"对话框中单击 ▶ 按钮，系统将开始进行实体切削仿真，结果如图 13.2.20 所示，单击 × 按钮。

Step3. 保存加工结果。选择下拉菜单 文件(F) ➡ 🖫 保存(S) 命令，即可保存加工结果。

图 13.2.20　仿真结果

# 13.3　精车加工

精车加工与粗车加工基本相同，也是用于切除工件外形外侧、内侧或端面的粗加工留下来的多余材料。精车加工与其他车削加工方法相同，也要在绘图区域选择线串来定义加工边界。下面以图 13.3.1 所示的模型为例讲解精车加工的一般操作过程。

a）2D 图形　　　　　b）加工工件　　　　　c）加工结果

图 13.3.1　精车加工

### Stage1．进入加工环境

Step1. 打开文件 D:\mcx8\work\ch13.03\FINISH_LATHE.MCX，模型如图 13.3.2 所示。

Step2. 隐藏刀具路径。在 刀路 选项卡中单击 ► 按钮，再单击 ≈ 按钮，将已存的刀具路径隐藏。

### Stage2．选择加工类型

Step1. 选择下拉菜单 刀路(T) ➡ ～ 精车(F)... 命令，系统弹出"串连"对话框。

Step2. 定义加工轮廓。在该对话框中单击 ◯◯◯ 按钮，然后在图形区中依次选取图 13.3.3 所示的轮廓线（中心线以上的部分），单击 ✓ 按钮，系统弹出图 13.3.4 所示的"车削精车 属性"对话框。

### Stage3．选择刀具

Step1. 在"车削精车 属性"对话框中选择"T2121 R0.8 OD FINISH RIGHT"刀具，在 进给率: 文本框中输入值 2.0；在 主轴转速: 文本框中输入值 1200.0，并选中 ⦿ RPM 单选项；

在 原点位置 下拉列表中选择 用户定义 选项，单击 定义(D)... 按钮，在系统弹出的"原点位置-用户定义"对话框 X: 文本框中输入值 25.0， Z: 文本框中输入值 25.0，单击该对话框的 ✓ 按钮，返回到"车削精车 属性"对话框，其他参数采用系统默认设置值。

图 13.3.2　打开模型

图 13.3.3　选取加工轮廓

Step2. 设置冷却方式。单击 Coolant... 按钮，系统弹出"Coolant…"对话框，在 Flood（切削液）下拉列表中选择 On 选项，单击该对话框中的 ✓ 按钮，关闭"Coolant…"对话框。

**Stage4. 设置加工参数**

Step1. 设置精车参数。在"车削精车 属性"对话框中单击 精车参数 选项卡，"精车参数"选项卡如图 13.3.5 所示，在该选项卡的 精修步进量: 文本框中输入值 0.5，在 刀具在转角处走圆角 下拉列表中选择 无 选项。

图 13.3.4　"车削精车 属性"对话框

图 13.3.5　"精车参数"选项卡

Step2. 单击该对话框中的  按钮，完成加工参数的选择，此时系统将自动生成图 13.3.6 所示的刀具路径。

图 13.3.5 所示的"精车参数"选项卡中部分按钮的说明如下。

- 精修次数：文本框：用于定义精修的次数。如果精修次数大于 1，并且类型为计算机，则系统将根据计算机的刀具补偿参数来决定补正方向；如果类型为控制器，则系统将根据控制器来决定补正方向；如果类型为关，则类型为未知的，且每次精修刀路将为同一个路径。

放大图

图 13.3.6　刀具路径

-  ** 转角打断(C)... **按钮：用于设置在外部所有转角处打断原有的刀具路径，并自动创建圆弧或斜角过渡。当该按钮前的复选框处于选中状态时，该按钮可用，单击该按钮后，系统弹出图 13.3.7 所示的"角落打断参数"对话框，用户可以对角落打断的参数进行设置。

图 13.3.7 "角落打断参数"对话框

### Stage5. 加工仿真

Step1. 刀路模拟。

（1）在"操作管理"中单击上一步创建好的刀路节点，系统弹出"刀路模拟"对话框及"刀路模拟控制"操控板。

（2）在"刀路模拟控制"操控板中单击 ▶ 按钮，系统将开始对刀具路径进行模拟，结果与图 13.3.6 所示的刀具路径相同，在"刀路模拟"对话框中单击 ✔ 按钮。

Step2. 实体切削验证。

（1）在 刀路 选项卡中单击 ▶ 按钮，然后单击"验证选定操作"按钮 ，系统弹出"Mastercam 模拟器"对话框。

（2）在"Mastercam 模拟器"对话框中单击 ▶ 按钮，系统将开始进行实体切削仿真，结果如图 13.3.8 所示，单击 ✕ 按钮。

Step3. 保存加工结果。选择下拉菜单 文件(F) ➡ 🖫 保存(S) 命令，即可保存加工结果。

图 13.3.8 仿真结果

# 13.4 径 向 车 削

径向车削用于加工垂直于车床主轴方向或者端面方向的凹槽。在径向加工命令中，其加工几何模型的选择以及参数设置均与前面介绍的有所不同。下面以图 13.4.1 所示的模型为例讲解径向车削加工的一般操作过程。

a）2D 图形        b）加工工件        c）加工结果

图 13.4.1 径向车削

### Stage1. 进入加工环境

Step1. 打开文件 D:\mcx8\work\ch13.04\GROOVE_LATHE.MCX，模型如图 13.4.2 所示。

Step2. 隐藏刀具路径。在 刀路 选项卡中单击 按钮，再单击 按钮，将已存的刀具路径隐藏。

图 13.4.2 打开模型

### Stage2. 选择加工类型

Step1. 选择下拉菜单 刀路(T) ➜ 📐 径向车(G)... 命令，系统弹出图 13.4.3 所示的"径向车削选项"对话框。

图 13.4.3　"径向车削选项"对话框

图 13.4.3 所示的"径向车削选项"对话框各选项的说明如下。

* 切槽定义 区域：用于定义切槽的方式，其包括 ⊙ 1 点单选项、⊙ 2 点 单选项、⊙ 3 直线 单选项、⊙ 串连 单选项和 ⊙ 多个串连 单选项。
  * ☑ ◯ 1 点 单选项：用于以一点的方式控制切槽的位置，每一点控制单独的槽角。如果选取了两个点，则加工两个槽。
  * ☑ ⊙ 2 点 单选项：用于以两点的方式控制切槽的位置，第一点为槽的上部角，第二点为槽的下部角。
  * ☑ ⊙ 3 直线 单选项：用于以三条直线的方式控制切槽的位置，这三条直线应为矩形的三条边线，第一条和第三条平行且相等。
  * ☑ ⊙ 串连 单选项：用于以内/外边界的方式控制切槽的位置及形状。当选中此单选项时，定义的外边界必须延伸并经过内边界的两个端点，否则将产生错误的信息。
  * ☑ ⊙ 多个串连 单选项：用于以多条串连的边界控制切槽的位置。
* 点选择 区域：用于定义选择点的方式，其包括 ⊙ 手动 单选项和 ⊙ 窗口 单选项。此区域仅当 切槽定义 为 ◯ 1 点 时可用。
  * ☑ ⊙ 手动 单选项：当选中此单选项时，一次只能选择一点。
  * ☑ ⊙ 窗口 单选项：当选中此单选项时，可以框选在定义的矩形边界以内的点。

Step2. 定义加工轮廓。在"径向车削选项"对话框中选中 ⊙ 2 点 单选项，单击 ✓ 按钮，在图形区依次选择图 13.4.4 所示的两个端点，然后按 Enter 键，系统弹出图 13.4.5 所示的"车削径向车 属性"对话框。

### Stage3. 选择刀具

Step1. 在"车削径向车 属性"对话框中双击系统默认选中的刀具，系统弹出"定义刀具"对话框，设置刀片参数如图 13.4.6 所示。

图 13.4.4　定义加工轮廓

图 13.4.5　"车削径向车 属性"对话框

图 13.4.6 所示的"定义刀具"对话框中各按钮的说明如下。

- 选择目录(E) 按钮：通过指定目录选择已存在的刀具。

- 获取刀片(G)... 按钮：单击此按钮，系统弹出"径向车削/截断的刀把"对话框，在其列表框中可以选择不同序号来指定刀片。

- 保存刀片(S) 按钮：单击此按钮，可以保存当前的刀片类型。

- 删除刀片(D) 按钮：单击此按钮，系统弹出"径向车削/截断的刀把"对话框，可以选中其列表框中的刀把进行删除。

- 刀片名称 文本框：用于定义刀片的名称。

- 刀片材质 下拉列表：用于选择刀片的材质，系统提供了 碳钢 、 金属陶瓷 、 陶瓷 、 烧结体 、

金刚石 和 未知 六个选项。

● 刀片厚度: 文本框: 用于指定刀片的厚度。

● 保存至库... 按钮: 将当前设定的刀具保存在指定的刀具库中。

图 13.4.6    "定义刀具"对话框

● 显示刀具... 按钮: 单击此按钮, 在图形区显示刀具形状。

● 设置刀具... 按钮: 单击此按钮, 系统弹出图 13.4.7 所示的"车床刀具设置"对话框, 用于设定刀具的物理方位和方向等。

图 13.4.7    "车床刀具设置"对话框

Step2. 在"定义刀具"对话框中单击 刀柄 选项卡，设置参数如图 13.4.8 所示。

图 13.4.8 "刀柄"选项卡

Step3. 在"定义刀具"对话框中单击 参数 选项卡，如图 13.4.9 所示，在 主轴转速: 文本框中输入值 500.0，并选中 ⊙ RPM 单选项，单击 ✓ 按钮，返回至"车削径向车 属性"对话框。

图 13.4.9 "参数"选项卡

图 13.4.9 所示的"参数"选项卡中部分按钮的说明如下。

- 刀具安全间隙(T)... 按钮：单击此按钮，系统弹出"车刀安全高度"对话框，如图 13.4.10 所示，同时在图形区显示刀具。在"车刀安全高度"对话框中修改刀具参数，可以在图形区看到刀具动态的变化。

图 13.4.10 "车刀安全高度"对话框

### Stage4. 设置加工参数

Step1. 在"车削径向车 属性"对话框 进给率: 后的文本框中输入值 3.0；在 主轴转速: 后的文本框中输入值 700.0，并选中 ⊙ RPM 单选项；单击 Coolant... 按钮，系统弹出"Coolant..."对话框，在 Flood 下拉列表中选择 On 选项，单击该对话框中的 ✓ 按钮，关闭"Coolant..."对话框，在 用户定义 下拉列表中选择 用户定义 选项，单击 定义(D) 按钮，在系统弹出的"原点位置-用户定义"对话框 X: 文本框中输入值 25.0，在 Z: 文本框中输入值 25.0，单击 ✓ 按钮。

Step2. 在"车削径向车 属性"对话框单击 径向车外形参数 选项卡，"径向车外形参数"界面如图 13.4.11 所示，选中 ☑ 使用素材做为外边界 复选框，其他参数采用系统默认设置值。

图 13.4.11 所示的"径向车外形参数"选项卡中各选项的说明如下。

- ☑ 毛坯用于外边界 复选框：用于开启延伸切槽到工件外边界的类型区域。当选中该复选框时， 延伸切槽到毛坯 区域可以使用。

- 延伸切槽到毛坯 区域：用于定义延伸切槽到工件外边界的类型，包括 ⊙ 与切槽角度平行 单选项和 ○ 与切槽壁边相切 单选项，用户可以通过这两个单选项来指定延伸切槽到工件外边界的类型。

- 角度: 文本框：用于定义切槽的角度。

- 外径(D) 按钮：用于定义切槽的位置为外径槽。

- 内径(I) 按钮：用于定义切槽的位置为内径槽。

- 前面(A) 按钮：用于定义切槽的位置为端面槽。

- 后端(B) 按钮：用于定义切槽的位置为背面槽。

- <u>钻削(P)...</u>按钮:用于定义进刀方向。单击此按钮,然后在图形区选取一条直线为切槽的进刀方向。

图 13.4.11 "径向车外形参数"选项卡

- <u>底面(L)...</u>按钮:用于定义切槽的底线方向。单击此按钮,然后在图形区选择一条直线为切槽的底线方向。
- <u>分辨角(°)</u>文本框:用于定义每次旋转倍率基数的角度值。用户可以在文本框中输入某个数值,然后通过单击此文本框上方的角度盘上的位置来定义切槽的角度,系统会以定义的数值的倍数来确定相应的角度。
- <u>右侧 = 左侧(T)</u>按钮:用于指定切槽右边的参数与左边相同。
- <u>左侧 = 右侧(S)</u>按钮:用于指定切槽左边的参数与右边相同。
- <u>内角 = 外角(U)</u>按钮:用于指定切槽内角的参数与外角相同。
- <u>外角 = 内角(O)</u>按钮:用于指定切槽外角的参数与内角相同。

Step3. 在"车削径向车 属性"对话框单击<u>径向粗车参数</u>选项卡,切换到"径向粗车参数"界面,参数设置如图 13.4.12 所示。

图 13.4.12 所示的"径向粗车参数"选项卡中各选项的说明如下。

- ☑<u>粗车</u>复选框:用于创建粗车切槽的刀具路径。
- <u>毛坯间隙</u>文本框:用于定义每次切削时刀具退刀位置与槽之间的高度。
- <u>粗切步进量</u>下拉列表:用于定义进刀量的方式,其包括<u>步进次数</u>选项、<u>步近量</u>选项和<u>刀具宽度的百分比</u>选项。用户可以在其下的文本框中输入粗切量的值。

图 13.4.12　"径向粗车参数"选项卡

- **退刀距离 %:** 文本框：用于定义退刀前刀具离开槽壁的距离。
- **提刀移位** 区域：用于定义退刀的方式，其包括 **快速** 单选项和 **进给率** 单选项。
  - ☑ **快速** 单选项：该单选项用于定义以快速移动的方式退刀。
  - ☑ **进给率** 单选项：用于定义以进给率的方式退刀。
- **暂留时间** 区域：用于定义刀具在凹槽底部的停留时间，包括 **无**、**秒** 和 **转数** 三个选项。
  - ☑ **无** 单选项：用于定义刀具在凹槽底部不停留直接退刀。
  - ☑ **秒** 单选项：用于定义刀具以时间为单位的停留方式。用户可以在 **停留时间** 区域的文本框中输入相应的值来定义停留的时间。
  - ☑ **转数** 单选项：用于定义刀具以转数为单位的停留方式。用户可以在 **停留时间** 区域的文本框中输入相应的值来定义停留的转数。
- **切槽壁** 区域：用于设置当切槽方式为斜壁时的加工方式，其包括 **步进** 和 **平滑** 两个选项。
  - ☑ **步进** 单选项：用于设置以台阶的方式加工侧壁。
  - ☑ **平滑** 单选项：用于设置以平滑的方式加工侧壁。

☑ 参数(P) 按钮: 用于设置平滑加工侧壁的相关参数。当选中 ⊙ 平滑 单选项时激活该按钮。单击此按钮, 系统弹出图 13.4.13 所示的 "移除切槽步进量" 对话框, 用户可以对该对话框中的参数进行设置。

● 啄钻切槽(K)... 按钮: 用于设置啄钻参数的相关参数。当选中此按钮前的复选框时, 该按钮被激活。单击此按钮, 系统弹出图 13.4.14 所示的 "啄钻参数" 对话框, 用户可以在 "啄钻参数" 对话框中对啄车的相关参数进行设置。

图 13.4.13 "移除切槽步进量" 对话框      图 13.4.14 "啄钻参数" 对话框

● 深度切削(D)... 按钮: 当切削的厚度较大, 并需要得到光滑的表面时, 用户需要采用分层切削的方法进行加工。选中 深度切削(D)... 前的复选框, 单击此按钮, 系统弹出图 13.4.15 所示的 "切槽深度" 对话框, 用户可以通过该对话框对分层加工进行设置。

● 过滤(F)... 按钮: 用于设置除去精加工时不必要的刀具路径。除去精加工时不必要的刀具路径的相关设置。选中 过滤(F)... 前的复选框, 单击此按钮, 系统弹出图 13.4.16 所示的 "过滤设置" 对话框, 用户可以通过该对话框对程序过滤的相关参数进行设置。

Step4. 在 "车削径向车 属性" 对话框单击 凹槽精车参数 选项卡, 切换到 "凹槽精车参数" 界面, 如图 13.4.17 所示, 单击 切入(L)... 按钮, 系统弹出 "切入" 对话框, 如图 13.4.18 所示。在 第一个路径引入 选项卡 固定方向 区域选中 ⊙ 相切 单选项; 单击 第二个路径引入 选项卡, 在 固定方向 区域选中 ⊙ 垂直 单选项, 单击 "切入" 对话框中的 ✓ 按钮, 关闭 "切入" 对话框。

图 13.4.17 所示的 "凹槽精车参数" 选项卡中部分选项的说明如下。

● ☑ 精加工 复选框: 用于创建精车切槽的刀具路径。

633

图 13.4.15　"切槽深度"对话框

图 13.4.16　"过滤设置"对话框

图 13.4.17　"凹槽精车参数"选项卡

- □ 刀具后端偏置号：复选框：用于设置刀背补正号码。当在切槽的精加工过程中出现用刀背切削时，就需要选中此复选框并设置刀具补偿的号码。
- 第一刀切削方向 区域：用于定义第一刀的切削方向，其包括 ● 顺时针 和 ● 逆时针 两个单选项。
- 重叠量 区域：用于定义切削时的重叠量，其包括 选择重叠量(S) 按钮、与第一角落距离：文本框和 两切削间重叠量：文本框。

☑ 选择重叠里(S) 按钮: 用于在绘图区直接定义第一次精加工终止的刀具位置和第二次精加工终止的刀具位置, 系统将自动计算出刀具与第一角落的距离值和两切削间的重叠量。

☑ 与第一角落距离: 文本框: 用于定义第一次精加工终止的刀具位置与第一角落的距离值。

☑ 两切削间重叠里: 文本框: 用于定义两次精加工的刀具重叠量值。

● 壁边退刀距离 区域的下拉列表: 用于设置退刀前离开槽壁的距离方式。

☑ 刀具宽度 % 选项: 该选项表示以刀具宽度的定义百分比的方式确定退刀的距离, 可以通过其下的文本框指定退刀距离。

☑ 距离 选项: 该选项表示以值的方式确定退刀的距离, 可以通过其下的文本框指定退刀距离。

图 13.4.18 "切入"对话框

图 13.4.18 所示的"切入"对话框中部分选项的说明如下。

● 调整外形 区域: 用于设置起始端的轮廓线, 其包括 ☑ 延长/缩短外形起始线 复选框、里: 文本框、⊙ 延伸 单选项、⊙ 缩短 单选项和 增加线(L) 按钮。

☑ ☑ 延长/缩短起始的轮廓线 复选框: 用于设置延伸/缩短现有的起始轮廓线刀具路径。

☑ ⊙ 延伸 单选项: 用于设置起始端轮廓线的类型为延伸现有的起始端刀具路径。

☑ ⊙ 缩短 单选项: 用于设置起始端轮廓线的类型为缩短现有的起始端刀具路径。

☑ 里: 文本框: 用于定义延伸或缩短的起始端刀具路径长度值。

☑ 增加线(L) 按钮: 用于在现有的刀具路径的起始端前创建一段进刀路径。

当此按钮前的复选框处于选中状态时, 该按钮可用。单击此按钮, 系统弹出

图 13.4.19 所示的"新建外形线"对话框，用户可以通过此对话框来设置新轮廓线的长度和角度，或者通过单击"新建外形线"对话框中的 定义(D)... 按钮选取起始端的新轮廓线。

- 进刀圆弧(A) 按钮：用于在每次刀具路径的开始位置添加一段进刀圆弧。当此按钮前的复选框处于选中状态时，该按钮可用。单击此按钮，系统弹出图 13.4.20 所示的"进刀/退出圆弧"对话框，用户可以通过此对话框来设置进刀/退出圆弧的扫描角度和半径。

图 13.4.19　"新建外形线"对话框

图 13.4.20　"进刀/退出圆弧"对话框

- 进给率 区域：用于设置圆弧处的进给率，其包括 进给率 区域的文本框、□ 向里移动使用快速进给率 复选框和 ☑ 相同刀路 复选框。
  - ☑ 进给率 区域的文本框：用于指定圆弧处的进给率。
  - ☑ □ 向里移动使用快速进给率 复选框：用于设置在刀具路径的起始端采用快速移动的进刀方式。如果原有的进刀向量分别由 X 轴和 Z 轴的向量组成，则刀具路径不会改变，保持原有的刀具路径。
  - ☑ ☑ 相同刀路 复选框：用于设置在刀具路径的起始端采用与现有的刀具路径进给率相同的进刀方式。

- 进刀向量 区域：用于对进刀向量的相关参数进行设置，其包括 ☑ 使用进刀向量 复选框、固定方向 区域、角度:文本框、长度:文本框、自动调整(I) 按钮和 自动计算向量 区域。
  - ☑ ☑ 使用进刀向量 复选框：用于在进刀圆弧前创建一个进刀向量，进刀向量是由长度和角度控制的。
  - ☑ 固定方向 区域：用于设置进刀向量的方向，其包括 ⊙ 无 单选项、⊙ 相切 单选项和 ⊙ 垂直 单选项。
  - ☑ 角度:文本框：用于定义进刀向量的角度。当进刀向量方向为 ⊙ 无 的时候，此文本框为可用状态。用户可以在其后的文本框中输入值来定义进刀方向的角度。
  - ☑ 长度:文本框：用于定义进刀向量的长度。用户可以在其后的文本框中输入值来定义进刀方向的长度。

☑ 自动调整(I) 按钮：用于根据现有的进刀路径自动调整进刀向量的参数。当进刀向量方向为 ⊙无 的时候，此文本框为可用状态。

☑ 自动计算向量 区域：用于自动计算进刀向量的长度，该长度将根据工件、夹爪和模型的相关参数进行计算。此区域包括 ☑自动计算进刀向量 复选框和 最小向量长度: 文本框。当选中 ☑自动计算进刀向量 复选框时，最小向量长度: 文本框处于激活状态，用户可以在其文本框中输入一个最小的进刀向量长度值。

Step5. 在"车削径向车 属性"对话框中单击 ☑ 按钮，完成加工参数的选择，此时系统将自动生成图 13.4.21 所示的刀具路径。

图 13.4.21　刀具路径

### Stage5. 加工仿真

Step1. 刀路模拟。

（1）在"操作管理"中单击上一步创建好的刀路节点，系统弹出"刀路模拟"对话框及"刀路模拟控制"操控板。

（2）在"刀路模拟控制"操控板中单击 ▶按钮，系统将开始对刀具路径进行模拟，在"刀路模拟"对话框中单击 ☑ 按钮。

Step2. 实体切削验证。

（1）在 刀路 选项卡中单击 ▶按钮，然后单击"验证选定操作"按钮 ，系统弹出"Mastercam 模拟器"对话框。

（2）在"Mastercam 模拟器"对话框中单击 ▶按钮，系统将开始进行实体切削仿真，结果如图 13.4.22 所示，单击 × 按钮。

图 13.4.22　仿真结果

Step3. 保存加工结果。选择下拉菜单 文件(F) ➡ 🖫 保存(S) 命令，即可保存加工结果。

# 13.5　车螺纹刀具路径

车螺纹刀具路径包括车削外螺纹、内螺纹和螺旋槽等，在设置加工参数时，只要指定了螺纹的起点和终点就可以进行加工。下面将详细介绍外螺纹车削和内螺纹车削的加工过程，而螺旋槽车削与车削螺纹相似，请读者自行学习，此处不再赘述。

## 13.5.1　外螺纹车削

Mastercam 中螺纹车削加工与其他的加工不同，在加工螺纹时不需要选取加工的几何模型，只需定义螺纹的起始位置与终止位置即可。下面以图 13.5.1 所示的模型为例讲解外螺纹切削加工的一般过程，其操作步骤如下。

a) 2D 图形　　　　　b) 加工工件　　　　　c) 加工结果

图 13.5.1　外螺纹刀具路径

### Stage1. 进入加工环境

Step1. 打开文件 D:\mcx8\work\ch13.05.01\THREAD_OD_LATHE.MCX，模型如图 13.5.2 所示。

Step2. 隐藏刀具路径。在 刀路 选项卡中单击 ▶ 按钮，再单击 ≋ 按钮，将已存的刀具路径隐藏。

图 13.5.2　打开模型

### Stage2. 选择加工类型

选择下拉菜单 刀路(T) ➡️ 🔧车螺纹(T)... 命令，系统弹出图 13.5.3 所示的"车削螺纹 属性"对话框。

### Stage3. 选择刀具

Step1. 设置刀具参数。选取图 13.5.3 所示的"T9494 R0.072 OD THREAD RIGHT-SMALL"刀具，在"车削螺纹 属性"对话框 进给率:文本框中输入值 100.0。

Step2. 设置冷却方式。单击 Coolant... 按钮，系统弹出"Coolant..."对话框，在 Flood 下拉列表中选择 On 选项，单击该对话框中的 ✓ 按钮，关闭"Coolant..."对话框。

Step3. 设置刀具路径参数。在 用户定义 ▼ 下拉列表中选择 用户定义 选项，单击 定义(D)... 按钮，在系统弹出的"原点位置-用户定义"对话框 X:文本框中输入值 25.0， Z: 文本框中输入值 25.0，单击该对话框中的 ✓ 按钮，返回至"车削螺纹 属性"对话框，其他参数采用系统默认设置值。

图 13.5.3 "车削螺纹 属性"对话框

### Stage4. 设置加工参数

Step1. 在"车削螺纹 属性"对话框中单击 螺纹外形参数 选项卡，切换到图 13.5.4 所示的"螺纹外形参数"界面。

图 13.5.4 所示的"螺纹外形参数"选项卡中部分选项的说明如下。

- 结束位置 按钮：单击此按钮，可以在图形区选取螺纹的结束位置。
- 起始位置 按钮：单击此按钮，可以在图形区选取螺纹的起始位置。
- 螺纹方向 下拉列表：用于定义螺纹所在位置，包括 内径 、外径 和 正面/背面 三个选项。
- □ 负 X 复选框：用于设置当在 X 轴负向车削时，显示螺纹。
- 锥度角 文本框：用于定义螺纹的圆锥角度。如果指定的值为正值，即从螺纹开始到螺纹尾部，螺纹的直径将逐渐增加；如果指定的值为负值，即从螺纹的开始到螺纹的尾部，螺纹的直径将逐渐减小；如果用户直接在绘图区选取了螺纹的起始位置和结束位置，则系统会自动计算角度并显示在此文本框中。
- 从表单选择(T)... 按钮：单击此按钮，系统弹出"螺纹表格"对话框，通过此对话框可以选择螺纹的类型和规格。

图 13.5.4 "螺纹外形参数"选项卡

- 运用公式计算(F)... 按钮：单击此按钮，系统弹出"运用公式计算"对话框，如图 13.5.5 所示，用户可以通过此对话框对计算螺纹公式及相关设置进行定义。
- 绘制螺纹(D)... 按钮：单击此按钮后可以在图形区绘制所需的螺纹。
- 预留量 区域：用于定义切削的预留量，其包括 从表单选择(T)... 按钮、大径预留量 文本框、小径预留量 文本框和 预留量公差 文本框。
  - ☑ 从表单选择(L)... 按钮：单击此按钮，系统弹出"Allowance Table"对话框，通过此对话框可以选择不同螺纹类型的预留量。当选中此按钮前的复选框时，该按钮可用。

图 13.5.5 "运用公式计算"对话框

☑ 大径预留量:文本框:用于定义螺纹外径的加工预留量。当 螺纹方向 为 正面/背面 时，此文本框不可用。

☑ 小径预留量:文本框:用于定义螺纹内径的加工预留量。当 螺纹方向 为 正面/背面 时，此文本框不可用。

☑ 预留量公差:文本框：用于定义螺纹外径和内径的加工公差。当 螺纹方向 为 正面/背面 时，此文本框不可用。

Step2. 设置螺纹形式的参数选项卡。在"螺纹外形参数"选项卡中单击 起始位置... 按钮，然后在图形中选取图 13.5.6 所示的点 1（最右端竖直线的上端点）作为起始位置；单击 结束位置 按钮，然后在图形区选取图 13.5.6 所示的点 2（水平直线的右端点）作为结束位置；单击 大径... 按钮，然后在图形区选取图 13.5.6 所示的边线的中点作为大的直径参考；单击 小径(N)... 按钮，然后选取图 13.5.6 所示的边线的中点作为牙底直径参考；在 螺纹方向 下拉列表中选择 外径 选项，在 导程:文本框中输入值 2.0，其他参数采用系统默认设置值。

图 13.5.6 定义螺纹参数

Step3. 设置车螺纹参数选项卡。在"车削螺纹 属性"对话框中单击 螺纹切削参数 选项卡，

Mastercam X8 宝典

结果如图 13.5.7 所示，在 退刀延伸量: 文本框中输入值 1.0，其他采用系统默认的设置参数值。

图 13.5.7　"螺纹切削参数"选项卡

图 13.5.7 所示的"螺纹切削参数"选项卡中部分选项的说明如下。

- NC 代码格式: 下拉列表: 该下拉列表中包含 普通 选项、循环 选项、单段 选项和 交替 选项。

- 确定切削深度依据: 区域: 用于定义切削深度的决定因素。
  - ☑ ◉ 相等面积 单选项: 选中此单选项，系统按相同的切削材料量进行加工。
  - ☑ ◯ 相等深度 单选项: 选中此单选项，系统按相同的切削深度进行加工。

- 确定切削次数依据: 区域: 用于选择定义切削次数的方式，其包括 ◯ 第一刀切削量: 单选项和 ◉ 切削次数: 单选项。
  - ☑ ◯ 第一刀切削量 单选项: 选择此单选项，系统根据第一刀的切削量、最后一刀的切削量和螺纹深度计算切削次数。
  - ☑ ◉ 切削次数 单选项: 选中此单选项，直接输入切削次数即可。

- 毛坯间隙: 文本框: 用于定义刀具每次切削前与工件间的距离。

- 退刀延伸量: 文本框: 用于定义最后一次切削时的刀具位置与退刀槽的径向中心线间的距离。

- 预先截断距离: 文本框: 用于定义开始退刀时的刀具位置与退刀槽的径向中心线间的距

642

离。

- <u>加速间隙</u>:文本框:用于定义刀具切削前与加速到切削速度时在 Z 轴方向上的距离。

- <u>多线...</u>复选框:用于自动计算进刀加速间隙。

- <u>最后一刀切削量</u>:文本框:用于定义最后一次切削的材料去除量。

- <u>跳刀切削次数</u>:文本框:用于定义螺纹精加工的次数。当精加工无材料去除时,所有的刀具路径将为相同的加工深度。

Step4. 在"车削螺纹 属性"对话框中单击 ✓ 按钮,完成加工参数的设置,此时系统将自动生成图 13.5.8 所示的刀具路径。

### Stage5. 加工仿真

Step1. 刀路模拟。

(1)在"操作管理"中单击上一步创建好的刀路节点,系统弹出"刀路模拟"对话框及"刀路模拟控制"操控板。

(2)在"刀路模拟控制"操控板中单击 ▶ 按钮,系统将开始对刀具路径进行模拟,结果与图 13.5.8 所示的刀具路径相同,在"刀路模拟"对话框中单击 ✓ 按钮。

图 13.5.8 刀具路径

Step2. 实体切削验证。

(1)在 <u>刀路</u> 选项卡中单击 ▶ 按钮,然后单击"验证选定操作"按钮 ,系统弹出"Mastercam 模拟器"对话框。

(2)在"Mastercam 模拟器"对话框中单击 ▶ 按钮,系统将开始进行实体切削仿真,结果如图 13.5.9 所示,单击 × 按钮。

图 13.5.9 仿真结果

Step3. 保存加工结果。选择下拉菜单 文件(F) ➡ 🖫 保存(S) 命令，即可保存加工结果。

## 13.5.2　内螺纹车削

内螺纹车削加工与外螺纹车削加工基本相同，只是在螺纹的方向参数设置上有所区别。在加工内螺纹时也不需要选择加工的几何模型，只需定义螺纹的起始位置与终止位置即可。下面以图 13.5.10 所示的模型为例讲解内螺纹车削加工的一般过程，其操作步骤如下。

a）2D 图形　　　　　b）加工工件　　　　　c）加工结果

图 13.5.10　内螺纹车削

### Stage1. 进入加工环境

打开文件 D:\mcx8\work\ch13.05.02\THREAD_ID_LATHE.MCX，模型如图 13.5.11 所示，系统进入加工环境。

图 13.5.11　打开模型

### Stage2. 设置工件和夹爪

Step1. 在"操作管理"中单击 ⛰ 属性 - Lathe Default MM 节点前的"+"号，将该节点展开，然后单击 ◆ 毛坯设置 节点，系统弹出"机床群组属性"对话框。

Step2. 设置工件的形状。在"机床群组属性"对话框的 毛坯 区域中单击 属性... 按钮，系统弹出"机床组件管理器 – 毛坯"对话框。

Step3. 设置工件的尺寸。在"机床组件管理器 – 毛坯"对话框中单击 由两点产生(2)... 按钮，然后在图形区选取图 13.5.12 所示的两点（两点的位置大致如图所示即可），系统返回到"机床组件管理 – 毛坯"对话框；在 外径: 文本框中输入值 40.0，选中 ☑内径: 复选框，并在 ☑内径: 文本框中输入值 24.0，在 长度: 文本框中输入值 50.0，在 轴向位置 区域 Z: 文本框中输入值 0.0，其他参数采用系统默认设置值。单击 预览车床边界 按钮查看工件，

结果如图 13.5.13 所示。按 Enter 键，然后在"机床组件管理器 – 毛坯"对话框中单击 ✓
按钮，返回至"机床群组属性"对话框。

点 2

图 13.5.12　定义工件位置　　　　图 13.5.13　预览工件形状和位置

Step4. 设置夹爪的形状。在"机床群组属性"对话框 卡爪 区域中单击 属性... 按钮，
系统弹出"机床组件管理器 – 卡爪"对话框。

Step5. 设置夹爪的尺寸。在"机床组件管理器 – 卡爪"对话框中设置参数如图 13.5.14
所示。单击 预览车床边界 按钮查看夹爪，如图 13.5.15 所示；按 Enter 键，然后在
"机床组件管理器 – 卡爪"对话框中单击 ✓ 按钮，返回到"机床群组属性"对话框。

图 13.5.14　"机床组件管理器 – 卡爪"对话框

Step6. 在"机床群组属性"对话框中单击  按钮，完成工件和夹爪的设置。

图 13.5.15　预览夹爪形状和位置

### Stage3．选择加工类型

选择下拉菜单 刀路(T) ➡️ 车螺纹(T)... 命令，系统弹出"输入新 NC 名称"对话框，接受系统默认名称，单击 ✓ 按钮，系统弹出"车削螺纹 属性"对话框。

### Stage4．选择刀具

Step1. 在"车削螺纹 属性"对话框中选择"T102102　R0.072　ID　THREAD　MIN. 30. DIA.."刀具并双击，系统弹出"定义刀具"对话框，在 刀片 选项卡 刀片图形 区域 A: 文本框中输入值 5.0，单击 刀柄 选项卡，在 刀柄图形 区域 A: 文本框中输入值 10.0，在 C: 文本框中输入值 6.0，单击 ✓ 按钮，返回至"车削螺纹 属性"对话框。

Step2. 在 进给率: 文本框中输入值 1000.0；单击 Coolant... 按钮，系统弹出"Coolant…"对话框，在 Flood 下拉列表中选择 On 选项，单击该对话框中的 ✓ 按钮，关闭"Coolant…"对话框，在 原点位置 下拉列表中选择 用户定义 选项，单击 定义(D)... 按钮，在系统弹出的"原点位置-用户定义"对话框 X: 文本框中输入值 25.0，Z: 文本框中输入值 25.0，单击该对话框中的 ✓ 按钮，返回至"车削螺纹 属性"对话框，其他参数采用系统默认设置值。

### Stage5．设置加工参数

Step1. 在"车削螺纹 属性"对话框中单击 螺纹外形参数 选项卡，切换到"螺纹外形参数"界面。

Step2. 在"螺纹外形参数"界面中单击 起始位置 按钮，然后选取图 13.5.16 所示的点 1 作为起始位置；单击 结束位置 按钮，然后选取图 13.5.16 所示的点 2 作为结束位置；单击 大径... 按钮，然后选取图 13.5.16 所示的点 3 作为大的直径参考；单击 小径(N)... 按钮，然后选取图 13.5.16 所示的点 4 作为牙底直径参考；在 螺纹方向 下拉列表中选择 内径 选项，在 导程: 文本框中输入值 2.0，其他参数采用系统默认设置值。

Step3. 在"车削螺纹 属性"对话框中单击 ✓ 按钮，完成加工参数的设置，此时系统将自动生成图 13.5.17 所示的刀具路径。

图 13.5.16  定义螺纹形式参数

图 13.5.17  刀具路径

### Stage6. 加工仿真

Step1. 刀路模拟。

（1）在"操作管理"中单击上一步创建好的刀路节点，系统弹出"刀路模拟"对话框及"刀路模拟控制"操控板。

（2）在"刀路模拟控制"操控板中单击▶按钮，系统将开始对刀具路径进行模拟，结果与图 13.5.17 所示的刀具路径相同，在"刀路模拟"对话框中单击✓按钮。

Step2. 实体切削验证。

（1）在"操作管理"中确认 📝 1 - 车削螺纹 - [WCS: 俯视图] - [刀具平面: 车床左上角] 节点被选中，然后单击"验证选定操作"按钮 📭，系统弹出"Mastercam 模拟器"对话框。

（2）在"Mastercam 模拟器"对话框中单击▶按钮，系统将开始进行实体切削仿真，结果如图 13.5.18 所示，单击 ✕ 按钮。

图 13.5.18  仿真结果

Step3. 保存加工结果。选择下拉菜单 文件(F) ➡ 🖫 保存(S) 命令，即可保存加工结果。

# 13.6　车 削 截 断

在 Mastercam X8 中，车削截断只需定义一个点即可进行加工，其参数设置较前面所叙述的加工方式来说比较简单。下面通过图 13.6.1 所示的实例来讲解车削截断的详细操作过程，其操作过程如下。

a）2D 图形　　　　b）加工工件　　　　c）加工结果

图 13.6.1　车削截断

## Stage1. 进入加工环境

Step1. 打开模型。选择文件 D:\mcx8\work\ch13.06\LATHE_CUT.MCX，模型如图 13.6.2 所示。

Step2. 隐藏刀具路径。在 刀路 选项卡中单击 ▶ 按钮，再单击 ≋ 按钮，将已存的刀具路径隐藏。

## Stage2. 选择加工类型

Step1. 选择命令。选择下拉菜单 刀路(T) ➡ 🔧 截断(C)... 命令，系统提示"选择截断边界点："。

Step2. 定义边界点。在图形区选取图 13.6.3 所示的边界点作为截断边界点，系统弹出"车削截断 属性"对话框。

图 13.6.2　打开模型

图 13.6.3　定义截断边界点

### Stage3. 选择刀具

**Step1.** 在"车削截断 属性"对话框中选择"T151151 R0.4 W4. OD CUTOFF RIGHT"刀具，在 主轴转速 文本框中输入值 500.0，并选中 ⊙ RPM 单选项；在 原点位置 下拉列表中选择 用户定义 选项，单击 定义(D)... 按钮，在系统弹出的"原点位置-用户定义"对话框 X: 文本框中输入值 25.0，Z: 文本框中输入值 25.0，单击该对话框中的 ✓ 按钮，返回到"车削截断 属性"对话框，其他参数采用系统默认设置值。

**Step2.** 设置冷却方式。在"车削截断 属性"对话框中单击 Coolant... 按钮，系统弹出"Coolant..."对话框，在 Flood （切削液）下拉列表中选择 On 选项，单击该对话框中的 ✓ 按钮，关闭"Coolant..."对话框。

### Stage4. 设置加工参数

**Step1.** 在"车削截断 属性"对话框中单击 截断参数 选项卡，如图 13.6.4 所示，采用系统默认的参数设置值。

图 13.6.4 "截断参数"选项卡

**图 13.6.4 所示的"截断参数"选项卡中部分选项的说明如下。**

- 提刀半径 区域：用于选择定义退刀距离的方式。包括 ⊙ 无 、 ○ 绝对坐标: 、 ⊙ 增量坐标: 和 □ 根据毛坯 四个选项。

- X 相切点(X)... 按钮：用于定义截断车削终点的 X 坐标，单击此按钮可以在图形区选取一个点。

- **后端面毛坯(B)** 按钮：用于定义工件反向的材料。
- **切深位置** 区域：用于定义截断车削的位置。
  - ☑ **● 前端半径** 单选项：刀具的前端点与指定终点的 X 坐标重合。
  - ☑ **● 后端半径** 单选项：刀具的后端点与指定终点的 X 坐标重合。
- **转角图形** 区域：用于定义刀具在工件转角处的切削外形。
  - ☑ **● 无** 单选项：选中此选项则切削外形为直角。
  - ☑ **● 半径** 单选项：选中此选项则切削外形为圆角，可以在其后的文本框中指定圆角半径。
  - ☑ **● 倒角** 单选项：选中此选项则切削外形为倒角，单击 **参数(P)** 按钮，系统弹出图 13.6.5 所示的"截断倒角"对话框，用户可以通过此对话框对倒角的参数进行设置。
  - ☑ **间隙切削(C)...** 按钮：选中 ☑ 选项，此按钮就会加亮显示，单击此按钮，系统弹出图 13.6.6 所示的"间隙切削"对话框，用户可以通过此对话框设置第一刀下刀的参数。当此按钮前的复选框处于选中状态时可用。

图 13.6.5 "截断倒角"对话框

图 13.6.6 "间隙切削"对话框

- **二次进给率/主轴转速** 区域：用于定义第二速率和主轴转速。
  - ☑ **应用新设置半径** 文本框：用于定义应用范围的半径值。
  - ☑ **□ 进给率** 复选框：用于定义第二速率的数值。
  - ☑ **□ 主轴转速** 复选框：用于定义第二主轴转速的数值。

Step2. 在"车削截断 属性"对话框中单击 ✔ 按钮，完成刀具的选择，此时系统将自动生成图 13.6.7 所示的刀具路径。

**Stage5. 加工仿真**

Step1. 刀路模拟。

（1）在"操作管理"中单击上一步创建好的刀路节点，系统弹出"刀路模拟"对话框及"刀路模拟控制"操控板。

（2）在"刀路模拟控制"操控板中单击 ▶ 按钮，系统将开始对刀具路径进行模拟，结果与图 13.6.7 所示的刀具路径相同，在"刀路模拟"对话框中单击 ✓ 按钮。

Step2. 实体切削验证。

（1）在 刀路 选项卡中单击 ▶ 按钮，然后单击"验证选定操作"按钮 ，系统弹出"Mastercam 模拟器"对话框。

（2）在"Mastercam 模拟器"对话框中单击 ▶ 按钮，系统将开始进行实体切削仿真，结果如图 13.6.8 所示。

图 13.6.7　刀具路径　　　　　　　　　　图 13.6.8　仿真结果

Step3. 保存加工结果。选择下拉菜单 文件(F) ➡ 🖫 保存(S) 命令，即可保存加工结果。

# 13.7　车　端　面

端面车削加工用于车削工件的端面。加工区域是由两点定义的矩形来确定的。下面以图 13.7.1 所示的模型为例讲解端面车削加工的一般过程，其操作步骤如下。

a）2D 图形　　　　　　b）加工工件　　　　　　c）加工结果

图 13.7.1　车端面

### Stage1. 进入加工环境

打开文件 D:\mcx8\work\ch13.07\LATHE_FACE_DRILL.MCX，模型如图 13.7.2 所示。

### Stage2. 设置工件和夹爪

Step1. 在"操作管理"中单击 **山 属性 - Lathe Default MM** 节点前的"+"号，将该节点展开，然后单击 **◇ 毛坯设置** 节点，系统弹出"机床群组属性"对话框。

Step2. 设置工件的形状。在"机床群组属性"对话框的 **毛坯** 区域中单击 **属性...** 按钮，系统弹出"机床组件管理器 – 毛坯"对话框。

Step3. 设置工件的尺寸。在"机床组件管理器 – 毛坯"对话框中单击 **由两点产生(2)...** 按钮，然后在图形区选取图 13.7.3 所示的两点（点 1 为最左边直线的端点，点 2 的位置大致如图所示即可），系统返回至"机床组件管理器 – 毛坯"对话框，在 **外径:** 文本框中输入值 40.0，在 **长度:** 文本框中输入值 62.0，在 **轴向位置** 区域 **Z:** 文本框中输入值 2.0，其他参数采用系统默认设置值，单击 **预览车床边界** 按钮查看工件，如图 13.7.4 所示。按 Enter 键，然后在"机床组件管理器 – 毛坯"对话框中单击 **✓** 按钮，返回至"机床群组属性"对话框。

图 13.7.2　打开模型　　　　图 13.7.3　定义工件位置　　　　图 13.7.4　预览工件形状和位置

Step4. 设置夹爪的形状。在"机床群组属性"对话框 **卡爪** 区域中单击 **属性...** 按钮，系统弹出"机床组件管理器 – 卡爪"对话框。

Step5. 设置夹爪的尺寸。在"机床组件管理器 – 卡爪"对话框中单击 **由两点产生(2)...** 按钮，然后在图形区选取图 13.7.5 所示的两点（两点的位置大致如图所示即可），系统返回到"机床组件管理器 – 卡爪"对话框，设置参数如图 13.7.6 所示，单击 **预览车床边界** 按钮查看夹爪，如图 13.7.7 所示。按 Enter 键，然后在"机床组件管理器 – 卡爪"对话框中单击 **✓** 按钮，返回到"机床群组属性"对话框。

图 13.7.5　定义夹爪位置

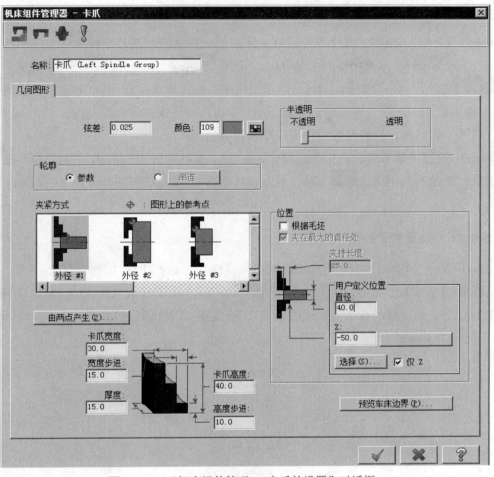

图 13.7.6　"机床组件管理 – 夹爪的设置"对话框

图 13.7.7　预览夹爪形状和位置

Step6. 在"机床群组属性"对话框中单击 ![] 按钮，完成工件和夹爪的设置。

## Stage3. 选择加工类型

选择下拉菜单 刀路(T) ➡ 面铣(A)... 命令，系统弹出"输入新 NC 名称"对话框，采用系统默认的 NC 名称，单击 ![] 按钮，系统弹出"车削端面 属性"对话框。

### Stage4. 选择刀具

Step1. 在"车削端面 属性"对话框中采用系统默认的刀具，在 进给率: 文本框中输入值 5.0；在 主轴转速: 文本框中输入值 800.0，并选中 ⊙ RPM 单选项；在 原点位置 下拉列表中选择 用户定义 选项，单击 定义(D)... 按钮，在系统弹出的"原点位置-用户定义"对话框 X: 文本框中输入值 25.0，Z: 文本框中输入值 25.0，单击该对话框中的 ✓ 按钮，返回到"车削端面 属性"对话框，其他参数采用系统默认设置值。

Step2. 设置冷却方式。单击 Coolant... 按钮，系统弹出"Coolant..."对话框，在 Flood （切削液）下拉列表中选择 On 选项，单击该对话框中的 ✓ 按钮，关闭"Coolant..."对话框。

### Stage5. 设置加工参数

Step1. 设置车端面参数。在"车削端面 属性"对话框中单击 面铣参数 选项卡，选中 ⊙ 选择点(S) 单选项，单击 ⊙ 选择点(S) 按钮，在图形区选取图 13.7.8 所示的两个点（点 1 为毛坯右上顶点，点 2 为直线的端点），设置图 13.7.9 所示的参数。

图 13.7.8 定义夹爪位置

图 13.7.9 "面铣参数"选项卡

图 13.7.9 所示的"面铣参数"选项卡中部分选项的说明如下。

- 退刀延伸量:文本框:用于定义在端面车削时,刀具在 X 方向超过所定义的矩形框的切削深度。

- 回缩量:文本框:用于定义刀具在开始下一次切削之前退回的位置与端面间的增量。

- □ 从中心线切削 复选框:选中此复选框,切削时,刀具从工件中心线向外切削。

Step2. 单击 ✓ 按钮完成刀具的选择,此时系统将自动生成图 13.7.10 所示的刀具路径。

放大图

图 13.7.10 刀具路径

### Stage6. 加工仿真

Step1. 刀路模拟。

(1)在"操作管理"中单击上一步创建好的刀路节点,系统弹出"刀路模拟"对话框及"刀路模拟控制"操控板。

(2)在"刀路模拟控制"操控板中单击 ▶ 按钮,系统将开始对刀具路径进行模拟,结果与图 13.7.10 所示的刀具路径相同,在"刀路模拟"对话框中单击 ✓ 按钮。

Step2. 实体切削验证。

(1)在"操作管理"中确认 🔁 1 - 车削端面 - [WCS: +X+Z] - [刀具平面: 车床左上角] 节点被选中,然后单击"验证选定操作"按钮 🔁,系统弹出"Mastercam 模拟器"对话框。

(2)在"Mastercam 模拟器"对话框中单击 ▶ 按钮,系统将开始进行实体切削仿真,结果如图 13.7.11 所示,单击 × 按钮。

图 13.7.11 仿真结果

Step3. 保存加工结果。选择下拉菜单 文件(F) ➡ 🖫 保存(S) 命令,即可保存加工结果。

# 13.8　钻　孔

车床钻孔加工与铣床钻孔加工的方法相同，主要用于钻孔、铰孔或攻丝。但是车床钻孔加工不同于铣床钻孔加工，在车床钻孔加工中，刀具沿 Z 轴移动而工件旋转；而在铣床钻孔加工中，刀具既沿 Z 轴移动又沿 Z 轴旋转。下面以图 13.8.1 所示的模型为例讲解车削钻孔加工的一般过程，其操作步骤如下。

a）2D 图形　　　b）加工工件　　　c）加工结果

图 13.8.1　车削钻孔

## Stage1. 进入加工环境

Step1. 打开文件 D:\mcx8\work\ch13.08\LATHE_DRILL.MCX，模型如图 13.8.2 所示。

图 13.8.2　打开模型

Step2. 隐藏刀具路径。在 刀路 选项卡中单击 按钮，再单击 按钮，将已存的刀具路径隐藏。

## Stage2. 选择加工类型

选择下拉菜单 刀路(T) ➡ 钻孔(D)... 命令。

## Stage3. 选择刀具

Step1. 在"车削钻孔 属性"对话框中选择"T126126 20. Dia. DRILL　20. DIA."刀具，

在 进给率: 文本框中输入值 10.0,并选中 ⊙ 毫米/转 单选项;在 主轴转速: 文本框中输入值 1200.0,并选中 ⊙ RPM 单选项;在 原点位置 下拉列表中选择 用户定义 选项,单击 定义(D)... 按钮,在系统弹出的"原点位置-用户定义"对话框 X: 后的文本框中输入值 25.0,Z: 文本框中输入值 25.0,单击该对话框中的 ✓ 按钮,返回至"车削钻孔 属性"对话框,其他参数采用系统默认设置值。

Step2. 设置冷却方式。单击 Coolant... 按钮,系统弹出"Coolant..."对话框,在 Flood 下拉列表中选择 On 选项,单击该对话框中的 ✓ 按钮,关闭"Coolant..."对话框。

### Stage4. 设置加工参数

在"车削钻孔 属性"对话框中单击 深孔钻-无啄孔 选项卡,如图 13.8.3 所示,在 深度... 后的文本框中输入值-35.0,单击 钻孔点(P)... 按钮,在图形区选取图 13.8.4 所示的点(最右端竖线与轴中心线的交点处),其他参数采用系统默认设置值,单击该对话框中的 ✓ 按钮,完成钻孔参数的设置,此时系统将自动生成图 13.8.5 所示的刀具路径。

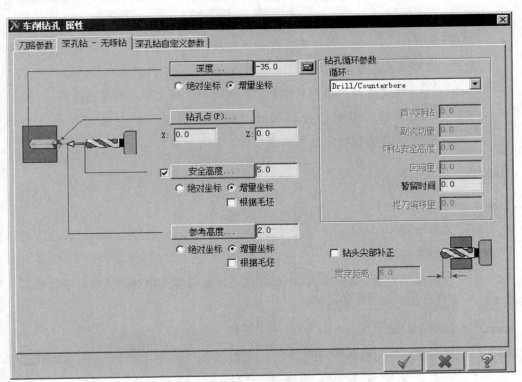

图 13.8.3    "深孔钻-无啄孔"选项卡

图 13.8.3 所示的"深孔钻-无啄孔"选项卡中部分选项的说明如下。

* 深度... 按钮:单击此按钮,可以在图形区选取一个点定义孔的深度,也可以在其后的文本框中直接输入孔深,通常为负值。

●  按钮: 用于设置精加工时刀具的有关参数。单击此按钮, 系统弹出"深度的计算"对话框, 通过此对话框用户可以对深度的计算的相关参数进行修改。

图 13.8.4　定义钻孔位置

图 13.8.5　刀具路径

钻孔位置

● 钻孔点 (P)... 按钮: 用于定义钻孔开始的位置, 单击此按钮, 可以在图形区选取一个点, 也可以在其下的两个坐标文本框中输入点的坐标值。

● 安全高度 按钮: 用于定义在钻孔之前刀具与工件之间的距离。当此按钮前的复选框处于选中状态时可用。单击此按钮可以选择一个点, 或直接在其后的文本框中输入安全高度值, 包括⊙ 绝对坐标、⊙ 增量坐标 和□ 根据毛坯 三个附属选项。

● 参考高度... 按钮: 用于定义刀具进刀点, 单击此按钮, 可以在图形区选取一个点, 也可以在其后的文本框中直接输入进刀点与工件端面之间的距离值。

● ☑ 钻头尖部补正 复选框: 用于计算孔的深度, 以便确定钻孔的贯穿距离。

● 贯穿距离: 文本框: 当钻孔为通孔时, 指定刀尖与工件末端的距离。当选中☑ 钻头尖部补正 复选框时, 此文本框可用。

## Stage5．加工仿真

Step1．刀路模拟。

（1）在"操作管理"中单击上一步创建好的刀路节点, 系统弹出"刀路模拟"对话框及"刀路模拟控制"操控板。

（2）在"刀路模拟控制"操控板中单击▶按钮, 系统将开始对刀具路径进行模拟, 在"刀路模拟"对话框中单击 ✓ 按钮。

Step2．实体切削验证。

（1）在"操作管理"中确认 🗂 2 - 车削钻孔 - [WCS: +X+Z] - [刀具平面: 车床左上角] 节点被选中, 然后单击"验证选定操作"按钮 🔧 , 系统弹出"Mastercam 模拟器"对话框。

（2）在"Mastercam 模拟器"对话框中单击▶按钮, 系统将开始进行实体切削仿真, 结果如图 13.8.6 所示, 单击 × 按钮。

Step3．保存加工结果。选择下拉菜单 文件 (F) ➜ 🖫 保存 (S) 命令, 即可保存加工结果。

图 13.8.6 仿真结果

# 13.9 车 内 径

车内径与粗/精车加工基本相同，只是在选取加工边界时有所区别。粗/精车加工选取的是外部线串，而车内径选取的是内部线串。下面以图 13.9.1 所示的模型为例讲解车内径加工的一般过程，其操作步骤如下。

### Stage1. 进入加工环境

打开文件 D:\mcx8\work\ch13.09\ROUGH_ID_LATHE.MCX，模型如图 13.9.2 所示。

a）2D 图形　　　　　b）加工工件　　　　　　　　c）加工结果

图 13.9.1 车内径

### Stage2. 选择加工类型

Step1. 选择下拉菜单 刀路(T) ➡ 粗车(R)... 命令，系统弹出"输入新 NC 名称"对话框，采用系统默认的 NC 名称，单击 ✓ 按钮，系统弹出"串连"对话框。

Step2. 定义加工轮廓。在图形区中选取图 13.9.3 所示的轮廓，单击 ✓ 按钮，系统弹出"车削粗车 属性"对话框。

放大图　　　　　　　　　　　选取此边链

图 13.9.2 打开模型　　　　　　　图 13.9.3 定义加工轮廓

### Stage3. 选择刀具

Step1. 在"车削粗车 属性"对话框中选择"T0909 R0.4"刀具并双击，系统弹出"定义刀具-机床群组-1"对话框，设置刀片参数如图 13.9.4 所示，在"定义刀具-机床群组-1"对话框中单击 镗杆 选项卡，在 刀柄图形 区域 A: 文本框中输入值 15.0，在 C: 文本框中输入值 10.0，单击该对话框中的 ✓ 按钮，返回至"车削粗车 属性"对话框。

Step2. 在"车削粗车 属性"对话框 主轴转速: 文本框中输入值 500.0，并选中 ⊙ RPM 单选项；在 原点位置 下拉列表中选择 用户定义 选项，单击 定义(D)... 按钮，在系统弹出的"原点位置-用户定义"对话框 X: 文本框中输入值 25.0，Z: 文本框中输入值 25.0，单击该对话框中的 ✓ 按钮，返回至"车削粗车 属性"对话框，其他参数采用系统默认设置值。

图 13.9.4 "定义刀具-机床群组-1"对话框

Step3. 设置冷却方式。单击 Coolant... 按钮，系统弹出"Coolant..."对话框，在 Flood（切削液）下拉列表中选择 On 选项，单击该对话框中的 ✓ 按钮，关闭"Coolant..."对话框。

### Stage4. 设置加工参数

在"车削粗车 属性"对话框中单击 粗加工参数 选项卡，在 粗车方向/角度 后的下拉列表中选择 选项，其他参数采用系统默认设置值，单击该对话框中的 ✓ 按钮，完成粗车内径

a) 2D 图形　　　　b) 加工工件　　　　　　　c) 加工结果

图 13.10.1　内槽车削

## Stage2．选择加工类型

Step1. 选择下拉菜单 刀路(T) ➝ ▥ 径向车(G)... 命令，系统弹出"输入新 NC 名称"对话框，采用系统默认的 NC 名称，单击 ✓ 按钮，系统弹出"径向车削选项"对话框。

Step2. 定义加工轮廓。在"径向车削选项"对话框中选中 ⊙ 2 点 单选项，单击 ✓ 按钮，然后在图形区依次选择图 13.10.3 所示的两个点（直线的端点），然后按 Enter 键，系统弹出"车削径向车 属性"对话框。

图 13.10.2　打开模型　　　　　图 13.10.3　定义加工轮廓

## Stage3．选择刀具

Step1. 定义刀具。在"车削径向车 属性"对话框中选择"T3333 R0.1 W1.5"刀具并双击，系统弹出"定义刀具-机床群组-1"对话框，在 刀片图形 区域 A: 文本框中输入值 1.0，在 D: 文本框中输入值 1.5，单击该对话框中的 ✓ 按钮，返回至"车削径向车 属性"对话框。

Step2. 在"车削径向车 属性"对话框 进给率: 文本框中输入值 3.0；在 主轴转速: 后的文本框中输入值 800.0，在 原点位置 下拉列表中选择 用户定义 选项，单击 定义(D) 按钮，在系统弹出的"原点位置-用户定义"对话框 X: 文本框中输入值 25.0，Z: 的文本框中输入值 25.0，单击该对话框中的 ✓ 按钮，完成刀具参数的设置。

## Stage4．设置加工参数

Step1. 在"车削径向车 属性"对话框中单击 径向车外形参数 选项卡，切换到"径向车外形参数"界面，如图 13.10.4 所示，采用系统默认的参数设置值。

Step2. 在"车削径向车 属性"对话框单击 径向粗车参数 选项卡，切换到"径向粗车参数"

界面，如图 13.10.5 所示，采用系统默认的参数设置值。

Step3. 在"车削径向车 属性"对话框中单击 ✓ 按钮，完成加工参数的选择，此时系统将自动生成图 13.10.6 所示的刀具路径。

图 13.10.4 "径向车外形参数"选项卡

图 13.10.5 "径向粗车参数"选项卡

图 13.10.6  刀具路径

### Stage5. 加工仿真

Step1. 刀路模拟。

（1）在"操作管理"中单击上一步创建好的刀路节点，系统弹出"刀路模拟"对话框及"刀路模拟控制"操控板。

（2）在"刀路模拟控制"操控板中单击 ▶ 按钮，系统将开始对刀具路径进行模拟，结果与图 13.10.6 所示相同，在"刀路模拟"对话框中单击 ✓ 按钮。

Step2. 实体切削验证。

（1）在"操作管理"中确认 **1 - 车削径向车 - [WCS: +X+Z] - [刀具平面: 车床左上角]** 节点被选中，然后单击"验证选定操作"按钮 ☑ ，系统弹出"Mastercam 模拟器"对话框。

（2）在"Mastercam 模拟器"对话框中单击 ▶ 按钮，系统将开始进行实体切削仿真，结果如图 13.10.7 所示，单击 × 按钮。

图 13.10.7  仿真结果

Step3. 保存加工结果。选择下拉菜单 文件(F) ➡ 🖫 保存(S) 命令，即可保存加工结果。

# 第 **14** 章　线切割加工

## 14.1　概　　述

　　线切割加工是电火花线切割加工的简称，它是利用一根运动的线状金属丝（钼丝或铜丝）作为工具电极，在工件和金属丝间通以脉冲电流，靠火花放电对工件进行切割的加工方法。在 Mastercam X8 中，线切割主要分为两轴和四轴两种。

　　线切割加工的原理如图 14.1.1 所示。工件上预先打好穿丝孔，电极丝穿过该孔后，经导向轮由储丝筒带动进行正、反向交替移动。放置工件的工作台按预定的控制程序，在 X、Y 两个坐标方向上进行伺服进给移动，把工件切割成形。加工时，需在电极和工件间不断浇注工作液。

图 14.1.1　线切割加工原理

　　线切割加工的工作原理和使用的电压、电流波形与电火花穿孔加工相似，但线切割加工不需要特定形状的电极，减少了电极的制造成本，缩短了生产准备时间，相对于电火花穿孔加工生产效率高、加工成本低，在加工过程中工具电极损耗很小，可获得较高的加工精度。小孔，窄缝，凸、凹模加工可一次完成，多个工件可叠起来加工，但不能加工不通孔和立体成形表面。由于电火花线切割加工具有上述特点，在国内外的发展都比较迅速，它已经成为一种高精度和高自动化的特种加工方法，在成形刀具与难切削材料、模具制造和精密复杂零件加工等方面得到广泛应用。

## 14.2　外形切割路径

　　两轴线切割加工可以用于任何类型的二维轮廓加工。在两轴线切割加工时，刀具（钼丝或铜丝）沿着指定的刀具路径切割工件，在工件上留下细线切割所留下的轨迹线，从而使零件和工件分离得到所需的零件。下面以图 14.2.1 所示的模型为例来说明外形切割的加工过程，其操作步骤如下。

a）2D 图形　　　　　　　　b）加工工件　　　　　　　　c）加工结果

图 14.2.1　外形切割加工

### Stage1. 进入加工环境

Step1. 打开原始模型文件 D:\mcx8\work\ch14.02\WIRED.MCX。

Step2. 进入加工环境。选择下拉菜单 机床类型(M) ➡ 线切割(W) ➡ 默认(D) 命令，系统进入加工环境，此时零件模型如图 14.2.2 所示。

### Stage2. 设置工件

Step1. 在"操作管理"中单击 属性 – Generic Wire EDM 节点前的"+"号，将该节点展开，然后单击 毛坯设置 节点，系统弹出"机床群组属性"对话框。

Step2. 设置工件的形状。在"机床群组属性"对话框的 形状 区域选中 ⊙ 矩形 单选项。

Step3. 设置工件的尺寸。在"机床群组属性"对话框中单击 边界框(B) 按钮，系统弹出"边界框"对话框，接受系统默认的参数设置值，单击 ✓ 按钮，返回至"机床群组属性"对话框，在 X 、 Y 和 Z 方向高度的文本框中分别输入值 150.0、150.0、10.0，此时该对话框如图 14.2.3 所示。

Step4. 单击"机床群组属性"对话框中的 ✓ 按钮，完成工件的设置。此时零件如图 14.2.4 所示，从图中可以观察到零件的边缘多了红色的双点画线，点画线围成的图形即为工件。

### Stage3. 选择加工类型

Step1. 选择下拉菜单 刀路(T) ➡ 外形(C) 命令，系统弹出"输入新 NC 名称"对话框，采用系统默认的 NC 名称，单击 ✓ 按钮；系统弹出"串连"对话框。

Step2. 设置加工区域。在图形区中选取图 14.2.5 所示的曲线串，然后按 Enter 键，完成加工区域的选择，同时系统弹出"线切割路径–外形"对话框。

图 14.2.2 零件模型

图 14.2.4 显示工件

图 14.2.3 "机床群组属性"对话框

选取此曲线串

图 14.2.5 加工区域

**Stage4. 设置加工参数**

Step1. 在"线切割路径-外形"对话框左侧列表中单击 线切割/电源 节点，结果如图 14.2.6 所示，然后单击 按钮，系统弹出图 14.2.7 所示的"编辑库"对话框，采用系统默认的参数设置值，单击 按钮返回至"线切割路径-外形"对话框。

图 14.2.7 所示的"编辑库"对话框中部分选项的说明如下。

- 路径 文本框：用于在当前的资料库中指定编辑参数的路径号。
- 列表库(L)... 按钮：用于列出当前资料库中的所有电源。
- 偏置 文本框：用于设置线切割刀具的补正码（与电火花加工设备有关）。
- 条件代码 文本框：用于设置与补正码相协调的线切割特殊值。
- 进给率 文本框：用于定义线切割刀具的进给率。

注意：大部分的线切割加工是不使用进给率的，除非用户需要对线切割刀具进行控制。

- 线径 文本框：用于指定电极丝的直径。此值与"切线半径"是相联系的，当"切线半径"值改变时，此值也会自动更新。

图 14.2.6    "线切割/电源"设置界面

图 14.2.7    "编辑库"对话框

- ● **切线半径**: 文本框: 用于指定电极丝的半径值。

- ● **放电间隙**: 文本框: 用于定义超过线切割刀具直径的材料去除值。

- ● **总偏置**: 文本框: 用于显示刀具半径、放电间隙和毛坯的补正总和。

- ● **登记 1** 文本框: 用于设置控制器号。

**说明**: 其他"登记"文本框与 **登记 1** 文本框相同,因此不再赘述。

- ● **路径注释** 文本框: 用于添加电源设置参数的注释。

Step2. 在"线切割路径-外形"对话框左侧列表中单击 **切削参数** 节点,显示切削参数设置界面,如图 14.2.8 所示,选中 ☑ **执行粗切削** 复选框,其他参数设置值接受系统默认。

第**14**章　线切割加工

图 14.2.8　"切削参数"设置界面

图 14.2.8 所示的"切削参数"设置界面中部分选项的说明如下。

- ☑ **执行粗切削** 复选框：用于创建粗加工。

- **毛头前的二次切削次数** 文本框：用于指定加工毛头前的加工次数。

- ☑ **毛头** 复选框：用于创建毛头加工，选中该项后，其他相关选项被激活。

- **毛头宽度** 文本框：用于指定毛头沿轮廓边缘的延伸距离。

- **毛头切削次数** 文本框：用于定义切割毛头的加工次数。

- ☑ **毛头切削与二次切削一起移动** 复选框：选中此项，则表示毛头加工在加工中进行。

- **所有切削组合** ▾ 下拉列表：用于设置加工顺序，其包括 **所有切削组合** 选项、
  **毛头及精加工一起进行** 选项和 **粗加工、毛头和精加工分开** 选项。当选中 ☑ **展开操作** 复选框
  时此下拉列表可用。

  ☑ **所有切削组合** 选项：用于定义粗加工、毛头加工、精加工等加工为同一个轮廓。

  ☑ **毛头及精加工一起进行** 选项：用于定义先进行粗加工，然后再进行毛头加工和精
  加工。

  ☑ **粗加工、毛头和精加工分开** 选项：用于定义先进行粗加工，再进行毛头加工，最
  后进行精加工。

- ⊙ **自动** 单选项：用于自动设置毛头位置。

- ⊙ **手动** 单选项：用于手动设置毛头位置。可以通过单击其后的 ⊕ 按钮，在绘图区
  选取一点来确定毛头的位置。

- ☐ **使用直角** 复选框：在 ⊙ **手动** 单选项被选中的情况下有效，用于使用方形的点作为

669

毛头的位置。当选中此复选框时，○ 起始 单选项、⊙ 中点 单选项和 ○ 结束 单选项被激活，用户可以通过这三个单选项来定义毛头的位置。

- 切削方式 区域：用于定义切削的方式，其包括 ⊙ 单向 单选项和 ○ 反向 单选项。
  - ☑ ⊙ 单向 单选项：用于设置始终沿一个方向进行切削。
  - ☑ ○ 反向 单选项：用于设置沿一个方向切削，然后换向进行切削，如此循环直到加工完成。
- ☑ 重设毛头切削的次数 复选框：当选中此复选框，系统会使用资料库中路径 1 的相关参数加工第一个毛头部位，并使用路径 1 的相关参数进行其后的粗加工，在第二个毛头部位使用资料库中路径 2 的相关参数进行加工，然后使用路径 1 的相关参数进行其后的粗加工，依此类推进行加工。
- ☑ 展开操作 复选框：用于激活 所有切削组合 ▼ 下拉列表。
- ☐ 隐藏所有线切割车螺纹 复选框：当选中此复选框时，将不标记穿线旗号，而且不写入 NCI 程序中。
- ☐ 隐藏所有线切割切削 复选框：当选中此复选框时，将不标记剪线旗号，而且不写入 NCI 程序中。

Step3. 在"线切割路径-外形"对话框左侧列表中单击 ⊘ 停止 节点，显示"停止"设置界面，如图 14.2.9 所示，参数设置接受系统默认设置值。

图 14.2.9　"停止"设置界面

图 14.2.9 所示的"停止"设置界面中部分选项的说明如下。

说明："停止"设置界面的选项在"切削参数"界面中选择 ☑ 毛头 选项后被激活。

- ☑ 产生停止代码 区域：用于设置在毛头加工过程中输出停止代码的位置。
  - ☑ ○ 针对每个毛头 单选项：用于设置在加工所有毛头前输出停止代码。
  - ☑ ⊙ 针对操作中的第一个毛头 单选项：用于设置在第一次毛头加工前输出停止代码。

- **输出停止代码** 区域：用于设置停止指令的形式。

  ☑ ○ **暂时停止** 单选项：用于设置输出暂时停止代码。

  ☑ ☑ **毛头结束之前的距离**：用于设置在停止代码的距离数，需在其后的文本框中输入具体数值。

  ☑ ☑ **之前毛头** 复选框：用于设置输出停止指令的位置为在加工毛头之前。

  ☑ ⦿ **停止** 单选项：用于设置输出永久停止代码。

  ☑ □ **之后毛头** 复选框：用于设置输出停止指令的位置为在加工毛头之后。

Step4. 在"线切割路径-外形"对话框左侧列表中单击 **螺纹导程** 节点，显示"螺纹导程"参数设置界面，如图 14.2.10 所示，在 **切入** 和 **切出** 区域均选中 ⦿ **仅直线** 单选项，其他参数设置接受系统默认设置值。

图 14.2.10　"螺纹导程"参数设置界面

图 14.2.10 所示的"螺纹导程"参数设置界面中部分选项的说明如下。

- **切入** 区域：用于定义电极丝引入运动的形状，其包括 ⦿ **仅直线** 单选项、⦿ **线与圆弧** 单选项和 ○ **两直线与圆弧** 单选项。

  ☑ ⦿ **仅直线** 单选项：用于在穿线点和轮廓开始处创建一条直线。

  ☑ ⦿ **线与圆弧** 单选项：用于在穿线点和轮廓开始处增加一条直线和一段圆弧。

  ☑ ○ **两直线与圆弧** 单选项：用于在穿线点和轮廓开始处创建两条直线和一段圆弧。

- **切出** 区域：用于定义引出运动的形状，其包括 ⦿ **仅直线** 单选项、○ **仅圆弧** 单选项、○ **圆弧与直线** 单选项和 ○ **圆弧与两直线** 单选项。

☑ ⊙ **仅直线** 单选项：选中此单选项后，电极丝切出工件后会以直线的形式运动到切削点或者运动到设定的位置。

☑ ○ **仅圆弧** 单选项：电极丝切出工件后会形成一段圆弧，用户可以自定义圆弧的半径和扫掠角。

☑ ○ **圆弧与直线** 单选项：电极丝切出工件后会形成一段圆弧，接着以直线的形式运动到切削点。

☑ ○ **圆弧与两直线** 单选项：电极丝切出工件后会形成一段圆弧，接着创建两条直线，运动到切削点。

- **进/退刀** 区域：用于定义进入/退出的直线和圆弧的参数，其包括 **圆弧半径** 文本框、**圆弧的扫掠角度** 文本框和 **重叠量** 文本框。

☑ **圆弧半径** 文本框：用于指定引入/引出的圆弧半径。

☑ **圆弧的扫掠角度** 文本框：用于指定引入/引出的圆弧转角。

☑ **重叠量** 文本框：用于在轮廓的开始和结束定义需要去除的振动值。

- ☑ **最大退刀量** 复选框：用于缩短引出长度的值，用户可以在其后的文本框中输入引出长度的缩短值。如果不选中此复选框，则引出长度为每一个切削点到轮廓终止位置的平均距离。

- ☑ **修剪最后退刀量** 复选框：用于设置以指定的"最大引出长度"来修剪最后的引出距离。

- ☑ **毛头切削（没有脱离方法）** 复选框：用于设置去除短小的突出部。当毛坯为长条状时选中此复选框。

- ☑ **自动定位切削点** 复选框：用于设置系统自动测定最有效切削点。

- ☑ **设置起始位置为车螺纹点** 复选框：用于设置切入点与穿线点的位置相同。

- ☐ **快速离开穿丝点** 复选框：用于设置从引入穿线点到轮廓链间快速移动。

- ☐ **快速移到切削点** 复选框：用于设置引出运动为快速移动。

- ☐ **程序结束时快速移到起始位置** 复选框：用于设置在最初的起始位置和刀具路径的结束位置间建立快速移动。

Step5. 在"线切割路径-外形"对话框左侧列表中单击◇ **螺纹导程距离** 节点，显示"螺纹导程距离"设置界面，如图 14.2.11 所示，选中 ☑ **螺纹导程（覆盖车螺纹/切削点）** 复选框，并在 **螺纹导程** 文本框中输入值 10.0，其他参数接受系统默认设置值。

图 14.2.11 所示的"螺纹导程距离"设置界面中部分选项的说明如下。

- ☑ **螺纹导程（覆盖车螺纹/切削点）** 复选框：用于设置引导的距离。用户可以在 **螺纹导程** 后的文本框中指定距离值。

- **封闭的外形** 区域：用于设置封闭轮廓时的引导位置。

图 14.2.11 "螺纹导程距离"设置界面

- ☑ ◉内 单选项：用于设置在轮廓边界内进行引导。
- ☑ ◉外 单选项：用于设置在轮廓边界外进行引导。
- 开放的外形 区域：用于设置开放式轮廓时的引导位置。
  - ☑ ◉左 单选项：用于设置在轮廓边界左边进行引导。
  - ☑ ○右 单选项：用于设置在轮廓边界右边进行引导。

Step6. 在"线切割路径-外形"对话框左侧列表中单击 锥度 节点，显示"锥度"设置界面，设置参数如图 14.2.12 所示。

图 14.2.12 "锥度"设置界面

图 14.2.12 所示的"锥度"设置界面中部分选项的说明如下。

- ☑锥度 区域：用于定义轮廓锥形的类型，包括 单选项组、锥度方向

区域和 起始锥度 文本框等内容。

- 起始锥度 文本框：用于设置锥度的最初值。
- ⊙左 单选项：用于设置刀具路径向左倾斜。
- ○右 单选项：用于设置刀具路径向右倾斜。
- 此路径后的路径应用▼ 下拉列表：用于定义锥形轮廓的走刀方式，其包括 锥化所有路径 选项、取消锥化此路径后的路径 选项和 此路径后的路径应用锥形 选项。
    - ☑ 锥化所有路径 选项：用于设置所有的刀具路径采用锥形切削的走刀方式。
    - ☑ 取消锥化此路径后的路径 选项：用于设置在指定的路径之后采用垂直切削的走刀方式。用户可以在其后的文本框中指定路径值。
    - ☑ 此路径后的路径应用锥形 选项：用于设置在指定的路径之后采用锥形切削的走刀方式。用户可以在其后的文本框中指定路径值。
- 串连高度 下拉列表：用于设置刀具路径的高度。
    - ☑ 顶部 选项：用于设置刀具路径的高度在底部。
    - ☑ 底部 选项：用于设置刀具路径的高度在顶部。
- 快速移动高度 区域：用户可在其下的文本框中输入具体数值设置快速位移的 Z 高度，或者单击其后的 ✛ 按钮，直接在图形区中选取一点来进行定义。

    说明：以下几个参数设置方法与此处类似，故不再赘述。
- UV 修剪平面 区域：用来设置 UV 修整平面的位置。一般 UV 修整平面的位置应略高于 UV 高度。
- UV 高度 区域：用来设置 UV 高度。
- 刀棱面高度 区域：用来设置刀具的角度支点的位置，此区域仅当锥度类型为最后两个时可使用。
- XY 高度 区域：用来设置 XY 高度（刀具路径的最低轮廓）。
- XY 修剪平面 区域：用来设置 XY 修整平面的高度。

Step7. 在"线切割路径-外形"对话框左侧列表中单击 转角 节点，显示"转角"设置界面，如图 14.2.13 所示，参数设置接受系统默认设置值。

图 14.2.13 所示的"转角"设置界面中部分选项的说明如下。

- 角类型和半径 区域：当轮廓覆盖尖角时，用于控制转角的轮廓形状，其包括 顺时针 下拉列表和 逆时针 下拉列表。
    - ☑ 顺时针 下拉列表：用于设置刀具以指定的方式在转角处顺时针行进，其包括 锥形 选项、尖角 选项、恒定角 选项、其他 选项、固定角 选项和 鱼尾角 选项。
    - ☑ 逆时针 下拉列表：用于设置刀具以指定的方式在转角处逆时针行进，其包括锥形选项、尖角选项、恒定角选项、其他选项、固定角选项和鱼尾角选项。

图 14.2.13　"转角"设置界面

- 圆弧类型和半径 区域：当轮廓覆盖平滑圆角时，用于控制圆弧处的轮廓形状，其包括 顺时针 下拉列表和 逆时针 下拉列表。

  - ☑ 顺时针 下拉列表：用于设置刀具以指定的方式在圆弧处顺时针行进，其包括 锥形选项、尖角选项、恒定角选项、其他选项和固定角选项。

  - ☑ 逆时针 下拉列表：用于设置刀具以指定的方式在圆弧处逆时针行进，其包括 锥形选项、尖角选项、恒定角选项、其他选项和固定角选项。

Step8. 在"线切割路径-外形"对话框左侧列表中单击 ✓ 冲洗节点，显示"冲洗"设置界面，如图 14.2.14 所示，在 Flushing 下拉列表中选择 On 选项开启切削液，其余参数接受系统默认设置值。

图 14.2.14　"冲洗"设置界面

Step9. 在"线切割路径-外形"对话框中单击 ✓ 按钮，完成参数的设置，此时系统弹出"串连"对话框，单击 ✓ 按钮，系统自动生成图 14.2.15 所示的刀具路径。

**Stage5. 加工仿真**

Step1. 实体切削验证。

（1）在"操作管理"中单击 ▶ 按钮，然后单击"验证选定操作"按钮 ▣，系统弹出"Mastercam 模拟器"对话框。

（2）在"Mastercam 模拟器"对话框中单击 ▶ 按钮，系统将开始进行实体切削仿真，结果如图 14.2.16 所示，单击 × 按钮完成操作。

图 14.2.15  刀具路径

图 14.2.16  仿真结果

Step2. 保存文件模型。选择下拉菜单 文件(F) ➡ 🖫 保存(S) 命令，保存模型。

# 14.3  四轴切割路径

四轴线切割是线切割加工中比较常用的一种加工方法，通过选取不同类型的轴，可以指定为四轴线切割加工的方式，通过选取顶面或者侧面来确定要进行线切割的上下两个面的边界形状，从而完成切割。下面以图 14.3.1 所示的模型为例来说明四轴线切割过程，其操作步骤如下。

a) 3D 图形

b) 加工工件

c) 加工结果

图 14.3.1  四轴切割加工

**Stage1. 进入加工环境**

Step1. 打开文件 D:\mcx8\work\ch14.03\4_AXIS_WIRED.MCX。

Step2. 进入加工环境。选择下拉菜单 机床类型(M) ➡ 线切割(W) ➡ 默认(D) 命令，系统进入加工环境，此时零件模型如图 14.3.2 所示。

### Stage2. 设置工件

Step1. 在"操作管理"中单击 **山 属性 - Generic Wire EDM** 节点前的"+"号，将该节点展开，然后单击 **◇ 毛坯设置** 节点，系统弹出"机床群组属性"对话框。

Step2. 设置工件的形状。在"机床群组属性"对话框的 **形状** 区域选中 **⊙ 矩形** 单选项。

Step3. 设置工件的尺寸。在"机床群组属性"对话框中单击 **边界框(B)** 按钮，系统弹出"边界框"对话框，接受系统默认的参数设置，单击 **✓** 按钮，返回至"机床群组属性"对话框，接受系统生成工件的尺寸参数。

Step4. 单击"机床群组属性"对话框中的 **✓** 按钮，完成工件的设置。此时零件如图 14.3.3 所示，从图中可以观察到零件的边缘多了红色的双点画线，该点画线围成的图形即为工件。

### Stage3. 选择加工类型

Step1. 选择下拉菜单 **刀路(T)** ➡ **4 4 轴(4)** 命令，系统弹出"输入新 NC 名称"对话框，采用系统默认的 NC 名称，单击 **✓** 按钮；系统弹出"串连"对话框。

Step2. 设置加工区域。在图形区中选取图 14.3.4 所示的 2 条曲线，然后按 Enter 键，系统弹出图 14.3.5 所示的"线切割路径-4 轴"对话框。

图 14.3.2　零件模型

图 14.3.3　显示工件

曲线

图 14.3.4　加工区域

### Stage4. 设置加工参数

Step1. 设置切割参数选项卡。单击"线切割路径-4 轴"对话框中的 **切削参数** 选项卡，在该选项卡中选中 **☑ 执行粗切削** 复选框，其他参数接受系统默认设置值。

Step2. 设置引导参数。在"线切割路径-4 轴"对话框左侧列表中单击 **螺纹导程** 节点，显示螺纹导程参数设置界面，在 **切入** 和 **切出** 区域均选中 **⊙ 仅直线** 单选项，其他参数接受系统默认设置值。

Step3. 设置进刀距离。在"线切割路径-4 轴"对话框左侧列表中单击 **◇ 螺纹导程距离** 节点，显示进刀距离设置界面，选中 **☑ 螺纹导程 (覆盖车螺纹/切削点)** 复选框，在 **螺纹导程:** 文本框中输入值 20.0。其他参数接受系统默认设置值。

图 14.3.5 "线切割路径-4 轴"对话框

Step4. 在"线切割路径-4 轴"对话框左侧列表中单击 4 轴 节点，显示 4 轴设置界面，如图 14.3.6 所示，在 同步选项 下拉列表中选择 按图素 选项。

图 14.3.6 "4 轴"设置界面

图 14.3.6 所示的"4 轴"设置界面中部分选项的说明如下。

- 格式 区域：用于设置 XY/UV 高度的路径输出形式，其包括 ⃝ 引导 4 轴 单选项和 ⊙ 4 轴锥度 单选项。

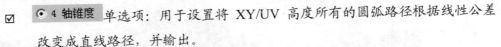

- ☑ ⊙ 4 轴锥度 单选项：用于设置将 XY/UV 高度所有的圆弧路径根据线性公差改变成直线路径，并输出。

- ☑ ○ 引导 4 轴 单选项：用于设置输出 XY/UV 高度的直线和圆弧路径。

- ● 修剪 区域：用于设置切割路径的修整方式，其包括 ⊙ 计算机中 单选项、○ 控制器中 单选项和 ⊙ 3D 追踪 单选项。

  - ☑ ⊙ 计算机中 单选项：当选中此单选项时，系统会自动去除不可用的点以便创建平滑的切割路径。

  - ☑ ○ 控制器中 单选项：当选中此单选项时，系统会以 XY 高度和 UV 高度来限制切割路径的 Z 轴方向值。

  - ☑ ⊙ 3D 追踪 单选项：当选中此单选项时，系统会以空间的几何图形限制切割路径。

- ● 同步选项 下拉列表：用于设置划分轮廓链的方式并在 XY 平面与 UV 平面之间放置同步轮廓点，其包括 无 选项、按图素 选项、按分支点 选项、按节点 选项、按点 选项、手动 选项和 手动/密度 选项。

  - ☑ 无 选项：用于设置以步长把轮廓链划分成偶数段。

  - ☑ 按图素 选项：用于设置以线性公差值计算切割路径的同步点。

  - ☑ 按分支点 选项：用于设置以分支线添加几何图形来创建同步点。

  - ☑ 按节点 选项：用于设置根据两个链间的节点创建同步点。

  - ☑ 按点 选项：用于设置根据点创建同步点。

  - ☑ 手动 选项：用于设置以手动的方式放置同步点。

  - ☑ 手动/密度 选项：用于设置以手动的方式放置同步点，并以密度约束其分布。

　　Step5. 设置刀具位置参数。在 快速移动高度 文本框中输入值 100.0，在 UV 高度 文本框中输入值 50.0，在 XY 高度 文本框中输入值-30.0，在 XY 修剪平面 文本框中输入值-40.0，在各文本框后的下拉列表中均选择 绝对坐标 选项；其他参数接受系统默认设置值。

　　Step6. 在"线切割路径-4 轴"对话框中单击 ✓ 按钮，完成参数的设置，生成刀具路径如图 14.3.7 所示。

### Stage5. 加工仿真

Step1. 实体切削验证。

　　（1）在"操作管理"中单击 ▶ 按钮，然后单击"验证已选择的操作"按钮 🗐，系统弹出"Mastercam 模拟器"对话框。

　　（2）在"Mastercam 模拟器"对话框中单击 ▶ 按钮。系统将开始进行实体切削仿真，结果如图 14.3.8 所示，单击 ✕ 按钮。

图 14.3.7 刀具路径

放大图

图 14.3.8 仿真结果

Step2. 保存文件模型。选择下拉菜单 文件(F) ➡️ 💾 保存(S) 命令，保存模型。

# 读者意见反馈卡

尊敬的读者：

感谢您购买机械工业出版社出版的图书！

我们一直致力于 CAD、CAPP、PDM、CAM 和 CAE 等相关技术的跟踪，希望能将更多优秀作者的宝贵经验与技巧介绍给您。当然，我们的工作离不开您的支持。如果您在看完本书之后，有什么好的意见和建议，或是有一些感兴趣的技术话题，都可以直接与我联系。E-mail: 兆迪科技 zhanygjames@163.com，丁锋 fengfener@qq.com。

策划编辑：丁锋

---

为了感谢广大读者对兆迪科技图书的信任与支持，兆迪科技面向读者推出"免费送课"活动，即日起，读者凭有效购书证明，可以领取价值 100 元的在线课程代金券 1 张，此券可在兆迪科技网校（http://www.zalldy.com/）免费换购在线课程 1 门。活动详情可以登录兆迪网校或者关注兆迪公众号查看。

兆迪网校

兆迪公众号

书名：《Mastercam X8 宝典》

1. 读者个人资料：

姓名：_____ 性别：____ 年龄：____ 职业：_____ 职务：_____ 学历：____

专业：_____ 单位名称：_____ 电话：_____ 手机：_____

邮寄地址：_____ 邮编：_____ E-mail：_____

2. 影响您购买本书的因素（可以选择多项）：

☐ 内容　　　　　　　　　　　　☐ 作者　　　　　　　　　　　☐ 价格

☐ 朋友推荐　　　　　　　　　　☐ 出版社品牌　　　　　　　　☐ 书评广告

☐ 工作单位（就读学校）指定　　☐ 内容提要、前言或目录　　　☐ 封面封底

☐ 购买了本书所属丛书中的其他图书　　　　　　　　　　　　　☐ 其他_____

3. 您对本书的总体感觉：

☐ 很好　　　　　　　　　　　　☐ 一般　　　　　　　　　　　☐ 不好

4. 您认为本书的语言文字水平：

☐ 很好　　　　　　　　　　　　☐ 一般　　　　　　　　　　　☐ 不好

5. 您认为本书的版式编排：

☐ 很好　　　　　　　　　　　　☐ 一般　　　　　　　　　　　☐ 不好

6. 您认为 Mastercam 其他哪些方面的内容是您所迫切需要的？

_____

7. 其他哪些 CAD/CAM/CAE 方面的图书是您所需要的？

_____

8. 您认为我们的图书在叙述方式、内容选择等方面还有哪些需要改进？

_____